KB051287

네트워크의 지리학

THE GEOGRAPHY OF NETWORKS

네트워크의 지리학

THE GEOGRAPHY OF NETWORKS

허우긍·손정렬·박배균 편

푸른길

/

머리말

/

　우리에게 네트워크(network)는 일상생활 속에서도 쉽게 접할 수 있는 매우 친숙한 단어이다. 이는 네트워크 시스템의 작동 원리 없이 오늘날의 복잡다단한 사회가 유지될 수 없음을 의미하며, 네트워크에 대한 이해 없이는 현대 사회에 대한 본질적이고도 심층적인 이해도 어려울 것임을 시사하고 있다. 학문적으로 볼 때, 현재 여러 분야에서 네트워크라는 개념을 적용하여 이론적 또는 분석적 틀을 다양화해 나가고 있지만, 네트워크라는 개념에는 공간적인 속성이 담겨 있기에 일찍부터 지리학 분야에서는 공간상의 흐름을 분석하는 주요한 분석 도구로 활용되어 왔다. 이와 같이 초기의 선도적인 역할에도 불구하고, 교통지리학과 인구 이동을 다루는 인구지리학 등의 일부 분야를 제외하고는 한동안 지리학 분야에서 네트워크에 대한 관심은 미미한 수준이었다.

　지리학 내에서 네트워크에 대한 관심은 최근 이 개념의 사회과학적 적용 범위가 광범위하게 확대되면서 다시 급격히 증가하고 있다. 지리학 내에서 개발되었던 전통적인 그래프 이론의 분석들이 사회 네트워크 분석의 방법으로 차용되면서 범사회과학적 적용의 틀이 마련되는가 하면, 사회적 관계에 대한 여러 가지 연구들이 네트워크적 관점을 통해 지리학 내의 연구들로 확산되고 있다. 이와 같은 양방향 확산 과정 속에서 네트워크라는 개념은 점점 다양한 맥락 속에서 활용되고 있으며, 더 나아가 네트워크라는 개념 자체가 다양한 방식으로 이해되는 추세이다. 이러한 점에서 지리학에서 네트워크라는 개념이 어떤 의미를 가지고, 또 그간 어떤 방식으로 이용되어 왔는지를 정리해 보는 것은 '네트워크의 지리학'이라는 새로운 분야를 정립해 나가는 데에 의미 있는 시도가 될 것이다.

사실 이 책은 학문적인 동기만으로 기획되었던 것은 아니다. 2010년 1월, 허우긍 교수의 제자들 중 일부가 모여 담소를 나누던 중, 허 교수의 퇴임에 즈음하여 일반적인 퇴임논문집이나 증정집을 내기보다는 뭔가 학계에 의미를 던져 줄 수 있는 결과물을 함께 만들어 보기로 의기투합하면서 집필 작업이 시작되었다. 초기에 아이디어 회의를 통해서 네트워크라는 단어가 중심에 자리 잡았고, 각 부문별 필진 섭외를 통해 내용 구성과 집필이 진행되었다. 하지만 초기에 집필자가 20명이 넘게 구성되다 보니, 여러 가지 사정으로 중도에 하차하는 등의 일이 발생하게 되면서 집필 작업의 속도가 느려져, 5년여가 지난 오늘에야 총 15개의 장으로 구성된 책이 세상의 빛을 보게 되었다.

　전체 15개의 장은 글의 성격에 따라 총 5개의 부로 묶여 있다. 먼저 제1부에서는 네트워크에 대한 지리학적 이해를 위한 부분으로, 네트워크에 대한 지리학적 관심을 전반적으로 소개하는 1장과 네트워크 분석법의 적용을 다루는 2장, 그리고 네트워크 체계를 평가하는 좀 더 일반적인 척도로 활용되는 접근성에 대해 다루는 3장으로 구성되어 있다. 제2부는 지리학에서 네트워크 개념의 모태가 된 교통 분야, 그리고 현대 사회의 획기적인 변화를 이끌어 온 정보통신 분야에서 네트워크를 조망해 본다. 4장에서는 교통 네트워크에 대해서, 그리고 5장에서는 개인 활동으로서의 통행이 만들어 내는 통행 및 활동 네트워크가 각각 다루어진다. 6장과 7장에서는 정보통신기술의 도입 및 발전, 확산이 가속화되어 가는 과정에서 네트워크가 현대 사회와 우리의 일상생활에 어떻게 녹아들고 있는지를 설명하고 있다. 제3부는 교통의 연장선상에서, 특히 화물의 이동과 관련된 물류의 네트워크를 다루고 있다. 8장에서는 글로벌 스케일에서 물류의 네트워크가 가지는 특성들을, 그리고 9장에서는 한 국가의 스케일에서 형성되는 물류 네트워크의 대표적인 사례로서 택배 네트워크를 보여 주고 있다. 제4부와 제5부는 기존의 전통적인 네트워크 개념과는 다소 차별화된 새로운 차원의 네트워크를 다룬다. 먼저 제4부에서는 경제의 세계화 과정 속에서 학문적 관심의 대상으로 급부상하고 있는 경제적 관계에 기초한 네트워크들을 보여 주고 있다. 10장에서는 세계화 시대에 현대 제조업의 전형적인 생산 시스템으로 알려진 글로벌 생산 네트워크를, 11장에서는 세계화 경제 속에서 그 중요도가 특히 커져 가고 있는 자본 및 금융 네트워크를, 그리고 12장에서는 대안적 세계도시 성장모형으로서 네트워크 도시를 다루고 있다. 마지막으로 제5부에서는 사회를 읽는 새로운 시각으로서 네트워크를 다루는 논의들을 담고 있다. 이 중 13장은 영역적 관점과 관계적 관점을 모두 아우를 수 있는 새로운 관점으로서의 네트워크적 영역성을, 14장은 관계적 존재론에 철학적 기초를 두고 있는 행위자−연결망 이론을 다룬다. 마지막으로 15장은 사회현상으로서의 우리나라의 인구 이동을 네트워크적 관점에서 해석하고 있다.

이 책이 나오는 과정에서 개인 사정 등으로 집필진과 끝까지 함께하진 못하였지만 홍상기, 김두철, 장희준 교수, 그리고 이지선, 조현정, 김은경 박사가 책의 출간을 위하여 여러모로 많은 도움을 주었다. 또한 최종 편집 과정에서 서울대학교 지리학과 대학원생 이정훈, 김규식, 송아현은 면밀하고 꼼꼼한 교정과 스타일 편집 등으로 더욱 맵시 있는 책이 나오는 데에 큰 도움을 주었다.

집필진이 처음의 출발선에서 꿈꾸었던 책의 이상적인 모습과는 다소 괴리가 있는 것이 사실이나, 필요는 발명의 어머니라는 말처럼 이 책이 가진 무언가 아쉽고 부족함이 느껴지는 부분이 앞으로 또 다른 그리고 보다 나은 '네트워크 지리학' 분야 연구서의 출간을 촉진하게 되기를 기대해 본다.

여느 해보다는 덜 추웠던 겨울을 떠나보내며, 2015년 봄
한국과 미국 각지에서
저자 일동

차 례

| 제2부 | 교통과 정보통신으로 본 네트워크

제1부

네트워크의 지리학적 이해

THE GEOGRAPHY OF NETWORKS

네트워크 이해하기

허우긍

1. 네트워크의 뜻과 유형

1) 네트워크의 뜻과 의의

우리나라의 중부지방을 흐르는 한강 수계(水系), 고속철도인 케이티엑스(KTX)의 노선망, 화랑계(畵廊界)의 '마당발' 김 아무개, 스웨덴 볼보 사의 매트릭스(matrix)형 기업 조직, 아웃소싱으로 세계 시장에 진출한 중국계 의류업체 리앤펑 사, 수도권 외국인 근로자들의 징검다리식 거주지 이동 등. 위의 사례들을 꿰뚫는 공통 요소는 무엇일까? 그것은 자연현상, 기반 시설, 기업, 사람들의 짜임새나 관계, 즉 네트워크(network)[1]이다.

네트워크는 장소, 사람, 조직 등을 이어 주는 장치이자 현상이다. 또한 장소나 사람 사이의 상호 교류를 드러내 보여 주는 지표이다. 더 나아가, 네트워크는 하나의 방법론이기도 하여 우리가 지역과 사회의 작동 방식을 들여다보는 틀을 마련해 준다. 네트워크의 이러한 다면성은 우리의 관심을 끌기에 충분하다.

네트워크의 뜻을 더 정확히 이해하기 위해, 사전에서는 네트워크를 어떻게 풀이하고 있는지 살펴보기로 하자. 옥스퍼드(Oxford) 사전에서는 network를 '가로선과 세로선들이 만나 이루는 배열' 또는 '사람이나 사물의 연결 체계'로 풀이하고, 철도망이나 도로망, 직업적·사회적 목적으로 정보를 교환하고 접촉하는 사람들의 집단, 프로그램을 동시에 방송하기 위하여 연결된 방송(기지)국 등을 그 보기로 꼽고 있다. 웹스터(Webster) 사전 역시 네트워크에 대하여 비슷하게 정의를 내려 '선, 줄기, 통로 따위가 망 모양으로 연합되어 있는 것', '넓은 범위에 걸쳐 건물, 사무실, 역 등이 서로 연계되어 있는 것' 등으로 풀이하고 있다. 이 밖에 방송망, 컴퓨터 및 관련 기기들의 연결, 전기나 전자 기기의 회로처럼 특수 사례에 대한 정의도 있다. network가 동사로 쓰일 경우에는 '연결하여 망을 이루다', '망 안에서 작동하다', '교류를 통해 전문적, 사회적 접촉을 발전시키다' 등의 뜻으로 풀이하고 있다. 요컨대, 네트워크는 그물처럼 얽혀 있는 짜임새를 가리키는 명사, 또는 그러한 짜임새가 이루어짐을 가리키는 동사로 풀이하고 있는 것이다.

2) 네트워크의 유형

네트워크의 종류는 상당히 많지만, 연구자들이 관심을 두어 온 것으로는 하계망(河系網)과 같은 수문(水文) 네트워크, 교통망이나 통신망과 같은 시설 네트워크, 사람이나 기관의 교류와 관계로 이루어지는 관계 네트워크, 어떤 현상이나 작업의 과정 네트워크 그리고 사이버 공간의 네트워크 등을 꼽을 수 있을 것이다.

자연현상 가운데 대표적인 네트워크에는 하계망이 있다. 하계망은 자연과학자들의 오랜 관심사 가운데 하나로서, 하천 본류와 지류의 형태(수지상 하천, 망상 하천 등 물줄기의 기하적 형태 및 위상적 구조)와 차수(次數, orders), 하천과 호수의 생태적 연관 등에 관심을 보여 왔다. 자연현상 가운데 화산의 지질적 연계, 여러 산체(山體)의 구조 등을 논할 때에도 네트워크라는 표현을 쓰기도 한다.

하계망과 같은 자연현상을 제외하면 나머지 네트워크들은 사람이 만들었거나 또는 사람과 관계되는 것들이다. 이 가운데 교통망, 통신망, 송전망, 상수도망, 하수도망 등은 대표적인 시설 네트워크로서, 한 지역이나 국가의 기반 시설인 경우가 많아 그 자체로 중요할 뿐 아니라 지역의 관리, 안보, 개발과 성장 등과도 관련되므로 연구 측면에서도 주요 주제가 된다. 시설 네트워크는 말 그대로 구체적인 시설들이므로 우리 눈에 보이는 것이 대부분이지만, 전화망, 전신망, 인터넷 등과 같은 통신망, 그리고 상수도망과 하수도망 등과 같은 기간 시설들은 대체로 지하에

묻혀 있어 눈에 띄지 않으므로 잘 의식하지 못하고 지나치기 쉽다. 사람이나 물자의 이동, 정보의 이동과 같은 흐름은 네트워크를 따라 이루어지므로 시설 네트워크의 그림자(dual)로 간주할 수 있다. 흐름은 시설 네트워크의 전부 또는 일부만 사용하기도 하며, 그 경로도 가변적일 수 있다. 화물의 배송망이 그 보기이다. 따라서 네트워크 위에서 일어나는 흐름도 네트워크 그 자체에 못지않게 흥미로운 고찰 대상이 된다.

구체적인 물질로 이루어진 시설 네트워크, 그리고 그 위를 움직이는 흐름의 네트워크와 달리, 손으로 만지거나 눈으로 볼 수 없는 관계 네트워크(또는 사회 네트워크)가 우리 주변 곳곳에 분명히 존재한다. 기업, 단체, 기구, 국가의 조직과 관계, 자원의 조달에서부터 생산 및 고객 서비스에 이르는 가치사슬, 개인과 기업 및 단체들 사이에 형성되는 지식 네트워크(knowledge network) 등이 그 보기이다. 시야를 더 넓히면, 도시들 사이의 교류와 기능적 관계 역시 도시 네트워크라는 틀 아래에서 살펴볼 수 있다. 예를 들어, 중심지들 사이의 계층적 관계를 다룬 중심지 이론도 지금의 언어로 표현하자면 도시 네트워크에 관한 이론이라 할 수 있다. 중심지 이론을 정립한 크리스탈러(Christaller)가 도시의 배후지 및 그 포섭 관계에 주목했다면, 요즘은 조금 다른 관점, 즉 도시의 기능적 보완과 시너지, 도시 간 연결(네트워킹)을 통한 거대도시의 구현, 세계도시 체계에서 개별 도시의 위상 등의 측면에서 도시 관계를 보기도 한다.

어떤 일이 수행되는 과정이나 공정도 하나의 네트워크로 이해할 수 있다. 예를 들어, 집을 한 채 짓는 데에는 터 닦기, 기둥 세우기, 벽 세우기, 지붕 얹기, 내부 꾸미기, 바깥 조경 등 여러 과업이 있을 것이다. 이 가운데 어떤 과업은 선후(先後)를 반드시 지켜야 하는가 하면, 어떤 과업은 먼저 할 수도 있고 나중에 할 수도 있으며 다른 과업과 함께 진행할 수도 있다. 이런 전체 공정을 하나의 네트워크처럼 표현하면 일의 이해와 진행이 쉬워진다. 어떤 제품의 생산 구상에서부터 완제품의 배송에 이르는 과정, 대학생이 입학에서 졸업에 이르는 기간 동안 필수과목, 선택과목, 교양과목을 이수해 가는 과정도 하나의 네트워크로 바꾸어 이해할 수 있다.

지리적 공간이 아닌 사이버 공간에서 이루어지는 교류 역시 네트워크의 한 유형이다. 우선, 통신망 자체는 하나의 시설 네트워크로서 앞에서 이미 언급하였다. 또한 통신망을 타고 이동하는 다양한 정보 흐름도 네트워크로 종합할 수 있다. 어떤 단체나 동호회원들 사이에 유무선 전화망과 인터넷으로 교류되는 대화, 메일, 파일 등은 사회 네트워크를 보여 주는 한 부분이며, 도시 간 정보의 흐름에서는 도시 네트워크의 면면을 엿볼 수 있다.

이상에서 살펴보았듯이, 대부분의 경우에 네트워크는 세상의 사물이나 현상을 요약하는 틀이나 메타포(metaphor), 복잡한 관계를 분석하는 도구 및 방법론, 그리고 세상을 바라보는 창(窓)의 성격을 지니고 있다. 그러나 때로는 네트워크의 개념이 위의 분류 사례와는 전혀 다르게 쓰이는 경우도 있다. 최근 학계의 관심을 끌고 있는 행위자—네트워크 이론(actor-network theory) 같은 경우가 그것이다. 행위자—네트워크 이론은 사람뿐 아니라 사물까지도 행위자로 간주한다는 점, 그리고 물체나 사람 사이의 관계뿐 아니라 그 관계에 함께 실려 전달되는 의미에 더 관심을 둔다는 점에서, 기존 네트워크의 개념이나 분석틀과는 조금 다르다고 볼 수 있다.

2. 공간과학과 네트워크 연구

1) 네트워크 다루기

네트워크는 결절(노드, nodes)과 연결선(링크, links)의 두 요소로 간략히 나타낼 수 있다. 네트워크에서 연결선은 하계망의 어느 한 지류, 철도망의 특정 구간, 국가와 국가의 관계, 어떤 작업 과정의 한 부분 등을 가리키며, 양방향 이동이나 교류가 가능할 수도 있고 한 방향으로만 이동과 접촉이 가능한 경우도 있다. 양방향 연결선의 경우에도 그 교류나 관계의 수준이 반드시 대칭적이어야 하는 것은 아니다. 또한 연결선은 그 역할이나 규모에 따라 어떤 값을 가질 수도 있다. 도로 구간의 길이, 항로를 따라 이동하는 화물의 양, 사회적 관계의 세기에 따라 연결선에 값을 매기는 것이 그 보기이다.

결절은 이런 연결선들이 만나고 헤어지는 곳을 가리키며, 하천의 합류 지점, 철도 노선이 만나는 도시, 특정 사람이나 기관 등이 그 보기이다. 대부분의 네트워크에서 결절은 도시, 사거리, 사람, 조직 등 실체가 있지만, 과정 네트워크 등 일부 사례에서 결절은 단지 연결선이 만나는 곳을 가리킬 뿐 큰 의미를 지니지 않을 수도 있다. 예를 들어, 앞에서 언급한 집 짓기 사례에서 터 닦기 등 각 과업은 연결선으로 나타내게 되므로, 결절은 단지 각 과업의 시작과 끝을 나타내는 정도의 의미를 지니는 데 그치게 된다.

네트워크를 결절과 연결선의 집합으로 나타내게 되면, 복잡다기한 현실 세계를 압축하여 간

단한 그림으로 시각화할 수 있어 다루기 쉬워진다. 그 반면, 현실을 네트워크로 요약하고 추상화하는 과정에서 적지 않은 정보를 잃어버리기도 한다. 결절과 연결선으로 그려 낸 네트워크의 모습을 그래프(graph)라 한다. 이 그래프의 형태와 구조, 그리고 개별 요소인 결절과 연결선의 특성 등을 논리적으로 다루는 학문 분야가 그래프 이론이다.

네트워크는 행렬(matrix)로도 바꾸어 나타낼 수 있다. 네트워크를 구성하는 각 결절 간의 연결 여부나 거리 및 교류 규모, 그리고 결절과 연결선의 연계 여부를 행렬에 2진수(二進數)나 실수(實數)로 나타내는 것이 한 가지 방법이다. 네트워크를 행렬로 나타내면 수리적 연산에 편리하며, 특히 컴퓨터를 이용하여 네트워크를 분석하기에 알맞다.

네트워크 연구에서는 네트워크 자체가 고찰 대상이 된다. 초보적인 분석은 대체로 네트워크의 형태와 구조 들여다보기에서 시작한다. 기하적 형태로는 개별 연결선의 방향과 굴곡 및 우회도, 다른 연결선과 만나 이루는 각도, 그리고 네트워크 전체로 본 밀도와 모양(방사형, 직교형, 미로형 등) 등이 관심의 대상이 될 수 있다. 네트워크의 구조 측면에서는 결절의 접근성과 중심성, 연결선들이 합하여 이루는 경로(path)의 특성과 길이, 더 나아가 네트워크 전체의 연결성, 크기, 위상적 형태 등이 고찰 대상이 된다. 좀 더 고급 수준에서는 네트워크의 입지(디자인)와 성장, 네트워크의 효율성과 최적화(optimization), 흐름의 최적화 등이 주요 주제를 이룬다. 네트워크의 입지와 성장 부문에서는 (예를 들어, 어느 지역에 고속도로망을 한꺼번에 건설하려는 사례처럼) 전체 네트워크를 한 번에 다 구상하는 방안과 시간을 두고 순차적으로 네트워크를 확장해 나가는 방안 등이 고려될 수 있으며, 네트워크의 견실함(robustness), 즉 어떤 결절이나 연결선이 제거되었을 때 일어나는 변화와 영향도 주요 고찰 대상이 된다. 네트워크와 흐름의 효율성과 최적화 분야는 최단 경로 찾기, 수송 문제, 환적(換積) 문제, PERT(program evaluation and review technique), CPA(critical path analysis) 등에 대한 각종 모형의 개발을 비롯하여 연구가 매우 활성화된 분야이다.

이상과 같이 네트워크 자체와 그 위의 흐름에 대한 연구 성과를 바탕으로 다른 현상 및 쟁점들과의 관계 및 의미를 추구하는 데까지 더 나아가게 되는 것은 매우 자연스러운 일이다. '네트워크'는 이제 현대를 읽는 키워드의 하나로 자리매김하게 된 것이다.

2) 네트워크 연구 동향

　20세기 초엽까지 지리학자들은 대체로 지역(面)과 장소(點)의 이해에 더 치우친 데 비해, 선(線)과 망(網) 그리고 흐름에 대한 관심은 조금 뒤처졌었다고 평가할 수 있다. 19~20세기 전반의 지역 연구 및 자연-인간의 관계 규명으로 요약되는 연구 흐름들이 그러하다.

　2차 세계대전이 끝나 갈 무렵 종래의 지역 및 자연-인간의 관계 연구에 더하여 공간의 규칙성을 쫓는 이른바 공간과학이 새롭게 선보이고 계량적 접근법이 대거 원용되면서, 네트워크는 연구의 초점으로 주목을 받게 되었다. 공간과학에서는 장소들 사이의 기능적 관계와 교류에 관심을 갖는다. 한 지역을 구성하는 여러 요소들을 종합하여 이루는 특성, 즉 '지역성'보다는 기능적 관계와 교류가 오래 쌓여 이루어지는 공간적 틀(구조)에 더 관심을 갖게 된 것이다. 따라서 점(點)으로서의 장소, 면(面)으로서의 지역에 덧붙여 선(線)으로서의 네트워크도 지리학의 새로운 핵심 요소로 부각되었고, 네트워크 분석법에 대한 관심은 폭발적으로 늘어나게 되었다.

　네트워크 연구의 초기는 위상수학 및 통계학에서 정립된 이론과 분석법을 지리학계에 소개하고 활용하는 것으로 특징지을 수 있다. 이 시기의 연구물 가운데 캔스키(Kansky)의 박사 학위 논문(1963), 해거트와 촐리(Haggett and Chorley, 1969)의 네트워크 분석법에 관한 전문서와 테이프와 고디에(Taaffe and Gauthier, 1973)의 대학 교재용 도서의 발간 등을 중요한 상징적 '사건'으로 꼽을 수 있다. 미국 시카고 대학교 지리학과에서 출판된 캔스키의 박사 학위 논문(1963)은 그래프 이론에서 개발된 네트워크 지수들을 활용하여 국가 교통망의 구조를 파악한 다음, 이를 국가경제, 인구, 자연환경과 연관시키는 연구를 담고 있다. 이 논문을 통해 소개된 네트워크의 연결성 및 결절 접근성 지수들은 이후 많은 사람들이 뒤따라 채용하는 등 학계에 큰 반향을 불러일으켰다.

　캔스키가 철도망이라는 특정 네트워크만을 다루었다면, 이보다 조금 늦게 출판된 해거트와 촐리(1969)의 저서는 지리학자들이 관심을 가질 만한 각종 네트워크를 대상으로 그 분석법을 소개하고, 선행 연구물을 심도 있게 논평하였다. 네트워크의 공간적 구조, 효율성과 입지, 그리고 네트워크의 성장, 변형 등의 주제를 본격적으로 다룬 획기적인 책으로, 계량적 접근법이 풍미하던 시기에 출판되어 그 흐름과 호흡에 닮은 점이 많다.

　네트워크 접근법을 따르는 연구가 누적되기 시작한 지 오래지 않아 이런 연구성과들을 정리한 대학 교재급 도서도 출판되기 시작하였으며, 이 가운데 테이프와 고디에(1973)의 것을 (영어권에서) 가장 파급력이 컸던 사례로 꼽을 수 있을 것 같다. 이들은 결절, 연결선, 네트워크를 교통지리학의 3대 의제로 삼아 관련 이론과 분석법을 대학생들의 눈높이에 맞추어 재정립하였다. 이런 선도적 연구물들에 힘입어 네트워크 분석법을 자신의 연구에 원용하는 일이 성행하게 되었다.

영어권보다는 조금 늦은 1970년대에 우리나라에서도 네트워크 분석법이 대학 교재(장재훈·김주환·허우긍, 1977)에 소개되고, 교통망의 분석을 다룬 석사논문들(최운식, 1975; 김재한, 1979; 손영신, 1979 등)이 나오게 되었으며, 오늘날까지도 네트워크 분석법의 적용은 꾸준히 이어지고 있다. 이러한 초기 적용 사례는 한주성의 논평(1988)에 잘 요약되어 있다.

네트워크 분석법을 적극 수용하던 분위기는 1970년대에 서서히 바뀌기 시작하며, 이러한 변화는 네트워크 연구의 시발점이라 할 수 있는 교통지리학 분야에서 잘 엿볼 수 있다. 1970년대 전반, 당시 경제지리학 분야의 대표적 학술지였던 *Economic Geography*가 사회, 정치적 측면에서 교통 문제를 다루는 특집(1973)을 발간한 것은 네트워크 분석법과 거리를 두려는 신호탄이었다.

학문의 조류가 바뀌는 모습은 학계의 동향을 논평하는 성격의 학술지 *Progress in Geography*의 글에서 더욱 뚜렷이 드러난다.[2] 1976년 *Progress in Geography* 제9권에서는 고급 수준의 네트워크 분석법에 대한 논평과 사회교통지리학에 관한 글이 나란히 실려, 교통지리학의 패러다임이 바뀌는 분기점에 있음을 알렸다. 이 학술지에서 라인바크(Leinbach, 1976)는 'Networks and flows'라는 제목의 글에서, 네트워크 분석에 관해 당시로서는 최첨단 수준의 이론과 방법론들을 검토하고, 네트워크 분석의 쓸모와 쟁점들에 관해 논평하였다. 이 글 바로 뒤에 실린 멀러(Muller, 1976)의 논평은 'Social transportation geography'라는 제하에 (지금은 익숙한 용어가 되었지만 당시로서는 생소했던) '교통약자'라는 연구 주제를 다루어, '사회교통지리학'이라는 담론의 시작을 알렸다.

이러한 글들의 출현을 신호탄으로 1970년대 중엽 이후에는 많은 지리학자들이 계량지리학과 네트워크 분석에서 점차 떠나가는 한편, 일부 학자들은 좀 더 고급 수준의 정교한 이론과 방법론으로 깊이 파고드는 두 갈래의 흐름으로 나뉘게 된다.

3. 네트워크 지리학의 부활

지리학계에서 1970년대 들어 다소 주춤했던 네트워크 연구는 1990년대에 들어와 화려하게 부활한다. 1990년대 이래 네트워크 연구는 대체로 세 가지 흐름을 띠었고, 전반적으로 네트워크 연구의 콘텐츠를 풍부하게 만들었다고 할 수 있다.

먼저, 분석 도구 또는 방법론으로서의 네트워크 연구는 날로 정교해져서, 네트워크의 평형 문제, 디자인, 교통 흐름이 변화무쌍한 도시환경에서 최적화를 추구하는 새로운 모형 및 정산 등 고급 수준의 연구물들이 꾸준히 이어지고 있다.

둘째, 비단 교통망뿐 아니라 다른 여러 네트워크에 대해서도 관심이 늘어나고, 이에 부응하는 연구가 성행하게 된 점을 꼽을 수 있다. 이미 언급한 것처럼 네트워크는 실물(實物)로 존재하면서도 눈에 잘 띄지 않는 경우가 많고, 눈에 잘 띄는 시설이라 하더라도 우리들이 너무나 당연시하여 오히려 잘 보지 못하는 경우도 있었다. 그러나 자연재해, 테러, 운영의 실수 등으로 말미암아 대규모의 네트워크가 제대로 작동되지 못하는 일이 자주 일어나면서 사람들은 네트워크의 존재와 가치를 새삼스레 깨닫게 된 것이다. 산사태나 지진 등으로 인한 기반 시설의 붕괴, 대규모 정전 사태, 9·11 테러로 말미암은 통신망의 붕괴 등이 그 보기로, 시스템의 안전, 네트워크 내부의 취약한 부분 파악, 우회 네트워크 또는 예비(backup) 네트워크의 마련 등이 화제로 떠오르게 된 것이다. 세계화 추세 역시 네트워크 접근법의 가치를 깨닫는 계기가 되었고, 연구의 범위를 크게 확대하였다. 예를 들면, 상대적으로 관심이 낮았던 화물 수송, 항만, 물류에 대한 연구가 활성화되었으며, 연구의 범위가 자연스레 전 세계로 확대되면서 'jumbo geography'라는 표현도 등장하기에 이르렀다(예를 들면 Janelle and Beuthe, 1997; Keeling, 2009 등). 세계도시 체계, 범지구적 항공교통 체계, 세계적 상품사슬, 대륙 범위의 교통망에 관한 연구물과 토론 등이 그 보기이다.

셋째, 네트워크 연구의 초기에는 교통망이나 하계망 등 가시적이고 구체적인 대상에 치우쳤다가, 최근에는 사람, 조직, 지역, 국가 간의 관계 등 비가시적인 현상에까지 연구 전선이 더욱 확장되는 경향을 띠고 있다. 기업의 네트워크, 도시 네트워크, 사회 네트워크, 지식 네트워크 등에 대한 무수한 담론이 그 보기이며, 정보통신기술이 이루어 놓은 사이버 공간에 대한 분석이 늘어나고 있는 것 역시 같은 맥락이다. 이런 새 경향에서 주목할 현상으로는 국내외 학계를 막

론하고 사회 연결망 분석법(학계에서 이미 '사회 연결망'이란 표현이 널리 쓰이고 있으므로 이를 따르기로 한다)을 사용하는 일이 부쩍 늘었다는 점을 꼽을 수 있다. 사회학에서는 일찍부터 네트워크 구성원 사이의 권력관계와 영향, 즉 우세성, 계층, 중심성, 관계의 비대칭성 등에 관한 이론과 방법론이 발달되었다. 중심성(지리학으로 말하자면 결절 접근성과 똑같은 개념이다)을 예를 들어 설명하자면, 사회 연결망 분석에서는 사회 구성원들의 중심성을 다시 근접중심성(close centrality), 매개중심성(betweenness centrality), 위세중심성(power centrality) 등 여러 각도에서 살핀다. 사회 연결망 분석법이 이처럼 관계 네트워크를 다각도로 들여다볼 수 있도록 도와준다는 점이 지리학자들의 구미를 당기게 하였을 것이다. 또한 관계 네트워크의 분석에 필요한 상용 컴퓨터 프로그램이 다수 개발되어 있어서 누구나 접근하기가 쉽다는 점도 사회 연결망 분석법이 지리학계에서 유행하게 되는 배경의 하나로 판단된다.

사회 연결망 분석법이 네트워크의 개별 구성 요소에 대한 진단에 주로 활용되고 있다면, 네트워크 전체의 구조적 특성에 관해서는 복잡계 네트워크 이론(complex network theory)을 원용하는 시도도 이루어지고 있다(예를 들면 Tranos, 2013 등). 무규칙 네트워크(random network), 무척도 네트워크(scale-free network), 좁은 세상 네트워크(small world network) 등의 개념을 빌려, 인터넷 기간망이나 항공노선망의 구조적 특징은 어떠한지, 어떻게 성장해 나가며 또 지역의 도시 체계나 지역 발전과는 어떤 관계를 가지고 있는지 등 지리학자들이 전통적으로 관심을 가졌던 질문들에 대한 답을 찾는 데 쓰이고 있는 것이다. 복잡계 네트워크 이론은 젊고 역동적인 학문 분야로서, 그 이론에서 쓰는 언어와 방법론이 지리학자들에게 아직은 생경하지만 점차 그 활용 빈도가 높아질 것으로 전망된다.

넷째, 공간에 대한 해석이 새롭게 이루어지는 흐름에 맞추어, 네트워크의 의미도 더욱 확대되면서 새로운 이론과 접근법들도 도입되었다. 이들 중 대표적인 예가 행위자-연결망 이론으로, 여기서는 인간들의 집합체로서의 사회 네트워크를 넘어 비인간(예를 들면 자연) 또한 하나의 행위자로서 네트워크에 참여하여 활동하고 있다고 본다. 이 이론의 주요 창시자 중 한 사람인 라뚜르(Latour, 1991; 2005)에 따르면, 행위자-연결망 이론은 비록 이론이라고 명명되기는 했지만 네트워크가 왜 그리고 어떻게 현재의 네트워크를 구성하고 있는지를 설명해 주지는 않으며, 이보다는 복잡하게 얽혀 있는 네트워크 안의 관계들 하나하나에 대한 심층적인 탐색이 주요 목적이다. 이는 종래 네트워크 분석법이 개별 구성 요소보다는 네트워크 전체의 구조를 이해하는 데 더 적절하였던 한계를 극복하려는 노력의 일환이라고도 볼 수 있을 것이다.

　이상과 같은 연구동향 외에도, 공간적 범위를 바탕으로 대상을 바라보는 전통적인 영역주의적 관점, (이에 대한 비판 속에서 제안된) 다양한 행위자들의 네트워크를 바탕으로 대상을 바라보는 관계론적 관점, 그리고 이 두 가지 상충되는 관점을 접목시키고자 하는 네트워크적 영역성에 대한 담론 등을 통해 연구 및 분석에서 별개의 대상이었던 영역적 공간과 네트워크가 새로운 차원에서 만나고 있기도 하다. 연구 주제(대상과 연구목적)라는 관점에서 그리고 연구방법(계량적 및 질적 접근)이라는 측면에서 네트워크 연구는 바야흐로 백화제방(百花齊放)의 시대에 접어들었다.

■ 주

1) 이 책에서 network는 '네트워크'라 적기로 한다. 국립국어원에서는 가급적 외래어 표기를 지양하기 위하여 '네트워크'보다는 '○○망', '△△망' 등으로 우리말로 바꾸어 적기를 권장하고 있다. 그러나 network의 용례가 명사 뒤에 붙여 쓰는 경우만 있는 것은 아니며, 그렇다고 간략하게 '망(網)'이라 표기하는 것도 무리가 있기에 외래어임을 무릅쓰고 네트워크라 적는다.

2) *Progress in Geography*는 나중 *Progress in Physical Geography*와 *Progress in Human Geography*로 나뉘어 발간되기에 이른다.

■ 참고문헌

• 김재한, 1979, "그래프 이론에 의한 서울시 통행구조 분석," 지리학논총 6, pp.30-43, 서울대학교 사회과학대학 지리학과.

• 손영신, 1979, "Graph 이론에 의한 한국 교통망 분석: 철도, 고속도로," 경북대학교 석사학위논문.

• 장재훈, 김주환, 허우긍, 1977, 공간 구조: 지리학 입문서, 을지출판사.

• 최운식, 1975, "서울·경기지방의 교통망 연구," 지리학과 지리교육 5, pp.75-84, 서울대학교 사범대학 지리교육과.

• 한주성, 1988, "한국의 교통지리학 연구동향과 과제," 지리학(현 대한지리학회지) 37, pp.49-68.

• *Economic Geography* 49권 2호(1973), 특집 주제 'Transportation geography: societal and policy perspectives'.

• Haggett, P. and Chorley, R., 1969, *Network Analysis in Geography*, Edward Arnold: London.

• Janelle, D. and Beuthe, M., 1997, "Globalization and research issues in transportation," *Journal of Transport Geography* 5(3), pp.199-206.

• Kansky, K., 1963, *Structure of Transportation Networks: Relationships between Network Geometry and Regional Characteristics*. The University of Chicago, Department of Geography Research Paper No.84.

• Keeling, D., 2009, "Transportation geography: local challenges, global contexts," *Progress in Human Geography* 33(4), pp.516-526.

• Latour, B., 1991, Technology is Society Made Durable, in Law. J.(ed.), *A Sociology of Monsters: Essays on power, Technology and Domination*, London: Routledge, pp.103-131.

• Latour, B., 2005, *Reassembling the Social: An Introduction to Actor-Network-Theory*, Oxford: Oxford University Press.

• Leinbach, T., 1976, "Networks and flows," *Progress in Geography* 8, pp.180-207.

• Muller, P., 1976, "Social transportation geography," *Progress in Geography* 8, pp.208-231.

• Taaffe, E. and Gauthier, H., 1973, *Geography of Transportation*, Englewood Cliffs: Prentice Hall.
• Tranos, E., 2013, *The Geography of the Internet: Cities, Regions and Internet Infrastructure in Europe*, Cheltenham: Edward Elgar Publishing.

네트워크의 지리학

네트워크 분석

김현 · 한대권

1. 머리말

 '네트워크'라는 단어는 사회과학과 자연과학을 망라하여 가장 널리 사용되는 단어이지만 적용 분야에 따라 다양한 정의와 분석 방법이 제시된다. 예를 들면, 교통망 연구에서의 네트워크는 사람과 물자의 흐름이 발생하고 조직화되며 재현되는 구체적인 공간으로 인식되고, 사회적 관계를 연구하는 사람들에게는 행위자 간의 결속 및 상호작용의 정도를 표현하는 추상적 공간으로 정의된다. 수문학에서는 복잡한 하계망 구조를 네트워크 개념을 통해 단순화하여 분석에 이용한다(Brandes and Erlebach, 2005).

 지리학에서 네트워크 분석은 복잡한 물리적 공간 및 사회적 공간에서 발생하는 사상들의 관계를 결절, 선, 흐름과 같은 단순한 요소들로 환원하여 분석하는 계량적인 방법론으로 정의할 수 있다. 지리학에서 네트워크 분석에 관심을 가지는 데에는 다양한 이유가 있는데, 이는 크게 공간적 상호작용과 이로써 파생되는 체계와 계층성에 대한 이해, 그리고 계획과 합리적 의사 결정 과정을 위해 계량적 분석이 필요하기 때문이다. 한 예로, 교통망의 발달은 지역의 경제적 발전 수준과 밀접히 관련되어 있고, 한 지역의 경제적 발전은 다른 지역과의 물자와 사람의 흐름의 정도에 따라 영향을 받는다. 시간이 흐름에 따라 특정 도시는 다른 도시에 비해 훨씬 큰 규모의 결절지로 발전하기도 하고, 다른 도시를 공간적으로 포섭하여 계층을 이루기도 한다. 네트워크에서 물자의 흐름에 비효율성이 발생하면 새로운 교통망을 확충할 필요가 생기게 되는데, 의사 결정자의 계획 수립에 필요한 평가와 최적의 해를 구하는 데 네트워크 분석이 이용될 수 있다. 이 장에서는 교통망을 사례로 하여 네트워크 분석 방법에 대해 살펴본다.

2. 네트워크의 구성 요소

현실 세계의 망에 대한 분석은 앞서 언급한 네트워크의 구성 요소를 그래프 이론(graph theory)에 따라 체계적인 형태로 변환하여 이루어진다. 원래 그래프 이론은 수학의 한 분야이지만, 이 이론은 다양한 방식으로 응용되어 여러 분야에서 사용한다(Berge, 1962). 그래프 이론에서는 점(vertex) 또는 변(edge)과 같은 기하학 용어가 주로 사용되지만, 이 장에서는 교통망을 예로 하여 결절(node)과 선(link)이란 용어를 사용한다.

[그림 2-1]에서 보듯이, 현실 세계의 교통망은 결절과 선의 집합체인 추상적 구조로 나타낼 수 있다. 현실에서 결절로 표현될 수 있는 대상은 지리적 스케일에 따라 달라진다. 작게는 사람과 같은 개체부터, 공항, 터미널과 같은 시설물, 교통망의 교차점과 같은 지리적 실체를 표현하기도 하고, 마을, 도시, 국가와 같은 지리적 대상을 대표할 수도 있다. 즉, 결절은 분석의 지리적 범위와 대상에 따라 달라지는 구성 요소이다. 각각의 결절은 기본적으로 위상학적인 좌표나 지리적 좌표 체계를 통해 네트워크상에서의 위치가 정해지게 된다. 분석의 정도에 따라 결절에 상호작용의 양이나 인구 규모와 같은 속성이 부가적으로 표현될 수 있다. 선은 결절과 결절 간의 연결 유무를 표현하는 네트워크의 구성 요소이다. 일반적으로 선은 양방향의 흐름이 가능한 연결로로 인식되지만, 경우에 따라서는 흐름의 방향성이 고려되어 표현되기도 한다. 경로(path)는 네트워크에서 유동의 기점(origin 또는 source)과 종점(destination 또는 terminal)이 주어질 때, 두 지점을 연결하는 결절과 선의 연결 조합으로 정의된다. 개별 결절의 접근성이나 물자나 정보 유동(flow)의 이동 효율성은 얼마나 많은 경로가 네트워크상에서 확보되는지에 따라 영향을 받게 된다. 선은 교통망(도로, 철도)이나 정보통신망과 같은 물리적 대상을 표현하는 데 이용되지만, 사람 간의 상호작용, 사회적 관계와 같은 추상적인 논리적 관계를 표현하기도 한다. 선은 결절 간

네트워크의 지리학

의 연결 관계를 보여 줄 뿐만 아니라, 경우에 따라서는 결절 간의 거리나 비용 또는 상대적인 친밀도와 추상적인 속성이 부가되어 분석에 사용되기도 한다. 마지막으로, 유동은 네트워크에서 물자와 사람의 흐름의 양적 정보를 표현한다. 특히, 기점과 종점 간에 파생한 유동량을 기종점 간 유동(O-D flows)으로 정의한다.

네트워크는 연결의 차원에 따라 평면 그래프(planar graph)와 비평면 그래프(non-planar graph)로 구분된다. [그림 2-2]에서도 보듯이, 평면 그래프는 두 변의 교차가 발생할 경우 항상 결절로 표현되는 2차원적 구조이지만, 비평면 그래프는 결절 간의 선의 교차가 허용되는 다차원적인 구조이다. 대부분의 육상 교통망은 평면 그래프의 형태로 표현이 되지만, 항공로, 수로 또는 지하철 등과 같이 다층적인 구조가 필요한 경우에는 비평면 그래프의 형태로 표현한다.

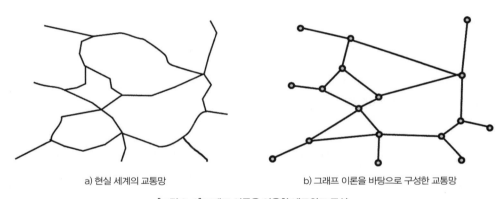

a) 현실 세계의 교통망   b) 그래프 이론을 바탕으로 구성한 교통망

[그림 2-1] 그래프 이론을 이용한 네트워크 구성

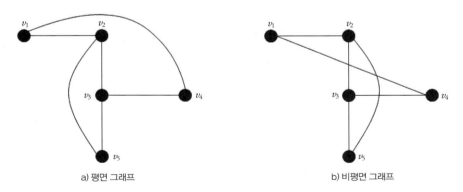

a) 평면 그래프   b) 비평면 그래프

[그림 2-2] 평면 그래프와 비평면 그래프

3. 네트워크 분석

네트워크 분석은 그래프 이론을 토대로 재현된 망에 대하여 이루어지며, 분석의 목표 대상에 따라 크게 네트워크 전체에 대한 분석법과 네트워크 내 각 개별 결절이나 선에 대한 분석법으로 구분할 수 있다(Taaffe et al., 1996; Black, 2003). 전자는 네트워크를 점과 선의 결합으로 구성된 하나의 체계로 인식하여 네트워크가 얼마나 조밀하게 또는 효율적으로 조직되어 있는지를 살피는 데 초점을 둔다. 이 경우에는 네트워크 전체에 대한 평가이기 때문에 하나의 지수(index) 형태로 표현되는 특징이 있다. 지수의 가장 유의미한 기능은 교통망의 크기가 달라도 간단하게 지수를 통해 상호 비교를 할 수 있다는 점이다. 따라서 시간의 흐름에 따른 교통망의 발전 과정 정도나 다른 망과의 비교가 직접적으로 가능하다. 후자의 경우에는 네트워크 내에 각 결절이 지니는 접근성이나 경로의 위상학적인 중요도가 분석 대상이다. 특정 결절이 주어진 네트워크 안에서 얼마나 연결성이 좋은지 또는 접근성이 우수한지를 살피고 비교할 때 유용하다. 특히, 결절의 중요도를 평가하여 망을 확장할 때 필요한 의사 결정 과정에 이용할 수 있다.

1) 네트워크 전체에 대한 평가

네트워크 전체에 대한 분석은 네트워크의 결절들이 상호 간에 얼마나 연결이 잘되어 있는지를 살펴보는 것에서 시작하며, 이를 연결성(connectivity)이라 정의한다. 일반적으로 네트워크는 결절의 개수에 따라 최소로 요구되는 변의 수와 최대로 보유할 수 있는 변의 수가 파악이 된다. 이를 최소연결 네트워크(e_{min})와 최대연결 네트워크(e_{max})라 한다. [그림 2-3]의 a)를 예로 설명하자면, 주어진 8개의 결절에 대해 e_{min}의 값은 $e_{min} = (v-1)$의 관계를 적용하여 7의 값을 갖게 된다. 최대연결 네트워크를 구성하는 데 필요한 최소 선은 평면 및 비평면 그래프에 따라 다르게 계산되는데, [그림 2-3] b)의 경우 비평면 그래프라고 가정하면 $e_{max} = v(v-1)/2 = 8(8-1)/2 = 28$, 평면 그래프의 경우에는 $e_{max} = 3(v-2) = 3(8-2) = 18$의 값을 갖게 된다. 이 두 지수가 중요한 이유는, 모든 네트워크는 이 두 지수의 범위 안에서 값을 갖게 되므로 실제 네트워크의 복잡한 정도를 두 지수에 비교하여 간단히 파악할 수 있기 때문이다.

네트워크를 총체적으로 분석하는 연결성 지수로는 네트워크 반지름(d), 순회로 지수(μ), 알파

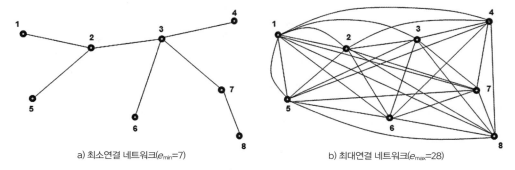

a) 최소연결 네트워크(e_{min}=7)   b) 최대연결 네트워크(e_{max}=28)

[그림 2-3] 최소연결 네트워크와 최대연결 네트워크

(α), 감마(γ), 베타(β)가 있다. 네트워크 반지름(d, diameter)은 네트워크에서 기하학적으로 가장 멀리 떨어진 두 결절을 연결할 때 최소로 소요되는 선의 개수이다. [그림 2-3] a)의 경우에서는 결절 1번과 8번이 기하학적으로 가장 멀리 위치해 있는데, 이때 두 점의 연결에 소요되는 최소한의 선은 4개(d=4)가 되며, b)의 경우에는 네트워크 어느 두 점에 대해서도 직접적인 연결선이 있기 때문에 d=1이 된다. 네트워크가 복잡해질수록 이른바 순회로(curcuit: 닫힌 경로 또는 cycle)가 증가하게 된다. 예를 들면, [그림 2-4] b)에서는 3개의 순회로(2-3-6, 3-4-7, 3-6-7)가 확인되는데, 이러한 순회로의 개수는 점(v)과 선(e), 그리고 서브그래프의 개수(p)의 관계인 순회로 지수(cyclomatic number) $\mu(=e-v+p)$로 파악될 수 있다. [그림 2-4] a), b), c), d)의 μ지수는 각각 0(=7-8+1), 3(=10-8+1), 7(=14-8+1), 10(=17-8+1)로 계산된다. 순회로가 증가한다는 것은 네트워크에 우회로의 수가 많아진다는 것을 의미한다. 순회로 지수의 확장된 형태인 α지수는 네트워크의 실제 순회로 수와 최대 순회로 수 간의 비율로 정의된다. 즉, 네트워크의 크기가 반영되어 값의 범위가 0과 1의 범위로 조정된 것이 α지수이다. 이는 비평면과 평면에 따라 달리 적용되는데, 평면 네트워크의 경우 $\alpha=\mu/(2v-5)$, 비평면인 경우 $\alpha=\mu/\{\frac{1}{2}v(v-1)-(v-1)\}$로 계산된다. 알파의 값이 1에 가까울수록 네트워크의 연결성이 향상되고 순회성의 비율이 높아지고 있음을 의미한다. 감마지수(γ)와 베타지수(β)는 네트워크의 복잡성을 살피는 데 유용한 지수이다. γ지수는 네트워크가 가질 수 있는 최대 변의 수에 대한 실제 변의 수의 비율($\gamma=e/e_{max}$)로 상대적 연결성을 살피지만, β지수는 변과 결절 간의 비율($\beta=e/v$)을 측정하여 네트워크의 발달 정도를 측정한다는 점에서 다르다. γ지수는 평면 그래프의 경우 $\gamma=e/3(v-2)$, 비평면은 $\gamma=2e/$

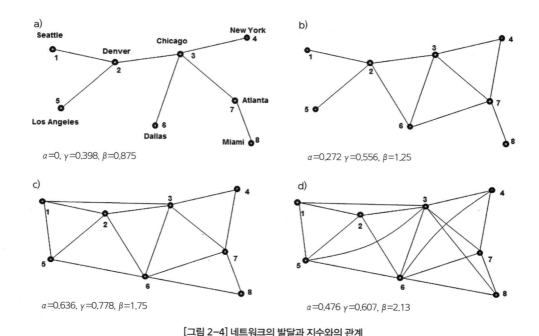

a) $a=0$, $\gamma=0.398$, $\beta=0.875$

b) $a=0.272$ $\gamma=0.556$, $\beta=1.25$

c) $a=0.636$, $\gamma=0.778$, $\beta=1.75$

d) $a=0.476$ $\gamma=0.607$, $\beta=2.13$

[그림 2-4] 네트워크의 발달과 지수와의 관계

$v(v-1)$로 각각 측정되는데, 평면 그래프의 경우 $\frac{1}{3}\leq\gamma\leq1$, 비평면의 경우 $0\leq\gamma\leq1$의 범위를 갖게 된다. β지수는 지수의 특성상 결절에 비해 변의 수가 많아질수록 그 값이 증가하게 되는데, 이론상 결절만 있고 교통망이 아예 발달하지 않은 경우 0을 최솟값으로 가지지만, 상한값은 결절 수에 대한 변의 수가 얼마나 많이 존재하는가에 따라 정해지게 된다. 따라서 네트워크 간의 복잡성을 비교하기 위해서는 주로 γ지수를 통해 확인하는 것이 일반적이다.

2) 개별 결절의 접근성에 대한 분석

하나의 네트워크에서 각각의 결절은 변들과의 연결 구조에 따라 다른 접근성을 갖게 된다. 이 절에서는 개별 결절의 접근성을 살피기 위한 방법으로 인접성 행렬(connectivity matrix)을 이용한 네트워크 분석법을 살펴본다. 인접성 행렬에서는 두 점 간에 변이 존재할 경우에는 1, 그렇지 않을 경우에는 0을 기입하고, 이를 $C1$이라고 정의한다. [그림 2-4] a)를 예시로 인접 행렬을 작성하면 〈표 2-1〉과 같다. 접근성을 살펴보는 가장 간단한 방법으로는 $C1$에서 개별 결절에 대

32

해 직접적으로 연결된 변의 수를 합한 값인 직접 연결 지수(degree of node, d)가 있다. 〈표 2-1〉에서 볼 수 있듯이, d의 값이 클수록 직접 연결성이 좋다고 볼 수 있지만, 여러 경로를 통해 도달해야 하는 종점에 대한 정보를 담고 있지 않다는 점에서 제한적이다. 오히려 개별 결절의 접근성은 직접 연결성뿐만 아니라 우회로를 고려하여 기점과 종점 간의 경로 수에 따라 평가가 달라질 수 있다. 다시 말해, 기종점 간에 n변($n=1, 2…$)을 이용해 도달할 수 있는 경로의 수(Cn)와 같은 간접적인 경로를 파악하여 접근성에 반영하는 것이 좀더 합리적이다. 이러한 우회로의 계산은 접근성 행렬 연산을 통해 구해질 수 있다. 우선 n차 접근성 행렬인 n번의 변을 이용하여 기점에서 종점으로 도달할 수 있는 경로의 수는 $C_{ij}^{n} = C_{ik}^{(n-1)} \cdot C_{kj}^{1}$의 행렬 연산을 통해 계산된다. 예를 들면, 각 결절별로 두 변(2 steps)만으로 연결할 수 있는 경로의 수 $C^2 = C^1 \cdot C^1$, 세 변을 통해 연결할 수 있는 경로의 수는 $C^3 = C^2 \cdot C^1$의 관계식을 통해 구해지며, 이러한 연산은 n이 네트워크의 지름(diameter)과 같아질 때 비로소 끝나게 된다. 이때, 각 차수의 행렬 요소의 합으로 이루어지는 행렬, $T = C1 + C2 + C3 + …Cn$을 작성할 수 있게 되는데, 이를 총 접근성 행렬 T(total accessibility matrix)라고 정의한다. 이 행렬에서 각 행의 합은 각 결절점으로부터 네트워크 내의 다른 결절과의 경로의 총개수를 의미하게 된다.

〈표 2-1〉의 f)에 나타난 결과를 살펴보면, 결절 3이 가장 접근성이 좋고 결절 8이 가장 낮은 것으로 나타난다. 그러나 기본적인 T행렬에서는 이른바 경로의 중복(redundancy) 문제가 존재한다. 예를 들면, 결절 1에서 결절 2로 3변을 통해 갈 수 있는 방법 중에서 1→2→3→2와 같이 이미 도달한 결절을 다른 결절을 통해 순환되어 돌아오게 되는 경우도 포함된다. 이러한 중복성의 영향력이 문제가 될 경우, 가중 상수(scalar)를 고려하여 간접적 연결의 차수에 비례한 중요도를 감소시켜 접근성을 계산할 수 있다. 이를 가중치 접근성 행렬 Ts라고 정의하고, $Ts = s1 \cdot C1 + s2 \cdot C2 + s3 \cdot C3 + …sn \cdot Cn (0 \langle s \leq 1$, n: 네트워크의 지름)을 통해 계산된다. 중복성의 문제는 결절 자체로 순환하는 경로의 개수(행렬 대각선 값)에서도 존재한다. 특히, 이러한 중복성은 네트워크의 복잡성이 커서 간접 경로의 경우에는 수가 많아질 때 문제가 될 수 있기 때문에, 분석의 목적에 따라 적절한 가중 상수를 적용하고 대각선 값을 접근성의 계산에 반영하지 않는 방법을 적용해야 한다.

두 번째로, 개별 결절의 접근성은 기종점 간의 최소로 요구되는 소요 변수에서도 살펴볼 수 있다. 이른바 최단 경로 행렬(D-matrix)이라고도 불리는 이 방법은 개별 결절에서 다른 결절 간

〈표 2-1〉 인접 행렬의 연산과 총 접근성 행렬

$C1$	1	2	3	4	5	6	7	8	d
1	0	1	0	0	0	0	0	0	1
2	1	0	1	0	1	0	0	0	3
3	0	1	0	1	0	1	1	0	4
4	0	0	1	0	0	0	0	0	1
5	0	1	0	0	0	0	0	0	1
6	0	0	1	0	0	0	0	0	1
7	0	0	1	0	0	0	0	1	2
8	0	0	0	0	0	0	1	0	1

a) $C1$ 행렬과 직접 연결 지수 d

$C1$	1	2	3	4	5	6	7	8
1	0	1	0	0	0	0	0	0
2	1	0	1	0	1	0	0	0
3	0	1	0	1	0	1	1	0
4	0	0	1	0	0	0	0	0
5	0	1	0	0	0	0	0	0
6	0	0	1	0	0	0	0	0
7	0	0	1	0	0	0	0	1
8	0	0	0	0	0	0	1	0

b) $C1$ 행렬

$C2$	1	2	3	4	5	6	7	8
1	1	0	1	0	1	0	0	0
2	0	3	0	1	0	1	1	0
3	1	0	4	0	1	0	0	1
4	0	1	0	1	0	1	1	0
5	1	0	1	0	1	0	0	0
6	0	1	0	1	0	1	1	0
7	0	1	0	1	0	1	2	0
8	0	0	1	0	0	0	0	1

c) $C2$ 행렬($C1 \cdot C1$)

$C3$	1	2	3	4	5	6	7	8
1	0	3	0	1	0	1	1	0
2	3	0	6	0	3	0	0	1
3	0	6	0	4	0	4	5	0
4	1	0	4	0	1	0	0	1
5	0	3	0	1	0	1	1	0
6	1	0	4	0	1	0	0	1
7	1	0	5	0	1	0	0	2
8	0	1	0	1	0	1	2	0

d) $C3$ 행렬($C2 \cdot C1$)

$C4$	1	2	3	4	5	6	7	8
1	3	0	6	0	3	0	0	1
2	0	12	0	6	0	6	7	0
3	6	0	19	0	6	0	0	5
4	0	6	0	4	0	4	5	0
5	3	0	6	0	3	0	0	1
6	0	6	0	4	0	4	5	0
7	0	7	0	5	0	5	7	0
8	1	0	5	0	1	0	0	2

e) $C4$ 행렬($C3 \cdot C1$)

T	1	2	3	4	5	6	7	8	합
1	4	4	7	1	4	1	1	1	23
2	4	15	7	7	4	7	8	1	53
3	7	7	23	5	7	5	6	6	66
4	1	7	5	5	1	5	6	1	31
5	4	4	7	1	4	1	1	1	23
6	1	7	5	5	1	5	6	1	31
7	1	8	6	6	1	6	9	3	40
8	1	1	6	1	1	1	3	3	17

f) 총 접근성 행렬 $T(=C1+C2+C3+C4)$

의 최단 경로를 구하여 접근성을 평가한다. 최단 경로의 계산은 Cn의 행렬을 바탕으로 부기법 (book-keeping)을 통해 Dn 행렬을 작성하는 것으로 이루어진다. 〈표 2-2〉에서 나타나듯이, Cn 의 새로운 값이 등장하는 해당 요소에 대하여 n차의 D 행렬 요소에 해당 차수를 기입하게 된다. 예를 들면, 〈표 2-2〉의 $C2$ 행렬에서 음영으로 처리된 요소는 이전 행렬인 $C1$에서는 없었지만 새롭게 등장한 값으로 2변을 통해 접근할 수 있는 경로를 의미한다. 즉, D2는 이러한 새로운 값에 해당하는 요소에 2라는 숫자를 기입함으로써 최단 경로에 2변이 요구됨을 의미한다. 원칙적으로 D 행렬에서 대각선 요소를 제외한 모든 원소의 값들이 정해지게 되면 연산을 중단하게 되는데, 만일 네트워크에 회로가 존재할 경우에는 Cn까지의 행렬이 다 필요하지 않을 수도 있다. 이는 최소 요구 변수가 측정 대상이기 때문에 행 요소의 합이 작을수록 좋은 접근성을 지닌다고 볼 수 있다. 〈표 2-2〉의 결과에서는 결절 3이 최단 경로의 관점에서 접근성이 가장 우수하고 결절 8이 가장 좋지 않다고 볼 수 있다.

세 번째로는 실제 네트워크 내 모든 변의 속성값을 통해 접근성을 평가하는 최소 비용 경로 접근성 행렬(L-matrix)의 방법이 있다. 앞서 살펴본 T나 D 행렬은 네트워크의 구성이 위상적인 연결 관계만을 고려한 상황에서 접근성을 구한 예라고 볼 수 있다. 여기에서 거리는 소요되는 변의 수로 표현되었다. 그러나 위상적으로는 동일한 변이 지리적으로는 상이한 거리일 수 있으며, 이러한 점은 접근성을 평가할 때 간과할 수 없는 부문이기도 하다. 이러한 속성의 예로는 물리적 거리, 시간 거리 및 교통비용과 같은 실제 정보를 들 수 있다. L 행렬의 경우, 그 계산 과정이 앞선 두 행렬과 상이하다. 첫 번째로, 〈표 2-3〉 a)의 기본 거리 행렬($D1$)에서 보듯이 두 결절 간에 직접적인 연결선이 있는 경우 실제 수치를 기입하게 되지만, 나머지 요소에 대해서는 충분히 큰 수를 의미하는 무한대(∞)를 기입한다. 두 번째로, 행렬 연산 과정이 다르다. 기본적으로 L 행렬은 D 행렬 상에서 새로운 값이 등장할 때마다 해당하는 요소의 값을 결정해 주게 되는데, n차의 L 행렬 요소의 값은 $L_{ij}^{n+1}=\min(L_{ik}^{n}+L_{kj}^{n})$에 의해 구해진다. 여기서 주의해야 할 점은, $(n+1)$차수 행렬의 요소인 L_{ij}의 값은 차하 행렬의 i행과 j열의 곱으로 구하는 데 불린(Boolean) 연산 방식이 적용되어 요소들의 곱은 합의 형태로 변환되어 계산되고, 계산된 요소들 중에서 최솟값이 L_{ij}의 값으로 결정된다는 점이다. 〈표 2-3〉 c)에서 세 변이 소요되는 최단 경로 중 L_{17} 요소의 값을 예로 든다면, $L_{17}=\min\{(0+\infty), (122+180), (232+70), (\infty+156), (222+\infty), (\infty+166), (\infty+0), (\infty+73)\}$을 따르게 되고, 이 가운데 가장 작은 값인 302가 최소 비용 거리로 정해진다. 최종 최소 비용 행렬이 구해졌을 때, 행 요소의 합은 한 결절로부터 다른 결절까지의 최소 비용 거리의 총합으로 이해되어 각 결절의 접근성을 대표한다고 본다. 〈표 2-3〉에서 결절 8은 위상학적 입지가 고려된 T와 D 행렬에서는 최하위의 접근성을 보여 주었지만, 최소 비용 행렬 L에서는 결절 1과 5보다도 접근성이 우수한 것으로 평가된다.

〈표 2-2〉 최단 경로 접근성 행렬(D)의 연산

C1	1	2	3	4	5	6	7	8
1	0	1	0	0	0	0	0	0
2	1	0	1	0	1	0	0	0
3	0	1	0	1	0	1	1	0
4	0	0	1	0	0	0	0	0
5	0	1	0	0	0	0	0	0
6	0	0	1	0	0	0	0	0
7	0	0	1	0	0	0	0	1
8	0	0	0	0	0	0	1	0

$\Rightarrow$

D1	1	2	3	4	5	6	7	8
1	0	1	-	-	-	-	-	-
2	1	0	1	-	1	-	-	-
3	-	1	0	1	-	1	1	-
4	-	-	1	0	-	-	-	-
5	-	1	-	-	0	-	-	-
6	-	-	1	-	-	0	-	-
7	-	-	1	-	-	-	0	1
8	-	-	-	-	-	-	1	0

a) 1변이 소요되는 최단 경로 행렬(D1)

C2	1	2	3	4	5	6	7	8
1	1	0	1	0	1	0	0	0
2	0	3	0	1	0	1	1	0
3	1	0	4	0	1	0	0	1
4	0	1	0	1	0	1	1	0
5	1	0	1	0	1	0	0	0
6	0	1	0	1	0	1	1	0
7	0	1	0	1	0	1	2	0
8	0	0	1	0	0	0	0	1

$\Rightarrow$

D2	1	2	3	4	5	6	7	8
1	0	1	2	-	2	-	-	-
2	1	0	1	2	1	2	2	-
3	2	1	0	1	2	1	1	2
4	-	2	1	0	-	2	2	-
5	2	1	2	-	0	-	-	-
6	-	2	1	2	-	0	2	-
7	-	2	1	2	-	2	0	1
8	-	-	2	-	-	-	1	0

b) 2변이 소요되는 최단 경로 행렬(D2)

C3	1	2	3	4	5	6	7	8
1	0	3	0	1	0	1	1	0
2	3	0	6	0	3	0	0	1
3	0	6	0	4	0	4	5	0
4	1	0	4	0	1	0	0	1
5	0	3	0	1	0	1	1	0
6	1	0	4	0	1	0	0	1
7	1	0	5	0	1	0	0	2
8	0	1	0	1	0	1	2	0

$\Rightarrow$

D3	1	2	3	4	5	6	7	8
1	0	1	2	3	2	3	3	-
2	1	0	1	2	1	2	2	3
3	2	1	0	1	2	1	1	2
4	3	2	1	0	3	2	2	3
5	2	1	2	3	0	3	3	-
6	3	2	1	2	3	0	2	3
7	3	2	1	2	3	2	0	1
8	-	3	2	3	-	3	1	0

c) 3변이 소요되는 최단 경로 행렬(D3)

C4	1	2	3	4	5	6	7	8
1	3	0	6	0	3	0	0	1
2	0	12	0	6	0	6	7	0
3	6	0	19	0	6	0	0	5
4	0	6	0	4	0	4	5	0
5	3	0	6	0	3	0	0	1
6	0	6	0	4	0	4	5	0
7	0	7	0	5	0	5	7	0
8	1	0	5	0	1	0	0	2

$\Rightarrow$

D4	1	2	3	4	5	6	7	8	합
1	0	1	2	3	2	3	3	4	18
2	1	0	1	2	1	2	2	3	12
3	2	1	0	1	2	1	1	2	10
4	3	2	1	0	3	2	2	3	16
5	2	1	2	3	0	3	3	4	18
6	3	2	1	2	3	0	2	3	16
7	3	2	1	2	3	2	0	1	14
8	4	3	2	3	4	3	1	0	20

d) 완성된 최단 경로 행렬(D4)

〈표 2-3〉 최소 비용 경로 접근성 행렬(L)의 연산

$D1$	1	2	3	4	5	6	7	8
1	0	1	–	–	–	–	–	–
2	1	0	1	–	1	–	–	–
3	–	1	0	1	–	1	1	–
4	–	–	1	0	–	–	–	–
5	–	1	–	–	0	–	–	–
6	–	–	1	–	–	0	–	–
7	–	–	1	–	–	–	0	1
8	–	–	–	–	–	–	1	0

$L1$	1	2	3	4	5	6	7	8
1	0	122	∞	∞	∞	∞	∞	∞
2	122	0	110	∞	100	∞	∞	∞
3	∞	110	0	86	∞	96	70	∞
4	∞	∞	86	0	∞	∞	∞	∞
5	∞	100	∞	∞	0	∞	∞	∞
6	∞	∞	96	∞	∞	0	∞	∞
7	∞	∞	70	∞	∞	∞	0	73
8	∞	∞	∞	∞	∞	∞	73	∞

a) 직접 연결된 변에 대한 비용 경로 행렬($L1$)

$D2$	1	2	3	4	5	6	7	8
1	0	1	2	–	2	–	–	–
2	1	0	1	2	1	2	2	–
3	2	1	0	1	2	1	1	2
4	–	2	1	0	–	2	2	–
5	2	1	2	–	0	–	–	–
6	–	2	1	2	–	0	2	–
7	–	2	1	2	–	2	0	1
8	–	–	2	–	–	–	1	0

$L2$	1	2	3	4	5	6	7	8
1	0	122	232	∞	222	∞	∞	∞
2	122	0	110	196	100	206	180	∞
3	232	110	0	86	210	96	70	143
4	∞	196	86	0	∞	182	156	∞
5	222	100	210	∞	0	∞	∞	∞
6	∞	206	96	182	∞	0	166	∞
7	∞	180	70	156	∞	166	0	73
8	∞	∞	143	∞	∞	∞	73	0

b) 2변이 소요되는 최소 비용 경로($L2$)

$D3$	1	2	3	4	5	6	7	8
1	0	1	2	3	2	3	3	–
2	1	0	1	2	1	2	2	3
3	2	1	0	1	2	1	1	2
4	3	2	1	0	3	2	2	3
5	2	1	2	3	0	3	3	–
6	3	2	1	2	3	0	2	3
7	3	2	1	2	3	2	0	1
8	–	3	2	3	–	3	1	0

$L3$	1	2	3	4	5	6	7	8
1	0	122	232	318	222	328	302	∞
2	122	0	110	196	100	206	180	253
3	232	110	0	86	210	96	70	143
4	318	196	86	0	296	182	156	229
5	222	100	210	296	0	306	280	∞
6	328	206	96	182	306	0	166	239
7	302	180	70	156	280	166	0	73
8	∞	253	143	229	∞	239	73	0

c) 3변이 소요되는 최소 비용 경로($L3$)

$D4$	1	2	3	4	5	6	7	8
1	0	1	2	3	2	3	3	4
2	1	0	1	2	1	2	2	3
3	2	1	0	1	2	1	1	2
4	3	2	1	0	3	2	2	3
5	2	1	2	3	0	3	3	4
6	3	2	1	2	3	0	2	3
7	3	2	1	2	3	2	0	1
8	4	3	2	3	4	3	1	0

$L4$	1	2	3	4	5	6	7	8	합
1	0	122	232	318	222	328	302	375	1899
2	122	0	110	196	100	206	180	253	1167
3	232	110	0	86	210	96	70	143	947
4	318	196	86	0	296	182	156	229	1463
5	222	100	210	296	0	306	280	353	1767
6	328	206	96	182	306	0	166	239	1523
7	302	180	70	156	280	166	0	73	1227
8	375	253	143	229	353	239	73	0	1665

d) 4변이 소요되는 최소 비용 경로($L4$)

주: 1의 요소의 값은 두 결절 간의 비행 소요 시간(air-travel time)이 적용되었음.

3) 접근성 행렬을 이용한 교통망 계획과 평가

개별 접근성 지수는 교통망의 발전 과정에 대한 분석 및 교통망 간에 대한 접근성 분석 등과 같은 현재 교통망에 대한 평가에도 이용되지만, 교통망의 설계에 대한 평가에도 이용될 수 있다. 예를 들면, 기존의 교통망에 대하여 새로이 도로를 추가할 경우에는 우회로의 확보와 최단 경로 및 최소 비용 경로의 향상이란 관점에서 가장 효과적인 망의 설계가 무엇인지에 대한 평가가 필요하다. [그림 2-4] a)의 교통망을 기준으로 새롭게 하나의 경로를 추가한다고 할 때, 우회로의 확보와 최소 비용의 관점(비행 소요 시간)에서 네 가지 계획인 a) Seattle(1) - Los Angeles(5), b) Los Angeles(5) - Dallas(6), c) New York(4) - Atlanta(7), d) Dallas(6) - Miami(8)가 마련되었다고 가정하자. 이 네 가지 계획 중에서 현재의 네트워크와 비교하여 가장 우수한 계획을 찾아

〈표 2-4〉 총 접근성 행렬과 최소 비용 행렬을 이용한 교통망 계획 평가

결절	현재	계획 (a)	계획 (b)	계획 (c)	계획 (d)
1	23	50(+27)	27(+4)	25(+2)	24(+1)
2	53	75(+22)	68(+15)	60(+7)	57(+4)
3	66	72(+6)	81(+15)	96(+30)	80(+14)
4	31	33(+2)	35(+4)	68(+37)	35(+4)
5	23	50(+27)	49(+26)	25(+2)	24(+1)
6	31	33(+2)	56(+25)	38(+7)	54(+23)
7	40	42(+2)	44(+4)	76(+36)	54(+14)
8	17	17(0)	18(+1)	30(+13)	42(+25)
계	284	372(+88)	378(+94)	418(+134)	370(+86)

1) 총 접근성 행렬 결과

결절	현재	계획 (a)	계획 (b)	계획 (c)	계획 (d)
1	1899	1792(−107)	1899(0)	1899(0)	1899(0)
2	1167	1167(0)	1167(0)	1167(0)	1167(0)
3	947	947(0)	947(0)	947(0)	947(0)
4	1463	1463(0)	1463(0)	1331(−132)	1463(0)
5	1767	1660(−107)	1610(−157)	1767(0)	1767(0)
6	1523	1523(0)	1366(−157)	1523(0)	1417(−106)
7	1227	122(0)	1227(0)	1161(−66)	1227(0)
8	1665	1665(0)	1665(0)	1599(−66)	1559(−106)
계	11658	11444(−214)	11344(−314)	11394(−264)	11446(−212)

2) 최소 비용 행렬 결과

보고자 한다면, T 행렬과 L 행렬을 이용하여 분석 및 평가를 할 수 있다.

〈표 2-4〉는 각 계획에 대한 총 접근성 행렬 및 최소 비용 행렬의 결과를 나타낸 것이다. 〈표 2-4〉의 1)에서 알 수 있듯이, 네트워크의 전반적인 우회로 확보 측면에서는 계획 (c)가 가장 좋은 것으로 간주된다. 이는 직접적으로 연결망이 추가되는 두 도시뿐만 아니라 인접한 결절(3, 8)에도 영향을 주어 현재의 네트워크가 가진 우회로를 47% 증가시킬 것으로 분석된다. 최소 비용의 네트워크 구성이 우선적인 망 설계의 초점이라면, 최소 비용 행렬의 변화를 살피는 것이 우선되어야 한다. 최소 비용 행렬에서는 계획안에 따라 비교적 직접적으로 영향을 받는 결절과 그렇지 않은 결절들 간의 향상 정도가 뚜렷하게 나타난다. 절대적인 비용 감소 측면에서는 계획 (b)가 가장 좋은 계획이지만, 추가 경로에 의해 혜택을 받는 결절의 수의 입장에서 본다면 계획 (c) 또한 좋은 계획이라고 할 수 있다. 추가적인 참고 사항으로, 최소 비용 행렬 분석에 이용된 비행 소요 시간은 다음과 같다. (계획 1-5: 115분/ 5-6: 149분/ 4-7: 90분/ 6-8: 133분)

4. 접근성 분석 시 고려해야 할 사항

한 지역에 발달된 망이 그 지역의 현실을 반영하여 재현되는 구조라고 전제한다면, 망의 발달 과정에 대한 연구는 특정 결절의 접근성에 대한 분석을 통해 더욱 쉽게 이해할 수 있다. 앞서 살펴본 것과 같이, 대부분의 네트워크는 그 종류와 위상학적 특성에 따라 평면 및 비평면 그래프로 변환하여 표현될 수 있고, 분석의 범위에 따라 네트워크 전체에 대한 분석법 또는 개별 결절에 대한 접근성을 살펴보는 방법으로 구분하였다. 개별 결절에 대한 분석법은 분석 목표에 따라 T, D, L과 같은 행렬을 적용하여 접근성을 살필 수 있다. 이 장에서 소개하는 분석법은 가장 기본이 되는 방법이지만 분석의 목표에 따라 다양한 형태로 발전시켜 적용할 수 있다.

한 예로, 정보통신망에 대한 분석에서는 최단 거리에 따른 접근성보다는 얼마나 많은 우회로가 확보되는지를 살피는 것이 더 적합하다. 정보통신망에서 물리적 거리와 시간 거리는 큰 의미를 지니지 않는다. 왜냐하면, 망의 구성 요소가 손상을 입었을 경우를 대비해 간접 경로가 충분히 확보되는 것이 더 중요하기 때문이다. 만일, 망의 전체적인 신뢰성(reliability) 또는 탄력성(resilience)이 가장 중요한 접근성의 척도라면, 총 접근성 행렬(T)을 적용하는 것이 적합하다고 볼 수 있다. 한편, 지하철과 같은 복잡한 비평면 네트워크가 전제되고 역과 역 사이의 거리가 비교적 비슷하다고 할 경우에는 최단 경로를 산정하는 행렬(D)이 접근성 평가로서 적합하다. 항공망과 같이 지리적인 직선거리 및 이에 따른 비행시간이 망을 구성하는 중요한 정보라면, 최소 비용 행렬(L)을 이용하는 것이 바람직하다.

한 가지 유의할 점은 기본 행렬을 작성할 때에 분석의 지리적 범위 설정이 중요하다는 사실이다. 특히, 접근성 분석은 지리적 범주를 한정시킨 상태에서 분석을 하게 되므로, 그래프 상에서 주변에 위치하는 결절들은 위상학적으로 약한 연결성을 보일 가능성이 크다. [그림 2-4]의 경우를 예로 들면, Seattle과 Los Angeles는 분석에 이용된 네트워크 내에서 중심성이 Chicago에 비해 약하기 때문에 세 가지 관점의 접근성에서 모두 하위권에 속한다. 그러나 분석의 지리적 범위가 전 세계의 도시였다면, 두 도시는 미국의 관문 도시로서 다른 국가의 도시들과의 직접적인 연결 경로가 더 많았을 것이고, 이에 따라 그 결과가 상이했을 수 있다. 마지막으로, 해석에서 유의할 점으로 대부분의 그래프를 이용한 접근성의 분석에서 다른 중요한 인문적 속성인, 인구 규모 및 도로 상황 등과 같은 구체적인 변수들이 분석 설계의 편의상 간과되기 쉽다는 점이다. 따라서 지리적 현실은 접근성의 결과와 상이할 수 있다는 점에 유의해야 한다. 구체적으로는 두 도시 간에 우회로가 많다고 해도 이에 따라 공간 상호 작용도 많다고 할 수는 없으며, 최소 비용 거리가 반드시 여행 경로로 선택되지는 않는다는 점을 들 수 있다.

5. 사회 연결망 분석

네트워크 분석 방법은 단순히 '망' 자체에 대한 분석을 넘어서 보건학 분야에까지 확산되어 많은 연구가 이루어지고 있다. 네트워크 개념이 이러한 여러 인접 학문 분야에서 다양하게 활용되고, 무엇보다도 네트워크 분석이 사회과학 및 보건학 연구에서 중요한 방법론으로 등장하는 이유는, 복합적이고 다양한 사회현상 및 행태를 설명하는 데 있어 증대된 사회적 상호관계의 중요성을 살펴보기에 적합하기 때문이다. 예를 들면, 아이디어의 전파, 혁신의 확산, 그리고 가치관이나 생활방식과 같은 개인 행태에, 동료 또는 친구에게 받게 되는 영향과 같은 외부적 자극을 고려하여, 복잡해진 인간의 행태 및 사회현상을 설명하는 데 새로운 시각의 방법론과 좀 더 다양한 형태의 생태학적 방법론 및 도구가 필요하였고, 네트워크 방법론이 이를 반영하기에 적절한 틀로 간주되었다.

　사회 연결망 분석(social network analysis)은 사회적 구조(social structure)에 대한 연구 접근법 가운데 가장 대표적인 연구 방법이다. 이 분석법은 구조적이고 관계적인 측면에서 복합적인 사회 현상을 기술하고 탐색하며 이해하는 데 적합한 방법론이다. 이는 다음의 두 가지 기본 전제 조건에 바탕을 둔다. 첫째, 사람들은 통상적인 사회 시스템에서 살아가고 행동하게 되는데, 이러한 시스템에는 사람들의 행태에 영향을 주는 기준인 다른 사람들 또는 행위자로 구성되어 있다. 둘째, 이렇게 형성된 관계에는 체계적이고 조직적인 구조가 있다는 점이다. 따라서 사회 연결망 분석은 사회적 관계에 규칙적인 유형(regularity)이 있는지, 그리고 이러한 유형이 구성원들의 특성 또는 행태와 어떠한 관련이 있는지를 결정하는 데 주목적이 있다. 기존의 연구방법과는 달리 사회 연결망 분석은 개인의 속성에 초점을 두는 것이 아니라, 구성원/행위자들 간 관계에 초점을 두는 구조적 접근 방법이라는 점에서 기존의 네트워크 분석법과는 근본적으로 차이가 있다. 한편, 실증 자료 분석에 기반을 두며, 수학적이나 계량적 모델에 주로 의존하여 그래픽 위주로 결과를 보여 준다는 점은 사회 연결망 분석 방법의 공통된 특성이다.

　최근 사회 연결망 분석이 광범위하게 이루어진 까닭은, 무엇보다도 분석 관련 프로그램이 다양하게 개발되었고, 이에 따라 그 이용 가능성이 커졌기 때문이다. 구체적으로는, 그래프 이론의 발전으로 사회적 관계를 정형화할 수 있게 되었고, 계량적 모델의 개발을 통해 사회 연결망 네트워크의 지표를 계산하고 개발할 수 있게 되었으며, 방대한 자료 매트릭스를 탐색하고 분석할 수 있게 되었다는 점을 들 수 있다. 이에 따라 네트워크를 다양한 시각적 형태로 기술하는 방법론(network visualization)과 네트워크 속성에 대한 기술 분석 분야, 즉 네트워크 내 개인 행위자의 위치 및 연결 정도와 전체 네트워크 및 부분 네트워크의 특성을 기술적으로 분석하는 방법이 최근에 많은 발전을 하였다(Borgatti et al., 2013).

　〈표 2-5〉는 사회 연결망 분석의 주요 접근 방법 및 사용되는 주요 개념과 지표를 정리한 것이다. 표에 따르면, 사회 연결망은 그 분석의 초점 또는 수준에 따라 크게 개인 네트워크 분석과 전체 또는 부분 네트워크(sub-graph)에 대한 분석으로 나뉜다. 개인 수준의 연결망은 개인 행위자에 초점을 두고 개인 행위자가 직간접적으로 맺는 모든 관계를 표현한다. 행위자 간의 연결 정도와 여러 형태의 중심성 분석에 초점을 두며, 개인 행위자의 구조적 사회관계를 여러 지표–

접촉의 빈도, 지속성, 상호성, 그리고 관계의 다중성(multiplexity)을 통해 특성화한다. 한편, 전체 네트워크의 특성에 대한 분석은 구성원 전체가 포함된 네트워크 전체의 구조를 기반으로 행위자와 연결망으로 구성된 전체 시스템을 기술하거나 추론하는 데 초점을 둔다. 따라서 네트워크 응집도 분석에 중점을 두는 지표들인 밀도(density)나 집중화(centralization)와 같은 분석법이 주로 사용된다. 또한, 부분 네트워크(sub-graph) 수준 연결망에 대한 분석에서는, 하위 집단의 특성에 대한 고찰을 목적으로 특정 연결망과 연결점을 공유하는 하위 집단(component)의 규명 및 분류를 위한 분석에 초점을 둔다. 특히, 부분 그래프를 통해 전체 네트워크가 어떻게 하위 집단으로 나뉠 수 있는지를 보여 주며, 행위자 상호 간(dyad) 또는 다중의 행위자 간(triad) 네트워크의 특성에 대해 기술 분석을 하게 된다.

이상과 같은 개인 수준 및 전체/부분 네트워크 분석의 공통점은 모두 행위자의 사회 환경을 더욱 잘 설명하는 데 초점을 두고 있는 것이다. 구체적으로는 개인의 의사 결정에 주변 사람들과 어떤 상호작용이 있었는지, 그리고 사회관계의 전체적 형태와 분포가 어떠한지를 파악하고자 한다. 이때, 사회 연결망 분석의 핵심 개념으로 등장하는 연결 관계(relational ties)는 여러 측면

〈표 2-5〉 분석 수준에 따른 사회 연결망 분석 주요 접근 방법 및 지표

수준	목적 및 특성	주요 지표
개인 수준 분석	네트워크상에서 개인 행위자의 특정 관심 위치나 장소의 판별이 목적이며, 이들 행위자의 연결 정도(degree) 그리고 중심성 분석에 초점을 둔다.	특정 관심 행위자의 영향력을 나타내는 핵심 지표로서, 중심성(centrality)의 개념은 다음의 여러 종류가 있다. • 연결망 내에서 개인 행위자가 얼마나 많은 다른 행위자들과 연결되어 있는가(degree), • 연결망 내에서 개인 행위자가 얼마만큼 가깝게 있는가(closeness), • 연결망 내의 다른 행위자들 사이에 위치하는 betweenness는 어느 정도인가, • 그리고 개인 행위자를 얼마나 많은 다른 행위자가 선택하는지(prestige)를 보여 주는 지표들이 있다.
전체 네트워크 분석	네트워크 전체의 구조를 기반으로 행위자와 연결망으로 구성된 전체 시스템을 기술하거나 추론하는 데 초점을 두고 있으며, 거리나 밀도 분석을 통해 행위자/집단/조직 간의 응집도 분석(cohesion)에 초점을 둔다.	연결망의 응집도를 보여 주는 지표로는 존재 가능한 총 링크의 숫자 대비 실현된 링크 숫자의 비율을 측정하는 지표인 밀도(density) 그리고 네트워크 그룹의 구조적 특성, 예를 들면 위계성, 중심성 구조의 정도를 측정하는 지표인 집중화(centralization) 지표가 사용된다.
부분 그래프 (sub-graph) 분석	하위 그룹의 특성에 대한 고찰을 목적으로 특정 연결망 및 연결점을 공유하는 하위 집단의 도출이나 분류를 위한 분석에 초점을 둔다.	행위자 상호 간 또는 다중의 행위자 간 연결 관계를 보여 주는 지표(dyad, triad)가 사용된다.

출처: Wasserman and Faust(1994)와 Luke and Harris(2007)을 바탕으로 저자가 재구성

[–(1) 유사성, (2) 사회관계, (3) 상호작용, (4) 흐름–]으로 분류될 수 있다. 먼저 유사성의 경우, 공간 또는 시간적 위치 동일성, 멤버십 유무(예: 동일 집단에 소속 여부), 그리고 속성값(예: 성별) 등의 유사성 여부에 따라 연결 관계를 분류할 수 있다. 한편, 사회관계에 따른 분류 역시 혈연관계 또는 조직에서의 역할(직장 상사, 친구 등), 감정/기호, 그리고 인지도에 따른 연결 관계의 분류 등이 있다. 또한, 개인들 간 도움을 주고받는 것과 같은 상호작용에 따른 연결 관계, 그리고 정보, 신념, 자원 등의 흐름에 따른 연결 관계가 각각의 분류 형태가 된다. 따라서 다양한 형태의 사회적 연결 관계가 행위자에게 어떠한 영향을 주는지에 대한 연구가 사회 연결망 분석의 핵심 연구과제가 되어 왔으며, 이러한 상호 의존적인 관계(dyadic phenomena)에 초점을 두는 사회 연결망 분석의 특성은 자연과학에서 사용되는 네트워크 개념 및 분석법과의 차별성을 보여 주는 또 다른 부분이 된다.

■ 참고문헌

• Berge, C., 1962, *The theory of graphs and its applications*, New York: Wiley& Sons. Inc.

• Black, W. R., 2003, *Transportation: A Geographical Analysis*, New York: Gilford Press.

• Borgatti, S., Everett, M. & Johnson, J., 2013, *Analyzing Social Networks*, London: Sage Publications.

• Brandes, U., and Erlebach, T., 2005, *Network Analysis - Methodological Foundations*, LNCS Tutorial 3418, Springer Verlag.

• Luke, D., Harris, J., 2007, "Network analysis in public health: history, methods, and applications," *Annual Review of Public Health* 28, pp.9-93.

• Taaffe, E. J., Gauthier, H. L., and O'Kelly, M.E., 1996, *Geography of Transportation* 2nd Edition, Prentice Hall.

• Wasserman, S., Faust, K., 1994, *Social Network Analysis: Methods and Applications*, Cambridge: Cambridge University Press.

네트워크의 지리학

접근성

허우긍

1. 접근성의 뜻과 의의

누군가 "만약 루브르 박물관에 불이 나서 소장품 가운데 단 하나만 가지고 나와야 한다면 어떤 것을 고를 것인가?" 하고 사람들에게 물은 적이 있었다고 한다. 루브르 박물관의 소장품 가운데 가장 애호받는 작품이 무엇인지를 알려고 한 것이 이런 질문을 던지게 된 취지였을 것이다. 이때, 우리나라에도 잘 알려진 한 유명 사진작가가 내놓은 답은 "박물관 정문에서 가장 가까운 곳에 있는 소장품을 고르겠다."였다고 한다. 이 사진작가의 답변 취지는 불이 나서 황급한 순간에 가장 꺼내 오기 쉬운 위치를 가리킨 것으로, 비록 설문자의 취지와는 조금 어긋날지 모르지만 접근성(接近性, accessibility)의 한 단면을 잘 담아낸 말임에는 틀림없어 보인다.

루브르 박물관의 사례에서는 한 소장품이 걸려 있는 장소의 접근성을 출입구와의 관계에서만 다루고 있지만, 장소의 접근성은 박물관 여러 곳과의 관계를 '종합적'으로 따져서 파악해 볼 수 있다. 이처럼, 접근성은 한 장소(지역)의 지리적 특성을 나타내는 개념으로, 일찍부터 사람들의 사는 방식이나 이치를 설명할 때 긴요하게 쓰여 왔다. 예를 들어, 고립국 이론에서는 나라 안에서 생겨날 수 있는 여러 농업 형태나 방식을 중심 시장과의 거리, 즉 접근성으로 풀어 나가며, 중심지 이론 역시 도시들의 세력권을 접근성이라는 키워드로 설명한다. 미시적 수준에서도 접근성은 기업이나 상점과 같은 경제활동의 입지를 설명하는 변인으로 쓰이고, 개인의 통행 행동이나 물자의 흐름 등 상호작용을 이해하는 단서가 된다. 정책 및 응용 차원에서 접근성은 한 지역이 얼마나 낙후되었는지를 보여 주는 징표로, 교통 정책의 이루어야 할 목표로, 지역개발 정책의 수단으로, 그리고 개발 투자 효과를 측정하는 지표로 활용되고 있다. 이러한 중요성 때문에 접근성은 일찍부터 공간 연구를 위한 핵심 개념으로 자리 잡았고, 시설과 기능의 지리(地理)를 이해하는 데 필수 요소가 되었으며, 접근성을 측정하는 방법과 현실에 적용하는 방안에 대한 연구의 축적이 방대하다.

본론에 들어가기에 앞서 몇 가지 용어를 정리하기로 한다. 영어 표기 accessibility는 이 책에서 '접근성'으로 적는다. 일부 문헌에서는 접근도(接近度)라고 표기하는 경우도 있으나, 이는 접근성의 좋고 나쁜 정도를 나타내는 값을 가리킬 때 더 알맞은 표현이다. 접근성과 접근도를 문맥에 따라 그때마다 구분하자면 혼란이 생길 우려도 있기에, 이 글에서 개념은 '접근성'으로, 그 값은 '접근성 지수'로 적기로 한다.

접근성과 관련된 용어로 mobility(이동성 및 기동력)라는 표현이 있다. mobility는 종종 접근성과 혼동되어 쓰이거나 접근성의 한 요소로 보는 경우도 있지만, 양자는 엄연히 구분되는 개념이다. mobility는 쓰이는 맥락에 따라 다시 이동성(移動性)과 기동력(機動力)으로 나누어 볼 수 있다. 이동성은 얼마나 자주 또는 잘 옮겨 다니는지를 나타내는 개념으로, 통행이 잦은 사람과 그렇지 않은 사람을 구별하거나, 거주지를 자주 옮기는 사람과 그렇지 않은 사람을 구분할 때 적합한 표현이다. 기동력은 개인이 필요할 때 얼마나 손쉽게 움직일 수 있는가 하는 능력을 나타내는 개념으로, 소득 수준, 승용차의 보유 및 운전면허증 소지 여부, 신체적 장애 정도 등과 관련된다. 더 나아가 기동력은 개인의 통행을 간섭하는 여러 제약(constraints)과도 관련이 있다.

2. 문헌에서 보이는 접근성 모형들

접근성이라는 개념은 시대에 따라 또 학문 분야에 따라 조금씩 다르게 정의되고 활용되어 왔기에, 이를 한마디로 요약하기는 쉽지 않다. 접근성을 가장 단순하게 정의하자면 한 장소가 다른 장소와 연결되어 있는 정도를 말한다. 접근성은 한 장소가 역내(域內) 여러 활동에 얼마나 쉽게 도달할 수 있는지를 의미하는 개념이며, 한 장소가 주변 지역에 대하여 지니는 상대적 입지 우위성을 나타내는 지표로 사용될 수 있다(Koenig, 1980). 장소의 지리적 속성으로는 상대적 위치뿐 아니라 그 장소가 제공하는 활동이나 토지 이용의 특성도 고려할 필요가 있다. 왜냐하면, 시설들은 불균등하게 분포하므로 접근성에 큰 영향을 미칠 수 있기 때문이다. 이러한 관점에서는, 접근성은 공간적 기회(spatial opportunities), 즉 지리적 상호작용 기회에 대한 접촉 가능성이라고 정의할 수 있다(이금숙, 1995).

이상에서 보듯이 접근성의 개념에는 두 가지 요소, 즉 장소의 상대적 위치를 나타내는 '교통 요소'와 장소의 특성을 나타내는 '기회 요소(또는 활동 요소)'가 핵심을 이룬다. 선행연구에서는 두 요소가 어떻게 배합되고 무슨 변수가 어떠한 함수 형태를 띠었는지에 따라 다양한 접근성 모형이 제시되었으며, 이를 분류하는 방식도 의견이 다양하다(Baradaran and Ramjerdi, 2001; 김광식, 1987; 허우긍, 2004 등 참조).

선행 분류 방식의 공통점을 추리면, 대체로 다음과 같이 4개의 유형으로 나눌 수 있다.

(1) 교통 요소를 접근성의 지표로 삼는 누적거리 모형

(2) 기회 요소를 지표로 삼는 누적기회 모형

(3) 교통 요소와 기회 요소를 함께 고려하는 중력모형 계열의 모형

(4) 교통 요소 및 기회 요소의 (비)효용을 접근성으로 보는 효용기반 모형

이 밖에, 특수한 경우에 적용되는 모형들도 있다. 접근성 모형들은 (1)과 (2)보다는 (3)과 (4)의 경우가 더 복잡한 형태를 띠고 있으나, 모형의 정교한 정도가 개념의 우열을 뜻하는 것은 아니다(Handy and Clifton, 2001).

1) 교통 요소를 접근성 지표로 삼는 누적거리 모형

누적거리 모형이란 교통 비용(지리적 거리, 시간거리, 비용거리 등: 이하 '거리'로 적음)을 접근성 지표로 삼는 모형들을 묶어 일컫는 것으로 교통 비용 모형이라고도 불리며, 장소의 상대적 위치 또는 목적지에 얼마나 손쉽게 도달할 수 있는지를 드러내는 데 주안점을 둔다. 이런 모형들 가운데 가장 단순한 형태는 한 장소 i의 접근성 A_i를 지역 내 다른 여러 장소 $j(j=1 \ldots n)$까지의 거리 c_{ij}의 합계로 정의하는 방식이다(식 3-1).

$$A_i = \sum_j f(c_{ij}) \qquad\qquad\qquad (식\ 3\text{-}1)$$

A_i: 장소 i의 접근성 지수

$f(c_{ij})$: 거리 함수

c_{ij}: i와 j 사이의 거리, 통행 비용 또는 통행 시간

거리만으로 접근성을 파악하면, 장소 i에서 지역 내 다른 여러 지점까지 거리가 짧을수록 접근성이 좋다고 말할 수 있다. 따라서 한 지역 안의 환경이 같다면 해당 지역의 중앙이 접근성 지수가 가장 뛰어나게 된다. (식 3-1)에서 거리 함수는 다양한 형태가 활용되고 있으며, 역함수가 비교적 많이 쓰이고 있다. 누적거리 모형은 다른 모형들에 비해 이해하기 쉬우며, 거리에 관한 정보만 갖추면 접근성 지수를 구할 수 있으므로 자료 수요가 적은 것도 장점이다.

2) 기회 요소를 접근성 지표로 삼는 누적기회 모형

누적기회 모형이란 일정 범위 안에 입지한 기회(또는 활동, 기능)의 수를 접근성 지수로 삼는 모형들을 일컬으며, 그 틀은 대체로 (식 3-2)와 같다. 즉, 어떤 장소를 중심으로 일정 범위 안에 기회의 수가 많을수록 해당 장소의 접근성이 우수하다고 보는 방식이다.

$$A_i = \sum_j w_j o_j \qquad\qquad\qquad (식\ 3\text{-}2)$$

o_j: j의 기회(활동) 규모

w_j: $=1$, $c_{ij} \leq C^*$인 경우(C^*: 임계거리),

$\quad\ \ =0$, $c_{ij} > C^*$인 경우

(식 3-2)의 오른쪽 항에는 가중치 w_j가 포함되어 있어 얼핏 복잡해 보이지만, 이 가중치 w_j는 1 또는 0의 값을 가지므로 실제로는 기회 o_j의 합계, 즉 임계거리 C^* 안에 있는 기회 o_j의 합으로 단순화된다. 예를 들어, 사람들이 점심시간에 걸어서 갈 수 있는 임계거리를 500m로 보고, 어떤 장소에서 반경 500m 범위 안에 있는 음식점이 몇 개인지를 세어 그 장소의 식당 접근성 수준으로 파악하는 방식이다. 요즘 위치 기반 서비스에서 제공하는 '맛집 찾기' 등이 이런 접근성

모형에 근거를 둔 것이라 말할 수 있다.

누적기회 모형은 활동할 수 있는 기회, 다시 말해 유인력을 변수로 삼아 한 장소의 접근성을 따지는 것이므로, 연구 주제에 따라 다양한 변수를 선택할 수 있다는 점이 큰 특징이다. 또한 활동기회라는 한 가지 변수만을 고려하는 모형이므로, 누적거리 모형과 마찬가지로 형태가 단순하다고 평가할 수 있다. 누적기회 모형의 또 다른 특징은 임계거리 설정값에 따라 접근성이 다르게 평가된다는 점이다. 임계거리가 늘어날수록 고려 대상 지역의 범위는 넓어지며, 임계거리를 극단적으로 늘이면 나라 전체도 고찰 대상에 포함될 수 있다. 따라서 임계거리가 커질수록 각 장소가 가진 접근성을 구별하는 능력이 줄어들기 마련이다. 반대로 임계거리를 아주 작게 설정하면, 이 역시 각 장소가 가진 접근성을 제대로 담아내지 못하게 될 우려가 있다. 이런 특성 때문에 임계거리의 설정은 누적기회 모형에서 주요 관심사이다.

3) 교통 요소와 기회 요소를 함께 고려하는 중력모형 계열의 접근성 모형

교통 요소만 고려하는 누적거리 모형, 그리고 기회 요소만 고려하는 누적기회 모형에서 한 걸음 더 나아가 두 요소를 함께 고려하는 모형도 있다. 이 모형은 중력모형의 변형으로, (식 3-3)처럼 거리 c_{ij}에 각 지점의 기회 o_j를 가중치로 곱하는 형태이다. 따라서 두 장소 사이의 거리가 가까울수록, 그리고 기회의 규모가 클수록 접근성은 우수하다고 보는 것이 된다.

$$A_i = \sum_j o_j f(c_{ij}) \qquad\qquad\qquad \text{(식 3-3)}$$

사람들의 통행이나 화물의 이동에서 더 나아가, 지역 간 교류는 시설의 규모나 유인력, 지리적 위치와 거리, 이용할 수 있는 교통수단 등의 여러 요인이 함께 작동하는 것이며, 여기에 중력모형에 기반을 둔 접근성 개념의 이론적 근거가 있다. 간단하게 요약하여도, 거리 요소와 기회 요소에서 각기 한 가지씩만 반영하였던 누적거리 모형이나 누적기회 모형에 비해, 두 요소를 함께 고려하는 모형은 그만큼 설명력도 크고 응용의 범위도 넓지게 마련이다. 이 모형 그룹은 선행연구에서 등장 빈도가 가장 높으며, 모형을 제안한 사람의 이름을 딴 '핸슨 모형'(Hansen, 1959) 등 불리는 명칭도 다양하다.

중력모형 계열의 접근성 모형들이 가진 취약점은, 분석 결과로 얻어지는 접근성 지수의 해석이 조금 번거롭다는 것이다. 거리나 기회 요소에 기반을 둔 접근성 지표들은 "이 개발 사업으로 평균 20분의 통행 시간을 절약할 수 있다.", "이 시설까지 일정 시간 안에 도달할 수 있는 사람 수가 3천 명이다." 등의 해설이 가능하여, 정책 결정자나 일반 시민이 이해하기 쉽다. 그러나 중력모형류에서는 쉽게 풀이하기가 어렵다. 예를 들어, o_j항과 c_{ij}항에 각각 인구와 거리 변수가 적용된 경우라면 접근성 단위는 '명/km'가 된다. 따라서 교통 투자 등을 통해 접근성이 얼마나 개선되었는지를 누구나 이해하기 쉽도록 설명하는 것이 어렵다. 지수의 해석 문제를 해결하는 방안으로는, 접근성 값의 표준화, 즉 각 지점의 접근성을 지역 내 가장 높은 접근성 지수로 나누어 비율로 바꾸거나, 접근성의 좋고 나쁨을 순위로 평가하는 방법을 취할 수 있다. 또, 접근성 변화를 추적하는 연구에서는 교통 투자 이전과 이후의 접근성의 비율을 구하여 위의 문제를 해결한 사례도 있다.

(식 3-3)에서 거리 항에다 역함수를 적용하여 (식 3-4)의 형태를 띤 것을 포텐셜(potential) 모형이라 한다. 중력모형에서 포텐셜 모형이 도출되는 과정은 일찍이 캐로서스(Carrothers, 1956)가 자세하게 설명한 바 있다. 포텐셜 모형은 국내에서 '잠재력' 모형 등으로도 부르고 있으나, 여기에서는 '포텐셜 모형'이라 적기로 한다. 그 이유는, 영어 발음으로 표기하는 것이 바람직한 것은 아니지만, potential을 '잠재력' 또는 '가능성'으로 적었을 때, 문장 가운데서 의미 전달에 혼동을 빚을 여지를 피하기 위해서이다.

$$A_i = \sum_j \frac{o_j}{c_{ij}^b} \qquad\qquad (식 3-4)$$

선행연구에서는 각 주제에 따라 기본적인 포텐셜 모형에서 분자와 분모항의 변수 및 함수 형태를 적절히 바꿔 다양한 변형이 등장하였고, 'population potential', 'market potential' 등 그 이름도 다양하다. 분자항에서는 인구 변수 대신에 매출액, 소득, 특정 물자의 공급량, 전화 통화량, 납세액, 은행 거래액 등 다양한 변수까지 사용되었고, 분모의 거리항 역시 멱함수, 지수함수, 가우스 함수 등이 쓰이기도 하였다(Pooler, 1987). 국내에서도 일찍이 지방행정 중심지의 입지 문제에 접근성을 적용한 연구(손명철, 1986)를 비롯하여 다양한 주제에 널리 활용되었다.

포텐셜 모형은 좀 더 복잡한 형태로 진화하기도 하였다. 도시에서 사람 통행에 적용할 때, 확

네트워크의 지리학

률 모형으로 확대 발전한 것이 한 가지 사례이다. 사람 통행의 경우에 개인이 실제로 지역 안의 모든 활동을 다 찾는 것이 아니고 일부만을 선택하게 된다. 핸슨과 슈워브(Hanson and Schwab, 1987)는 이를 확률 모형으로 발전시켜, 어떤 활동 *k*에 대하여 각 목적지 *j*까지의 거리와 그곳이 선택될 확률로 접근성 지수를 구하였으며, 여러 가지 확률 모형의 개발이 뒤를 이었다. 또 다른 형태로 진화한 사례로는 출발지 및 목적지끼리의 경쟁을 반영하기 위하여 이중 제약 모형으로 발전시킨 경우를 들 수 있다(Harris, 2001).

4) 교통 및 기회 요소의 (비)효용을 접근성으로 간주하는 효용기반 모형

효용기반 모형(utility-based surplus approach)은 통행을 통하여 어떤 활동에 접촉해 얻는 편익이 통행 비용보다 커야 통행이 발생하는 것으로 간주하고, 접근성을 이용자의 편익으로 정의한다 (Reggiani, 1998). 구체적으로 접근성은 개인 *n*이 활동 *j*를 선택하여 얻는 간접 효용이며(식 3–5), 함수식의 형태는 로짓 모형이 많이 쓰이고 있다.

$$A_i^n = \max_{i,j} U_{j|i}^n \qquad\qquad (식 3–5)$$

$U_{j|i}^n$: $v_j^n - c_{ij}^n - \varepsilon_{ij}$

v_j: 목적지 *j*의 유인력

c_{ij}: *i*와 *j* 사이의 통행 비용

ε_{ij}: 오차

효용기반 모형은 소비자 행동에 관한 이론이 뒷받침하고 있다는 점 이외에도, 정산한 접근성 지수는 화폐 단위로 표시되어 개발 시나리오들 간의 비교에도 편리하다. 종래의 접근성 지표로는 접근성의 변화 가치가 소득 등의 경제적으로 의미 있는 값으로 어떻게 표시될 수 있는지 불분명하였으므로, 효용에 기반을 둔 새로운 접근성 지수는 그 의의가 적지 않다.

그러나 효용기반 모형은 실제 적용 단계에 이르면 자료의 한계로 편법적 정산이 불가피한 경우가 종종 발생한다. 이는, 효용기반 모형에서 요구하는 자료가 방대해지는 근본적인 문제 때문이다. 통행 시간은 화폐 단위로의 표현이 어렵지 않지만, 목적지가 가진 유인력을 화폐 단위로 환산하는 일은 간단하지가 않다. 더욱이, 모형이 정교해질수록 분석과 해석의 부담도 늘어난다. 효용기반 모형이 수리에 밝지 않은 자치단체 실무자나 일반 시민들이 이해하기 쉽지 않은 점도 이 모형이 널리 쓰이는 데 걸림돌이 될 수 있다. 복잡한 접근성 측정값이 단순 간명한 모형의 측정값보다 과연 더 효과적인가 하는 중요한 질문(Handy and Niemeier, 1997)에 대하여 깊이 생각해 볼 필요가 있다.

3. 네트워크와 접근성

접근성 개념을 다룰 때에는, 논의의 편의를 위해 지역 내 모든 곳의 환경과 교통 여건이 다 같다고 암묵리에 전제하고, 장소 사이의 거리도 '직선거리'로 간주하는 것이 일반적이다. 그런데 현실 세계는 산과 강 등 장애물들이 적지 않아서, 한 장소에서 다른 모든 장소까지 직선으로 이동하기 어렵다. 또한 사람이나 물자의 이동, 심지어 정보의 이동까지도 무작위로 마구 일어나는 것이 아니라 통로를 따라 이루어지고 있는 것이다. 따라서 주어진 네트워크 안에서 접근성을 논하면 현실에 한결 가까워지게 된다. 특히, 다루려는 대상 지역의 범위가 좁아질수록 네트워크를 전제하고 접근성을 논하는 것은 거의 필수적이다. 또한 교통정보가 풍부해지고, 지리정보 시스템(GIS)의 등장으로 정교한 분석과 시각화가 더 편리해지면서, 비록 분석 대상 지역의 범위가 넓더라도 네트워크에서 접근성을 다루는 것이 점점 보편화되고 있다(Berglund, 2001).

1) 네트워크의 결절 접근성

결절(꼭짓점, nodes)과 연결선(변, links)은 네트워크의 두 구성 요소이다. 네트워크에서 결절이란, 연결선이 만나는 곳인 교통로가 모이거나 갈리는 도시, 항만, 도시 안의 교차로 등을 말한다. 지리학계에서는 그래프 이론 및 행렬 연산법을 적용한 결절 접근성(nodal accessibility) 연구가 일찍부터 시작되었다.

결절 접근성 지수를 구하는 가장 간단한 방법은, 주어진 네트워크에서 결절 사이의 최단 경로를 찾고, 그 결과를 최단 거리 행렬(shortest path matrix)로 종합했을 때, 각 행의 합을 해당 결절 i

의 접근성 지수로 간주하는 것이다. 이런 방법은 앞에서 다룬 접근성 모형으로 설명하자면 누적 거리 모형 계열에 해당한다. 행렬연산법보다 더 정교한 방법으로 결절 접근성을 구할 수도 있다. 결절은 저마다 그 크기와 중요성이 다르므로, 인구 등의 가중치를 적용하여 결절 접근성 지수를 구하는 방법이 보기이다. 이 경우에 적용되는 모형은 중력모형류의 형태를 띠게 된다. 결절 접근성 지수를 구할 때에 거리는 실제 거리를 적용하는 것이 일반적이다. 그러나 항공교통처럼 운항 노선의 유무가 운행 거리보다 더 의미가 있는 경우 등에서는 연결선의 유무, 즉 위상학적 연결도를 거리로 표현하기도 한다(Mackiewicz and Ratajczak, 1996). 그래프 이론과 행렬연산법은 이 책의 제2장에서 자세히 해설하고 있다.

2) 연결선의 중요도

결절의 지리적 특징인 결절 접근성을 살폈던 것과 마찬가지로 연결선(변, links)에 대해서도 그 경중을 따져 볼 수 있다. 현실 세계에서 연결선의 중요한 정도는 행정 및 관리 측면의 위계(位階)에 따라 국도, 지방도, 시도, 군도 등으로 나뉜다. 군도보다는 지방도가, 지방도보다는 국도의 중요성이 더 큰 것이 일반적이다. 또한 시설의 규모와 우수성으로도 해당 연결선의 중요한 정도를 가늠할 수 있다. 즉, 4차선 도로가 2차선 도로보다, 포장도로가 비포장도로보다 더 중요하다는 것을 우리는 쉽게 짐작할 수 있다.

연결선의 중요도를 좀 더 체계적으로 파악하는 방안의 하나로, 해당 연결선이 구조적으로 얼마나 자주 이용될 수 있는지를 살펴보는 것이 있다. 이는, 자주 이용되는 연결선일수록 그만큼 중요하다고 평가할 수 있기 때문이다. 그러면 이용 빈도는 어떻게 측정할 수 있을까? 첫째, 각 연결선마다 일정 시간 동안 실제 통과 교통량을 측정하는 방법이 있다. 또 다른 방법으로는 네트워크 분석법을 활용하여 모든 결절 사이의 최단 경로를 구한 다음, 이 최단 경로들에 각 연결선이 얼마나 자주 포함되는지를 파악해 보는 것이다. 특정 연결선이 여러 최단 경로에 자주 포함될수록 그만큼 이용 빈도가 높을 것이며, 또 그만큼 중요하다고 평가할 수 있다.

네트워크 분석법에 따라 연결선의 중요도를 평가하는 방법은 일찍이 지리학계(Kissling, 1969)에서 제안된 바 있었으나, 그다지 주목을 받지 못했다. 왜냐하면, 당시에는 관심이 연결선보다는 결절에 집중되어 있었기 때문이었다. 그러나 홍수나 지진과 같은 자연재해, 테러, 교통량의 과부하로 인한 교통 체증 등이 빈번하게 발생되면서, 점차 연결선의 중요성에 대한 관심이 늘고 있는 것이 최근의 추세이며, 주로 네트워크의 신뢰도(reliability)와 취약성(vulnerability)이라는 측면에서 논의되고 있다(Murray and Grubesic, 2007 등).

4. 접근성 개념의 활용

모든 장소의 접근성이 다 똑같은 것은 아니다. 그리고 바로 이러한 점이 접근성이라는 개념이 중요하게 여겨지는 이유이다. 접근성 개념의 적용 범위는 매우 넓지만, 여기서는 응용 차원의 사례만 몇 가지 다루기로 한다.

1) 교통 투자의 효과 및 영향 파악

교통 투자가 이루어지면, 직접적으로는 해당 교통 시스템을 이용하는 사람들의 통행 시간과 차량 운행 비용이 줄어들고, 안전이 개선되어 인명과 재산 피해가 줄어든다. 간접적으로는 교통 시설과 서비스가 개선되면 통행 수요 역시 늘어나는 것을 볼 수 있는데, 이는 과거에 힘들었던 통행을 손쉽고 싸게 할 수 있게 되었기 때문이다. 이로써 교통 투자는 각 교통수단의 수송 분담률, 신뢰도, 서비스 수준에도 변화를 불러오게 된다.

접근성의 개선은 경제 전반 및 지역 전반에 여러 영향을 준다. 교통 쇄신은 시장의 확대를 불러와 특화, 규모의 경제를 구현하게 한다. 접근성이 개선되면 생산과 배송의 효율성을 높이고, 이는 다시 노동 생산성을 높이는 효과로도 이어진다. 또한 교통 서비스의 개선은 다른 부문의 쇄신을 촉발한다.

따라서 접근성은 교통 투자의 효과를 측정하는 유력한 수단이 된다. 접근성의 개선 효과는 일차적으로 교통 투자 이전과 이후의 교통비나 교통 시간의 차이, 부동산 가격의 변동, 늘어난 활동 수와 종류, 인구 증가 등으로 파악할 수 있다. 이는 제2절에서 설명한 접근성 모형으로 비유하자면 누적거리 모형이나 누적기회 모형을 적용하는 것과 같다. 좀 더 정교한 측정으로는 포텐셜 모형 등 중력모형 계열을 고려해 볼 수 있고, 선행연구에서 실제로 가장 많이 활용된 모형이기도 하다.

　교통 투자가 모든 지역에서 똑같은 결과를 낳는 것은 아니다. 이는 다른 부문에서와 마찬가지로 교통 부문에서도 그 투자의 효과, 즉 한계효용은 체감(遞減)하는 성향이 있기 때문이다. 개발 도상 지역에서는 교통 투자의 효과를 비교적 잘 기대할 수 있지만, 이미 교통 투자가 많이 이루어진 선진 지역에서는 교통 투자의 효과가 분명하게 드러나지 않는다. 현대 교통 시스템은 이미 성숙 단계에 들어섰고, 또 곳곳에 골고루 분포하기 때문에, 조그만 개선으로는 다른 부문에 미치는 영향이 미미할 수밖에 없는 것이다. 따라서 다루려는 지역의 사정이 어떠한가에 따라 접근성 적용 문제도 달라질 수밖에 없다(Banister and Berechman, 2001). 또한 교통 투자의 효과를 분석하려면 시야를 넓게 가질 필요가 있다. 이른바 편익—비용 분석법의 틀에서 교통 이용자에게 돌아가는 직접 편익과 투자 비용의 비교에 머물던 관행에서 벗어나, 투자의 영향을 폭넓게 살펴보려고 하는 것이 요즘의 추세이다(Geurs, Boon and van Wee, 2009 등).

2) 도시권, 상권, 세력권 등 권역의 파악

　예를 들어, 어떤 도시가 있다고 하자. 그 도시의 영향이 미치는 범위는 어떻게 파악할 수 있을까? 그 도시로 통근하는 사람들이 사는 통근권, 그 도시에서 발행되는 신문이나 잡지의 배포 범위, 도시 주민의 여가활동 범위 등이 해당 도시의 영향이 미치는 권역의 보기이다. 이러한 구체적인 지표 이외에 포괄적으로 도시 세력권을 설정하려면, 접근성 모형을 활용하여 도시 주변의 각 지점에 대하여 도시 접근성 지수를 구한 다음, 지수가 비교적 높은 곳들을 그 도시의 세력권으로 설정해 본다.

　이와 같은 아이디어는 도시와 같은 큰 결절이 아니더라도, 개별 상점이나 상가를 대상으로 상권이나 서비스 권역을 설정하는 데에 활용될 수 있다. 예를 들어, 서로 경쟁하는 두 점포가 있다고 하자. 접근성 모형을 활용하여 각 점포의 접근성 분포를 파악하고, 이런 정보에 따라서 두 점포의 접근성 지수가 같아지는 지점을 연결하여 상권 경계를 그어 볼 수 있다. 접근성 지수의 활용은 여기에 그치지 않는다. 파악한 권역이 왜 그러한 특성을 지니게 되었는지 그 배경을 분석하여 주요 요인들을 밝혀낸다면, 앞으로 요인의 변화에 따라 권역이 어떻게 바뀔 것인지도 예측할 수 있다.

3) 공공서비스 등의 입지 결정

접근성의 아이디어는 이미 자리 잡은 도시, 점포, 서비스 등의 권역을 파악하고 그 변화를 내다보는 것 이외에도, 새로운 점포나 서비스를 어디에 입지시킬 것인지 결정하는 데에도 활용될 수 있다. 현대 사회에서 특히 관심을 끄는 분야는 공공시설의 입지 문제이다. 이는, 일반 상업 및 서비스 점포의 입지는 개별 기업이나 자영업주의 의사 결정에 그치지만, 학교, 보건소, 체육관, 전시관, 수련원 등의 시설이나 활동은 자치단체와 기관, 주민이 고루 관련되어 있기 때문이다.

공공시설의 입지 결정에 적용될 수 있는 기준으로는 최소 통행 거리(시간, 비용)의 원칙을 생각해 볼 수 있다(Hodgart, 1978). 예를 들어, 어떤 지역에 체육관을 입지시키려 할 때, 전체 주민들의 총 통행 거리가 가장 짧은 곳이 유력한 입지 후보가 될 것이다. 최소 통행 비용의 원칙은 이른바 효율성을 우선시하는 것으로 (식 3-6)과 같이 표현할 수 있으며, 이는 접근성의 모형 가운데 거리 요소와 기회 요소를 함께 고려하는 중력모형 계열의 모형으로 볼 수 있다.

$$Minimize\ Z = \sum_i p_i d_{ij} \qquad\qquad \text{(식 3-6)}$$

p_i: i의 인구

d_{ij}: i와 j의 거리

[그림 3-1]과 같이 일직선으로 된 어떤 가상 지역에 ㉮~㉷까지 모두 7개의 마을이 있으며, 여기에 체육관을 하나 세우려고 한다고 하자. ㉮~㉷의 후보지마다 (식 3-6)을 적용하여 총 통행 거리를 구하면 〈표 3-1〉과 같이 요약할 수 있고, 마을 ㉯에 체육관을 입지시키는 것이 가장 낫다는 것을 알 수 있다. 다시 말해, 효율성의 원칙은 대체로 한 지역의 지리적 중앙보다는 서비스 수요자의 분포를 반영하여 수요 밀집지 쪽으로 치우쳐 최적 입지를 결정하게 만든다. 이 사례의 경우, 마을 ㉷의 주민은 통행 거리가 5km나 되는 데 비해, 다른 마을 주민의 통행 거리는 대부분 1~3km에 불과하다.

효율성이 입지 결정에 적용되는 유일한 원칙은 아니다. 효율성과 반대로 형평성을 기준으로 삼아 후보지를 정해 볼 수도 있는 것이다. 형평성을 기준 삼아 체육관을 이용하는 주민 수가 가

마을:	가	나	다	라	마	바	사
인구:	100	450	100	50	150	50	100

[그림 3-1] 마을의 위치와 인구

주: ㉮~㉯의 마을은 설명의 편의상 일직선 상에 위치하는 것으로 묘사되었다. 각 마을 아래에 적힌 숫자는 주민 수를 가리키며, 마을 사이의 간격은 1km로 일정하다.

〈표 3-1〉 체육관의 최적 입지 지점

입지 후보	마을별 통행 거리(명·km)							통행 거리 합계(명·km)
	가	나	다	라	마	바	사	
가	0	450	200	150	600	250	600	2,250
나	100	0	100	100	450	200	500	1,450
다	200	450	0	50	300	150	400	1,550
라	300	900	100	0	150	100	300	1,850
마	400	1,350	200	50	0	50	200	2,250
바	500	1,800	300	100	150	0	100	2,950
사	600	2,250	400	150	300	50	0	3,750

(1) 효율성 원칙을 적용

입지 후보	임계거리 안에 포함되는 마을	임계거리 안의 인구 합계(명)
가	가, 나, 다, 라	700
나	가, 나, 다, 라, 마	850
다	가, 나, 다, 라, 마, 바	900
라	가, 나, 다, 라, 마, 바, 사	1,000
마	나, 다, 라, 마, 바, 사	900
바	다, 라, 마, 바, 사	450
사	라, 마, 바, 사	350

(2) 형평성 원칙을 적용

장 많아지는 지점을 찾기로 한다면 (식 3-7)과 같은 원칙을 적용해 볼 수 있다.

$$Maximize\ Z=\sum_i p_i x_{ij} \qquad\qquad (식\ 3-7)$$

$$x_{ij}: =1 : d_{ij} \leq D^*인\ 경우(D^*: 임계거리),$$

$$=0 : c_{ij} > D^*인\ 경우$$

이 식에서는 효율성 원칙의 경우와 달리 거리 변수(d_{ij})가 없고, 가중치 x_{ij}도 1이나 0의 값을 가지므로, 조건에 잘 맞는 후보 지점들의 인구를 단순 합산한 것이 그 해(解)가 되는 특징을 가지고 있다. 다시 말해, 인구가 가중치로 쓰이는 것이 아니라 인구 자체가 고려해야 할 변수가 되는 것이다.

이러한 서비스 인구 극대화 원칙에서는 임계거리를 얼마로 설정하느냐가 관건이다. 임계거리를 작게 설정하면 체육관의 서비스 권역이 좁아지고, 임계거리를 아주 늘이면 서비스 권역은 넓어지지만 통행의 부담 역시 늘어나게 되는 것이다. 이 사례에서 임계거리를 3km(D^*=3km)로 설정한다면, 후보 지점 ㉣가 가장 많은 주민을 서비스할 수 있어 최적의 입지 지점이 된다. 효율성 원칙을 적용한 경우와 비교한다면, 마을 ㉮와 ㉯의 주민들은 통행 거리가 조금 더 늘어나지만, 마을 ㉳와 ㉴의 주민처럼 먼 거리를 이동해야 하는 부담은 줄어들었다. 즉, 효율성의 원칙에서는 최장 통행 거리가 5km나 되었지만, 형평성의 원칙을 적용하면 최장 통행 거리는 3km로 줄어들게 되는 것이다.

효율성의 원칙과 형평성의 원칙이라는 양 극단 사이에 이윤 극대화 원칙 등 다양한 해법들도 고려해 볼 수 있다. 또 현실 세계의 입지 결정에서는 이러한 원칙에다 각 자치단체나 지역의 여건, 정책의 목표, 주민이나 시민단체의 의견 등이 종합되어 입지를 결정하게 된다. 혹자는 접근성의 개념을 효율성의 원칙과 동일시하여 비판적인 입장을 취하기도 하지만, 이는 단견(短見)이다. 선행연구의 상당수가 효율성 극대화를 전제로 접근성 개념을 활용했기 때문일 뿐, 접근성 지수가 '높은 것'이 곧 '좋은 것'을 뜻하는 것은 아니다. 위의 사례에서 보았듯이, 접근성의 개념 자체는 효율성과 형평성 그 어느 것에서도 중립적이며, 이 개념을 활용하는 사람의 의도에 따라 다른 원칙을 도출할 수 있다는 점에 유념할 필요가 있다.

5. 접근성에 관한 새로운 논의들

1) 사람 중심의 접근성(personal accessibility)

이 글에서 접근성이란 기본적으로 장소의 지리적 속성을 나타내는 개념으로 소개되었다. 그러나 장소란 그 위에 사는 사람과 분리되어 있는 것은 아니므로, 접근성이 논의된 지 얼마 지나지 않아 장소 중심의 접근성 개념을 사람 중심의 개념으로 확장하려는 노력도 시작되었다.

사람 중심의 접근성 개념은 대체로 두 갈래로 나뉘어 발전된다. 첫째는 시간지리학(및 활동기반 접근법) 연구물에서 보이는 접근성 개념이다. 일찍이 존스(Jones, 1981)는 사회집단 간의 접근성 격차에 주목하고, 사회집단들이 이용할 수 있는 교통 시설, 가용 시간, 활동 공간, 기동력이 서로 다르므로 접근성에서도 차이를 드러낼 것이라고 주장하고, personal accessibility라는 표현을 쓰기 시작하였다. 여기서 'personal(사람 중심)'이란 수식어는 접근성이 본래 '장소' 위주의 개념이었던 것과 구별하기 위해 쓴 것으로 보인다. 존스의 뒤를 이은 연구물에서는 분석 대상을 사회집단에서 개인 수준으로 더 좁혀, 대체로 한 개인이 자유롭게 다닐 수 있는 '재량 시간 및 공간의 범위(시간지리학적 용어로 표현한다면 시공간 프리즘(space-time prism)의 크기와 형태)'를 그 사람의 접근성을 나타내는 지표로 보며, 개인의 지리적 위치와 시각(특히 가사, 경제활동, 교육활동과 같은 의무 활동의 지리적 위치와 활동 시작 및 종료 시각), 재량 시간, 그리고 교통 시스템의 세 요소에 의해 결정된다고 보았다. 시간지리학의 입장에서 접근성을 다루는 연구는 한동안 부진하였으나, 최근 지리 정보 시스템(GIS)을 활용한 시각화 기법의 발달, 통행에 대한 활동 기반 접근법(activity-based approach)의 등장, 개인 수준의 상세한 자료가 크게 늘어나는 추세 등에 힘입어 다시 주목받고 있다. 이에 관한 동향은 국내외 문헌(조창현, 2013; Timmermans et al., 2002; Buliung and Kanaroglou, 2007; Neutens et al., 2011)에 잘 소개되어 있다.

둘째, 접근성의 격차에 주목하는 일련의 연구를 꼽을 수 있다. 농촌 및 변두리 지역의 접근성 개선 문제에 관심을 둔 모즐리(Moseley, 1979)의 연구가 그 시초라 할 수 있으며, 너틀리(Nutley, 1980; 1984) 등이 그 뒤를 이었다. 이 연구들에서 접근성이란 '정상적인 삶을 영위하는 데 필요한 서비스와 시설들에 대한 접근', 즉 교통에 관련된 복리 수준(transport-related welfare)을 가리키며, 접근성 모형의 유형으로는 대중교통 수단을 이용하여 중심지에 다다를 수 있는지를 중시하는 등 누적기회 모형의 사례가 많았다.

접근성의 격차에 주목하는 연구 역시 최근 다시 조명을 받고 있다. 특히 21세기에 들어와 영국 정부가 사회적 소외를 줄이는 것을 정책 목표로 삼아 교통 투자 영향을 평가하는 데에도 이를 중요한 항목으로 포함시키면서 학계의 논의를 촉발하였다. 여기서는 접근성을 '사람들이 핵심 서비스와 일터에 다가갈 수 있는 능력'으로 정의(Farrington, 2007)하고, 모즐리나 너틀리의 견해보다 더 넓은 시각을 취하여 접근성을 교통 서비스에만 국한시키지 않고 더 나은 토지 이용 계획, 더 안전한 길거리와 정류장까지도 의미하도록 확장시키고 있다. 이런 새로운 논의는 접근성을 사회 통합을 이룩하는 주요 지렛대로 쓰자는 아이디어가 배경이다. 접근성은 비단 장소의 속성뿐 아니라, 교통 서비스의 수준 및 사람들의 특성을 아우르는 개념이 된 것이다.

이런 개념을 취하는 사람들은 경제적 박탈과 빈곤을 중시한다[예를 들면, Preston and Raje(2007) 등]. 빈곤은 열악한 접근성의 원인이자 결과라고 보며, 접근성 문제를 빈곤의 문제와 동일 선상에 둔다. 접근성의 좋고 나쁨에는 승용차의 보유 여부, 더 나아가 교육 수준에 이르기까지 사회 전반의 문제가 녹아들어 있다고 보는 입장이다. 이들은 1) 접근성은 장소에 관한 것이자 사람에 관한 것이라는 점을 분명히 해야만 접근성 평가에서 고려해야 할 요소가 더 확보될 수 있고, 2) 사람들이 생애 기회에 참여할 수 있는 능력에 관심을 두어야 지속가능한 정의로운 사회와 경제를 이룰 수 있으며, 3) 접근성이 낮은 지역과 집단의 처지를 개선하는 것이 사회의 책무라고 본다(Farrington, 2007).

최근 불붙기 시작한 mobility(이동성과 기동력)에 관한 연구 열기는 사람 중심의 접근성 개념과 그 활용에 대한 논의를 더욱 부추기고 있다. mobility를 주제로 삼은 각종 단행본(예를 들면 Kellerman, 2006; Larsen et al., 2006; Urry, 2007; Adey, 2010)이 출현하고, 심지어 *Mobilities*라는 이름의 학술지까지 창간(2006)된 것이 그 보기이며, 이러한 연구 동향을 [지리학계에서 계량적 접근에서부터 최근의 문화적 접근(cultural turn)에 이르기까지 학문적 물결이 몇 차례 출렁거렸던 것에 비견하여] 'mobility turn'이라 이름 짓기도 하였다(Keeling, 2009).

장소 자체보다는 그 위에 사는 사람에 초점을 맞추게 되면 우선 개인의 통행 행동을 더 잘 이해할 수 있게 된다. 이는, 예를 들어 어떤 두 사람이 바로 이웃에 살더라도 신체적 조건, 재정적 능력과 시간적 여유 등에 따라 접근성이 다를 수 있기 때문이다. 또한 통행 행동뿐 아니라 사람들의 삶을 더 폭넓게 논의할 수 있게 되고, 사회 전체로 지평을 더 넓히게 되면 사회의 통합이나 사회정의라는 거대 담론을 담을 수 있고 정책적으로도 매력적인 점이 있다.

그러나 접근성을 사람 중심으로 살피게 되면 이동성과 기동력의 개념에 더 가까워지기 때문에, 접근성의 개념이 점점 모호해질 위험도 배제할 수 없다. 한 용어가 여러 사람에 의해 각기 다른 뜻으로 쓰일 때 일어나는 의사소통의 혼란은 피하는 것이 현명하다. 이런 점에서 종래의 접근성 개념을 장소 접근성(locational accessibility)이라 이름 지어 사람 중심의 접근성과 구분한 사례는 주목할 만하다(Joseph and Phillips, 1984). 기술적으로도 사람 중심의 접근성은 그 측정이 매우 복잡해지는 문제도 드러난다. 각 개인의 사정과 관련하여 고려해야 할 변수가 매우 많고 모형이 난해해지는 점은 실제 활용을 가로막는 걸림돌이다. 또 개인 수준에서 측정한 접근성을 집단이나 지역 단위로 집계하는 문제도 해결해야 할 과제로 계속 남는다.

사람 중심의 접근성 개념과 관련하여, 이 글의 앞부분에서 언급되었던 효용기반 모형에 대해 약간의 추가 설명이 필요해 보인다. 효용기반 모형이 장소에 대한 개인별 효용을 접근성으로 파악한다는 점에서 마치 사람 중심의 접근성 개념에 부합하는 모형으로 판단하기 쉽다. 그러나 이 모형은 소비자행동이론에 입각해 분석 단위를 개인 수준으로 낮춘 것일 뿐, '장소'의 접근성을 파악하려는 취지에서 벗어난 것은 아니므로, 장소에 대한 접근성을 다루는 모형의 하나로 분류하는 것이 논리적이다.

2) 사이버 공간의 접근성 연구

사이버 공간은 실제 공간과 마찬가지로 우리 생활의 한 부분이 되어 있으므로, 사이버 공간의 접근성 문제 역시 주요 연구 주제가 되었다. 선행연구에서는 사이버 공간의 접근성을 다음 몇 가지 측면에서 다루고 있다. 첫째는 정보통신망 자체와 통신망을 타고 움직이는 정보의 흐름을 직접 살피는 방식이다. 그래프 이론과 행렬연산법 등을 활용하여 기간 시설로서 정보통신망의 구조와 통신 결절의 접근성을 직접 파악하려는 연구물(O'Kelly and Grubesic, 2002 등), 정보의 흐름을 분석하여 통신망에서 결절의 상대적 위치를 분석하는 연구(Murnion and Healey, 1998), 웹의 하이퍼링크를 통하여 정보공간의 구조를 파악함으로써 접근성을 우회적으로 다룬 연구물(Dodge, 2000; Huh and Kim, 2003) 등의 사례가 이에 해당된다.

둘째, 앞에서 언급한 사람 중심의 접근성 개념과 비슷한 맥락으로, 인터넷 사용자의 입장에서 인터넷 이용 가능성과 능력을 접근성으로 정의하는 시도도 있었다. 정보통신 시설의 이용 가능성, 웹 및 인터넷 자원에 대한 지식, 그리고 웹을 누비며 정보를 검색할 줄 아는 기능(Kwan, 2001) 등을 사이버 공간에서 개인의 접근성을 파악하는 지표로 보았고, 정보 공간에서의 확장 능력[extensibility(Adams, 2000)]이나 정보시대의 적응력[adaptability(Sui, 2000)]으로 더 넓게 정의하는 경우도 있었다. 이처럼 넓은 의미로 정의된 접근성을 어떻게 수치로 나타내느냐는 2000년대에 수행된 여러 연구물의 도전 과제가 되기도 하였다.

정보통신 시대의 접근성이라는 주제는 사실은 아주 새로운 것이라고 말하기는 어렵다. 왜냐하면, 일찍부터 지역이나 사회집단 사이의 정보격차(digital divide)가 논의되었으며, 수많은 정책 대안과 분석 방법론이 제안되기도 하였기 때문이다. 그러나 종래의 정보격차 논의가 정보통신 시설, 그리고 집합적 수준(지역 및 사회집단)에 치중되어 있었다면, 이제는 그 초점이 개인 수준의 격차 문제로 옮겨 가고 있는 것으로 보인다. 사이버 공간에서 물리적인 접근성과 개인의 정보통신 이용 능력 가운데 어느 것이 더 의미 있는지는 정보통신 시설의 보급 단계와 관련되는 것으로 정리해 볼 수 있다. 정보통신 시설의 보급 초기에는 내가 있는 장소에서 컴퓨터나 휴대 전화로 통신망에 연결되는지의 여부가 중요하지만, 초고속 유무선 통신망이 보편화되고 나면 초점은 개인의 이용 능력 문제로 자연스레 옮겨 가게 되는 것이다. 통신 부문의 이런 속성이 교통 부문과 달리 사람 중심의 접근성 논의가 타당성을 얻게 된 배경이라고 판단된다. 그러나 교통 분야에서 사람 중심의 접근성 개념이 사람의 이동성과 기동력까지 포괄하는 개념으로 확장되었듯이, 개인의 정보통신기술의 이용 능력을 접근성으로 보려는 시각 역시 정보통신기술에 대한 물리적 접근성과 혼동을 부를 소지를 여전히 안고 있다. 따라서 새롭게 용어를 정리하여 의사소통의 혼란을 피하는 지혜가 필요하다.

3) 접근성 개념과 그 활용에 대한 성찰

새로운 접근성 모형의 개발이나 적용에서 한 걸음 물러나 접근성의 의미를 성찰하는 움직임도 보인다. 전통적으로 접근성은 희소 자원으로 간주되어 왔다. 도로를 건설하거나 확충하는 일은 이러한 희소 자원을 더 늘리는 수단이었으며, 정부의 개입을 정당화시키는 논거도 여기에서 찾았다. 또한 희소 자원이기에 가장 합리적(효율성 또는 형평성에 맞추어)으로 배분되어야 한다는 믿음이 깔려 있고, 학계의 논의나 실제 교통 투자도 대체로 이런 믿음 속에서 이루어져 왔다. 그러나 정부뿐만 아니라 개인이나 공동체가 나서서 이 희소 자원을 키우는 일도 부분적으로는 가능하다. 예를 들면, 도시 안에서의 통행에서 시민들이 자발적으로 '승용차 함께 타기' 등 다양한 프로그램을 시도하고 있는 것이 그 보기이다. 대규모 교통계획이나 지역계획 사업을 통해 접근성 문제에 접근하려는 중앙집권적 사고에서 벗어나, 공동체나 개인 차원에서 접근성을 다루려는 노력도 다원화된 현대 사회에서는 필요해 보인다.

접근성을 희소 자원으로 보는 연구물에서는 접근성은 좋은 것이라는 믿음이 지배적이다. 새로운 길의 건설이나, 접근성과 지역의 발전 등이 주제였으며, 사회 통합과 사회 정의를 이루는 데 접근성을 활용하려는 입장도 같은 믿음에서 출발하였다. 그러나 접근성을 끝없이 개선하면 과연 모두에게 만족스러운 상황이 될 것인가? 현대적인 기준에서 보면 접근성은 매우 열악할지 모르지만, 아름다운 마을에서 유유자적하는 단순한 삶은 과연 부족한 것인가 하는 근본적인

네트워크의 지리학

의문도 제기해 볼 수 있다(Weber, 2006). 이러한 질문들은 어느 정도 수사(修辭)에 그칠 우려도 있겠지만, '더 많은 교통 시설, 더 빠르고 편한 이동'을 추구해 왔던 현대인의 자세를 되돌아보는 기회는 될 것이다. 최근 느리고 여유로운 삶이 여러 사람들에게 공감을 얻는 경향은 주목할 만하다. 복잡한 현대 사회에서 문명을 전적으로 외면하고 살 수는 없겠지만, "작은 것이 더 아름답다."는 말은 이제 모든 것을 다 갖춘 듯 보이는 현대인들에게 자신을 되돌아보는 화두로 다가오고 있는 것이다.

사회적 소외에 대한 관심의 연장으로, 종래의 접근성이 '정상적인 사람'을 전제로 전개되었던 것을 자성하는 움직임도 있다. 장애인의 접근성에 관한 논의가 그 보기이다(Church and Marston, 2003). 거동이 불편한 사람의 경우, 휠체어가 다닐 수 없는 길이라면 그에게는 길이 아닌 것이며, 건물 안 곳곳에 있는 계단 역시 그에게는 장애물일 뿐이다. 즉, 같은 공간이라도 사람에 따라 전혀 다른 구조, 다른 의미를 띠게 되는 법이다. 따라서 접근성의 개념 자체를 비롯하여 접근성 지수에 관한 모형과 현실 적용에 이르기까지 장애인의 접근성 연구는 비장애인의 그것과 전혀 다를 수밖에 없다.

지속가능성(sustainability)은 현대인의 주요 관심사이다. 그리고 위에서 언급한 성찰들은 바로 지속가능성의 담론으로 수렴되는 것으로 보인다. 우리가 개선하려고 애쓰는 접근성이 자원과 환경의 관점에서 지속가능한지뿐만 아니라, 사회적, 정치적으로 지속가능한지에 대해서도 관심을 가질 때가 되었다.

■ 참고문헌

• 김광식, 1987, "접근성의 개념과 측정치," 대한교통학회지 5(1), pp.33-46.

• 손명철, 1986, "인구 potential과 접근도 분석에 의한 지방행정중심지 입지선정에 관한 연구," 지리교육논집 17, pp.117-139.

• 이금숙, 1995, "지역 접근성 측정을 위한 일반모형," 응용지리 18, pp.25-55.

• 조창현, 2013, 도시 일상생활 연구의 시공간적 접근: 활동기반 이론에 의한 통행 행태 연구의 확장, 서울: 푸른길.

• 허우긍, 2004, "교통지리정보시스템(GIS-T)에 기반한 접근성 분석," 지리학논총 43, pp.1-31.

• Adams, P., 2000, "Application of a CAD-based accessibility model," in Janelle, D. and Hodge, D. (eds.), *Information, Place, and Cyberspace: Issues in Accessibility*. Berlin: Springer, pp.217-239.

• Adey, P., 2010, *Mobility*, London: Routledge.

• Banister, D. and Berechman, Y., 2001, "Transport investment and the promotion of economic growth," *Journal of Transport Geography* 9, pp.209-218.

• Baradaran, S. and Ramjerdi, F., 2001, "Performance of Accessibility Measures in Europe," *Journal of Transportation and Statistics* 4(2/3), pp.31-48.

• Berglund, S., 2001, "Path-based accessibility," *Journal of Transportation and Statistics* 4(2/3), pp.79-91.

• Buliung, R. N. & Kanaroglou, P. S., 2007, "Activity-travel behaviour research: Conceptual issues, state of the art, and emerging perspectives on behavioural analysis and simulation modelling," *Transport Reviews* 27(2), pp.151-187.

• Carrothers, G., 1956, "An historical review of the gravity and potential concepts of human interaction," *Journal of the American Institute of Planners* 22, pp.94-102.

• Church, R. and Marston, J., 2003, "Measuring accessibility for people with a disability," *Geographical Analysis* 35(1), pp.83-96.

• Dodge, M., 2000, "Accessibility to information within the Internet: how can it be measured and mapped?," in Janelle, D. and Hodge, D.(eds.), *Information, Place, and Cyberspace: Issues in Accessibility*, Berlin: Springer, pp.187-204.

• Farrington, J., 2007, "The new narrative of accessibility: its potential contribution to discourses in (transport) geography," *Journal of Transport Geography* 15, pp.319-330.

• Geurs, K., Boon, W. and van Wee, B., 2009, "Social impacts of transport: literature review and the state of the practice of transport appraisal in the Netherlands and the United Kingdom," *Transport Reviews* 29(1), pp.69-90.

• Handy, S. and Niemeier, D., 1997, "Measuring accessibility: an exploration of issues and alternatives," *En-

vironment and Planning A 29(7), pp.1175-1194.

• Handy, S. and Clifton, K., 2001, "Evaluating neighborhood accessibility: possibilities and practicalities," *Journal of Transportation and Statistics* 4(2/3), pp.67-78.

• Hansen, W., 1959, "How accessibility shapes land use," *Journal of the American Institute of Planners* 25, pp.73-76.

• Hanson, S. and Schwab, M., 1987, "Accessibility and Intraurban Travel," *Environment and Planning A* 19, pp.735-748.

• Harris, B., 2001, "Accessibility: concepts and applications," *Journal of Transportation and Statistics* 4(2/3), pp.15-30.

• Hodgart, R., 1978, "Optimizing access to public services: a review of problems, models and methods of locating central facilities," *Progress in Human Geography* 2(1), pp.17-48.

• Huh, W. and Kim, H., 2003, "Information Flows on the Internet of Korea," *Journal of Urban Technology* 10(1), pp.61-87.

• Jones, S., 1981, "Accessibility measures: a literature review," *Crowthorn Transport and Road Research Laboratory.* TRRL Report 967.

• Joseph, A. and Phillips, D., 1984, *Accessibility and Utilization: Geographical Perspectives on Health Care Delivery*, New York: Harper and Row Publishers.

• Keeling, D., 2009, "Transportation geography: local challenges, global contexts," *Progress in Human Geography* 33(4), pp.516-526.

• Kellerman, A., 2006, *Personal Mobilities*, London: Routledge.

• Kissling, C., 1969, "Linkage importance in a regional highway network," *Canadian Geographer* 13(2), pp.113-129.

• Koenig, J., 1980, "Indicators of urban accessibility: theory and application," *Transportation 9*, pp.145-172.

• Kwan, M., 2001, "Cyberspatial cognition and individual access to information: the behavioral foundation of cybergeography," *Environment and Planning B* 28, pp.21-37.

• Larsen, J., Urry, J. and Axhausen, K., 2006, *Mobilities, Networks, Geographies*, Hampshire: Ashgate.

• Mackiewicz, A. and Ratajczak, W., 1996, "Towards a new definition of topological accessibility," *Transportation Research B* 30(1), pp.47-79.

• Moseley, M., 1979, *Accessibility: the Rural Challenge*, London: Methuen.

• Murnion, S. and Healey, R., 1998, "Modeling distance decay effects in web server information flows," *Geographical Analysis* 30, pp.285-303.

• Murray, A. and Grubesic, T. (eds.), 2007, *Critical Infrastructure: Reliability and Vulnerability,* New York:

Springer.

- Neutens, T., Schwanen, T. & Wiltox, F., 2011, "The prism of everyday life: towards a new approach agenda for time geography," *Transport Reviews* 31(1), pp.25-47.
- Nutley, S., 1980, "Accessibility, mobility and transport-related welfare: the case of rural Wales," *Geoforum* 11, pp.335-352.
- O'Kelly, M. and Grubesic, T., 2002, "Backbone topology, access, and the commercial Internet, 1997-2000," *Environment and Planning B* 29, pp.533-552.
- Pooler, J., 1987, "Measuring geographical accessibility: a review of current approaches and problems in the use of population potentials," *Geoforum* 18, pp.269-289.
- Preston, J. and Raje, F., 2007, "Accessibility, mobility and transport-related social exclusion," *Journal of Transport Geography* 15(3), pp.151-160.
- Reggiani, A.(ed.), 1998. *Accessibility, Trade and Locational Behaviour*, Hampshire: Ashgate.
- Sui, D., 2000, "The e-merging geography of the information society: from accessibility to adaptability," in Janelle, D. and Hodge, D.(eds.), *Information, Place, and Cyberspace: Issues in Accessibility*, Berlin: Springer, pp.107-129.
- Timmermans, H. J. P., Arentze, T. A. & Joh, C. H. 2002, "Analysing space-time behaviour: New approaches to old problems," *Progress in Human Geography* vol.26, pp.175-190.
- Urry, J., 2007, *Mobilities*, Cambridge: Polity Press.
- Weber, J., 2006, "Reflections on the future of accessibility," *Journal of Transport Geography* 14, pp.399-400.

제2부

교통과 정보통신으로 본 네트워크

THE GEOGRAPHY OF NETWORKS

교통 네트워크

송예나

1. 서론

대부분의 사람들은 일상에서 교통 네트워크(transport networks)를 이용한다. 집 주변의 보도도 사람들의 도보 이동을 위해 설치된 교통 네트워크이며, 지하철과 버스도 대중교통 네트워크이다. 지난날, 보도블록과 도로가 잘 정비되어 있지 않고 철도망도 발달하지 않았던 때에도 교통 네트워크는 존재했다. 포장되지 않은 길이지만 마차가 달리고 사람들이 걸어다니는 길, 또는 물자를 실어 나르는 배가 다니던 뱃길 모두 교통 네트워크로, 사람과 물자가 이동할 수 있는 통로의 역할을 해 왔다.

사람들은 집 밖을 나서는 순간부터 교통 네트워크를 따라 움직인다. 집에서 학교를 가기 위해 마을버스와 지하철을 탔다면 두 종류의 대중교통 네트워크를 이용한 것이며, 버스 정류장까지 걸어가기 위해서는 보도 네트워크를 이용했을 것이다. 이동하기 위한 목적이 아니라 건강을 유지하고 여가 활동을 즐기기 위해 자전거를 탔다면 자전거 도로와 자동차 도로를 이용하게 된 것이다. 이렇듯, 자신의 집이나 거주 시설을 벗어나 활동을 하는 대다수의 사람들은 교통 네트워크를 다양한 목적을 이루기 위해 직접 이용한다. 집 밖을 나서지 않는다고 해도 교통 네트워크를 전혀 이용하지 않는다고 할 수 없다. 왜냐하면, 우리가 사용하는 작은 물건 하나하나도 이를 생산, 이동, 소비하는 활동을 하는 데 교통수단을 통한 이동이 필요하기 때문이다.

하지만, 많은 사람들은 교통 네트워크의 존재와 이의 중요성을 크게 깨닫지 않고 살아가고 있으며, 잘 발달된 교통 네트워크를 누리는 사람들은 교통 네트워크를 당연하게 주어진 것으로 여기고 있다. 아마도 교통 네트워크의 소중함을 깨닫는 순간은, 네트워크가 제대로 운영될 때 또는 기존 네트워크가 확장되어 이에 의한 효용(utility)이 증진되었을 때가 아니라, 기존의 네트워크가 작동하지 않아 비효용(dis-utility)이 발생할 때일 것이다. 예를 들면, 도로 공사로 인해 다니던 길을 이용할 수 없거나 버스 노선이 폐지되어서야 당연시되어 왔던 편익을 깨닫게 되는 것이다.

넓은 의미에서 교통 네트워크는 가스, 전기, 물과 같은 재화(commodity)의 이동을 가능하게 하는 시설을 포함하기도 하나, 여기서는 사람, 화물 그리고 탈것들이 움직이는 길로 논의를 한정한다. 이 장에서는 교통 네트워크를 다른 지역을 연결해 주는 지역 간 교통 네트워크와 지역 내부에서 단거리 통행을 가능하게 하는 지역 내 네트워크의 두 종류로 나누어, 다양한 교통 네트워크가 어떻게 발달해 왔으며, 이의 변화가 어떠한 영향을 미치는지에 대하여 살펴보고자 한다.

2. 지역 간 교통 네트워크

1) 육상교통

육상교통 네트워크로는 크게 도로와 철도가 있다. 단거리 이동을 하기 위한 자전거와 도보 네트워크도 육상교통의 범주에 속하지만 이동 속도가 느려 지역 간 교통수단으로 이용하기에는 효과적이지 않다. 따라서 이 장에서는 육상교통 네트워크를 도로 네트워크와 철도 네트워크로 한정한다.

도로 네트워크는 자동차, 트럭, 버스와 같이 지면 위를 달리는 운송 수단이 이동할 수 있는 길을 말한다. 도로의 종류와 용도에 따라 고속도로, 자동차 전용 도로, 지방도로 등으로 이름이 다르게 불리기도 하지만, 그 쓰임은 큰 차이가 없다고 볼 수 있다.

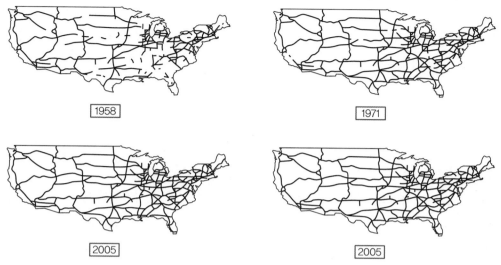

[그림 4-1] 미국 인터스테이트 하이웨이 시스템, 1958~2005

미국 역사에서 아이젠하워 인터스테이트 하이웨이 시스템(Eisenhower Interstate Highway System) 건설은 최대의 기반 시설 공사로 알려져 있다. 이 고속도로는 제2차 세계 대전이 끝난 후인 1957년 착공되었으며, 이후 20여 년간 빠른 속도로 확장되어 미국 전역을 더욱 빠르고 안전하게 이동할 수 있도록 해 주었다(Weingroff, 2006). [그림 4-1]은 인터스테이트 하이웨이 시스템이 미국 전역을 어떻게 하나로 엮어 나갔는지 보여 준다. 초기에는 인터스테이트 하이웨이만을 이용해 동부에서 서부로, 또는 북부에서 남부로 이동하는 것이 불가능했지만, 시간이 흐름에 따라 미국 전체를 엮어 나가는 방대한 네트워크가 완성되어 가는 것을 확인할 수 있다. 착공 30여 년 후인 1987년에는 거의 현재와 같은 모습의 시스템을 갖추었다.

좋은 시설을 갖춘 편리하고 방대한 도로 네트워크의 등장은 이전에 자동차로 이동할 수 없었던 곳을 쉽게 갈 수 있게 만들었고, 지역 간 접근성을 높여 주는 직접적인 효과뿐만 아니라 경제적, 사회적, 문화적으로 다양한 영향을 미쳤다. 킬러와 잉(Keeler and Ying, 1988)은 Class I 운수산업(trucking industry)에서 얻은 경제적 효용만으로 인터스테이트 하이웨이 건설 비용의 72%가 보전되었다고 주장하였다.

우리나라의 고속도로는 1968년 경부고속도로를 처음으로 시작되었고, 지속적으로 고속도로가 건설되어 2011년 현재 총연장이 4000km에 이른다. 이는 국내 전체 도로 연장의 3.7%로 큰 비중을 차지하지는 않지만, 경제 및 사회적 영향은 미국의 경우와 마찬가지로 매우 크게 나타나고 있다. 실제로 국내 제조업 전체의 생산성 증대 효과만으로도 고속도로 전체 투자 금액의 77%에 해당한다는 연구 결과도 있다(심재권·윤재호, 2001).

철도 네트워크 또한 육상교통 네트워크에 속하며, 자동차와 트럭이 널리 사용되기 이전에 물자와 사람을 나르는 유용한 수단으로 널리 사용되었다. 철도 네트워크는 산업혁명과 함께 1820년대 영국에서 시작되어 영국의 산업화에 커다란 공헌을 했으며, 미국에서는 1850년대부터 건설된 철도 네트워크가 서부 개척과 산업화의 통로가 되었다.

우리나라에서 최초로 개통된 철도 네트워크는 경인선으로 일제 강점기인 1899년에 운행을 시작하였다. 허우긍(2010)은 광복 전까지 철도 네트워크의 발달 단계를 넷으로 구분하고 있다. 제1기는 간선을 개설하던 1890년대 후반부터 1910년대 중반까지이고, 제2기는 이후 1920년대 말까지 사설철도와 산업철도가 본격적으로 확대되던 시기이다. 그 다음 3기는 1930년대로, 사설철도를 국유화하며 철도망을 확충하고 정비하는 단계였다. 마지막으로 제4기는 제2차 세계대전으로 군사적 목적의 철도 이용이 집중된 시기로 본다. 광복 이후 일제 강점기에 건설되었던 철도 네트워크는 남과 북으로 분단되었으나, 이후 경제개발 계획과 맞물려 철도 네트워크는 지속적으로 확장 및 개선되었고, 2004년에는 고속철도를 도입하기에 이른다(Suh et al., 2005).

우리나라는 육상 교통수단에 대한 의존이 높은 편이다. 특히 여객 수송(passenger travel)에서 철도와 공로를 포함한 육상교통 네트워크가 차지하는 비중은 80%를 넘고 있으며, 그 밖에는 지하철을 이용한 이동이다. 해로나 항로를 통한 국내 여객 이동은 0.3%에도 채 미치지 못하고 있다. 화물의 경우, 해운이 차지하는 비중이 지난 20여 년간 15%에서 22% 수준에 이르러 여객에 비

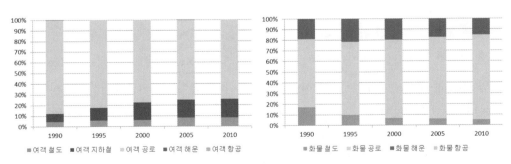

[그림 4-2] 교통수단별 수송 부담률

해 육상 교통수단에 대한 의존이 떨어지지만, 여전히 78~85%의 화물은 도로나 철도를 이용하고 있음을 알 수 있다(그림 4-2).

2) 항공교통: 항공교통 네트워크, hub-and-spoke

항공교통 부분은 지난 1950년대 이후 급속한 기술 발전을 거듭해 왔다. 그중 상업적으로 가장 성공한 교통 기술로 꼽히는 것은 제트엔진(jet engine)의 이용이다. 제트엔진의 이용이 1957년에서 1972년 사이 급속히 늘어났고, 그 결과 상용 비행기의 비행 속도가 두 배 이상 빨라지고(Lakshmanan et al., 2009) 비행기의 품질 대비 불변 가격(quality-adjusted real prices for aircraft)도 매해 12.8~16.6%씩 떨어지는 효과를 가져왔다(Gordon, 1990). 이는 다시 말해 항공교통 비용이 빠르게 하락하게 되었음을 의미한다.

항공교통 비용의 하락과 더불어 산업의 국제화와 증가하는 국제 여객 수요로 항공 교통은 최근 들어 더욱 중요해지고 있으며, 우리의 경우도 마찬가지이다. 국토가 좁아 공로를 통한 지역 간 이동이 대부분을 차지하는 우리나라의 경우에는 국제선을 중심으로 여객과 화물의 항공 수요가 전반적으로 증가하는 추세를 보여 주고 있다(그림 4-3). 1989년에 시작된 해외여행 자유화와 함께 항공 여객 수요가 급증했으며, 국제교역 화물의 고가화와 경량화 추세에 따라 화물의

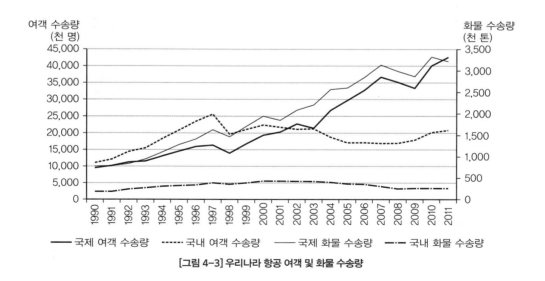

[그림 4-3] 우리나라 항공 여객 및 화물 수송량

국제 이동에 항공기 이용이 활발해진 것(이정윤, 2006; 김은경, 2012)과 함께 항공운송 비용의 하락이 주요한 이유로 설명된다. 1990년대와 2000년대 후반의 국제선 수요 감소는 경제 위기에 따른 국내 경기와 세계 경기의 위축으로 인한 전체 수송 수요 감소로 해석할 수 있다.

항공교통 네트워크를 설명하면서 빠질 수 없는 것이 hub-and-spoke 네트워크이다. 항공노선에 대한 규제가 풀어지면서 대규모의 많은 항공 운행사들이 운임을 절감하기 위한 방편으로 이러한 운송 방식을 채택하기 시작하였고, 항공 규제 완화와 항공산업 자율화(de-regulation and airline liberalization) 이후 대형 항공사들이 허브로 사용하는 공항의 혼잡도가 급속히 증가했다(Morrell and Lu, 2007; Nero, 1999). hub-and-spoke는, 간단히 말하자면 승객과 화물 이동에 중심이 되는 허브(hub) 공항을 설정해 두고 수많은 가지를 통해 다양한 지역을 연결하는 방식의 네트워크 디자인을 뜻하며, 허브 공항은 사람과 화물이 목적지에 가려면 반드시 거쳐야만 하는 결절지 역할을 하게 된다(Fotheringham and O'Kelly, 1989)

[그림 4-4]는 hub-and-spoke 방식을 통해 네 지점을 연결하는 방법과 직접 수송 방식을 단순화하여 비교하고 있다. 이 그림은 hub-and-spoke 네트워크의 장점과 단점을 동시에 보여 준다. A, B, C, D 네 곳을 모두 연결하기 위해 hub-and-spoke 방식을 이용할 경우 허브를 중심으로 4개의 노선을 운영하면 된다. 하지만 모든 지역을 직접 연결하려면 6개의 노선이 필요하다. 이처럼 hub-and-spoke 방식은 동일한 숫자의 지역을 연결하기 위해 적은 수의 노선과 비행기가 필요하기 때문에 운행 비용이 절감되고 항공기를 좀 더 효율적으로 운행할 수 있다. 또한 spoke 공항을 추가하는 것도 허브로 통하는 노선 하나만을 개설하면 되기 때문에 항공사의 서비스 영역

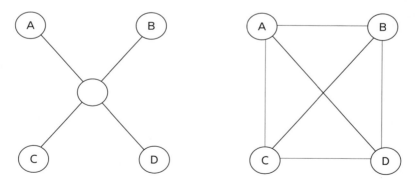

[그림 4-4] hub-and-spoke 시스템과 직접 수송 시스템

확장도 용이하다. 반면, 항공기를 이용하는 소비자는 허브 이외의 곳으로 이동하려면 일단 허브로 이동하고 비행기로 갈아타야 하기 때문에 비행 시간과 거리에서 손해가 발생하게 된다. 또한 허브에서 처리해야 하는 승객과 화물이 많아 허브 공항에서 승객과 물류 처리에 지연이 발생할 가능성이 높으며, 실제로 지연 사고가 발생할 경우 그 여파가 연결된 여러 spoke 공항에까지 미치게 되어 운항 스케줄의 유연성도 떨어지는 단점이 있다. 이러한 단점을 최소화하기 위해서는 효과적인 허브 네트워크 디자인이 필수적이며, 최근에도 hub-and-spoke 시스템의 효율성을 최대화하기 위해 다양한 시도가 이뤄지고 있다.

3) 해상교통

현대 사회에서 바다를 통한 이동은 여객보다 화물이 주를 이루고 있으며, 해상교통에 관련된 연구도 대부분 화물에 초점을 두고 있다. 이는, 바닷길을 이동하는 배는 다른 장거리 운송 수단에 비해 속도가 느려 크루즈(cruise)와 같이 배에서 여가를 즐기고자 하는 수요 외에는 여객 이동 수단으로 경쟁력이 없는 데 비해, 선박 주조 기술의 발전과 함께 대용량 화물 수송이 용이하여 화물 이동 수단으로 이용되는 경우가 많기 때문이다.

해상 화물 교통은 1950년대 이후 기술 및 제도적 변화(technological and institutional changes)를

〈표 4-1〉 해상 및 항공 교통수단을 통한 국제 무역 총량

연도(year)	백만 톤(million tons)		십억 톤-마일(billion ton-miles)	
	해상	항공	해상	항공
1960	307	–	–	0.7
1965	434	–	1537	1.8
1970	717	–	2,118	4.3
1975	793	3.0	2,810	7.7
1980	1,037	4.8	3,720	13.9
1985	1,066	6.5	3,750	19.8
1990	1285	9.6	4,440	31.7
1995	1,520	14.0	5,395	47.8
2000	2,533	20.7	6,790	69.2
2004	2855	23.4	8,335	79.2

출처: Hummels(2007) 표 1A 재구성

겪어 왔다. 특히 국제 교역량 증가와 컨테이너화(containerization)는 국제 항만 체계 변화에 큰 영향을 주었다. 생산 활동의 국제화와 기술 발전에 따른 수송비용(transport cost)의 하락은 국제 수출입 화물의 급속한 증가를 가져왔다. 〈표 4–1〉은 해상과 항공 교통수단을 통해 이동한 국제 무역 총량을 보여 준다. 지난 40여 년간 이 두 교통수단을 이용한 화물량은 지속적으로 증가하고 있다. 이와 동시에 장기적으로 대형 선박의 등장과 컨테이너 이용에 의한 화물 수송 비용의 감소는 증가된 화물을 좀 더 손쉽게 이동시키는 역할을 하게 되었다(Hummels, 2007).

화물 운송의 컨테이너화는 국제적으로 표준화된 크기의 컨테이너를 선박을 이용한 화물 수송에 이용하는 것을 말한다. [그림 4–5]는 미국의 주요 컨테이너 항구 중인 조지아(Georgia) 주의 서배너(Savannah) 항구에 정박 중인 컨테이너선을 보여 주고 있다. 컨테이너의 등장은 20세기 교통기술의 혁명으로 꼽힌다. 컨테이너는 1966년 노스 애틀랜틱(North Atlantic) 항로에서 국제 화물 운송에 최초로 사용되기 시작하였고, 초반에는 미국–유럽, 미국–일본 항로를 주축으로 이용이 확산되다가 1970년대 후반부터 개발도상국에서도 이용되기 시작하였다. 국제 시장에서 컨테이너 항구들 사이의 경쟁이 심화되었고(Song, 2003), 이는 몇 개의 국제 허브 항구에 물동량이 집중되는 결과를 낳았다(Lee et al., 2008).

[그림 4–5] 정박 중인 컨테이너선(서배너, 조지아, 미국)
출처: Laura Guild

네트워크의 지리학

국제적으로 표준화된 컨테이너를 이용하는 것은 여러 측면에서 교역 비용을 높여 주는 동시에 효율성을 높여 주는 효과가 있다. 동일한 크기의 컨테이너를 옮기기 때문에 하역에 소요되는 노동 비용과 시간이 줄어들게 되며, 컨테이너 자체를 화물 보관에 이용할 수 있어 보관 비용도 줄어들게 된다. 또한 화물을 빨리 옮길 수 있게 되면서 선박이 항구에 머무르는 시간이 짧아져 선박을 더욱 효율적으로 활용할 수 있는 장점이 있다(Lakshmanan et al., 2009; Levinson, 2006; UNCTD, 1970).

규격화된 컨테이너 이용은 복합운송(intermodalism)을 용이하게 만들었다. 컨테이너를 사용하지 않는 복합운송 체계(예: transload system)가 있기는 하나(Jenning and Holcomb, 1996) 화물에서 복합운송은 대부분 컨테이너를 매개로 한 다양한 교통수단을 이용한 물자 운송을 의미한다(Norris, 1994).

선박을 이용한 화물 수송은 항구 자체가 화물의 발생지와 소비지가 아닌 이상 화물 기착지에서 종착지까지만 가기 때문에 다른 운송 수단을 이용하게 마련이다. 따라서 트럭, 기차와 같은 육상 교통수단을 함께 이용하는 복합운송이 일반적이다. 컨테이너를 이용해 화물을 수송할 경우, 이동하는 동안 각 수단에 맞춰 다시 화물을 내리고 싣는 노동집약적인 작업이 기계를 이용해 커다란 상자를 그대로 들어 옮기는 형태로 단순화될 수 있다. 물론 이 효과를 최대화하기 위해 항구의 기반 시설 외에도 육상 화물 교통 시스템이 컨테이너 수송에 맞춰 진화하고 변화해 왔다(Bontekoning et al., 2004; Slack, 1990). 복합운송에서는 서로 다른 교통 네트워크가 특정 지점, 지역에서 만나게 된다. 항구 주변에 주요 철도 노선이 위치하거나 고속도로 접근성이 높은 것은 복합운송을 좀 더 원활히 해 주는 역할을 한다.

4) 지역 간 물자, 인구 이동

교통 네트워크를 구축하고 이를 관리하는 데에는 막대한 자금이 들어가게 마련이다. 따라서 이를 실제로 추진하는 데까지는 이 네트워크에 소요되는 비용뿐만 아니라 이후 네트워크가 가져올 긍정적 측면과 부정적 측면을 면밀히 살피는 것이 필요하다. 교통 네트워크를 만드는 데 소요되는 비용은 쉽게 측정할 수 있다. 또한 기간산업에 투자하는 것은 그 자체로 경기를 부양시킬 수 있는 요인이 되기도 한다. 하지만 이러한 일차적인 효과 외에도 교통 네트워크는 다양

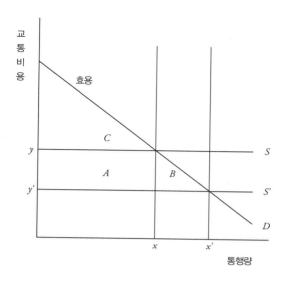

[그림 4-6] 교통 네트워크와 생산비용, 통행량

한 경제적이고 사회적인 효과를 유발한다.

  교통 네트워크는 물자와 인력이 이동할 수 있는 길을 만들어 주고, 현대 사회에서 원활한 물자와 인력의 이동은 지역 및 국가 경제 발전에 필수적인 요소로 작동하고 있다. 일반적으로 교통 네트워크의 발달은 접근성과 연결성의 향상을 가져오고, 이는 물자와 인력 이동에 들어가는 비용이 감소하게 됨을 의미한다. [그림 4-6]은 교통 네트워크의 개선이 어떠한 효과를 가져올 수 있는지 보여 준다(Lakshmanan, 2011; Venables and Gasiorek, 1999).

  교통 네트워크가 확장되거나 시설이 개선되면 개인의 경우에는 통행에 들어가는 비용과 시간이 줄어들게 되고($y \rightarrow y'$), 산업 현장에서는 물류비용 감소로 공급비용(supply cost)이 떨어지게 된다($S \rightarrow S'$). 또한 낮아진 교통비는 가격 때문에 억제되었던 개인의 통행과 물자의 이동을 가능하게 해 전체 통행량은 증가하게 된다($x \rightarrow x'$). 그 결과 네트워크 개선 이전의 효용 'C'는 'A+B+C'로 증가하게 된다. 여기에서 A는 교통비용 감소에 따른 효용 증가이며, B는 신규 통행과 이동에 따라 발생한 효용이다.

  앤더슨과 락샤마난(Anderson and Lakshamanan, 2007)은 교통 네트워크 발달이 경제 발전에 기여하는 방식을 네 가지로 정의하고 있다.

  1) 무역(Gains from trade)

  2) 기술 이전(Technology diffusion)

3) 집적 경제(Gains from agglomeration)

4) 포괄적 지원 효과(Coordination device and the 'Big Push')

교통비의 하락은 다양한 산업 분야에서 생산비용의 절감을 의미하고, 이는 동일한 비용을 들이고 더 많은 제품을 생산해 판매할 수 있는 여지를 만들어 주어 무역을 통한 기업의 시장 확장을 가능하게 해 준다. 이렇게 무역이 늘어나게 되면 자연스럽게 물자와 서비스 생산에 이용된 기술도 전파되게 된다. 빠르고 정확하게 이동할 수 있게 된 것은 다른 한편으로 사람들의 교류를 더욱 활발하게 만들어 주어 암묵지(暗默知, tacit knowledge)의 전달이 용이해지고, 물류의 측면에서는 적시 생산(just-in-time) 시스템이 가능하게 된다. 신경제지리학(New Economic Geography) 이론은 물자 이동 비용의 절감이 산업 집적을 더욱 강화시킬 수 있음을 이론적으로 증명하여 교통 네트워크 발달과 집적 경제 사이에 밀접한 관계가 있음을 보였다. 무역이 교역 대상인 물자의 생산자에게만 이익을 주는 것은 아니다. 이들이 규모의 경제를 이루게 됨으로써 생산품의 가격이 하락하게 되고, 소비자들은 좀 더 다양한 물자와 서비스를 제공받을 수 있게 된다. 포괄적 지원 효과도 유사한 맥락으로 해석할 수 있다. 교통 제반 시설은 막대한 초기 투자가 필요한 반면, 한 번 건설이 되면 이를 이용하는 모든 산업 분야가 이에 따른 혜택을 두루 볼 수 있어 간접적인 지원 효과를 갖게 되고, 한정된 분야에 직접적 지원을 해 주는 것보다 훨씬 큰 효과를 볼 수 있다(Hirschman, 1958).

또한 교통 네트워크의 발달은 경제적 측면 외에도 인구 이동에 영향을 미친다. 미국의 경우

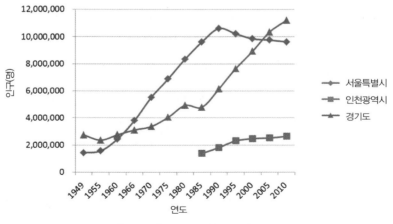

[그림 4-7] 서울과 수도권 인구 추이

철도 노선의 확대와 발전이 1800년대 이후 사람들의 서부 이동을 도왔고, 1950년대에 시작된 인터스테이트 하이웨이의 건설은 대도시 지역에서 교외화(suburbanization)를 촉진시켜 도심의 공동화와 도시 외곽 지역의 주거지 개발 붐을 일으켜 직주 분리를 가속시키기도 하였다. 서울을 비롯한 수도권에서도 이와 유사한 현상을 살펴볼 수 있다. 도로와 대중교통 네트워크 확대로 수도권에서 서울로의 출퇴근이 용이해짐에 따라, 땅값이 상대적으로 싼 수도권으로 이주하거나 서울 대신 수도권으로 인구가 유입되어 가파르게 증가하던 서울시의 인구가 1990년대 이후 오히려 감소하고 수도권 인구가 상승하는 양상을 보이고 있다(그림 4-7).

3. 지역 내 교통 네트워크

1) 대중교통: 버스, 지하철

도시 내에서 대중교통은 짧은 거리를 이동하기 위한 유용한 수단이다. 특히 인구가 밀집되고 경제활동이 활발한 지역에서는 많은 통행 수요를 대중교통이 아니면 소화해 내기 어렵다. 락샤마난 등(2009)은 미국 동부의 대도시권에서 대중교통 이용이 다른 지역에 비해 월등히 높다는 점을 지적하고, 대중교통이 대도시 내의 경제활동을 뒷받침하는 중요한 역할을 하고 있다고 주장하였다.

현재 우리나라에서 지역 내 통행에 이용되는 대중교통수단은 버스와 지하철이다. 실제로 우리나라의 지역 내 대중교통은 1900년 전후로 서울과 부산에서 개통된 노면전차를 그 시초로 볼 수 있고(서울특별시사편찬위원회, 2000; 허우긍·도도로키 히로시, 2007), 이후 버스와 지하철이 도입되어 주요 단거리 통행 수단으로 자리 잡게 되었다. 누구나 이용할 수 있다는 점에서 택시도 대중교통수단으로 꼽히기도 하나, 많은 수의 승객이 지정된 노선을 따라 이동하지 않기 때문에 논의에서 제외한다.

서울의 경우, 1968년에 노면전차가 사라진 이후 버스가 가장 중요한 승객 이동 수단이 되었다 (Kim and Rim, 2000). 자동차 보급이 많지 않은 상황에서 빠른 경제 성장을 지속하며 통행량이 급증하는 서울 내에서 이를 가능하게 해 줄 수 있는 거의 유일한 수단이 대중교통인 버스였다.

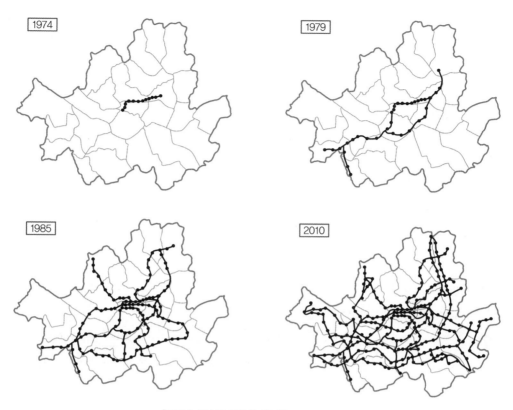

[그림 4-8] 서울 지하철 네트워크, 1974~2010

하지만 이후 개인 승용차의 빠른 보급 및 지하철 노선 확대와 함께 승객 수송 비율뿐만 아니라 승객 수가 지속적으로 하락하였고, 1990년대 중반 이후부터 지하철이 수송량과 비율에서 가장 중요한 교통수단으로 자리매김하게 되었다(Kim and Rim, 2000; Pucher et al., 2005).

　지하철은 1974년 개통을 기점으로 지속적으로 네트워크를 확장해 왔다. [그림 4-8]은 서울 지하철 네트워크가 개통 시점부터 2009년 9호선 개통 이후까지 어떻게 확장되어 왔는지를 시기별로 보여 주고 있다(Song and Kim, 2015). 초창기 강북 도심을 연결하는 10km 정도의 단일 노선으로 개통된 서울 지하철은 현재 서울 대부분 지역을 연결하는 복잡한 네트워크로 발전하게 되었고, 수도권과 그 밖의 지역까지 노선을 연결해 가고 있다.

　지하철이 우리나라에서 40여 년의 역사를 가지고 있는 것에 비해, 세계 최초의 지하철은 1863년에 런던에서 운행되기 시작했고, 이후 파리, 뉴욕, 마드리드, 도쿄와 같은 세계 주요 대도시로

<표 4-2> 세계 10대 지하철 네트워크, 2012년 총연장 기준

도시(개통 시기, 연도)	지하철 네트워크 총연장(km)	하루 이용객(백만 명)
베이징(1969)	442	5.97
상하이(1995)	423	5.16
런던(1863)	402	3.03
뉴욕(1904)	368	4.49
서울(1974)	327	4.85
모스크바(1935)	309	6.55
도쿄(1927)	305	8.63
마드리드(1919)	286	1.72
광저우(1999)	232	4.49
파리(1900)	218	4.13

출처: The Economist(2013)

확산되었다(표 4-2). 서울의 지하철은 비교적 짧은 역사에 비해 네트워크의 총연장과 이용객 수가 세계 6위와 5위를 차지하고 있다(The Economist, 2013).

우리나라에서도 지역 내 통행뿐만 아니라 도시 경관에 대중교통이 미치는 영향은 매우 크다. 특히 서울과 수도권에서 대중교통의 수송 분담률은 60% 이상으로, 개개인의 통행을 가능하게 하는 기본적인 역할을 넘어 지역의 경제활동 및 사회, 문화 활동의 기반이 되고 있음을 알 수 있다. 또한 대중교통은 도심의 과밀 인구를 주변 지역으로 분산시키는 데 도움을 준다. 만일, 대중교통수단이 없었다면 현재 우리나라 인구의 절반가량이 모여 사는 수도권이 만들어지고 유지될 수 없었을 것이다. 이는 다른 대도시에서도 마찬가지이며, 이러한 이유로 경제가 빠르게 성장하는 국가에서는 대도시를 중심으로 대중교통 네트워크에 대한 투자가 활발히 이루어지고 있다. 이에 대한 단적인 예로, 〈표 4-2〉에서 중국의 상하이와 광저우의 지하철이 지난 수년간 얼마나 빠른 속도로 확대되었는지를 보아도 알 수 있다.

또한 대중교통은 자동차 통행을 대체하는 역할을 함으로써 지속가능한 교통수단(sustainable transport mode)으로 꼽힌다. 자동차 통행을 대중교통으로 전환하는 것은, 사회적으로는 도로 혼잡(road traffic)과 자동차 이용으로 인한 오염을 줄여 사회적 간접비용을 낮춰 주며, 이차적으로는 원활한 도로 교통 흐름으로 경제활동이 더욱 원활히 이뤄지도록 하는 효과가 나타나게 한다. 또한 대중 교통 이용자들은 출발지에서 정류장까지, 그리고 정류장에서 도착지까지 이동하는 과정에서 신체 활동을 하게 되고, 직접 운전을 하지 않는 시간에 다른 활동을 할 수 있는 여분의 시간을 가지게 된다. 물론 대중교통이 순기능만을 가진 것은 아니다. 불특정 다수가 이용하는 수단이기 때문에 전염성이 강한 질병의 확산 통로가 될 수도 있으며(김찬수, 2011), 자동차를 이용할 수 없는 범죄자들의 이동 수단이 되기도 한다(Ihlanfeldt, 2003).

2) 자전거, 도보 네트워크

소득이 증가함에 따라 사람들의 자동차 이용도 증가하고, 일정 수준 이상의 통행 수요가 발생하면 그로 인한 역기능이 눈에 띄게 증가하게 된다. 자동차 이용은 교통 정체, 대기 오염, 비활동적인 생활습관(inactive lifestyle)의 주범으로 지적되고 있어, 많은 국가에서는 이러한 추세를 감소시키기 위해 도보와 자전거 이용을 촉진하고자 하는 정책을 시행하고 있다(Banister, 2008; Cools et al., 2009). 유럽위원회(European Commission) 또한 도시계획과 기반 시설 디자인에서 자전거와 도보 통행 네트워크가 중요 요소가 되어야 한다고 제안하고 있다(European Commission, 2011). 우드콕 등(Woodcock et al., 2009)은 도시 내 단거리 통행을 무동력 교통수단(active mode)으로 전환하는 것이 온실가스 배출을 줄여 주는 동시에, 공공보건 증진에 큰 효과가 있음을 영국과 인도의 사례로 보여 주었고, 웬과 리셀(Wen & Rissel, 2008) 그리고 굿맨 등(Goodman et al., 2012)의 연구는 개인의 교통수단 선택이 비만과 큰 관계가 있음을 실증적으로 밝혔다.

[그림 4-9] 강가를 따라 건설된 도보, 자전거 전용 도로(사우샘프턴, 영국)
출처: 송예나

<표 4-3> 국내 자전거도로 총연장

연도	자전거 전용 도로	자전거·보행자 겸용 도로	자전거 전용 차로	계
2009	1,428km(12.5%)	9,770km(85.8%)	189km(1.7%)	11,387(100%)
2010	1,841km(14.1%)	10,960km(84.1%)	235km(1.8%)	13,036(100%)
2011	2,353km(15.4%)	12,534km(81.9%)	421km(2.8%)	15,308(100%)

출처: e-나라지표, www.index.go.kr

[그림 4-9]는 영국의 한 지방 도시에서 자전거·도보 이동을 장려하기 위한 방안으로 강가에 설치한 자전거·도보 전용 도로를 보여 주고 있다. 영국을 비롯한 유럽의 여러 국가들에서는 지방자치단체, 국가, 또는 유럽연합(European Union) 주도로 자전거·도보 통행을 늘리기 위한 다양한 시도를 하고 있으며, [그림 4-9]의 네트워크도 영국 전역에서 실시된 자전거·도보 기반 시설 확충 프로젝트의 일환으로 시행된 것이다.

우리나라에서도 승용차 이용을 줄이고 자전거 이용자의 편의를 증진하기 위해 2010년 국가 자전거도로 기본 계획을 수립하였으며, 이후 자전거도로의 건설이 활발히 이루어지고 있다. 위의 〈표 4-3〉은 최근의 자전거도로 현황을 보여 주고 있다.

지난 2009년에서 2011년 사이에 자전거도로가 34%가량 증가해 빠른 속도로 기반 시설이 확충되고 있음을 보여 준다. 또한 자전거·보행자 겸용 도로가 전체 자전거도로의 대부분을 차지하고 있으나, 이의 비중은 줄어들고 자전거 전용 도로의 비중이 높아지고 있음을 알 수 있다. 또한 국가자전거도로 사업을 통해 2019년까지 자전거도로를 총 4835km로 확장하고, 주요 지자체 및 관광지를 연계하도록 노선을 설정하였다.

보행자 네트워크는 최근까지도 크게 관심을 받지 못했다. 그 이유는, 사람들이 걸어 다니는 길이 기차나 지하철처럼 특별한 시설이 필요한 것도 아니며, 이미 만들어진 길이 아니더라도 누구나 쉽게 우회로(detours)나 지름길(shortcuts)을 만들어 다니기도 하기 때문이다. 우리나라 도로, 교통 관련 통계를 살펴보면 '도보'는 아직 여객 이동 수단으로 처리되지 않고 있으며, 보행자 도로에 관련한 수치 자료도 없다. 하지만 자전거·보행자 겸용 도로가 최근 지속적으로 확대되고 있으며(표 4-3), 좀 더 안전하고 쾌적한 보행 환경에 대한 관심도 늘어나고 있다.

이러한 기반 시설의 확장과 개선이 실제로 시민들의 자발적인 통행 수단 변화를 가져올 수 있을지는 확실하지 않다. 존스(Jones, 2012)는 영국의 전국 자전거 네트워크(National Cycle Network,

NCN)를 사례로 기반 시설을 제공하는 것만으로는 의미 있는 수준의 통행 수단 전환(modal-shift)이 쉽지 않음을 보여 주었다. 하지만 최근 사례연구들은 기반 시설 확충과 더불어 도보 및 자전거 통행의 효과와 유용성을 적극적으로 홍보하거나 학교, 커뮤니티, 직장 내 지원 등의 소프트웨어적 접근(software approach)을 통한 통행 수단 전환이 가능하다고 보고하고 있다(Ogilvie et al., 2007; Yang et al., 2010; Bird et al., 2013).

4. 결론 및 앞으로의 과제

교통 네트워크는 항상 우리 주변에 있어 왔고, 그 형태와 기능은 변한다 하더라도 계속 우리 생활과 깊은 영향을 주고받을 것이다. 앞에서 살펴본 바와 같이, 이미 설치된 기반 시설이 우리의 사회, 경제적 활동 범위 및 반경, 그리고 이동 수단 선택에 큰 영향을 주는 것과 동시에 사람들의 요구에 따라 기반 시설 또는 시스템이 바뀌거나 새로 설치되기도 한다.

과거에는 이 네트워크를 바라보는 시각이 경제적인 측면에 더 치중했던 것이 사실이다. 도로가 건설되고 접근성이 좋아지면, 지역에 생산 시설이 들어서게 되어 지역 경제가 활성화되고 인구도 늘어나게 된다는 논리가 그 배경에 깔려 있고, 기존의 연구 또한 이러한 가설을 뒷받침해 왔다. 신흥개발국에서 경제 발전을 뒷받침하기 위해 우선적으로 하는 일이 교통 네트워크 구축이다.

경제 발전과 교통 기술(transport technology)의 발달은 통행 수요를 지속적으로 증가시키지만, 네트워크를 구축하고 이를 지원할 수 있는 자원은 한정되어 있다. 또한 네트워크 위의 많은 차량은 대기 오염, 소음 공해의 원인이 된다. 엔진 기술 발달, 대체 연료 사용 등의 기술 진보와 정부의 정책적 개입은 오염 물질을 감소시키는 효과를 가져올 수 있다. 하지만 수요의 증가는 기술 발전에 따른 효용을 상쇄시킨다. 더군다나 지금까지는 비효용(disbenefit)이 기술 발전의 효용보다 더 빠른 속도로 증가해 차량을 이용한 통행(motorized journey)으로 인한 부작용이 크게 대두된 것이 현실이다.

이러한 문제를 해결하기 위해 지속가능성(sustainability)의 개념을 교통 분야에 적용하여, 지속가능한 교통(sustainable transportation)이란 이름으로 사용하고 있다. 많은 경우, 지속가능한 교통을 걷기와 자전거 등의 무동력 탈것을 이용한 이동 수단에 한정하여 논의를 전개하지만, 더욱 광범위하게 이 개념을 적용할 수 있다. 예를 들어, 트럭을 이용해 물건을 배달하는 경우에도 물류 흐름을 최적화하여 통행 거리를 줄이거나, 동일한 지역으로 가는 배송 물량을 한 차량으로 여러 업체가 배달하는 통합 시스템(consolidation system)도 지속가능한 교통을 실현하는 한 방안이다. 대중교통 또한 자동차 통행을 줄이는 동시에 사람들의 활동량을 늘려 주는 수단이 되므로 지속가능한 교통수단이다. 오염을 줄이는 기술을 지속적으로 개발하는 것이나 신호체계를 최적화하여 자동차의 공회전을 줄이는 기술적인 접근 또한 지속가능한 교통을 가능하게 하는 좋은 방안이다.

지속가능한 교통을 추구해야 한다는 것은 이미 당연하게 받아들여졌고, 많은 연구자와 정책 입안자들이 다양한 이름으로 이러한 교통 정책을 추구하고 있다(Banister, 2008). 하지만 실제 대중의 통행 행태는 아직 개념적 합의를 따라가지 못하고 있다. 컬리네인과 컬리네인(Cullinane & Cullinane, 2003)은 홍콩을 예로 들면서 대중교통이 잘 발달된 도시에서 자가용 이용이 감소하지 않는 것은, 자가용을 이용하기 시작하게 되면 이에 대한 의존성이 더욱 커지기 때문이라고 지적하고, 자가용 소유와 유지에 대한 적극적인 정책적 간섭이 필요하다고 주장하였다. 이 사례는 기반 시설이 주어져도 이미 길들여진 이동 습관을 바꾸기 위해서는 특별한 계기가 있어야 한다는 것을 보여 준다. 또한 지속가능한 교통 수단에 대한 인식의 전환이 중요하다. 대다수의 시민들이 대중교통을 자동차를 이용할 수 없는 이들의 이동 수단으로 보거나, 자전거는 여가 시간을 보내는 방편으로만 여기는 사람들이 많다. 영국 수상이었던 마거릿 대처(Margaret Thatcher)의 "26세가 넘어서도 버스를 타는 사람은 실패자이다(A man who, beyond the age of 26, finds himself on a bus can count himself as a failure)."라는 언급은 이러한 사람들의 인식을 단적으로 표현해 준다.

지속가능한 교통의 개념이 앞으로도 오랫동안 교통계획에서 중요한 위치를 차지할 것은 명백한 사실이다. 물론, 자동차 위주의 현재 교통 네트워크와 운용 시스템을 바꾸는 데에는 시간과 자원이 소요된다. 하지만 얼마간의 투자가 이뤄지면 시스템은 바뀌게 된다. 실제 지속가능한 교통을 실현하는 것은 이를 이용하는 이용자인 일반 대중일 것이다. 이들의 인식이 전환되고, 이의 중요성을 깨달을 때 실질적인 변화가 일어날 수 있을 것이다.

■ 참고문헌

- 김은경, 2012, 내륙통관거점의 공간조직과 수출입화물의 유동 변화, 박사 학위 논문, 서울대학교.
- 김찬수, 2011, 수도권 신종인플루엔자 전파 및 대응: 거대규모 행위자 기반 공기감염 전파 모델, 제2회 공기감염 예방기술 워크숍, 연세대학교.
- 서울특별시사편찬위원회, 2000, 서울교통사, 서울: 서울특별시.
- 심재권·윤재호, 2001, "고속도로 건설투자의 제조업 생산효과 분석," 한국정책학회보 10(3), pp.289-316.
- 이정윤, 2006, 한국의 대외무역 관문체계 변화에 관한 연구: 1990년대 이후 수출입 구조 및 대중국 무역을 중심으로, 박사 학위 논문, 서울대학교.
- 허우긍, 2010, 일제 강점기의 철도 수송, 서울: 서울대학교출판문화원.
- 허우긍·도도로키 히로시, 2007, 개항기 전후 경상도의 육상교통, 서울: 서울대학교출판문화원.
- Anderson, W.P. and Lakshmanan, T.R., 2007, Infrastructure and productivity: what are the underlying mechanisms, in Karlsson, C., Anderson, W.P., Johansson, B. and Kobayashi, K.(eds.), *The Management and Measurement of Infrastructure*, Northampton, MA: Edward Elgar, pp.147-162.
- Banister, D., 2008, "The sustainable mobility paradigm," *Transport Policy* 15(2), pp.73-80.
- Bird, E., Baker, G., Mutrie, N., Ogilvie, D., Sahlqvist, S. and Powell, J., 2013, "Behavior change techniques used to promote walking and cycling: a systematic review," *Health Psychology* 32(8), pp.829-838.
- Bontekoning, Y. M., Macharis, C. and Trip, J. J., 2004, "Is a new applied transportation research field emerging? A review of intermodal rail-truck freight transport literature," *Transportation Research A* 38(1), pp.1-34.
- Cools, M., Moons, E., Janssens, B. and Wets, G., 2009, "Shifting towards environment-friendly modes: profiling travellers using Q-methodology," *Transportation* 36(4), pp.437-453.
- Cullinane, S. and Cullinane, K., 2003, "Car dependence in a public transport dominated city: evidence from Hong Kong," *Transportation Research D* 8(2), pp.129-138.
- European Commission, 2011, Roadmap to a single European transport area - towards a competitive and resource efficient transport system, White paper, Commission of the European communities, Brussels.
- Fotheringham, A. S. and O'Kelly, M. E., 1989, *Spatial interaction models: formulation and applications*, Normwell, MA: Kluwer.
- Goodman, A., Brand, C. and Ogilvie, D., 2012, "Associations of health, physical activity and weight status with motorised travel and transport carbon dioxide emissions: a cross-sectional, observational study," *Environmental Health* 11(1), p.52.
- Gordon, R., 1990, *The measurement of durable goods prices*, Chicago, IL: University of Chicago Press.
- Hirschman, A., 1958, *The strategy of economic development*, New Haven, CT: Yale University Press.

• Hummels, D., 2007, "Transportation costs and international trade in the second era of globalization," *Journal of Economic Perspectives* 21(3), pp.131-154.

• Ihlanfeldt, K. R., 2003, "Rail transit and neighborhood crime: the case of Atlanta, Georgia," *Southern Economic Journal* 70(2), pp.273-294.

• Jennings, B. and Holcomb, M. C., 1996, "Beyond containerization: the broader concept of intermodalism," *Transportation Journal* 35(3), pp.5-13.

• Jones, T., 2012, "Getting the British back on bicycles - the effects of urban traffic-free paths on everyday cycling," *Transport Policy* 20(1), pp.138-149.

• Keeler, T. E. and Ying, J. S., 1988, "Measuring the benefits of a large public investment: the case of the U.S. federal aid highway system," *Journal of Public Economics* 36(1), pp.69-85.

• Kim, G. and Rim, J., 2000, "Seoul's urban transportation policy and rail transit plan - present and future," *Japan Railway and Transport Review* 25, pp.25-31.

• Lakshmanan, T. R., 2011, "The broader economic consequences of transport infrastructure investments," *Journal of Transport Geography* 19(1), pp.1-12.

• Lakshmanan, T. R., Anderson, W. P., Song, Y. and Li, D., 2009, Broader economic consequences of transport infrastructure: the case of economic evolution in dynamic transport corridors, Report prepared for the US Department of Transportation, Federal Highway Administration, Office of Policy Analysis.

• Lee, S. W., Song, D. W. and Cucruet, C., 2008, "A tale of Asia's world ports: the spatial evolution in global hub port cities," *GeoForum* 39(1), pp.372-385.

• Levinson, M., 2006, *The box: how the shipping container made the world smaller and the world economy bigger, Princeton*, NJ: Princeton University Press.

• Morrell, P. and Lu, C., 2007, "The environmental cost implication of hub-hub versus hub by-pass flight networks," *Transportation Research Part D* 12(3), pp.143-157.

• Nero, G., 1999, "A note on the competitive advantage of large hub-and-spoke networks," *Transportation Research E* 35(4), pp.225-239.

• Norris, B., 1994, Intermodal freight: an industry overview, Report prepared for the US Department of Transportation, Federal Highway Administration, Volpe National Transportation Systems Centre.

• Ogilvie, D., Foster, C. E., Rothnie, H., Cavill, N., Hamilton, V., Fitzsimons, C. F. and Mutrie, N., 2007, "Interventions to promote walking: systematic review," BMJ 334(7605): 1204.

• Pucher, J., Park, H., Kim, M. H. and Song, J., 2005, "Public transport reforms in Seoul: innovations motivated by funding crisis," *Journal of Public Transportation* 8(5), pp.41-62.

• Slack, B., 1990, "Intermodal transportation in North America and the development of inland load centres," *The Professional Geographer* 42(1), pp.72-83.

- Song, D. W., 2003, "Port co-operation in concept and practice," *Maritime Policy and Management* 30(1), pp.29-44.

- Song, Y. and Kim, H., 2015, "Evolution of subway network systems, subway accessibility and change of urban landscape: a longitudinal approach to Seoul Metropolitan Area," *International Journal of Applied Geospatial Research.*

- Suh, S. D., Yang, K. Y., Lee, J. H., Ahn, B. M. and Kim, J. H., 2005, "Effects of Korean Traiin Express (KTX) operation on the national transport system," *Proceedings of the Eastern Asia Society for Transportation Studies* 5, pp.175-189.

- The Economist, 2013, Going Underground(2013/01/05).

- United Nations Conference on Trade and Development, 1970, Unitization of cargo, UNCTAD report.

- Venables, A. and Gasiorek, M., 1999, The welfare implications of transport improvements in the presence of market failure: the incidence of imperfect competition in UK sectors and regions, SACTRA Report, UK.

- Weingroff, R. F., 2006, Essential to the national interest, *Public Roads* 69(5).

- Wen, L. M. and Rissel, C., 2008, "Inverse associations between cycling to work, public transport, and overweight and obesity: findings from a population based study in Australia," *Preventive Medicine* 46(1), pp.29-32.

- Woodcock, J., Edwards, P., Tonne, C., Armstrong, B. G., Ashiru, O., Banister, D., Beevers, S., Chalabi, Z., Chowdhury, Z., Cohen, A., Franco, O. H., Haines, A., Hickman, R., Lindsay, G., Mittal, I., Mohan, D., Tiwari, G., Woodward, A. and Roberts, I., 2009, "Public health benefits of strategies to reduce greenhouse-gas emissions: urban land transport," *The Lancet* 374(9705), pp.1930-1943.

- Yang, L., Sahlqvist, S., McMinn, A., Griffin, S. J. and Ogilvie, D., 2010, "Interventions to promote cycling: systematic review," BMJ 341: c5293.

통행과 활동 네트워크
: 미시적 일상 활동 네트워크에
대한 시간지리학적 교통 연구

조창현

1. 서론

　도시 내 통행 흐름은 도시 공간 구조 및 도시 토지 이용과 상호 관련성을 가지며, 도시 일상의 특성을 잘 나타내 주는 대표적인 지리적 현상이다. 교통은 흔히 인체의 혈액 순환에 비유된다. 사회 전체의 원활한 작동에 절대적으로 필요한 몇 가지 사회 공간 현상 중의 하나가 사람과 물자의 흐름을 뜻하는 교통의 원활한 작동이다. 우리 인체 구석구석에 신선한 산소를 공급하는 혈액 순환이 제대로 되지 않으면 몸은 건강을 잃고 정상적인 생활을 할 수 없게 되는 것과 마찬가지로, 우리 사회의 일상에서 사람과 물자가 공간적인 불일치를 극복하고 원활하게 이동하지 않는다면, 금세 사회 전체적으로 어려움을 겪고 이를 회복하기 위해 커다란 사회적 비용을 지불해야 하는 일이 발생한다. 표준운임제 도입 여부를 둘러싸고 벌어진 2008년 화물연대의 대규모 파업은 화물차 운전자와 운송업체, 정부 등 화물 운송 주체 및 관련자 간의 갈등이 사회 전체의 심각한 문제를 초래한 사건으로, 교통의 사회 공간적 성격을 잘 보여 준다.[1]

　한 사회의 정상적인 작동을 위해 이렇듯 중요한 역할을 하는 교통은 통행의 주체에 따라 크게 사람이 움직이는 여객 통행과 물자가 움직이는 화물 통행의 두 가지로 나뉜다. 두 가지의 교통 현상의 공통점은 모두 통행이 그 자체의 목적으로 일어나는 것이 아니라는 것이다. 여객 통행은 일상생활을 영위하는 개인이 하루를 구성하는 활동들을 수행하는 동안 활동 장소들이 서로 다른 공간적 불일치를 극복하는 과정에서 파생하게 된다. 화물 통행 역시 화물의 생산지와 소비지가 서로 다름에 따라 유통 과정의 일부로 파생하게 된다. 둘 사이의 이와 같은 유사점에도 불구하고 분명한 차이점이 있는데, 이는 파생 수요로서 통행의 구체적인 발생과 수행 원리가 서로 다른 것이다. 즉, 그 차이는 물자 흐름을 위한 화물 통행의 구체적인 발생과 수행 원리가 주로 기업이나 개인 사업의 비용 절감이나 운송 로지스틱에 따른 최적화의 원리를 따르는 데 비해, 사람의 이동에 따른 여객 통행의 발생과 실행 원리는 개인의 일상생활 수행을 원만히 하는 데 목적이 있다. 따라서 여객 통행은 비용 절감이나 특정 로지스틱 목표 등을 표현하는 그 자체의 목적함수를 갖는다기보다는 특정 활동들을 원만히 수행하는 목적에 종속되는 방식으로 그 발생과 수행의 구체적인 내용이 결정된다.

화물 통행과 달리 사람의 통행은 개인의 일상 활동으로부터 파생되며, 그 구체적인 발생과 수행 원리를 이해하기 위해서는 먼저 일상 활동이 어떻게 구성되는지에 대한 일상 활동의 시공간적 조직 원리를 이해하는 것이 필요하다. 이는 기술적 최적화의 대상으로서 교통 현상을 연구하는 공학적 관점과 달리, 사회 공간 현상으로서의 교통을 연구하는 교통지리학의 특수한 관점을 반영한다. 하루 종일 일터와 가정 이외의 생활이 없는 매우 단순한 일과를 가진 직장인의 경우에는 집과 직장을 오가는 매우 단순한 통행 행태를 예상할 수 있다. 반면, 업무 관련 일과 이후에 다양한 사회 활동을 하는 직장인의 경우에는 상대적으로 다양한 통행 행태를 예상할 수 있다. 일과 수행이 특정 장소에 고정되지 않고 여기저기로 흩어져 있는 근로자나 대학생, 전업주부 등은 앞의 두 예와는 매우 다르고 다양한 형태의 통행을 예상할 수 있다. 일상 활동의 수행은 이렇게 부수되는 통행의 발생과 수행의 구체적인 형태를 결정하는 것이다. 따라서 일상 활동 수행의 이해는 통행 현상 이해의 전제가 된다.

일상 활동은 개별 활동에 대한 의사 결정이 아니라 활동 간 상호 관련성으로 결정된다. 활동들은 그 내용과 수행 장소, 수행 시간 등을 고려하여 하루 중 다른 활동들과의 관계로 그 구체적인 실행 방법이 결정된다. 즉, 각 개인별로 활동들 간의 네트워크가 구성된다. 집과 회사 외에 특별한 활동 내용이 없던 직장인도 회사 근처에 피트니스 센터가 생김으로써 업무 직후 귀가 직전 운동(피트니스)이라는 활동을 추가할 수 있다. 부수적인 통행 발생과 이에 따른 새로운 활동 간의 네트워크가 구성된다. 활동 네트워크는 개인별 일과 수행의 활동 간 네트워크뿐 아니라,

그러한 개인 간의 일과 수행 사이의 네트워크를 뜻하기도 한다. 직장 동료, 학과 동기 등은 회사와 학교 등에서 시간과 장소를 공유하며 활동 수행의 네트워크를 구성하는 가장 일반적인 예이다. 어린이의 등하교와 관련하여 발생하는 전업주부들 간의 활동 공유 역시 이러한 개인 간 활동 네트워크의 좋은 예이다.

시간지리학은 활동 네트워크라는 일상 활동의 사회적 성격과 그러한 활동들의 구체적인 실행 방식에 주목하고, 집합적 현상으로 현시(revealed)되고 발현(emergent)되는 거시적 사회 공간 현상이 이러한 미시적 활동 수행과 상호작용을 하는 메커니즘을 형식화하여 탐구하는 도시지리학 패러다임이다. 지표상의 2차원 공간 현상 분석이 대부분인 일반적인 지리학 연구에 비해, 시간지리학 연구는 동일한 공간이라도 시간의 흐름에 따라 달리 나타나는 공간 현상에 주목하여 공간 행동을 기술하고 설명하는 제3의 축인 시간을 추가하여 공간 현상의 사회적 성격을 강조한다. 즉, 특정한 시간과 공간의 조합에 의해 개인이 특정 활동을 수행하는 사회적 성격의 특성에 천착한다. 도시계획의 당위적인 계획 목표와 구체적인 계획 설계를 공급자 입장에서 일방적으로 제시하기보다는 일상생활에서 개인의 시공간적 활동 수행의 집합적 발현 내용과 부합시키기 위해 개인 활동의 미시적 현상과 도시 전체의 거시적 계획 틀을 접합시키는 노력이 특징인 연구 패러다임이다(Hägerstrand, 1970).

주지하다시피, 기존의 통행 연구에서도 특히 교통 사회간접자본(SOC) 인프라 투자와 교통 서비스 공급 등의 교통 정책과 직결된 연구는 통행 자체를 최적화의 대상으로 삼는 공학적 접근에 의해 이루어져 왔다. 물론 교통지리학에서는 통행의 사회적 의미를 분석하고, 이의 정책적 지향점을 제안한 예외적인 연구 노력들이 있었으나(노시학, 2007), 교통시설 투자평가지침 등 교통 정책의 수립과 집행에 직접적 영향을 미치는 관련 연구들은 통행의 '1) 발생-2) 지역적 배분-3) 교통수단 선택-4) 통행 노선 배정' 등 4단계의 순차적인 교통계획 모형 각 단계에서 통행 자체를 최적화하는 것에 주력해 왔다. 4단계 교통계획 이론은 통행의 목적별 교통 현상 연구에서 통행의 사회적 성격을 일부 반영하기는 하나, 활동 네트워크가 가진 사회공간적 성격을 이해하고 궁극적으로 일상 활동으로부터 파생되는 사회적 성격의 통행 현상을 이해하는 데는 분명히 많은 제한이 있다.

이러한 전통적인 교통 이론이 가진 내재적 문제점들은 기존 교통 서비스 사업에 대한 수요 예측의 실패뿐만 아니라 미래의 새로운 교통 서비스 사업에 대한 영향 평가 방법의 부재로 인한 사회적 비용 발생 등의 사례를 지속적으로 만들어 냈고, 이는 대규모 공공투자의 실패로 인한 사회 문제로 이어지기도 했다. 2011년 현재, 예측치의 17.3%만을 싣고 운행하는 부산–김해 경전철이나,[2] 예측 수요의 8%만으로 운행하고 있는 인천공항철도 등으로 인한 수조 원에 달하는 피해는[3] 그 안타까운 예의 일부에 불과하다. 교통 연구자들은 이에 전통 교통 이론이 가진 몇 가지 심각한 문제에 대해 고민하기 시작하였고, 그러한 문제들 중 4단계의 순차적 구조가 가진 가장 심각한 문제가 앞 단계의 예측이 잘못되었을 때 나머지 계획 단계가 차례로 잘못되는 구조, 그리고 특히 네 단계 중 첫째 단계가 가장 취약하다는 것에 주목하였다. 즉, 이미 발생된 통행량의 지역 배분 및 배분된 통행의 수단 선택과 노선 배정은 매우 높은 정확도에 의해 분석과 설명을 할 수 있지만, 통행 발생량을 분석하고 설명하는 것은 기존의 계량적, 기술적(technically) 방법으로는 해결하기 어려운 사회 공간적인 성격을 띤다는 난점이 있다.

교통 연구자들은 이에 교통 현상의 사회 공간적 성격을 분석하고 설명하는 데 적합한 이론의 틀을 찾으려는 노력을 기울였고, 마침내 1990년대부터 통행이 통행 그 자체를 위해서가 아니라 일상 활동을 수행하는 과정에서 부수적으로 파생된다는 것, 따라서 통행 발생을 이해하려면 통행의 사회적 성격을 규정하는 일상 활동 조직과 수행의 원리를 이해해야 한다는 것, 그리고 이에 적합한 이론적 틀이 1970년대 스웨덴 룬트대학의 지리학자 헤거스트란드(Hägerstrand)가 창시한 시간지리학으로부터 구성될 수 있다는 것을 알게 되었다. 이에 통행 관련 의사 결정의 구체적인 내용을 일상 활동의 수행을 분석 및 설명함으로써 추적하는 활동기반 교통수요예측(Activity-Based Modeling: ABM) 접근법이 탄생하게 된다(Timmermans et al., 2002).

1990년대부터 성장하기 시작한 ABM은 2000년대에 들어서 교통수요예측 이론 연구의 대세를 이루게 된다(Turnbull, 2008). 미국교통학회(TRB)와 세계통행행태학회(IATBR) 등에서 발표되는 교통 수요 연구는 거의 대부분이 ABM 또는 그 이후에 발전 중인 패러다임을 따르고 있다. 연구 분야뿐 아니라, 2014년 현재 미국과 유럽 등지의 여러 나라들은 미래 교통 여건의 변화에 따른 교통 수요 변화 분석과 예측을 위하여 ABM을 정책에 적극적으로 적용하도록 하고 있다. 여기에는 미국의 SCAG, 피닉스, 뉴욕 MPO(Metropolitan Planning Organization)와 벨기에 플랜더스 지방정부, 네덜란드 교통부 등 많은 사례 지역이 포함된다. 이들 지역의 공통점은 4단계 교통계획 실행이 유효했던 대규모 교통 시설 및 서비스 투자가 아닌 교통수요관리 정책 등 기존 인프라 시설 여건에서 소프트한 사회 공간적 정책을 통해 교통 서비스를 개선하고 사회적 비용을 줄이려는 여러 가지 노력을 지향한다는 데 있다.

도로교통 시설 공급의 포화와 기존 교통 서비스 시설의 더 나은 운영을 도모하는 교통 정책 여건 등으로 우리나라 역시 ABM의 활용이 필요한 시점이 되었다. 그러나 1990년대부터 ABM 의 연구가 활성화되었던 해외의 연구 동향과 달리, 우리나라에서는 최근에야 비로소 이에 대한 연구의 시급성을 인식하게 되어(국토연구원, 2012; 박지영 외, 2012), 이 분야에 대한 연구 지원의 집중이 필요하다. 최근 이와 관련하여, 해외에서 개발된 ABM 시뮬레이션 시스템을 우리나라 에 도입하려는 노력을 하고 있는데(예: TODERC, 2013), 사회 공간적 성격의 교통 현상을 연구하 여 개발한 ABM 모델 시스템이 개발된 지역의 특성을 반영하기 때문에 이를 우리나라에 바로 적용하는 데에는 여러 가지 어려움이 있다(Cho et al., 2013). 그럼에도 불구하고, 이러한 이론 체 계의 현실 정책 적용이 시급한 만큼, 앞으로 우리나라에서 완전히 새로운 이론과 시스템을 개발 하는 장기적인 계획 수립과 추진에 앞서, 해외에서 이미 개발된 이론을 우리에 맞도록 수정·보 완하여 가능하면 빠른 기간 안에 실무에 적용하려는 노력은 효율성 측면에서 타당해 보인다.

따라서 이 장에서는 이와 같이 우리나라에서 최근 시도되는 해외 ABM 시스템의 한국형 프 로토타입 연구의 현황 및 과제와 전망 등을 소개하는 것을 목적으로 관련 내용을 기술하고자 한 다. 이를 위한 이 장의 절 구성은 다음과 같다. 2절은 시간지리학을 통한 활동 네트워크 연구의 의미를 기술한다. 3절은 ABM 접근법의 발생과 기본적 특징, 활동 네트워크 연구에 대한 가능 성 등을 논의한다. 4절은 우리나라에서의 ABM 시스템 도입을 위한 연구 현황과 과제를 소개한 다. 5절은 논의를 정리하고 우리나라에서 필요한 앞으로의 활동 네트워크 연구를 위한 ABM의 역할을 전망한다.

2. 일상의 시공간 안무(choreography): 도시 공간에서 개인과 사회의 인터플레이(interplay)

개인의 일상은 주어진 시간 동안 수행한 활동의 시공간 궤적으로 이루어진다. 특정 공간을 특 정 시간에 점유하며 수행한 특정한 내용의 활동은, 그 활동 주체가 자신이 속한 가정과 사회와 가진 특정한 관계를 표현한다. 회사원이 오전 10시에 회사 내에서 근무하고 있는 것, 전업주부가 평일 오후 2시에 학교 앞에서 자녀를 데리고 오는 것, 영업 사원이 오후 4시에 거래처에서 미팅을 하는 것, 대학생이 저녁 9시에 도서관에서 보고서를 준비하는 것 등등은 해당 개인들 각각이 자신이 속한 가정과 사회와 가진 관계에 의해 정해진 '시간-공간-활동'의 조합을 수행하는 예들이라 할 수 있다. 다시 말해, 회사원이 평일 오후 2시에 학교 앞에서 자녀를 데리고 온다거나 대학생이 오후 4시에 자신과 무관한 특정 사업장의 미팅에 참석한다는 것은 이들이 가정과 사회와 가진 관계를 반영하는 일상에서 벗어난 일일 것이다. 즉, 개인의 일상을 구성하는 활동들의 일련의 궤적은 지극히 사회적인 성격을 가진 것으로서, 개인은 마치 무대에서 완벽한 연기를 펼치는 무용수와 같이 사회와의 관계에 잘 부합하는 방식으로 3차원의 시간과 공간을 아름답게 춤을 추고 적합한 활동을 수행해 가며 [Pred(1981)의 표현을 빌리자면 안무(choreography)를 하듯이] 일상을 보낸다고 할 수 있다.

[그림 5-1]에서 보듯이, 개인은 여러 활동장을 이동하여 머무르는 동안 특정 활동을 수행하게 되며, 이러한 활동의 궤적은 그 안의 활동들 간에 긴밀한 네트워크의 관계를 갖게 된다. 예를 들

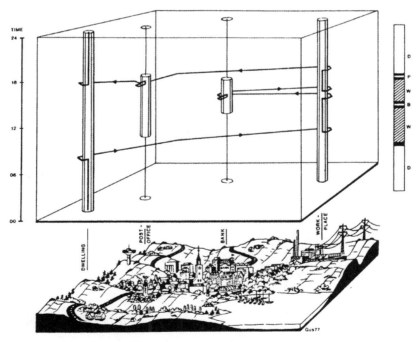

[그림 5-1] 도시 공간에서의 개인 활동 궤적의 시공간 안무
출처: Parkes and Thrift(1980)

어, 어떤 영업 사원이 오후에 거래처와 가지는 미팅은 이를 준비하기 위한 작업의 필요성으로 외부 영업이 아닌 내근으로 수행될 수 있다. 이렇듯, 개별 활동들의 시공간 조합의 특성뿐 아니라 활동들 간 시공간의 네트워크 관계 역시 해당 개인의 사회적 관계를 나타낸다고 할 수 있다.

[그림 5-2]에서와 같이, 이러한 활동 궤적들은 개인 간의 관계에 의해 활동장을 공유하는 방법 등을 통해 긴밀한 관계를 갖게 되며, 이러한 관계의 체계는 궤적 간 네트워크를 형성한다. 여기서 도시 공간은 개인이 활동 수행의 구체적인 내용과 형식을 결정하는 기초를 제공하는 인터페이스이다. 무수히 많은 개인들의 활동 궤적 네트워크들은 도시 공간 전체에서 집합적으로 발현되며, 거시적인 도시계획을 수립하고 실행하는 데 뚜렷한 방향성을 제시한다. 활동 궤적의 네트워크들이 보이는 방향성은 정책적으로 중요한 참조점이 되어, 대안적인 도시계획 사업들에 대한 사전적인 시뮬레이션과 정책 효과의 검토를 용이하게 한다.

통행은 이러한 활동 궤적 네트워크의 일부이며, 활동 수행을 위해 부수적으로 생산된다. 아침 저녁으로 회사와 집 이외에는 별도의 활동이 없는 직장인의 경우, 회사와 집을 잇는 출퇴근 통행의 연쇄라는 매우 단순한 통행 내용을 보일 수 있다. 승용차로 출퇴근을 하는 이 회사원이 아침에 승용차 요일제로 차를 두고 대중교통을 이용했다면, 집으로 돌아오는 통행 역시 자신의 승

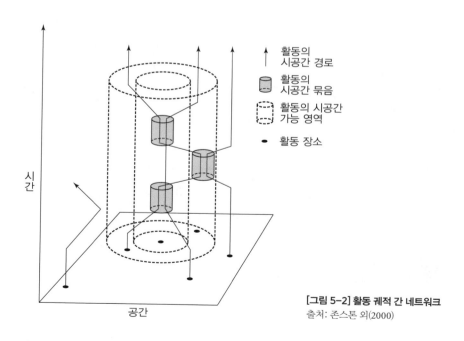

활동의
시공간 경로

활동의
시공간 묶음

활동의 시공간
가능 영역

활동 장소

[그림 5-2] 활동 궤적 간 네트워크
출처: 존스톤 외(2000)

시
간

공간

네트워크의 지리학

용차 이용은 배제된다. 출퇴근 동선이 비슷한 이웃과 번갈아 가며 승용차 함께 타기를 한다면 주 활동장이 아닌 활동장 간 동선을 공유하는 활동 궤적 네트워크를 형성할 수 있다. 이와 같이 교통 현상은 개인의 일상 활동 수행의 사회적 성격에 의해 많은 부분이 결정된다. 즉, 교통 현상은 사회적 현상인 것이다.

[그림 5-3]은 2010년 OECD 국가들의 노동자 1인당 평균 노동시간 통계를 나타낸 것이다. 우리나라는 2200시간으로, 1400시간에 못 미치는 네덜란드에 비해 거의 800시간을 더 일하는 데, 이는 OECD 최장 노동시간 국가이다. 시간지리학의 관점에서 누구에게나 똑같이 주어진 하루 24시간이라는 조건에서 노동시간이 길어지면 노동시간 이외 시간이 줄어들게 되고, 이에 따라 일 이외의 행복 추구 활동의 기회는 줄어든다. 삶의 질 관점에서 우리에게는 매우 부정적인 통계 지표이다. 사회적 현상인 통행 역시 이에 큰 영향을 받는데, [그림 5-4]에 따르면 우리의 시간대별 통행 비율 패턴이 우리보다 노동시간이 현격히 낮은 네덜란드나 영국과 세 가지 면에서 큰 차이를 보이는 것을 알 수 있다. 첫 번째는 긴 노동시간의 영향으로 오후와 저녁의 통행 피크 시간대가 이들 나라에 비해 매우 늦게 나타나는 것을 볼 수 있다. 이에 따라, 저녁 7시 이후 늦은 시간의 통행 비율 또한 다른 나라들에 비해 월등히 높다. 두 번째로, 피크의 집중도가 이들 나라에 비해 상대적으로 떨어지는 것을 볼 수 있다. 네덜란드나 영국은 특히 오후와 저녁 피크가 매

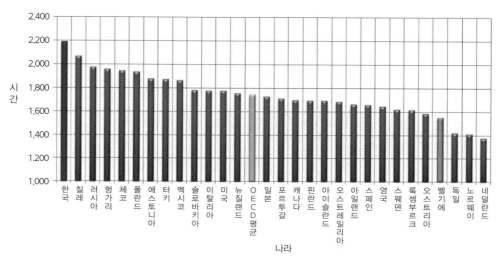

[그림 5-3] 노동자 1인당 연평균 노동시간
출처: OECD 통계(http://stats.oecd.org/Index.aspx?DataSetCode=ANHRS)

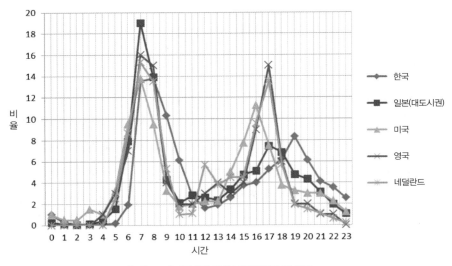

[그림 5-4] 시간대별 통행 비율의 국가 간 비교
출처: Lee et al.(2013)

우 분명하고 높아 거의 아침 피크와 유사한 수준을 보이는데, 이는 노동 형식의 측면에서 볼 때, 이러한 나라들이 우리에 비해 주 작업장에서의 노동이 노동시간 내에 더 집중되어 있음을 나타내는 것으로 볼 수 있다. 세 번째로, 네덜란드의 경우 점심시간에 일터를 중심으로 근거리의 통행을 하는 일이 자주 있는데, 이러한 사회적 습관이 낮 12시 근처에 비교적 높은 통행 빈도를 만들어 내고 있다는 것을 나타낸다. 다시 한 번, 통행이 사회적 현상이라는 것을 [그림 5-3]과 [그림 5-4]가 잘 나타내고 있다고 할 수 있다.

3. 활동 네트워크 분석과 관련한 활동 기반 접근법의 등장과 그 가능성

기존의 통행기반 4단계 교통 이론은 이상에서 논의한 교통의 사회 공간적 성격을 반영하지 못하는 부분이 크며, 그러한 이론에 따른 정책 집행의 경험은 종종 통행 수요 예측의 실패를 초래하는 데 중요한 원인으로 작용하였다. 교통 연구자들은 이에 일상 활동 수행에 대한 시간지리학의 설명 틀인 시공간 조합에 부합하는 활동 수행과 그에 따르는 통행 발생 현상에 대해 주목하기 시작하였다(Ettema and Timmermans, 1997). 기존의 통행기반 4단계 교통정책 이론이 간과했던 활동 수행의 원리를 시공간 제약하의 원만하거나 최적화된 활동 수행으로 보고, 그에 기초한 개인별 활동 패턴의 분석과 예측으로부터 시작하는 교통수요예측 이론을 전개하게 되었는데, 이러한 노력으로 얻은 모든 연구 성과를 활동기반 교통수요예측 이론(Activity-Based Modeling: ABM)이라 부르고 있다.

ABM은 전통의 교통 이론과 비교하여 몇 가지 중요한 차이점을 갖고 있는데, 그중 가장 중요한 것은 통행이 일상 활동으로부터 파생된다는 사실을 분명히 한다는 것이다. 통행의 파생적 성격을 전제함으로써 교통수요예측 연구는 현실에 매우 가깝게 접근하며, 기존 연구들과는 매우 다른 성격을 띠게 된다. 즉, 활동 및 통행의 수행이 개인이 사회와 갖는 관계로부터 규정되는 다양한 사회 공간적 제약에서 시공간적으로 결정되는 이론 구조를 갖는다. 또한 활동 네트워크가 하나의 활동 궤적 내의 여러 활동들 간, 그리고 활동 네트워크 간 상호 관련을 가지므로, 개별 통행 역시 일정 기간 동안의 활동 패턴 수행의 전체적인 맥락에서 이해되어야 한다는 것을 이론에 포함한다. 활동 및 그로부터 파생되는 통행들의 의사 결정 내용은 시간과 공간의 조합이라는 문맥 의존(context dependent)적인 성격이 매우 강하며, 이를 이론에 포함하기 때문에 연구 결과의 지리적 전용성(transferability)이 매우 크다는 특성이 있다. 더불어, 통행기반 4단계 이론과 달리 '통행 발생–통행 배분–수단 선택–통행량의 네트워크 배정'(통행 발생에서 통행 배분을 거쳐 수단선택을 하고 통행량으로 이어지는) 등 사전에 연구자에 의해 정의된 의사 결정 순서의 가정을 하지 않고 사회 공간적 제약하의 시간–공간 우연성(contingency)에 의한 의사 결정을 이론화함으로써 통행 연구에 행태적 사실주의를 제고한 특성이 있다.

이러한 ABM은 활동 이론화의 기본적인 접근법에 따라 크게 세 가지의 서로 다른 ABM 연구 집단을 만들어 내었다. 첫째로, 일상 활동 패턴은 복잡한 사회 공간적 제약하에서 실현 가능성이 있는 많은 대안들 중 가장 그럴듯한 활동 패턴으로 판단된 것으로 결정된다고 주장하는 연구 집단으로서, 이들의 연구는 제약기반 접근법(Constraint-based ABM)이라 불린다. 주로 활동기반 접근법을 탄생시킨 시간지리학적 이론을 가장 직선적으로 적용한 연구 집단이라 할 수 있다. 이러한 연구의 대표적인 사례로는 레커 외(Recker et al., 1986), 데이스트와 비다코비치(Dijst and Vidakovic, 1997), 콴(Kwan, 2004), 밀러(Miller, 2004) 등을 들 수 있다. 이 접근법은 시공간 제약을 명시적으로 고려하여 이론에 포함한다는 장점은 있으나, 제약을 넘어 실현 가능한 대안을 무수히 고려할 수 있어 모델의 추정에 매우 많은 시간이 필요하다는 현실적인 문제와 함께, 사람들의 의사 결정이 일상생활에서 실제 이러한 방식으로 수행되지 않기에 행태적 사실주의에 충실하지 못하다는 비판을 받는다.

둘째로, 서로 다른 활동 속성 대안들의 조합으로 구성된 모든 가능한 활동 패턴 중 의사 결정 주체인 개인에게 가장 큰 효용을 가져다주는 방식으로 일상 활동의 모든 상세한 내용이 결정되고 수행된다고 주장하는 연구 집단으로서, 이들의 연구는 효용기반 접근법(utility-based ABM)이라 불린다. 일반적으로, 일상에서 더욱 큰 만족을 추구하는 개인의 효용기반 활동 원리를 반영한다는 점에서 타당성을 인정받아 ABM의 여러 접근 방법 중 가장 널리 받아들여지는 연구 집단이다. 이러한 연구의 최근 사례로는 바트 외(Bhat et al., 2013), 본 외(Born et al., 2014) 등을 들 수 있다. 이 접근법은 노벨 경제학상 수상으로도 유명한 맥패든(McFadden)의 무작위 효용 모형(Random Utility Model, RUM)에 기초한 계량경제학적 의사 결정 메커니즘을 교통 분야에 적용한 것으로, 이론 구조가 대중적으로 매우 널리 알려져 있고, 그 기법의 많은 부분이 이미 표준화되어 있어 ABM 중에서도 가장 대표적인 접근법이라 할 수 있겠다. 그러나 합리적 인간의 최적화된 의사 결정이라는 전제는 일상의 모든 일들이 이에 기초하여 결정되고 수행된다는 것을 의미하는데, 완전 정보의 완벽한 처리를 가정함으로써 오히려 행태적 사실주의를 벗어난다는 비판을 받는다. 일상의 매 순간의 일들이 완전 정보의 완벽한 처리에 근거하여 결정되고 수행되는 것은 아니다. 일의 경중에 따라, 그리고 개별 활동 수행의 시공간적 우연성에 따라 사람들은 효용 극대화와는 다른 의사 결정 규칙을 적용하기도 한다는 점에서, 이 접근 방법은 개인에게 지나치게 엄밀한 일과 수행을 강요하는 듯하다.

마지막으로, 개인은 일상의 활동에 대한 구체적인 내용을 결정하는 데 최적자보다는 만족자의 원리를 따르는 것이 일반적이며, 모든 가능한 대안들을 체계적이고 동시에 결정하고 수행하기보다는 점진적이고 발견적으로 하루 일과를 구성한다고 주장하는 연구 집단으로서, 이들의 연구는 규칙기반 접근법(rule-based ABM)이라 불린다. 대표적인 연구 사례로는 아렌츠와 팀머만스(Arentze & Timmermans, 2004)를 들 수 있다. 이 접근법은 주로 인지심리학의 학습과 업데이트를 기초로 한 인지의 확장과 수정의 과정에 의해 개인의 활동 의사 결정이 이루어진다고 본다. 실제 하루를 살면서 여러 활동들을 처리하는 개인들의 의사 결정과 수행 방식을 If-Then의 사고의 흐름을 따라 매우 잘 모사하여 행태적 사실주의에 가장 충실한 연구 집단으로 평가된다. 이 접근법은 2000년대 이후 들어 다른 접근법들에 비해 비약적인 속도로 발전하기 시작하였다. 그 이유는, 개인의 발견적이고 비최적화된 현실적 의사 결정 행태를 재생산하기 위해서는 모델의 연산이 매우 복잡하게 진행되어야 하는데, 이제까지 그러한 복잡한 연산을 제한된 시간에 수행해 내는 전산 기술이 부족하여 이론의 발전 자체가 어려움을 겪은 것으로 평가된다. 즉, 효용기반 이론에서 자료의 수집과 모델 추정 과정은 상대적으로 간단하지만, 이를 위해 사람들의 실제 활동 의사 결정과 수행을 비현실적으로 복잡한 효용 극대화의 결과로 가정한 것에 비해, 규칙기반 이론은 정반대로 자료의 수집과 모델 추정 과정이 매우 복잡한데, 이는 사람들의 실제 활동 의사 결정과 수행이 비교적 단순한 If-Then 규칙에 의해 진행되는 것을 가정해야 하기 때문이다. 모델 수행의 복잡성에도 불구하고, 행태적 사실주의에 가장 충실하기 때문에 앞으로의 ABM이 나아갈 방향을 제시하는 접근법이라 평가된다.

이상에서 언급한 세 가지 ABM 교통수요예측 연구 집단 모두가 공유하는 것은 이들 연구 결과를 기초로 실제 교통 네트워크상에서 발생하는 교통현상을 궁극적으로 예측하고 일러스트하기 위해 활동으로부터 파생되는 통행들을 교통망상에서 마이크로 시뮬레이션 하는 일이다. 이러한 마이크로 시뮬레이션에 의해서 비로소 다양한 교통 서비스 정책의 수행성 분석이 가능해지는 것이다. ABM의 세 가지 연구 집단 패러다임들의 연구 결과 각각은 자신에게 맞는 마이크로 시뮬레이션의 플랫폼을 찾아 정책 평가를 제대로 할 수 있도록 구성된다.

4. 우리나라에서 활동 기반 접근법에 의한 활동 네트워크 분석 현황과 과제

현재 세계적으로 널리 알려진 ABM 교통수요예측 시스템 중 대표적인 것으로 미국 캘리포니아 주 SCAG의 SimAgent(Goulias et al., 2012)와 벨기에 플랜더스의 FEATHERS(Bellemans et al., 2010) 등을 들 수 있다. SimAgent는 CEMDAP이라는 의사 결정 서브 모델(Bhat et al., 2004)을 핵심으로 삼아 구성된 활동 통행 시뮬레이션 시스템으로, 계량경제학적 효용 극대화의 관점에서 설계된 특징이 있는 데 비해, FEATHERS는 ALBATROSS라는 의사 결정 서브 모델(Arentze & Timmermans, 2004)을 핵심으로 구성된 시스템이며, If-Then의 규칙기반 스케줄링 엔진을 인지

심리학적 관점에서 설계한 특징이 있다(Arentze et al., 2001). 이들 각각은 해당 지역에 잘 조율된 모델 시스템의 적용으로 ABM의 현실 활용이라는 역사상 새로운 시도를 성공적으로 잘 진행하고 있다.

과거 개발 시대의 교통 서비스 SOC 신설과 확장 정책이 통행기반 4단계 이론에 근거하여 수립되고 집행되어 왔던 것과 달리, 2000년대 들어 기존의 교통 서비스 인프라의 활용을 극대화하면서 교통 수요 관리가 목적인 교통 정책의 새로운 패러다임을 모색하게 되었다. 그러나 ABM을 자체적으로 개발하기에는 많은 시간이 필요하고, 초기 실패에 대한 위험 부담이 매우 큰 실정이다. 위에서 언급한 SimAgent나 FEATHERS는 핵심 서브 모델의 구축을 포함해 10여 년 이상의 많은 시간과 노력을 투자해 왔다. 이러한 현실에서, 대안으로서 기존에 개발된 해외의 이론 시스템을 도입하여 우리의 교통 정책 평가에 활용할 수 있다면, 시간과 노력 그리고 위험 부담 경감의 측면에서 매우 바람직한 효과를 얻을 수 있을 것이다. 본 연구자를 포함한 일단의 연구팀은 현재 벨기에의 FEATHERS 시스템을 도입하고자 많은 노력을 기울이고 있다. FEATHERS를 도입하려는 이유는, 통행 행태 모델의 행태적 사실주의를 극대화하고, 장기적으로는 이론 체계의 교통 현상 분석과 예측의 정확도를 높이는 데 SimAgent와 같은 계량경제학적 시스템보다는 인지심리학적 규칙기반 의사 결정 모델에 근거한 시스템이 더 바람직할 것이라고 판단하였기 때문이다.

그러나 교통수요예측 이론 체계를 도입할 때, 해외의 상황에 맞게 개발된 시스템은 국내와는 다른 상황이 많아 이를 수정하는 일이 필요한데, FEATHERS 역시 마찬가지였다. 이것에는 크게 세 가지의 중요한 수정 요구 사항이 있는데, 구체적인 내용은 다음과 같다. 첫째, 자료 구조의 불일치 문제이다. 예를 들어 교통존의 지역 구분에서, 벨기에 플랜더스 지방의 행정 체계에 따른 교통존 구분은 FEATHERS로 하여금 327개의 자치도시가 Superzone을, 1145개의 행정기초구역이 Zone을, 그리고 2386개의 등질지역이 Subzone을 구성하게 되어 있다.

센서스 자료를 이용하는 모델 시스템 역시 이러한 3단계 구분에 근거하여 구축되어 있다. 이에 비해, 우리나라의 수도권 Superzone은 서울-인천-경기의 세 지역 구분만 있으므로 그 숫자가 너무 적다. 이에 수도권 내 37개의 시군구를 Superzone으로 하고, 1107개의 읍면동이 Subzone을 구성한다. 문제는 Superzone과 Subzone의 중간을 담당하는 Zone 구성인데, 시군구와 읍면동 사이의 공간 규모로서 TAZ(Traffic Analysis Zone)를 정의하였다. 이로써 지역 구분 체계가 FEATHERS의 그것과 유사하게 되어 시스템의 도입이 가능하게 되었다.

둘째, 자료 구조 불일치의 또 하나의 사례로, 다른 센서스 자료 및 활동 통행 자료의 구조가 플랜더스와 수도권이 불일치하는 문제가 있다. 활동 통행 자료에 있는 인구 속성별 빈도 항목이 센서스 인구 자료에 동일하게 있어야 하는데, 가구 내 취학 전 아동 수, 가구 내 승용차 수, 가구 소득, 개인 운전면허 소유 여부, 개인의 직업 종류 등등 중요한 변수 일부의 마진 자료가 센서스에 없기 때문에 이를 끼워 맞추기 위해 자료의 반복적 피팅을 시도하는 IPF(Iterative Proportional Fitting) 방법을 개발하고 있다(Cho et al., 2013). 또 다른 문제는, 활동 통행 자료에서 교통수단이 우리는 매우 세분화되어 있는 데 비해, FEATHERS는 매우 단순한 교통수단 구분만이 있어 둘 사이에 불일치가 생길 수밖에 없는 구조를 갖고 있다.

마지막으로, FEATHERS 모델 시스템을 우리나라 도입하는 것과 실제 적용에 장기적으로 가장 큰 문제가 될 내용은, 모델 시스템의 핵심 요소로 내재한 ALBATROSS의 의사 결정 구조가 해당 지역(네덜란드, 벨기에)에서 주민을 상대로 조사한 결과를 담고 있는 것으로, 이는 분명히 우리나라 수도권 주민들의 의사 결정 구조와는 다를 것이 예상된다. 이를 수정하지 않고 그 연구 결과를 우리나라의 교통 정책 평가에 그대로 적용한다면, 자칫 큰 오차가 생길 수도 있다. 예를 들어, 동일한 여건에서 플랜더스 사람들이 승용차를 이용한다 하더라도 우리의 수도권 주민들은 대중교통을 선호하는 등의 차이가 나타날 수 있다. 이러한 규칙기반 의사 결정 구조의 차이는 결국 주어진 교통 환경에서 서로 다른 활동 통행 의사 결정을 결과함으로써 통행 수요예측의 오차를 키울 것이다.

이상의 우려들을 고려하여 본 연구자를 포함한 연구팀은 현재 FEATHERS 시스템을 우리나라 상황에 맞게 적용할 수 있도록 변형한 FEATEHRS SEOUL(FS) 시스템을 구축하고 있다(Lee et al., 2013). 이는 위에서 언급한 문제점을 해소한 새로운 모델 시스템의 개발을 뜻하는데, 지금으로부터 수년의 노력이 들 것으로 예상하고 있다. 그 과정에서 현재까지 보고한 연구 결과는, 이러한 교통수요예측 FS 시스템을 토지이용 및 공간 분석 연구와 결합하는 것이 가능하다는 것을 확인한 것이다(Choi, et al., 2014). 이 연구는 수도권 내 활동 통행 현상을 몇 개의 지표로 나타내고, 각 지역별로 그러한 활동 지표의 평균을 살펴본 것인데, 분석 결과 활동 통행 현상의 차이는 공간적 성격의 특성 차이와 매우 밀접한 관계가 있음을 나타냈다. 이 연구는 지리학에서의 전형적인 연구 주제인 거시적 공간 불균형 현상이 그 근거 자료로서 개인의 미시적 공간 행동

평균의 지역 차이에 의해 설명될 수 있다는 가능성을 보여 주었다는 의의가 있다.

5. 맺음말

이 장은 교통 현상이 일상 활동으로부터 파생된다는 것, 그리고 일상 활동은 시공간적 네트워크를 구성하여 개인의 활동 간 관계 및 개인 활동 궤적 간 관계를 갖게 된다는 개념에서 출발하여, 교통의 이러한 사회 공간적 성격을 잘 반영할 수 있는 새로운 교통 이론 체계인 활동기반 교통수요예측 이론을 소개하고, 우리나라에 도입할 때 나타나는 문제점들과 앞으로의 전망 등을 검토하였다. 활동기반 교통수요예측(Activity-Based Modeling: ABM)은 비교적 최근에 우리나라 교통 연구에서 시도되는 이론 체계로서, 활동 통행의 사회적 성격과, 활동으로부터 파생되는 통행의 성격을 이론 체계에 잘 반영하여, 전용성과 정책 평가 능력이 탁월한 교통 이론을 제공한다.

ABM 시스템을 우리나라에 도입하기 위해 본 연구자를 포함한 연구 집단은 If-Then의 규칙기반 활동 통행 시뮬레이션을 담당하는 ALBATROSS 스케줄링 엔진이 핵심인 FEATHERS 활동기반 교통수요예측 시뮬레이션 플랫폼을 그 핵심 엔진과 함께 도입하려는 노력을 하고 있다. FEATHERS SEOUL(FS)은 그 노력의 성과로서 점차 발전하고 있는데, 우리나라와 벨기에 간의 교통 환경 등의 차이에 따른 개인 의사 결정 메커니즘의 불일치를 극복하기 위한 방안을 강구하고 있다.

개발 시대 대규모 인프라 투자와 공급자 중심의 교통 서비스 공급 경향이 21세기 들어 우리나라에도 기존 교통 서비스 시설에서 교통 수요를 관리하는 사회 공간 정책 중심의 교통 서비스 개선을 정책적으로 지향하고 있다. 이에 기존의 교통 서비스 제공에 대해 수도권 주민이 어떻게 반응할지, 새로운 교통수단 도입이나 사회적 트렌드의 출현이 통행 수요에 어떠한 영향을 미칠 수 있을지 등을 평가하는 데 ABM은 절대적으로 필요한 교통 연구 접근법이다. 해외의 교통 여건에 맞추어 개발된 모델을 한국에 적용하기에 앞서 세심한 수정과 보완의 노력을 기울여야 함은 물론이다. 이로부터의 경험은 장기적으로 완전한 한국형 교통수요예측 모델 시스템 개발의 노력에 적지 않은 도움을 줄 것으로 믿는다.

■ 주

1) 더 자세한 내용은 이데일리 2012년 6월 25일자 기사 "화물연대 파업 왜 하나"에서 확인할 수 있다.

2) 해당 내용은 한겨레신문 2013년 6월 25일자 기사 "부산, 김해 주민들 경전철 수요예측 실패 손배소"에서 확인할 수 있다.

3) 해당 내용은 한겨레신문 2013년 10월 28일자 기사 "예측수요의 8% 승객만 태우고 달리는 인천공항철도"에서 확인할 수 있다.

■ 참고문헌

• 국토연구원, 2012, Applications of Activity-Based Transportation Modeling in Simulation and ICT Impacts, 국토연구원-TODERC 공동주최 국제 ABM 세미나, 국토연구원.

• 노시학, 2007, "교통이 사회적 배제에 미치는 영향," 국토지리학회지 41, pp.457-467.

• 박지영·이지선·김영호·유정복, 2012, "미래 인간이동행태 분석을 위한 기초연구(2012-24)," 한국교통연구원.

• 존스톤·그레고리·스미스, 한국지리연구회 역, 2000, 현대인문지리학사전, 한울.

• Arentze, T.A. and H. J. P. Timmermans, 2004, "ALBATROSS: A learning-based transportation oriented simulation system," *Transportation Research* B 38, pp.613-633.

• Bellemans, T., D. Janssens, G. Wets, T. Arentze and H. J. P. Timmermans, 2010, "Implementation framework and development trajectory of the Feathers activity-based simulation platform," *Paper presented at the 89th Annual Meeting of the Transportation Research Board*, Washington D.C.

• Bhat, C. R., J. Guo, S. Srinivasan and A. Sivakumar, 2004, "A comprehensive micro-simulator for daily activity-travel patterns," *Proceedings in Progress in Activity-Based Models*, Maastricht.

• Bhat, C. R., K. G. Goulias, R. M. Pendyala, R. Paleti, R. Sidharthan, L. Schmitt and H-H. Hu, 2013, "A household-level activity pattern generation model with an application for Southern California," *Transportation* 40(5), pp.1063-1086.

• Born, K., S. Yasmin, D. You, N. Eluru, C. R. Bhat and R. M. Pendyala, 2014, "A joint model of weekend discretionary activity participation and episode duration," *To appear in Transportation Research Record*.

• Cho, S. J., L. Knapen, T. Bellemamns, D. Janssens, L. Creemers and G. Wets, 2013, "Synthetic population techniques in activity-based research," in D. Janssens, A. Yasar and L. Knapen(eds.), *Data Science and Simulation in Transportation Research*, IGI Global, pp.48-70.

• Choi, J., W. D. Lee, S. J. Cho, B. Kochan, T. Bellemans, D. Janssens, G. Wets, H. J. P. Timmermans, T. A. Arentze, B. J. Lee, K. Choi and C. H. Joh, 2014, "GIS-based spatial analysis of simulated activity-travel patterns using Feathers Seoul systems for Seoul Metropolitan Area," *Paper presented at the 93th Annual Meeting of the Transportation Research Board*, Washington D.C.

- Dijst, M. and V. Vidakovic, 1997, "Individual action space in the city," in D. F. Ettema and H. J. P. Timmermans(eds.), *Activity-Based Approaches to Activity Analysis*, Pergamon Press, pp.73-88.

- Ettema, D. F. and H. J. P. Timmermans, 1997, "Theories and models of activity patterns," in D. F. Ettema and H. J. P. Timmermans(eds.), *Activity-Based Approaches to Activity Analysis*, Pergamon Press, pp.1-36.

- Goulias, K., C. R. Bhat, R. Pendyala, Y. Chen, R. Paleti, K. Konduri, T. Lei, S. Y. Yoon, G. Huang and H. H. Hu, 2012, "Simulator of Activities, Greenhouse Emissions, Networks, and Travel (SimAGENT) in Southern California," *Paper presented at the 91st Annual Meeting of the Transportation Research Board*, Washington D.C.

- Hägerstrand, T., 1970, "What about people in regional science?" *Papers and Proceedings of the Regional Science Association* 24, pp.7-21.

- Kwan, M-P, 2004, "Geovisualization of human activity patterns using 3D GIS: A time-geographic approach," in MF Goodchild and DG Janelle(eds.), *Spatially Integrated Social Science*, New York: Oxford University Press, pp.48-66.

- Lee, W. D., C. H. Joh, S. J. Cho, T. Bellemans and B. Kochan, 2013, "Issues on Feathers application to Seoul Metropolitan Area," in D. Janssens, A. Yasar and L. Knapen(eds.), *Data Science and Simulation in Transportation Research*, IGI Global, pp.74-88.

- Miller, H., 2004, "Activities in space and time," in D. A. Hensher, K. J. Button, K. E. Haynes and P. Stopher(eds.), *Handbook of Transport 5: Transport Geography and Spatial Systems*, Pergamon Press, pp.647-660.

- Parkes, D. and N. Thrift, 1980, Times, *Spaces and Places: A Chronogeographic Perspective*, Wiley.

- Pred, A., 1981, "Of paths and projects: Individual behavior and its societal context," in K. R. Cox and R. G. Golledge(eds.), *Behavioral Problems in Geography Revisited*, Methuen, pp.231-256.

- Recker, W. W., M. G. McNally and G. S. Root, 1986, "A model of complex travel behavior: Part II An operational model," *Transportation Research A* 20, pp.319-330.

- Timmermans, H. J. P., T. A. Arentze and C. H. Joh, 2002, "Analyzing space-time behavior: New approaches to old problems," *Progress in Human Geography* 26, pp.175-190.

- TODERC, 2013, http://toderc.ajou.ac.kr/index.asp.

- Turnbull, K., 2008, "Innovations in Travel Demand Modeling," *Conference Proceedings* 42(1), Transportation Research Board.

정보통신기술 발달과
네트워크 사회

박수경

사전적 의미의 정보는 가치 있는 지식을 문자, 기호, 음성, 영상 등의 방법으로 전달하는 양식을 말하며, 통신은 소식, 정보, 의사, 자료를 보내는 행위를 뜻한다. 하지만 미래학자인 토플러의 '제3의 물결'이라는 표현처럼 컴퓨터로 대표되는 다양한 매체의 발달과 이를 지원하는 하부구조가 마치 거미줄처럼 연결된 정보통신사회(information society)로 진입하면서, 본래의 의미에서 더욱 복잡해졌다.

오늘날 정보는 마치 자원처럼 생산, 소비, 유통, 응용 등의 과정을 거치고 있고, 각 단계에 따라 숫자로 표현하기 어려울 정도의 부가가치를 창출하고 있다. 또한 과거 일정한 기준에 의해 정의되었던 사회적 지표가 정보의 시공간 제약 없이 얼마만큼 자유롭게 접근할 수 있는가의 여부로 대체되고 있다. 더 나아가, 일방적으로 정보를 생산하고 소비하던 차원을 뛰어넘어, 정보의 생산자와 소비자의 관계가 조밀해지거나, 심지어 이 둘 사이의 경계가 모호해지는 경향을 보이고 있다. 이러한 환경은 마치 살아 있는 생명체처럼 움직이면서 인간 삶의 곳곳을 통제하는 동시에 지배하고 있다. 예를 들어, 우리는 하루에도 수십 번씩 인터넷의 바다에서 필요한 정보를 획득하며, 한 번의 클릭이나 터치로 필요한 물건을 구입하기도 한다. 또한 걸어 다니며 동료와 회의를 하거나 대화를 나누는 등의 과거에 상상조차 하지 못했던 풍경이 이제 우리의 일상이 되었다. 더 나아가, 이러한 모든 활동은 공간에 고스란히 투영되어 기존의 공간을 정보에 접근하기 편하고 상호 네트워킹에 유리하도록 탈바꿈시키거나, 한곳에 모여 있던 기능을 분산 또는 재구조화하며, 아예 전혀 존재하지 않았던 공간을 새롭게 창조하는 역동적인 힘을 발휘하기도 한다.

이 장에서는 이러한 점에 착안하여, 오늘날 정보통신기술의 발달과 네트워크 사회가 가져온 다양한 환경의 변화에 대해 알아보고자 한다.

1. 정보통신기술의 발달에 따른 공간적 다이내믹에 대한 이해

정보통신기술 발달에 따른 공간적 역동성은 일반적으로 세 가지 주요한 개념인 유동과 확산 및 이동을 포괄한다. 유동(flow)은 다양한 정보통신 채널을 통한 정보의 흐름을 의미하고, 확산 (diffusion)은 시공간을 따라 혁신적인 정보통신기술이 선택되는 과정을 뜻하며, 이동(movement) 은 그동안 교통수단을 통해 해결하던 부분을 정보통신의 기술로 대체하고 보완하는 사회적 현 상과 관련성을 갖는다(Kellerman, 1993). 이에 대한 자세한 내용은 다음과 같다.

1) 유동(flow)

과거 파이프와 전선으로 상징되던 네트워크를 대신하여 초고속 연결망과 멀티미디어 능력이 결합되면서 나타난 새로운 네트워크(Mitchell, 1999)에서, 유동이라는 개념은 각각의 장소(place) 또는 결절(node)에서 얼마나 새로운 정보에 접속할 수 있는지에 대한 가능성의 정도 또는 그 장 소들 사이에서 일어나는 커뮤니케이션 형태의 추이를 알려 주는 역할을 한다(Abler, 1991).

이러한 유동은 몇 가지 특징으로 규정되는데, 이는 용량(volume), 거리(distance), 방향(direc- tion), 시간(time), 그리고 형태(form)이다(Kellerman, 1993). 먼저, 유동에서 용량이라는 의미는 정 보통신 흐름의 증가를 의미한다. 특별한 설명이 필요하지 않을 정도로 정보통신의 유동량은 범 국가적으로 지속적인 성장세를 보이고 있으며, 비단 정보통신의 하부 시설뿐만 아니라, 정보통 신 시스템 그 자체도 포함한다. 또한 거리는 발신 지점에서부터 수신 지점까지를, 방향은 일종 의 지리적인 지향점을 뜻하는 단어로 쓰인다. 예를 들어, [그림 6-1]의 미국에서 발신된 국제전화의 수신 지점 분포를 통해서 정보통신 흐름의 거리와 방향을 쉽게 파악할 수 있으며, 같은 미국 내에서도 지역에 따라 차별적인 지향성을 띠고 있음을 확인할 수 있다. 또 다른 특징인 시간은 크게 두 가지 방향으로 설명할 수 있는데, 하나는 정보통신 이용 시간대의 분포, 또 다른 하나는 정보통신 이용의 지속 시간을 의미한다. 마지막으로, 정보통신 유동의 형태는 정보통신의 연결성과 관련된 사항으로 최근 정보통신의 유동 형태는 국내에서보다 국제적인 연결망이 탁월한 형태를 보이고 있다(Kellerman, 1993).

언뜻 이러한 특징으로 정의되는 정보통신의 '유동'이라는 개념은 오늘날과 같은 고도의 혁신 기술이 매우 발달된 시대에는 거칠 것 없이 쓰이는 것처럼 보이지만, 사실상 몇 가지 장애 요인을 가지고 있다. 예를 들어, 분명 정보통신기술은 '공간적 제약(the tyranny of space)'을 극복했음에도 불구하고 정보통신 하부 시설을 구축하는 데 있어서 아직까지 지형 등의 물리적인 영향을 받는다. 또한, 주요한 비즈니스 시간대의 불일치로 인해 초국가적 차원에서 정보의 유동이 원활하지 않기도 하며, 언어, 종교, 가치관 등의 사회·문화적인 장애도 순조로운 정보통신 유동의 흐름에 저해 요인으로 작용하기도 한다. 이 밖에도 행정, 경제, 기술, 정치·사상적인 장애도 정보통신 유동에 영향을 끼치기도 한다. 따라서 이러한 장애들로 인해 정보통신의 흐름이 다양한 지리적 공간 안에서 단절된 형태로 보이기도 한다. 또한, 때로는 그 속도가 느려지기도 하고,

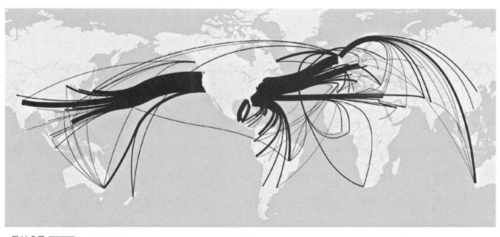

통신 흐름
5,000 2,500 1,000 100

[그림 6-1] 미국에서 발신된 국제전화의 수신 지점 분포(2005년)
출처: http://www.telegeography.com

반대로 빨라지기도 하며, 집중된 형태를 보이거나 분산된 형태를 보이기도 한다(Nijkamp et al., 1990). 하지만 정보통신의 흐름은 이미 우리의 현실 세계(experienced space)뿐만 아니라 상상의 세계(imaged space)에도 영향을 미치고 있어, 전 세계적인 차원에서의 공간적 장애의 붕괴를 빠르게 현실화시키고 있으며(Kellerman, 2002), 반대로 특정한 지역을 특화시키는 역할을 하고 있다(Kellerman, 1993).

2) 확산(diffusion)

본래 지리학에서, 확산이란 특정 장소에서 다른 장소로 가시적 또는 비가시적 현상이 퍼져 나가는 과정을 의미한다. 다시 말해, 어떤 사회 현상이 발원지(hearth)라고 불리는 장소에서 시작되어 다른 지역으로 전파되는 것을 뜻하며, 이때 발원지의 입지적 특성과 확산 과정을 시간의 흐름에 따라 살펴보는 것은 지리학자에게 주요한 도전 과제이다(Rubenstein, 2009). 이러한 점에서 확산은 최첨단 정보통신기술의 공간적 다이내믹을 설명할 수 있는 주요한 요소라고 할 수 있다.

지리적 관점에서 정보통신기술의 확산 과정은 전제 조건, 확산의 유형, 그리고 결과의 세 단계를 거치게 된다. 전제 조건은 발원지에서 시작되는 사회 현상, 즉 새로운 혁신의 성격을 규정하는 것으로서, 이는 시장 경쟁력, 호환성, 사용자 중심의 서비스 제공 등과 연결된다(Carey and Moss, 1985). 무엇보다 핵심 도시에서 거주하고 있는 소비자들은 확산의 전제 조건에서 핵심적 역할을 하며, 확산의 동인으로 작용하게 된다. 그리고 확산의 일반적 유형과 마찬가지로, 정보통신기술의 확산 또한 전염 확산, 계층 확산 등의 과정을 거치면서 공간상에서 널리 확산된다. 예를 들어, 월드와이드웹(World Wide Web: WWW)은 대표적인 전염 확산(인구 전체에게 어떤 특성이 빠르고 넓게 퍼지는 확산의 형태)의 사례라 할 수 있는데, 이는 전 세계의 웹서핑을 하는 사람들이 동시에 그리고 빠르게 동일한 정보에 접근하기 때문이다(Rubenstein, 2009). 마지막으로, 이렇게 확산된 새로운 혁신은 주로 대도시를 중심으로 순환되거나 기술이 누적되는 결과를 보인다. 이때, 이러한 도시들은 새로운 기술혁신의 인큐베이터로서의 역할을 하게 된다(Kellerman, 1993).

3) 이동(movement: 교통수단 vs ICTs)

이동의 관점에서 정보통신기술의 공간적 다이내믹은 정의될 수 있는데, 이는 교통의 대체재 (substitutability) 또는 보완재(complementarity)로서의 개념이다. 다시 말해, 정보통신기술은 사용 자들의 물리적 이동을 극복할 수 있는 환경을 조성하거나, 가상공간 안에서 기존의 기술보다 접 근성이 더 탁월한 원거리 서비스를 지원하기도 한다. 이러한 현상들은 다양한 지리적 수준(도 시, 지역, 국가 또는 초국가)에 따라 우리가 흔히 경험하고 있는, 예를 들어 재택근무, 원격화상회 의, 온라인쇼핑, 원격교육, 원격진료 등을 통해서 다양한 방식으로 투영된다(Kellerman, 1993). 이 에 대한 자세한 내용은 제7장의 정보통신기술과 일상생활의 네트워크에서 확인할 수 있다.

2. 정보사회와 관련된 정보통신기술

정보사회(information society)의 일차적인 목적인 커뮤니케이션(communication)을 통한 정보의 전달은 다양한 채널로 이루어지고 있다. 특히, 정보를 창출, 처리, 관리, 통제, 저장하는 컴퓨터 및 관련 기술의 발달은 과거 어느 시대에도 볼 수 없었던 차원에서 혁신을 창출한다고 할 수 있 다(정보사회학회, 1998). 이와 더불어 언제, 어디서든 접속할 수 있는 새로운 기술과 '모바일 네트 워크 사회'는 어느새 우리 삶의 전반을 묘사하는 데 꼭 필요한 보편적인 현상으로 자리를 잡게 되었다(Castells et al., 2006). 이러한 의미에서 이 절에서는 오늘날 정보사회의 주요한 의사전달 매개로서 정보의 흐름을 주도하고 있는 대표적인 정보통신기술에 대해 알아보고자 한다.

1) 컴퓨터

컴퓨터는 사전적 의미로 전자회로를 이용하여 자동적으로 계산이나 데이터를 처리하는 기 계를 말하지만, 프로그래밍이 가능한 컴퓨터는 입력 자료를 받아들여 처리하고 정보를 저장하 고 검색하여 결과를 출력하는 역할까지 하고 있다. 이러한 컴퓨터의 발달은 오늘날 정보통신기 술의 발전과 거의 동일하다고 할 수 있으며, 현재 개발 및 이용되고 있는 다양한 기술 중 컴퓨터 기능을 응용하지 않는 분야가 없을 정도로 활용 범위와 잠재력은 방대하고도 상당한 힘을 갖추고 있다. 다시 말해, 컴퓨터는 다양한 기술과 융합되면서 단순한 정보처리 기기로서의 역할을 넘어 커뮤니케이션 양식을 매개하거나, 그 자체로 독자적인 기능을 가진 매체로서 응용 범위를 확대하고 있다(김영석, 2005).

일반적으로 현대적 의미의 컴퓨터는 제2차 세계 대전 직전과 대전 기간 중에 급격히 발전하였으며, 제1세대의 진공관 컴퓨터(통계형), 제2세대의 트랜지스터 컴퓨터(관리형), 제3세대의 반도체 컴퓨터(경영형), 그리고 제4세대의 초집적회로 컴퓨터(범용형) 등으로 구분하고 있다. 현재의 제5세대 컴퓨터는 정보 제공의 기능에서 지적 대화 기능이나 추론 기능에 대응할 수 있는 시스템(지능형)을 지향하고 있다. 이와 더불어, 마이크로소프트의 윈도(Windows), 맥의 OSX, 리눅스(Linux) 등으로 대표되는 운영체제(operating system: OS)도 개인용 컴퓨터의 보급과 디지털 네트워크망이 발달하면서, 점차 개방되고 상호 연결된 디지털미디어 환경에 부합하는 방향으로 발전하고 있다(김영석, 2005).

2) 인터넷

세계 최대의 컴퓨터 통신망인 인터넷의 기원은 1969년 9월에 미국의 고등연구프로젝트국(Advanced Research Projects Agency: ARPA)이 설립한 ARPANET에서 찾을 수 있다(Castells, 2002). 초기에는 군사 목적의 성격이 강했지만, 인터넷의 기본적인 프로토콜로 TCP/IP를 채택하면서 일반인을 위한 ARPANET과 군용의 MILNET(Military Network)으로 분리되었고, 후에는 범지구적 인터넷 서비스를 위한 공통 표준으로 보급되었다. 한편, 미국 국립과학재단(National Science Foundation: NSF)도 TCP/IP를 사용하는 NSFNET(National Science Foundation Network)라고 하는 새로운 통신망을 1986년에 구축하여 운영하기 시작하였다. 이 네트워크는 미국 내 5개소의 슈퍼컴퓨터 센터를 상호 접속하기 위하여 구축되었는데, ARPANET이 흡수 및 통합되면서 대학, 연구소, 정부기관, 기업 등 세계 모든 곳을 연결하는 인터넷의 근간망(backbone network)으로 발전하게 되었다(Mitchell, 1999).

일반적으로 인터넷은 상호 연결된 하이퍼텍스트 문서(Hyper Text Markup Language: HTML)나 전자우편을 지원하는 기반 기술 등을 통해서 다양한 정보와 서비스를 지원하게 된다. 또한 기존

커뮤니케이션 미디어인 전화, 음악, 영화, 텔레비전 등은 인터넷상에서 이전에는 없었던 완전히 새로운 형태로 재현되고 있다.

인터넷의 등장은 단순히 사이버 공간(cyber space)에서의 정보 전달 방식의 전환만을 의미하지 않는다. 예를 들어, 사람들 사이의 의사소통을 인스턴트 메시지, 소셜 네트워크 서비스(Social Network Service: SNS) 등으로 구현하면서 실시간 상호 연결을 할 수 있게 하였고, 온라인쇼핑몰의 등장으로 도·소매 영역에 커다란 변화를 가져왔으며, 전자 상거래와 전자 금융 서비스 등은 유통 체계에 전반적인 영향을 주었다. 이렇게 연결된 네트워크는 온라인상에서뿐만 아니라 오프라인에까지 연결되어 기존 시스템의 기능을 변화시키고, 그 속에서 재분배하며, 결국에는 처음의 의도와 다른 방식으로 시스템이 확장되고 있다(Mitchell, 1999).

이러한 인터넷의 사용 능력은 종종 정보 이용의 불평등인 '정보격차(digital divide)'로 이어진다. 이는 단순한 인터넷 접속의 불평등에 더해, 정보력, 지식 생성, 네트워킹 역량 등까지 넓은 범위를 포괄한다. 인터넷을 통한 이러한 기술 및 지식 격차는 한 국가 내에서만이 아닌 전 세계적인 격차까지 유발시킬 수 있는 원인이 되기도 한다(Castells, 2002).

3) 휴대전화

단말기를 통해 음성, 영상, 데이터 등을 시간과 장소의 장벽 없이 이용할 수 있도록 지원하는 이동통신의 대표적인 형태인 휴대전화는 종종 유선전화와 반대 개념으로 통용되기도 한다. 초창기 휴대전화에는 아날로그 방식이 적용되기도 하였지만, 비용에 비해 효용성이 떨어지는 단점 때문에 현재는 이용하지 않고, 코드분할다중접속(Code Division Multiple Access: CDMA) 방식을 이용한 디지털 휴대전화가 주류를 이루고 있다. 휴대전화 서비스의 중심 원리는 기지국이라 할 수 있는데, 즉 이동통신 서비스 지역 안에 있는 사람이 휴대전화로 전화를 하면 먼저 관할 기지국에 무선으로 연결이 되고, 그 지역을 벗어나면 다음 기지국으로 자동적으로 바뀌는 원리(즉, 셀룰러 네트워크라 부르는)에 기초한다. 휴대전화가 막 보급되기 시작한 때에는 지형 등의 물리적 영향을 받는 단점이 있었지만, 현재는 이런 점이 거의 극복되어 건물의 지하나 산악 지역 등에도 자유롭게 통화할 수 있다. 현대의 휴대전화는 단순히 전화로서의 기능만을 제공하는 것이 아니라 메시지 서비스, 전자우편, 인터넷, 오락, 동영상 및 사진 촬영 등 다양한 기능을 제공하고 있다.

최근에는 독자적인 운영체제를 구현하며, 전자우편·게임 등 다양한 서비스를 사용할 수 있도록 한 차세대 휴대전화인 스마트폰(smart phone)이 대세이다. 일반 휴대전화로 이용할 수 있는 서비스뿐만 아니라 무선 인터넷을 이용하여 인터넷에 직접 접속할 수도 있다. 또한 여러 가지 브라우징 프로그램을 이용하여 다양한 방법으로 접속할 수 있는 점, 사용자가 원하는 애플리케이션(application, 소위 '앱'이라고 불리는)을 직접 제작할 수 있는 점, 다양한 애플리케이션을 통하여 자신에게 알맞은 인터페이스를 구현할 수 있는 점, 그리고 같은 운영체제를 가진 스마트폰 간에 애플리케이션을 공유할 수 있는 점 등도 기존 방식이 갖지 못한 장점으로 꼽힌다.

2010년 전 세계 스마트폰 판매는 2.5억 대에 달해 전체 휴대전화 중 20%의 비중을 웃돌고 있고, 2013년에는 그 비중이 40%에 육박할 것으로 전망하였다. 특히, 스마트폰은 실시간(real-time), 정보·소통의 무한 확장(reach), 공간 제약을 극복한 실제감(reality) 등의 특성으로 개인, 기업, 사회를 변화시킬 것으로 예상이 되며(권기덕 외, 2010), 모바일 정보를 생활화한 현대인을 뜻하는 '호모 모빌리스(Homo mobilis)'의 증가를 촉진시킬 것으로 기대된다(한국경제신문, 2010). 이러한 사회적 현상은 전 세계적인 네트워크망을 구축하고 있는 초국적 기업의 기업 활동 활성화를 촉진(예를 들어, 산업에서 생산과 관리를 분산과 같은)시키고 있으며, 모바일 근로자의 적극적인 활동을 가능하게 하고 있고, 공공 서비스와 사용자 사이를 직접적으로 연결시키고 있다. 무엇보다 휴대전화를 이용한 최근의 두드러지는 움직임은 시민사회의 네트워크에서 찾아볼 수 있는데, 특히 미디어 정치에 큰 영향력을 미치고 있다(Castells et al., 2006).

4) 월드와이드웹

월드와이드웹(World Wide Web: WWW)은 인터넷에 연결된 컴퓨터를 통해 정보를 공유할 수 있도록 지원하는 전 세계적인 가상공간을 의미하며, 웹(web)이라고도 한다. 웹은 인터넷과 동의어로 쓰이는 경우가 많으나, 엄연히 인터넷상에서 구현되고 있는 하나의 서비스이다. 월드와이드웹은 유럽의 입자물리학연구소(the European Laboratory for Particle Physics: CERN)의 방대한 연구 결과 및 자료의 효율적인 공유를 목적으로 시작하였으며, 1989년 3월에 팀 버너스 리(Tim Berners Lee)의 제안에서 찾아볼 수 있다. 그 결과, 인터넷을 통해 거미줄처럼 연결된 컴퓨터들이 가지고 있는 정보를 많은 사람들이 쉽게 접근할 수 있게 되었다.

월드와이드웹은 텍스트만 제공했던 기존의 정보 서비스와는 달리 그림, 동화상, 소리 등을 인터넷 주소(Uniform Resource Locator: URL)를 통해서 지원하고 있다. 또한 사용자가 연상하는 순서에 따라 원하는 정보를 얻을 수 있는 하이퍼텍스트(hypertext) 개념을 도입하여, 원하는 정보와 관련된 정보를 쉽게 찾아볼 수 있는 특징을 갖고 있다. 이러한 손쉬운 사용법이 현재 인터넷이 급부상하게 된 하나의 원인이라 할 수 있다. 그리고 월드와이드웹 이전의 인터넷 환경은 데이터의 저장으로서의 기능과 특정한 사용자(예를 들어, 연구소, 학교, 기업 등)만이 이용할 수 있다는 한계를 가지고 있었지만, 월드와이드웹의 등장으로 이러한 장벽이 없어졌다. 이와 더불어, 월드와이드웹 이전의 인터넷은 중앙 집중식 서비스였으나, 월드와이드웹은 인터넷에서 분산되어 있는 정보의 저장소 역할을 한다.

5) LTE

일반적으로 이동통신에서 각 세대를 구분(소위 3G 또는 4G 등으로 대변되는)하는 기준은 모바일 네트워크의 전송 속도이며, 현재 표준으로 자리 잡고 있는 기술은 LTE(Long Term Evolution)이다. LTE는 기존 제2세대 CDMA(코드분할다중접속), GSM(유럽형 이동통신), 제3세대 WCDMA(광대역 코드분할다중접속) 기술에서 진화한 4G이동통신 기술인 차세대 통신기술을 뜻하며, 기존 네트워크와 유연한 연동이 가능하고, 투자비용이 저렴하여 전 세계의 많은 이동통신사들이 차세대 기술로 채택하고 있다(한겨레뉴스, 2011).

LTE의 도입은 단순히 통신망 부하를 해결하고 전송 속도를 빨리하는 것만을 의미하지 않는다. 먼저, 데이터 전송 속도가 지금의 3G망보다 5배 이상 빨라지기 때문에 기존의 이동통신에서 불가능했던 여러 가지 서비스를 현실화하고 있다. 또한 커뮤니케이션 서비스에서도 대용량과 실시간이라는 특성이 강화되어 단순한 음성전화나 문자메시지 정도가 아닌 소셜 네트워크 서비스, 모바일 메신저 서비스와의 연동된 서비스 등의 융합형 커뮤니케이션도 지원하고 있다(서기만 외, 2012).

6) 소셜 네트워크 서비스

소셜 네트워크 서비스(Social Network Service: SNS)는 사용자 간의 자유로운 의사소통과 정보 공유, 그리고 인맥 확대 등을 통해 사회적 관계를 생성하고 강화시켜 주는 온라인 플랫폼을 말한다. 소셜 네트워크 서비스가 등장하기 이전에는 인터넷상의 카페·동호회 등의 커뮤니티 서비스가 특정 주제에 관심을 가진 집단에게 폐쇄적인 서비스를 지향했었다면, 소셜 네트워크 서비스는 자신의 관심사와 개성을 열린 공간에서 공유한다는 점에서 차이가 있다. 보통 다른 사람과 의사소통을 하거나 정보를 공유하고 검색하는 데 소셜 네트워크 서비스를 일상적으로 이용하기도 하며, 전자우편이나 인스턴트 메신저 서비스로 사용자끼리 서로 연락할 수 있는 수단을 제공하기도 한다.

전 세계적이면서 대중적으로 많이 이용하고 있는 대표적인 소셜 네트워크 서비스는 페이스북, 트위터 등이 있으며, 우리나라에서는 싸이월드, 카카오톡 등이 대표적이다. 통계청 자료에 따르면, 우리나라 인구 중 만 12~49세 인터넷 이용자의 76.4%는 소셜 네트워크 서비스를 이용하고 있으며, 76.1%의 사람들이 네트워크 또는 인맥 관리를 목적으로 이를 이용하는 것으로 나타났다(통계개발원 편집부, 2012).

소셜 네트워크 서비스는 크게 두 가지 특성을 가지는데, 하나는 기존 오프라인에서 알고 있었던 이들과의 인맥 관계를 강화시킬 수 있다는 점이고, 다른 하나는 온라인을 통해 새로운 인맥을 쌓을 수 있다는 점이다. 따라서 광범위하고, 동시에 특정 성향의 집단으로 분류될 수 있는 서비스 이용자들을 파악하고 관리할 수 있다. 이러한 특징으로 최근에는 소셜 네트워크 서비스를 이용해 이뤄지는 전자 상거래인 소셜 커머스, 지식 판매 등을 통한 마케팅이 활성화되고 있고, 무엇보다 대중과의 소통을 위한 정치의 장으로 주요하게 이용되고 있다.

3. 정보통신기술이 가져온 변화된 공간과 네트워크 현상

카스텔(Castells, 1992)은 정보통신기술에 따른 변화된 공간과 네트워크 현상을 정보화 시대의 도시인 정보도시(the informational city)를 통해 보았는데, 이는 크게 세 가지 방향으로 설명될 수 있다. 첫째로, 정보도시에서는 흐름의 공간(space of flows)이 중요하게 인식되고, 따라서 장소의 의미가 축소되는 현상을 들었다. 이는 도심과 주변부(상대적으로 먼 거리에 위치한) 사이의 정보 네트워크 구축을 통한 격차의 완화 현상(seamless)으로 설명될 수 있다. 둘째로, 정보도시를 세계도시(global city)로 지적하고 있는데, 이 도시들의 주요한 특징은 도시들 간의 정보와 지식의 생산, 가공, 교환을 통해 확인할 수 있는 현상이다. 마지막으로, 이중도시(dual city)를 정보도시의 변화 현상으로 보았고, 이는 도시 내에서 종종 발견되는 탁월한 정보통신기술이 집적된 지역과 관련된 것이다. 이 절에서는 이를 토대로 정보도시의 다채로운 발달 방향을 도심부와 주변부 간 네트워크, 도시 간 네트워크, 도시 내 네트워크로 나눠 논의해 보고자 한다.

1) 도심부와 주변부 간 정보 네트워크 현상

보통 정보통신기술은 경제성장의 주요한 요소로서의 기능이 강할 것 같지만, 실상 지역 발전에서 교통수단을 위한 도로 등과 같은 하부구조처럼 필수적 매개체(necessary vehicle)로서의 성격이 더 강하다(Parker et al., 1989). 특히, 정보통신은 더 멀리, 더 효과적으로 정보의 흐름을 중심부에서 주변부로 확산시킬 수 있는 장점을 가지고 있기 때문에, 지역 발전에 필수 불가결한 요소라 할 수 있다. 다시 말해, 핵심 도시에 집적된 자본은 상대적으로 임금과 지가가 낮지만, 가용할 수 있는 우수한 인프라(예를 들어, 교통수단과 동력 등)가 갖추어진 주변 지역을 정보통신기술이 힘으로 통제할 수 있고, 이렇게 개발된 주변 지역은 매력적인 산업지로서 기능을 더해 가게 된다.

정보통신을 통한 도시부와 주변부 사이의 네트워크 구축은 몇 가지 주요한 장점을 보인다. 우선, 연쇄 반응을 통해 추가적인 생산 기능과 서비스 기능을 주변부에 끌어오게 되며, 이를 지원할 수 있는 정보통신 체계 또한 구축할 수 있는 환경을 조성한다. 이러한 과정을 통해서 지역 인프라가 한층 발전한 형태로 변모하게 되며, 특히 교통 체계 및 수단의 발달을 가져오게 된다. 이와 더불어 정보통신기술은 도심부와 주변부의 통합을 촉진시켜, 도심부가 아닌 주변부 또는 지방에도 세계 경제의 힘이 닿을 수 있는 여건을 조성시킨다.

도심부와 주변부 간 정보 네트워크 현상은 제조업과 서비스업에서 그 특성이 두드러지게 나타난다. 예를 들어, 최첨단 정보통신기술을 이용한 통제 시스템의 구현을 통해서 본사에서는 의사 결정을 정보통신기술을 통해 전달하며, 주변의 지가가 저렴하고 노동력이 풍부한 지역에서 생산의 기능이 이루어지도록 하는 것이 바로 그 예라 할 수 있다.

한편, 서비스 부문에서 도심부–주변부의 정보 네트워크 현상은 지역 수준 또는 전국 수준에서 나타나게 된다. 지역 수준의 정보 네트워크를 통해서 특정 지역의 정보화 수준을 높이고, 이를 통해 전국적 수준의 서비스를 지역 내에서 해결할 수 있도록 유도하게 된다. 예를 들어, 대표적인 국내 포털인 다음(Daum)이 수도권 집중에 따른 비효율적인 측면을 개선하고 창의적 업무 환경 조성과 함께 일과 삶의 조화를 추구하기 위해서 제주도로 본사를 옮긴 경우(이투데이, 2012)나, 스위스 취리히에 본사를 두었던 은행이 인력난 해소와 직원들에게 더 나은 삶의 질을 제공하기 위해 취리히 외곽으로 주요 정보통신 시설을 옮긴 경우 등이 이에 해당한다고 할 수 있다.

국가적 차원의 예로는 미국의 신용카드 회사, 보험 회사, 은행 등의 '콜센터'가 도시 지역이 아닌 값싼 노동력이 풍부한 주변 지역의 업무 시설에서 자체 전산망을 통해서 업무를 지시하고 피드백을 받는 형태가 있다. 주된 업무는 상주 근로자의 통제와 상관없는 관리 절차와 관련된 것이며, 복잡한 통신 설비 없이 콜센터와 데이터 가공 센터를 통해서 국내 및 전 세계와 연결할 수 있다(Castells, 2002). 따라서 효율적인 교통과 통신 덕분에 바로 옆에 가까이 있어야 할 필요성이 줄어들고, 서로 멀리 떨어져 있어도 더욱 효과적으로 관계를 유지할 수 있게 된다는 사실을 통해, 지역이 가지고 있는 특성이 접근성보다 상대적으로 주요한 요소로 작용하게 되는 것이다(Mitchell, 1999).

하지만 이러한 네트워크가 항상 긍정적인 영향만을 가져오는 것은 아니다. 반대로, 도심부와 주변부의 네트워크의 심화로 인해 도시의 관리 기능이 증대되고, 따라서 더 강력한 정보통신기술이 접목되어, 결국에는 지역 간 불균형을 더 심하게 초래할 가능성이 높다. 또한 예상외로 주변부의 정보통신기술의 흡수율이 높지 않으면, 정보통신 서비스 투자자들의 관심을 감소시킬 수 있는 요인으로 작용하게 된다. 문제가 되는 것은 이러한 현상이 그 자체에서 그치는 것이 아니고, 도심부의 질 좋은 서비스를 끌어들이는 것이 아니라 저렴한 서비스의 도입을 유발시켜 결국 지역 불균형으로 이어지게 한다는 점이다(Kellerman, 1993).

대개의 지역 개발과 같이 정보통신기술을 매개로 한 도심부와 주변부의 네트워크도 지역 간 불균형이 초래될 수 있고, 따라서 이러한 점을 개선하기 위한 정부의 개입은 필수 불가결이다. 이에, 주변 지역에는 정보통신 서비스를 증진시키기 위한 지원 체제를 구축하고, 주요한 도시 지역과의 연계성을 탄탄히 할 수 있도록 하는 등의 방안을 마련하게 된다.

2) 도시 간 정보 네트워크 현상

정보통신의 발달은 인력 및 상품의 교류와 같이 물리적 상호 작용을 크게 증가시켰을 뿐만 아니라, 자본이나 정보의 신속한 흐름을 가속화시키면서 세계적 수준의 도시 체계 재구조 현상을 촉진시켰다(최병두, 2009). 뉴욕, 런던, 도쿄 등으로 대표되는 세계도시들은 재화의 생산보다는 정보와 지식의 생산, 가공, 교환이 특화된 도시로 변하였고, 이른바 '교류도시(transactional city)'로 재탄생했다(허우긍, 2002; Kellerman, 1993; Graham and Marvin, 1996). 이러한 교류도시는 과거에 주요 산업이 번영하던 곳으로 입지가 탁월했던 우위성의 결과이며, 현재 대도시 내의 집약적 인간관계가 축적된 형태라고 할 수 있다(Kellerman, 1993).

정보통신기술 기반의 새로운 네트워크는 포디즘 시대의 수직적 구조를 탈피하고, 상호 수평적 관계의 협력 체계를 구축하며, 노동의 분업 체계를 유도했다. 그리고 기존의 거리 마찰 효과와 도시 규모에 따른 도시 간 위계 구조 대신, 마치 바퀴살 형태(hub and spoke)의 도시 간 네트워크 구조의 특성을 촉발시켰다(강현수, 1998). 또한 장소들 간의 실시간 상호 교류가 가능해지면서, 경제 체계의 활성화뿐만 아니라 국지적 장소에 기초한 세계적 연계망이 형성 및 확충되었다(최병두, 2009). 결국 특정 대도시를 중심으로 한 '전문화·보완 관계·공간 분업' 혹은 '시너지·협력·혁신'이 나타나게 되었고, 개별 도시들은 세계화 시대에 다양화되고 전문화된 결절로서의 기능을 갖도록 촉진된 것이다(강현수, 1998).

이러한 세계인 도시의 계층구조는 국내도시, 세계도시, 지역중심지, 세계중심지로 설명될 수 있다(Kellerman, 1993). 우선 국내도시(domestic cities)는 제조업, 관광, 정보의 흐름과 집약 등으로 특정지을 수 있다. 세계 경제 흐름에서 보이는 상품, 인력, 자본 및 정보의 교환이라는 요소가 동일하게 관찰되지만 주로 국내 경제와 연관성이 깊으며, 일부는 매우 정형화된 형태로 국제 경제와 연결된다. 세계도시라 불리는 도시에 의존적인 형태이지만, 때때로 대도시가 포함된 상당히 복잡한 형태의 구조를 가지게 된다. 세계도시(world cities) 또는 국제화도시(international cities) 지역은 지역 및 세계적 중심지를 모두 포함한 지역으로서, 상당한 규모를 가진 기업의 본사 및 주요 초국적 기업의 핵심 지사가 위치하며, 핵심적인 국제적 자본 시장으로 국제적인 금융 및 생산자 서비스의 기능의 역할을 하는 전 세계의 주요한 정보통신 기능의 연결 지점이라고 할 수 있다. 지역중심지(regional hubs)는 정보통신 서비스를 자국 또는 주변 국가에 지원하는 곳을 말하며, 뉴욕, 런던, 도쿄 등과 같은 최상의 핵심적인 세계도시를 제외한 주요한 세계도시들의 위치와 동일하게 나타난다. 대개 홍콩과 싱가포르 등의 도시국가를 중심으로 나타나는데, 이들 도시에서 국제 경제 흐름에 있어 매력적인 유연적 정책을 펴기 때문에 지역중심지로서의 기능을 갖게 된 것이다. 따라서 주요 은행, 법률 서비스, 컴퓨터, 광고 서비스, 다국적 기업, 본사 등의 입지를 확인할 수 있다. 마지막으로 뉴욕, 런던, 도쿄 등의 세계중심지(world hubs)는 한 대륙을 대표하여 그 지역을 관리하고 통제하는 기능을 가지고 있는 곳을 말한다. 자본, 정보, 재화의 흐름에서 의사 결정권자로 역할을 하고, 지역 및 국가 경제보다는 세계 경제와 밀접한 연관성을 보이며, 세계의 시장을 주도하게 된다.

3) 도시 내 정보 네트워크 현상: 앙클라브

최첨단 정보통신기술의 도입을 통한 자본, 정보, 기술 등의 빠르고 자유로운 유출입은 각 지역의 특성에 따라 다양한 형태의 특화된 지역[비유적인 표현으로 독립, 고립된 또는 특별한 역할을 담당하는 지역의 의미로서 앙클라브(enclave)]으로 분화되며, 같은 도시 지역 내에서도 그 기능이 뛰어나 상대적 우위를 차지하게 된다. 이러한 현상은 주로 세계도시로 불리는 도시 지역이나, 외국인 직접 투자 지역(Foreign Investment Zone: FIZ)에서 주로 나타나게 된다.

앙클라브 지역의 주요한 특징으로 물리적 네트워크는 상대적으로 조밀한 형태를 보이는 데 비해, 상당히 높은 수준의 정보 교환이 이 지역에 일어난다는 점이다. 예를 들어, 런던 한복판에 영국의 정보통신 회사인 WorldCom이 설치한 125km의 광케이블 네트워크 하나가 영국 전체 국제정보통신 교류량의 20%를 차지한 적이 있으며(Graham, 2000), 미국에서는 1999년 중반까지 인터넷 전송 능력의 86%가량은 20대 도시의 교외 부촌과 비즈니스 센터에 집중되었었다(Castells, 2002). 이러한 지역들이 기존의 지역들과 분리되어 있는 형태로 나타나는 것은 아니며, 주변 주거지역과 같이 혼재된다. 때로는 금융 및 대기업의 본사 지구, 역사적 보전 지구, 문화-위락 지구, 고급 상가, 대학가, 연구개발 단지 등과 연계하여 입지하는 특성을 보인다(허우긍, 2002). 이 밖의 주요한 특징으로 공항 및 고속열차 등과도 연결되어 접근성이 탁월한 점을 들 수 있다. 또한 앙클라브는 고속도로나 지하철 등의 환경은 교외의 고급 주택 지구에 살고 있는 사람들에게 편익을 제공하기도 한다. 동력 및 상하수도 시설과 마치 요새를 방어하는 것과 같은 보완 시스템(예를 들어, CCTV, 청원경찰 배치, 감시 시스템 등)의 가동, 우수한 회의 시설과 비서 서비스 등도 갖추고 있다(Graham and Marvin, 1996). 특히 외국인 투자 지역의 앙클라브에서는 지방 또는 중앙정부의 직접적인 투자로 개별 항구, 수로, 정보통신 네트워크, 수력, 동력 및 고속도로 등의 질 좋은 서비스를 풍부하게 이용할 수 있는 여건을 갖추고 있어, 해외 투자자 및 정보 서비스 업체들과 국제적인 네트워크망을 형성하기도 한다(Graham, 2000). 그렇지만 외국인 투자 지역의 앙클라브는 대부분 개발도상국에서 나타나는 현상이기 때문에 부족한 인프라 시설을 보완하기 위해 산업 또는 관광 등의 기능이 접목된 형태로 나타난다.

이렇게 형성된 도시의 이중 구조는 문화유산, 관광 및 스포츠 지구, 비즈니스 및 대규모 사업 지구, 최첨단 기술 지구, 쇼핑몰, 금융 지구 등의 앙클라브를 조성하는 특정 개발업자들에 의해 조정된 것이라 할 수 있다(Boyer, 1996). 과거에는 주요한 서비스를 국가에서 독점하였으나, 현재는 시장경제의 논리에 따라 다양한 민간 기업이 서비스 시장을 운영하고 있다(허우긍, 2002). 따라서 공공 또는 민간의 투자자들이 전략적인 도시들을 질서 정연하게, 그리고 일관성(order) 있고 긴밀하게(coherence) 연결된 인프라를 통제 상황에서 조성한 결과로 이러한 앙클라브 지역이 탄생했다고 할 수 있다.

문제가 되는 것은 앙클라브 지역에서 활동하는 사람들은 상당한 소비력을 가지고 있는 특수한 집단으로 한 사회의 엘리트라 불리는 집단이 될 가능성이 높고, 이러한 인프라의 선택은 사회적 또는 공간적으로 특정하게 분포한 집단에 의해 결정된다. 따라서 프리미엄 네트워크 공간(premium networked spaces)은 표준화되거나 독점적 형태의 서비스를 초월하여 기업형의 또는 차별적으로 선택할 수 있는 인프라 소비를 출현시키게 되며, 도시에서 중심성을 갖는 것이 아니라 곳곳에 흩어진 다핵적 형태를 갖추게 된다. 따라서 이렇게 형성된 지역에 거주하는 도시의 주민은 '동질적 시민'으로 구성되는 것이 아니라, 닫힌 '이질적 소비자 집단(gated community)'들로 구성되게 되며, 계급 간의 불평등을 초래하게 된다(정보사회학회, 1998; 허우긍, 2002; Castells, 2002).

이상의 내용을 정리하면 〈표 6-1〉과 같다. 그렇지만 실제로 정보통신기술에 의한 가시적인 공간의 변화를 정의하는 것은 그리 간단하지 않다. 왜냐하면, 정보통신기술의 특징과 기존의 도시 및 농촌 공간이 지닌 기능에 따라 어떤 현상은 응축되어 물리적 공간(구심력)에서 나타나기도 하며, 반대로 분산된 형태(원심력)로 나타나기 때문이다(최병두, 2009). 따라서 마치 거대한 생명체처럼 변화무상한 지리적 공간에서의 개별적인 정보통신기술이 어떻게 자리를 잡아가는 지, 그리고 그에 따른 공간적 변화는 무엇인지에 대한 내용은 앞으로 무궁무진하게 발전할 정보통신기술을 고려할 때, 지리학 및 관련 연구를 하는 사람들에게는 주요한 연구의 대상일 것으로 예상된다.

〈표 6-1〉 정보통신기술이 가져온 변화된 공간과 네트워크 현상

변화된 공간	주요 현상	예	단점
도농 간	• 공간의 원심력이 작용 • 지역 간 격차의 완화 • 노동의 공간 분화를 가능하게 하며, 주로 서비스업과 제조업의 생산 공정을 저렴한 노동력을 쉽게 얻을 수 있는 지역으로 이전 • 유수의 기업을 입지시킴으로써 지역 발전을 촉진시킴 • 세계 경제의 힘과 직접 연결시킬 수 있도록 유도	• 다국적 기업의 서비스 또는 생산 기능을 저개발 국가로 이전한 경우 • 주요 기업의 본사를 외곽으로 이전시켜, 업무에 좋은 환경을 제공하는 현상	• 오히려 주변부의 기능을 도시로 더 강하게 흡수시킬 가능성이 있음 • 이로 인해, 생산력이 더 떨어지고, 환경에 불리한 기능들만이 집적될 수 있음
도시 간	• 공간의 구심력이 작용 • 교류도시로서의 기능, 주로 세계도시라 칭하는 곳에 이러한 현상이 빈번하게 나타남 • 네트워크화된 사회에서 주요 도시들이 관리와 통제의 기능을 가지게 됨 • 소수의 지방 핵심 도시들도 이러한 현상을 보임	• 다국적 기업의 핵심적 비즈니스 기능이 집중	• 소수 지역에만 그 기능을 집중시킴으로써 발생할 수 있는 격차의 문제
도시 내	• 공간의 구심력이 작용 • 최첨단 정보통신시설이 집적한 지역이기 때문에, 연구 및 기술 개발 등의 기능이 발달함 • 이를 지원할 수 있는 컨벤션, 공항, 호텔 등의 시설이 집적하며, 쾌적한 환경을 제공하기 위해서 문화 및 여가의 공간이 공존함 • 또한 CCTV 등과 같은 24시간 감시의 공간이 나타나게 됨	• 선진국의 최첨단 산업지구 • 개발도상국의 외국인 투자 유치 구역	• 소위 지식 생산자들의 전유물적인 공간이 될 가능성이 높음

출처: 저자 작성

네트워크의 지리학

■ 참고문헌

· 강현수, 1993, "정보기술의 발달과 도시 및 지역구조의 변화," 대한국토도시계획학회지 28(3), pp.71-84.

· 강현수, 1998, "정보·사이버 도시론," 현대 도시이론의 전환, 한국공간환경학회 편, 한울, pp.99-149.

· 김영석, 2005, 디지털미디어와 사회: 멀티미디어와 정보사회, 나남.

· 서기만 외, 2012, LTE시대, 무엇이 달라졌나, LG경제연구원.

· 정보사회학회 편, 1998, 정보 사회의 이해, 나남.

· 최병두, 2009, 도시 공간의 미로 속에서, 한울.

· 통계개발원 편집부, 2012, 한국의 사회동향 2011, 통계개발원.

· 허우긍, 2002, "교통과 정보통신기술은 도시의 모습을 어떻게 바꾸어나가는가?," 지식정보사회의 지리학 탐색, 박삼옥 외 13인 저, 한울, pp.244-268.

· Abler, R. F., 1991, "Hardware, software, and brainware: mapping and understanding telecommunications technologies," in Brunn, S. D. and Leinbach, T. R. (eds.), *Collapsing Space and Time: Geographic Aspects of Communication and Information*, London: Harper Collins Academic, pp.31-48.

· Boyer, M., Christine, 1996, *Cybercities: visual perception in the age of electronic communication*, New York: Princeton Architectural Press.

· Carey, J. and Moss, M. L., 1985, "The diffusion of new telecommunication technologies," *Telecommunications Policy* vol. 9, pp.145-158.

· Castells, M., 1992, *The Informational City: Economic Restructuring and Urban Development*, Oxford: Wiley-Blackwell.

· Castells, M., 2002, *The Internet Galaxy: Reflections on the Internet, Business, and Society*, Oxford: Oxford University Press.

· Castells, M., Fernandez-Ardevol, M., Qiu,, J. L., and Sey, A., 2006, *Mobile Communication and Society: A Global Perspective* (Information Revolution and Global Politics), Massachusetts: The MIT Press.

· Graham S., 2000, "Constructing premium network spaces: Reflections on infrastructure networks and contemporary urban development," *International Journal of Urban and Regional Research* vol. 24 (1), pp.183-200.

· Graham, S. and Marvin, S., 1996, *Telecommunications and the city: electronic spaces, urban places*, London and New York: Routledge.

· Kellerman, A., 1993, *Telecommunications and geography*, London and New York: Belhaven Press.

· Kellerman, A., 2002, *The Internet on Earth: A Geography of Information*, West Sussex: John Wiley and Sons.

· Mitchell, J. W., 1999, *e-topia*, Massachusetts, The MIT Press.

· Nijkamp, P, Rietveld, P., and Salomon, I., 1990, "Barriers in spatial interactions and communication: a conceptual exploration," *Annals of Regional Science* vol. 24, pp.237-257.

- Parker, E. B., Hudson, H. E., Dillman, D. A., and Roscoe, A. D., 1989, *Rural America in the Information Age: Telecommunications Policy for Rural Development*, Maryland: The Aspen Institute and the University Press of America.

- Rubenstein, J. M., 2009, *Contemporary Human Geography*, New Jersey: Prentice Hall.

- 세계인터넷통계(2010년도) http://isis.kisa.or.kr/

- 한국경제신문(2010년 2월 20일자) "스마트폰 없인 못살아"…호모 모빌리스 시대
  http://s.hankyung.com/board/view.php?id=s_topnews&no=380&ch=s1

- 한겨레뉴스(2011년 5월 3일자) 4세대 통신이 온다! 근데 LTE는 뭐지?
  http://www.hani.co.kr/arti/science/kistiscience/476092.html

- 이투데이(2012년 7월 16일자) 이재웅 다음 창업자, 창의력 춤추게 하려 '틀' 깨고…2선서 후배들 물밑 지원
  http://www.etoday.co.kr/news/section/newsview.php?TM=news&SM=2199&idxno=609061

정보통신기술과 일상생활의 네트워크

조성혜

오늘날 정보통신기술, 그중에서도 특히 인터넷의 초월적 연결성은 사람들의 일상생활을 동시다발적으로 빠르게 변화시키면서 일상에 깊이 관여하고 있다. 정보통신기술이 개인에 미치는 역동성은 개인이 가지는 정보의 양을 포함하여 의사소통의 능력에 따른 개인의 이동성과 활동 영역의 범주를 의미한다. 과거에 개인의 이동성은 거리에 민감한 교통수단의 영향을 크게 받아 왔다. 교통수단을 대체하거나 보완하는 정보통신기술은 사람들의 물리적 이동 수요를 감소시킬 수 있는 한편, 일상생활에서 네트워크의 중요성에 대한 인식을 증가시키고 있다. 사회적 존재로서 사람들은 일상생활에 필요한 관계망을 지속적으로 만들며 유지하고 확대시킨다. 우리는 주변에서 스마트폰을 하루 종일 쥐고 사는 사람들을 쉽게 발견할 수 있다.

사람들은 주위에서 수집한 정보를 사용하여 자신의 세계에 대한 인지 지도(cognitive map, 심상 이미지)를 만들어 내고, 이 이미지를 바탕으로 일상의 공간 행태와 활동을 결정한다. 네트워크의 기초가 되는 인지 지도는 개인과 개인이 속한 집단, 그리고 공동체가 수집한 정보를 바탕으로 형성한 공간과 장소의 세계이기도 하다. 따라서 사회공동체의 발달과 함께 사람들의 인지 지도는 점점 확대된다. 싱카(Sinka)는 사회를 수렵채집사회, 농경사회, 산업사회, 정보사회, 그리고 지식사회로 구분하고, 이들 사회의 정보 수집 범위의 특성을 공동체 구성원의 수적 증가로 표현했다. 그는 정보통신기술이 고도로 발달하여 지식과 정보가 중심이 되는 지식정보사회에서는 공동체의 구성원의 수가 국가/다지역/세계적 수준에 달해 8억~40억 인구가 될 것으로 보았다 (Sinka, R., 2009).

이 글은 먼저 전통적인 교통수단의 관점에서 개인과 사회공동체가 만드는 일상생활, 즉 의사소통의 공간 범위와 특성이 형성되는 원리를 정리하고, 다음으로 정보통신기술 발달이 일상생활에 미치는 영향을 기술한다. 이어서 정보통신 발달 단계에 따라 일상생활에서 주요 부분을 차지하는 일, 쇼핑, 교육, 진료와 관련된 활동 공간 범위와 네트워크가 어떻게 달라질 수 있는지를 구성해 보며, 끝으로 네트워크 사회에서의 지리적 공간에 대한 간단한 개념 정리, 그리고 앞으로의 연구 과제들을 제시한다.

1. 교통과 일상생활의 범위

사람들이 하루하루 생활하면서 형성하는 일상적인 활동 범위는 어떤 형태일까? 교통수단을 포함하여 기술의 끊임없는 발전은 개인의 활동 영역에 어떤 변화를 가져올까? 사람들의 일상생활은 한 장소에서 다른 장소로 이동하며 수행하는 활동의 연결들이다. 사람들은 매일 일터와 학교를 오가고, 물건을 사거나 친구를 만나기 위해 집을 나선다. 이러한 제각각의 필요에는 이동이 뒤따른다. 현실 세계의 물리적 거리는 사람들의 활동 범위를 결정하는 중요한 요소로 개인의 접근성 또는 이동 능력에 따라 달라지며, 역사적으로 교통수단 중에서도 특히 개인이 사용할 수 있는 자동차는 사람들의 현재 활동 체계 형성에 결정적인 역할을 해 왔다. 즉, 개인의 활동 범위가 형성되는 과정에는 물리적 이동과 관련되어 작용하는 몇 가지 통행 원리가 있음을 알 수 있다(허우긍, 2006).

일상생활의 통행에 작용하는 첫 번째 요소는 시·공간 동조성(time-space synchronization)이다. 사람들이 일상생활을 수행하는 시·공간을 들여다보면, 시간과 공간은 분리되어 서로 독립적으로 각각의 활동이 행해지도록 제공되는 것이 아니라는 것을 쉽게 알 수 있다. 사람들은 무수한 사회조직 속에 결속되어 자신의 행동과 활동을 규정하고 결정해 살아간다. 시·공간 동조성이란, 사람들이 정해진 시간에 정해진 장소에서 하루의 일과를 시작하고 끝낸다는 의미이다. 산업혁명 이래로 사람들은 생산성을 높이기 위해 일정한 시간에 정해진 장소에 다 같이 모여 일

126

하는 방식을 발달시켰고, 정해진 일정에 자신을 맞추고 지키는 것이 사회적 요청이며 미덕이었다. 개개인은 가정, 직장, 공동체 활동, 여가, 구매, 교육, 의료 등이 포함된 하루 동안의 활동을 계획할 때, 이 모든 활동에 이미 정해진 각각의 장소와 시간에 따라 일정을 조정하고 결정해야 한다. 일터에서의 근무 시간, 시장의 영업 시간, 학교의 등하교 시간 등 많은 일상의 활동들이 서로 다른 시간과 장소의 결합을 요구한다. 이러한 시·공간 동조성 때문에 우리는 통행의 빈도, 목적지, 방향성 등에서 규칙성을 발견할 수 있으며, 여기서 얻은 자료를 도시 및 교통정책 수단에 중요하게 활용할 수 있다.

통행 원리의 두 번째 요소는 장소 간의 거리이다. 사람들은 이동에 드는 노력, 비용, 시간을 최소화하려 하는데, 이러한 경향과 과정이 거리 조락성이다. 일상생활에서 사람들은 물리적으로 먼 거리에 있는 것보다는 가까운 거리에 있는 것의 접근성, 상호 의존성, 친밀성, 유사성 등을 인지하여 더 깊은 관계를 만들어 가는 경향이 있다. 즉, 가까운 거리는 더 자주 방문하지만 거리가 멀어지면 그 빈도가 줄어든다는 것이다. 또한 어떤 활동을 위한 통행인가에 따라 거리에 대한 민감도는 달라진다. 통근이나 통학과 같은 의무적 통행, 장보기와 사교 목적의 임의적 통행은 시간과 장소의 선택에서 뚜렷한 차이를 나타낸다. 목적에 따른 통행 거리의 길고 짧은 경향은 서로 연결되어 개개인의 활동 경로에 영향을 미치기 때문에 도시 기능의 입지를 이해하는 데 근간이 된다. 거리는 절대 거리(km, mile 등)와 상대 거리(비용, 시간 등), 또는 물리적 거리, 경제적 거리, 인지적 거리, 사회적 거리로 구분해서 표시할 수 있다. 다양한 교통수단이 발달하면서 시간, 비용, 안전, 편의 등이 거리 조락성의 고려 대상이 되었다.

사람들의 활동 범위를 제한하는 세 번째의 요소는 개인의 제약성이다. 사람들은 살아가면서 어떤 목표를 이루기 위해 노력하며, 구체적인 계획을 세운다. 사람들은 자신에게 주어진 환경 속에서 특정한 시간과 공간을 선택하여 각각의 계획을 수행한다. 성, 소득, 연령, 직업, 자녀 여부 등은 개인의 제약이다. 소득이 많고 자녀가 없다면 통행의 목적지나 시간, 교통수단의 선택이 자유롭고 쉽다. 개인의 승용차 소유 여부는 통행 거리와 빈도를 다르게 한다. 이동이 자유롭지 못한 어린이와 여성, 노인, 장애인은 목적지 선택에 크게 제약을 받는다. 이러한 개인의 기동성 여건은 사람들의 활동 범위를 다르게 만드는 결정적 역할을 함으로써 현실 세계에서 벌어지는 수많은 상호 작용들을 받아들이고 실행하는 데 영향을 미치는 동시에 제약으로 작용한다는 것이다.

거주 지역의 환경은 일상생활 통행에 영향을 미치는 네 번째 요소이다. 거주 지역의 환경이란 규모, 도시 기능, 교통 서비스 등이다. 오늘날 현대 기술이 우리의 물리적 장소를 덜 중요하게 만들어 놓은 것처럼 보일 수도 있으나, 항상 좀 더 나은 삶을 추구하는 사람들은 끊임없이 서로에게 배우고 살아가기 때문에 인접성이 극대화한 도시는 사실상 생존력이 뛰어나고 번성하는 거주 환경이다. 도시 내부의 여러 기능의 입지와 분포, 대중교통을 비롯한 교통 서비스의 충족 여부, 토지 이용의 효과 등은 도시에 거주하는 사람들의 목적지와 교통수단 선택에 커다란 영향을 미친다. 여기에 개인의 경제력, 학군, 소음, 안전 등이 고려된 주거 환경이 더해져 통근, 통학 등의 주요한 통행 유형과 활동 범위가 만들어진다.

2. 정보통신기술 발달 단계와 일상생활

사람들은 정보통신기술로 풍요로운 가상환경(virtual landscape)을 창조하고 자유로운 접속 환경을 만들어 내고 있다. 또한 교통수단을 정보통신기술로 대체하거나 보완하여 상호 교류와 상호 의존의 방식을 근본적으로 바꾸고 있다. 발달된 정보통신기술은 활동 자체를 수월하게 할 뿐 아니라, 반드시 정해진 장소에 함께 모이지 않아도 원하는 활동을 효율적으로 수행할 수 있게 한다.

현대 사회에서 정보통신기술(e-technologies) 단말기는 사회 깊숙이 개입하는 필수품이 되었고, 사람들은 일상의 의사 결정에 정보 기기를 쉽게 이용하면서 기존의 활동 범위를 변화시키고, 새로운 방식으로 예전과는 다른 사회적 관계망을 만들어 내고 있다.

루(Loo, 2012)는 정보사회(e-society)의 출현과 발전 과정을 추적하고, 정보사회를 3단계로 구분하여 그 특성을 쉽게 이해할 수 있도록 유용한 개념의 틀을 마련하였다. 즉, 정보사회의 3단계는 형성 단계(formative stage), 발전 단계(development stage), 그리고 성숙 단계(mature stage)이다. 각 단계를 구분하는 지표에는 i) 활동참여 인구, ii) 이용되는 정보기술 기기, iii) 정부, 기업, 업무, 네트워크 등에 사용되는 도메인의 주요 형태, iv) 정부의 역할, v) 일상생활에서 정보 기기 소유와 사용에 관한 사람들의 보편적 생각을 사용하였다(Loo, 2012).

128

1) 형성 단계

일반적으로 기술이나 과학 발달의 출발이 국가와 지역에 따라 다르듯이, 정보사회 형성 단계도 사회적 여건에 따라 출발 시기가 다르다. 미국의 경우, 1960년대에 아르파넷(ARPANET: Advanced Research Project Adminstration Network)이 군사적 학술적인 용도로 사용되었고, 1969년 9월 2일 UCLA와 스탠포드 대학의 컴퓨터를 연결하여 'LOG'라는 단어를 전송하는 데 성공한 것이 네트워크의 처음이며, 1991년에야 웹 기반 시스템이 개발되어 미국 사람들에게 널리 알려졌다.

1973년에는 영국과 노르웨이가 아르파넷에 접속하여 해외통신에도 성공하였다. 이런 컴퓨터 간의 통신이 '인터넷'이라는 이름으로 불리게 된 것은 1982년에 TCP/IP 인터넷 표준 프로토콜이 완성되면서부터이다. 우리나라는 1982년 5월에 서울대 컴퓨터공학과와 구미전자기술연구소(KIET)의 컴퓨터를 TCP/IP를 이용해 원격 접속에 성공하여 처음으로 시스템 개발 네트워크(SDN: System Development Network)를 개통하였다. 국내 상용망 서비스는 1994년에 한국통신에서 KORNet 서비스를 시작한 이후 1990년대 중반에 천리안, 하이텔, 나우누리 등이 PC통신을 통해 인터넷 서비스의 대중화 시대를 시작하였다.[1]

대체로 초기의 이용자들은 직업상으로는 컴퓨터 산업, 교육, 과학 분야 또는 연구직과 관련이 있고 교육 수준이 높은 소수의 엘리트들로 대부분이 남성이었다. 정보사회 형성은 지리적으로는 사회적이나 경제적으로 여건이 좋은 도시와 선진국에서 용이하며, 사실상 농촌 또는 낙후지역은 정보기술의 영향을 거의 받지 못한다. 값비싼 정보 기기, 제한적인 기능, 작은 규모의 시장, 수입품 의존, 제한된 인터넷 관련 서비스와 서비스 지역의 한계 등이 형성 단계의 모습이다.

형성 단계 시기에는 원격근무(e-working)는 기본적으로 컴퓨터를 쉽게 다룰 수 있는 특정 사람들에게 한정된 것으로 여겨졌다. 크게 관심을 보인 분야는 상업으로, 1990년대 초기 도메인 등록은 '.com'이라는 상업용이 대부분이었다. 또한 정보기술을 이용하는 사람들 사이의 관계망은 주로 전문가 집단, 동호회와 대학 동창의 '연락망', '정보 교환' 등과 같은 것으로 사적, 교육적, 사회경제적으로 비교적 동질적인 성격의 사람들 사이에서 형성되었다.

이 시기 정부의 주요 역할은, 다른 기술혁신의 보급과 마찬가지로 대규모의 새로운 인프라를 구축하여 관련 산업을 지원함으로써 경제성장을 촉진하고, 아직은 인터넷 등의 네트워크 서비스가 국가나 정부 주도로 진행된다는 것이다. 인적 자원의 훈련과 개발 역시 소수의 전문가와 기술자들에게 제공되며, 활용되는 지식과 기술은 하드웨어를 작동하고 보수 및 유지하는 정도에 제한되어 있다.

지금은 일상의 생활에 깊숙이 침투해 있는 정보 기기가 정보사회 형성 초기에는 대부분의 사람들에게 낯설고 생소한 물건이었다. 그뿐만 아니라, 컴퓨터는 일종의 부와 지위의 상징물로 인식되어 이른바 엘리트들도 소유하고는 있으나, 단지 전통적인 통신 수단을 보충하는 기초 물건으로 취급되어 필요할 때만 사용되는 도구에 지나지 않았다.

2) 발전 단계

발전 단계에 이르면, 개인과 사적 부문에서 높은 수준의 수요가 발생하면서 더 많은 정보기술을 제공할 수 있게 한다. 이용자들 역시 매우 다양해지며, 이른바 정보세대(e-generation)가 출현하고 성장함으로써 정보통신기술이 널리 사용된다. 정보통신기술 사용이 사회 교육제도의 일부분이 되어 10대의 대부분에게 일상생활화가 되고, 새로운 방식으로 SMS, Facebook 등이 모바일폰에서 수행되어 점점 대중화되기도 한다. 초기 휴대전화의 음성 통화와 전자우편은 여전히 선호된다. 비용의 문제는 사람들이 서비스 공급자와 서비스 패키지의 선택을 더 많이 가지면서 감소한다. 하지만 노인들이나 상대적으로 소득이 낮은 가구(자녀를 포함해서)와 노동자들은 여전히 정보사회의 영향을 받기가 쉽지 않다.

지리적으로 정보사회의 현상을 분명하게 드러냈던 선진 지역과 후발의 개발 지역들 간의 차이가 발전 단계에서는 다소 줄어드는 경향을 가진다. 물론 이러한 점은 단순히 개인용 컴퓨터 소유율과 모바일폰의 보급률을 비교했을 때이며, 광대역 인터넷의 보급과 3G폰 사용률과 같은 좀 더 앞선 기술이라는 측면에서 지역적 차이는 여전하다. 인터넷 사용자가 많은 나라는 다양한 형태와 기능을 가진 스마트폰을 수입에 의존하는 한편, 자국 내의 언어 사용에 적합한 제품을 생산할 수 있게 된다.

정부 부서와 군대는 대부분 그 자체의 웹사이트와 전자정부(e-government) 서비스를 보유하지만 아직 진정한 양방향 체제를 갖지 못한 상태이다. 따라서 각종 서류의 제출은 인쇄물, 전자우편, 기타의 여러 방식을 취한다. 발전 단계에서 사람들이 전자정부의 서비스를 이용하려면, 여전히 서로 다른 소프트웨어 플랫폼(e-platforms)을 사용하고 높은 수준의 기술적 해결 능력을 가져야 한다.

반면에, 전자정부 쪽보다는 상업 분야에서 적극적인 발전이 수행되어, 전자 상거래의 다양성과 공간 범위의 확대가 괄목할 만하다. 전자 상거래 안에 다양한 틈새시장이 개발되기 시작하고, 혁신적인 정보통신기술이 기존 웹 기반의 전자 상거래를 능가하여 적용된다. 소비자는 더 적극적인 자세로 전자 상거래를 이용하며, 공급자는 상거래의 장애 요소에 효과적으로 대응하는 방안을 강구한다. 한편, 전자 상거래를 지원하는 새로운 사업으로 금융 사업, 소프트웨어 개발자, 온라인 광고, 물류 회사, 웹 디자인 회사 등이 부상한다.

원격근무는 고용주와 피고용자 모두에게 널리 알려졌으나 여전히 전문직과 숙련노동자에게 제한적으로 이용된다. 사적(민간) 부문에서는 자발적으로 원격근무를 도입하도록 정부가 적극적으로 장려하며, 하드웨어와 소프트웨어의 비용이 낮아짐으로써 원격근무가 전체적인 비용 절감에 기여한다고 인식하게 된다. 발전 단계에서 고용주와 피고용자가 원격근무에 대해서 갖는 인식과 태도에는 분명 전반적인 변화가 있으나, 사회 전체의 산업 부문, 일자리, 회사 등에 적용되는 데는 제한적이다. 한편, 발전 단계에서는 다양한 플랫폼과 온라인 게임이 젊은 세대에게 대중화되지만, 다른 세대들에게는 유선전화나 직접 만남 등과 같은 기존의 방식이 공존한다.

이 시기 동안, 정부는 사람들의 일상생활에 정보통신기술 사용을 보급하기 위해 개인 정보 보안, 정보 전송의 안전성, 안전한 상거래 등을 인증하는 사안에 사적 부문과 밀접하게 적극적으로 대응하려 노력한다. 대부분의 사회에서 전자 서명이나 전자 서류에 따른 법률적 지위의 강화가 필요하며, 전자 문서인 동의서와 계약서에 필요한 법적 근거를 제공하는 것이 매우 중요한 일이 된다. 더불어 정보통신기술에서 파생하는 새로운 산업, 기술혁신과 기술융합 등 다양한 분야의 발전은 이들의 표준화와 호환성의 문제와 관련하여 정책적인 관심을 야기한다.

3) 성숙 단계

성숙 단계는 지적 생산물로서의 정보가 상품화됨과 동시에 물적 생산물로서의 상품은 정보화되어 사회의 경제적 경쟁력을 강화시킨다. 그뿐만 아니라 정보통신기술 발달이 개인의 삶에 직접적이며 극적인 변화를 가져오면서 사람들의 일상생활에 깊숙이 관여하게 된다. 유통을 위한 초고속 통신망은 공공기관, 대학 연구소, 기업뿐만 아니라 전국의 가정까지 첨단 광케이블 망으로 연결하여 문자, 음성, 영상 등 다양한 대량의 정보를 초고속으로 주고받는 최첨단 통신 시스템으로 발전한다. 광케이블망이 영상과 음성, 문자 등 멀티미디어 정보를 쌍방향으로 오갈수 있게 만들어 개인 시스템의 한계를 줄인다. 영상통화나 화상회의를 활용한 원격근무, 온라인쇼핑, 원격교육, 원격의료, 전자정부 서비스 등이 보편화되는 환경이 만들어진다.

정보통신기술이 사회를 더 통합하고 균등하게 만들 수 있는 수단이 되어, 사회적 소외 집단에게 일할 기회, 지방과 농촌 지역의 경쟁력을 개선하는 정책에 사용된다. 정보통신기술의 발달이 기술중심(technology-oriented)에서 점차 사람중심(people-oriented)으로 변하면서, 정부 서비스의 접속, 의견 제시, 사회활동 참여, 취업 기회 등을 얻는 제약이나 장애물을 점차 줄여 나간다. 정보통신기술 사용을 강요하는 것이 아니라, 좀 더 다양한 기술들이 가능하여 다양한 가격대의 정보 기기를 선택할 수 있게 된다는 점이다. 무선 접속 장치(AP: Access Point)가 설치된 곳에서는 전파나 적외선 전송 방식을 이용하여 일정 거리 안에서 무선 인터넷을 할 수 있는 무료 근거리 통신망인 와이파이(WiFi)의 접속이 가능해 휴대전화, 카메라, 프린터, 컴퓨터, 헤드폰 등이 각각 또는 동시에 연결되는 환경이 된다.

정보통신기술의 발전은 현재 진행형이다. 사람들은 인터넷, 웹, 그리고 스마트폰이 가져온 변화에 적응하느라 숨찬 나날을 보내고 있다. 이제 우리는 온라인과 오프라인 사이의 상호 관계를 이해해야 미래의 변화와 역동성을 제대로 파악할 수 있는 시대에 살고 있다.

3. 일상생활의 목적과 네트워크

정보화의 영향은 지역적 속성이나 개별 지역을 구성하는 사회경제적 관계와 밀접한 관련을 가지며, 그 때문에 획일적으로 어떠한 영향을 미친다고 주장하기는 어렵다(김태환, 2006, p.112). 따라서 다음에 소개하는 논의의 특성(표 7-1, 표 7-2 그리고 표 7-3)은 정보사회 특성과 개인의 변화에 대한 일반적인 명제라기보다는 유사한 사회적, 경제적, 기술적, 그리고 개인적 조건을 가진 사회를 가정할 경우에 사람들의 일상생활에서 중요한 부분을 차지하는 일, 구매, 교육 활동에서 개인의 관계망이, 그리고 원격진료가 어떤 공간적 함의를 가지게 되는지를 정리해 본 것이다.

1) 원격근무(e-working)

원격근무는 정보사회에서 시행되는 업무 방식으로, 정보통신기술을 사용하여 기존의 정해진 장소가 아닌 곳에서 완전히 또는 부분적으로 일하는 것을 말한다.

원격근무는 1957년 Computation Inc.에서 소규모 공동체인 컴퓨터 전문가들이 가정에서 일하는 것에서 출발했다(Shirley, 1988, p.23). 이후 닐스(Nilles, 1988, p.301)가 1973년에 하루의 왕복 통근을 원격통신으로 대체하는 것을 텔레커뮤팅(telecommuting)이라고 정의하였고, 원격의 의사소통이 물리적 이동을 대신하여 사람들이 원하는 장소에서 일하는 형태라는 의미로서 텔레워크(telework), 스마트워크(smart work) 등과 같이 사용되고 있다.

〈표 7-1〉은 정보사회의 발전에 따른 원격근무의 특징을 정리한 것이다. 초기에 원격근무자는 기본적으로 컴퓨터를 쉽게 다룰 수 있는 특정 사람들에게 한정된 것으로 여겨졌다. 정보기술 사용이 보편화되고 필요한 장비를 쉽게 구입할 수 있는 여건이 되면서, 원격근무는 필요하거나 기회가 있을 때면 일하는 방식 중 하나로 고려하고 채택할 수 있는 것으로 자리 잡아 가고 있다. 원격근무 연구기관인 JALA 인터내셔널에 의하면, '2011년 글로벌 스마트워크 근로자는 1억 5000만 명을 넘어섰으며, 2030년 4억 명에 육박할 것으로 전망하였고,' 미국 역시 2008년을 기준으로 3500만 명까지 급증했으나, 이후 성장세가 둔화되어 2010년에는 2500만 명이 스마트워크 환경에서 근무한다고 보고되었다(민경식, 2012, p.15 재인용).

통근에 필요한 시간과 비용 부담에서 벗어나고자 시도했던 재택근무(home-based telecommuting)는 정보기술의 유연성이 있어, 일터는 정해진 기존의 사무실뿐만 아니라 점점 가정, 전자주택(tele-cottage), 텔레포트, 원격업무 지원센터, 통근 열차, 자동차, 호텔, 화상회의실, 항공기, 도서관 등 매우 다양해지고 있다. 더불어, 지식과 정보가 경제적 재화로 사용되는 사회에서 사람들의 생산 활동 역시 많은 부분이 전체 또는 부분적으로 원격근무가 가능하다. 한편, 원격근무자가 업무에 사용하는 주요 전자통신기술은 컴퓨터, 팩시밀리에서 인터넷, 월드와이드웹, 파일 전송 프로토콜(file transfer protocols), 전자우편, 모바일 단말기(스마트폰, 태블릿 PC), 클라우드 컴퓨팅(cloud computing) 등으로 계속 발달하고 있다.

원격근무자들의 시공간 역동성은 직종, 원격근무의 형태(고용형의 정규직, 계약직, 임시직, 성과급, 시간제와 자영업형 등), 일하는 장소, 의사소통의 방식, 근무 시설 등의 영향과 원격근무를 추

〈표 7-1〉 정보사회의 발전과 원격근무의 특성

구분		형성 단계	발전 단계	성숙 단계
정보사회	원격근무자	• 전문직, 관리직, 사무직 • 자율성이 높고, 독립적, 자기성취욕이 강함 • 자신의 성과에 대한 평가가 가능한 사람 • 남자 중심	• 계약 사무직 여성 • 자녀가 있는 관리직, 전문직 여성 • 장애인으로 확대	• 원격근무의 필요성과 기회 쉽게 수용 • 정보기술을 사용하는 대부분 근로자 참여 • 이종 근로, 멀티잡, 협업
정보사회	근무장소	• 가정 중심	• 가정 • 원격업무 지원센터(콜센터)	• 가정 • 전자주택(tele · cottage) • 텔레포트 • 원격업무 지원센터 • 통근 열차, 자동차, 항공기 • 호텔, 화상회의실, 도서관
정보사회	사회경제적	• 엘리트 집단: 높은 교육 수준, 중상류 계층 • 경제활동: 컴퓨터 산업, 정보산업, 반복적인 사무 관련, 자료 입력, 검색과 분석, 디자인	• 고용주들이 장점을 인식하나 제한적으로 이용(비정규직, 시간제, 일시적) • 채용에서 소외된 그룹의 인적 자원 공급(시니어 여성 인력) • 국가 기관 • IT 관련 기업	• 고용주(노동시장의 확대, 사무실 보수 공사, 공간의 유연성, 기업 조직 혁신) • 피고용자(시공간 자율성, 생산성, 육아 휴직, 병가) • 정부(에너지 절약, 공해, 전염병, 테러, 지진 등 비상시 대체) 문제 해결 방식
정보사회	정보기술과 특징	• 컴퓨터 • 일방향의 의사소통 • 컴퓨터와 필요한 장비들 고가 • 낮은 보급률	• 온라인 시스템 확대 • 부분적으로 양방향 의사소통 • 정보통신 장비 소유 용이(다양한 가격)	• 무선 온라인 시스템 확대 • 경제활동의 핵심 재화인 지식 정보의 네트워크화 • 클라우드 컴퓨팅 • 디지털 융합 환경 • 유비쿼터스 시대
공간적 역동성	시공간 공조성	• 부분적으로 완화됨	• 상당 부분 완화됨	• 다지역, 세계적 수준의 네트워크가 새로운 시공간 공조성 만들어 냄
공간적 역동성	거리 조락성	• 여전히 영향받음	• 영향력 감소	• 물리적 공간과 가상공간의 선택에 좌우
공간적 역동성	개인의 제약성	• 약간 해소 • 일터 선택의 다양성	• 상당히 해소 • 선택의 다양성과 자율성 증가	• 공간 선택의 제약은 대부분 해소 • 시간 관리 어려워짐
공간적 역동성	네트워크의 변화	• 크지 않음 • o2o	• 기존의 네트워크 유지 및 강화 용이 • o2o, o2m • 국가적, 다지역 수준	• o2o, o2m, m2m • 국가적 수준, 다지역, 세계적 수준

출처: 저자 작성

진하는 주체(국가 정부기관, 기업체, 근로자)의 목적에 따라 매우 다양한 모습으로 전개된다. 원격근무의 시작 단계에서 시공간의 자율성과 유연성은 개인적인 제약을 부분적으로 다소 완화시켰으나, 옥외 활동과 사회적 네트워크의 확대로 연결되지는 못한 것으로 나타났다(조성혜, 1995, pp.150-165).

원격근무가 미래 지향적 근무 형태라는 매력적인 개념과는 달리, 정보사회의 발전 단계에서 원격근무의 확산을 기대하기는 어려울 것 같다. 국가의 정책 차원과 IT 관련 기업의 입장에서는 원격근무를 지지하는 쪽이나, 실제 수요자인 조직이나 개인은 또 하나의 비용이 원격근무에 필요하다는 입장으로 선뜻 수용하지 못하고 있는 상황이다(민경식, ibid., p.19). 공간적 역동성에서는 발달된 정보기술이 개인의 활동 영역에 상당 부분 실제로 영향을 미칠 것으로 보인다. 개인의 사회적 연결망은 네트워크의 활용과 연결성이 개선됨으로써 기존의 네트워크 유지 강화가 쉬워지고, 개인과 개인(o2o), 개인과 다수(o2m), 국가적, 다지역 수준으로 확대될 것이다.

많은 국가들이 추진하고 있는 미래 정책 중의 하나는 원격근무를 정상의 근무 형태로 정착시키는 것이다. 일상에 정보기술이 깊숙이 개입하는 성숙 단계의 정보사회에서, 사람들은 필요하거나 기회가 있을 때면 일하는 방식 중 하나로 원격근무를 쉽게 고려하고 채택할 수 있게 되어 보편적인 근무 형태로 받아들일 것이다(Loo, ibid., p.98). 사람들은 물리적 공간과 가상공간의 공존을 조화롭게 활용하는 능력을 갖게 됨으로써 개인의 네트워크는 o2o, o2m, 다수와 다수(m2m), 국가적 수준, 다지역, 세계적 수준에 이르기까지 극대화할 것으로 보인다.

이러한 논의는 앞으로 국가, 지역, 기업, 공동체, 그리고 개인 차원의 구체적인 자료를 근거로 한 연구가 필요하다는 것을 의미한다.

2) 온라인쇼핑(e-shopping)

하루가 다르게 발달하는 정보기술이 사람들의 의식과 생활 전반을 변화시키고 있는 가운데, 사람들은 점포를 직접 방문하지 않고 정보 기기를 사용하여 물건을 구매하는 활동할 수 있게 되었다. 인터넷을 비롯한 새로운 공급 채널이 생겨나 기존의 상거래에 상당한 변화가 생겨났을 뿐만 아니라, 많은 사람들에게 세계 곳곳은 실제로 구매할 수 있는 시장이 되었다.

온라인쇼핑의 발달은 정보통신 수단의 기술적 발달을 배경으로 외출이 자유롭지 못한 노령

자나 장애인, 그리고 환자들을 위해 '집에서(in-home, at home) 쇼핑하는 것'을 의미하는 홈쇼핑에서부터 발달하였다(이지선, 2000, p.75). 이는, 신문, 잡지, 카탈로그, TV, 컴퓨터 등을 통하여 상품에 대한 정보가 소비자에게 전달되면 소비자는 우편, 전화, 팩스, 양방향 케이블 TV, 컴퓨터 등의 통신수단을 통해 주문하고, 신용카드나 무통장 입금 등으로 대금을 결제하여 각 가정에서 상품을 배달받는 방식이다. 온라인쇼핑은 정보기술 단말기의 발달로 인터넷상에서의 전자 상거래(e-commerce), 이동통신 단말기에서 거래가 이루어지는 모바일 상거래(m-commerce) 등의 의미로 사용되고 있다(정보통신연구원, 2011, p.9).

〈표 7-2〉는 정보사회의 발전과 온라인쇼핑의 특성을 정리한 것이다. 루(Loo, ibid., p.73)는 정보사회의 형성 단계에서 소비자가 온라인으로 구매할 수 있는 상품과 서비스는 소프트웨어, 오디오-비디오 제품, 출판물, 금융, 보험 상품, 번역물 등 디지털로 전환할 수 있는 제품(information-rich products)과 서비스에 제한된다고 보았다. 발전 단계에 이르면, 무인점포(kiosk), 온라인 전용 몰(Amazon.com, yes24.com 등)의 증가, 온·오프라인 겸용 상점(bricks & clicks)이 합류하면서, 상품과 서비스는 비정보화 제품(의류, 전자제품, 화장품, 영양제, 컴퓨터 하드웨어, 식료품, 장난감, 인형, 스포츠 용품 등)으로 확대된다. 성숙 단계는 온라인의 정착 단계로, 소비자 주문 상품과 모든 종류의 가상 서비스가 가능해질 것이다.

온라인쇼핑 소비자의 시공간의 역동성은 소비자가 사용하는 정보기술에 따라 다르나, 정보사회 형성 단계에서는 배송 시스템이 발달하지 못한 상태에서 지하철과 편의점을 주로 이용하였으므로, 대중교통 이용 등이 상당히 제한적인 것으로 분석되었다(Huh & Song, 2006, p.225). 인터넷 사용과 모바일을 이용한 쇼핑이 점차 확산되고, 배송 시스템이 발전하면서 소비자들이 선택할 수 있는 가상공간이 확대되어 물리적 거리의 영향은 상당히 줄어들게 된다.

정보사회가 성숙 단계에 진입하면, 기업은 판매 촉진의 경영전략으로 최첨단 통신 시스템(월드와이드웹 의존도 높음)과 디지털 컨버전스의 도입을 통해 프로슈머, 기술 중심에서 인간중심으로의 변화, 실시간 연결, 양방향 소통으로 하루 24시간, 연중무휴라는 시장을 만들어 내고, 물리적 공간과 가상공간의 경계를 모호하게 만든다. 또한 온라인 소비자에게는 다양한 B2C, C2C, 그리고 생산자와 소비자의 직거래, 지역 수준에서는 국가적, 다지역, 세계적 수준의 네트워크가 가능해진다(Loo, ibid., p.74). 그러나 온라인쇼핑은 기존의 시장을 완전히 대신하는 것이 아니고, 선택할 수 있는 가상공간을 하나의 대안으로 제시하며 새로운 틈새시장이 될 것으로 보인다. 따라서 온라인쇼핑은 사람들의 물리적 공간의 제약을 완화시켰으나, 새로 등장하는 물리적 쇼핑몰의 온라인 광고 정보는 새로운 형태의 물리적 거리에 대한 영향력을 발생시킬 가능성을 가지고 있다.

정보사회의 발전은 예전보다 한결 편한 구매 활동을 구현하고 있다. 직접 시장에 가거나 백화점을 들러 실물을 보고 구매하는 것 대신, 이제는 온라인을 통해 단지 클릭 몇 번으로 자신이 원하는 물품을 원하는 시간에 구매한다. 시시때때로 전자우편과 휴대전화에 할인 쿠폰과 온갖 광

〈표 7-2〉 정보사회의 발전과 온라인쇼핑 특성

	구분	형성단계	발전 단계	성숙단계
정보사회	상품과 서비스	• 수치 전환을 할 수 있는 제품(infor mation-rich products)과 서비스에 제한(소프트웨어, 오디오-비디오 제품, 출판물, 금융, 보험 상품, 번역물)	• 키오스크 • 온라인 전용 몰 증가 • bricks & clicks 합류 • 비정보화 제품(의류, 전자제품, 화장품, 영양제, 컴퓨터 하드웨어, 식료품, 장난감, 인형, 스포츠 용품 등) 확대	• 키오스크 • 온라인 전용 몰 • bricks & clicks의 확대 정착 • 상품의 주문 생산 • 가상 서비스 성장(번역, 전문적인 편집, 항공 예약, 여행사, 사원 모집 대리점) • 개인 뱅킹
정보사회	배송 시스템	• 편의점 • 지하철역 이용	• 지역 물류 시스템 발달 • 택배	• 지역적, 세계적 물류 시스템 발달
정보사회	결재 방식	• 물건 접수 후 현금 거래 • 청구서 발급	• 청구서 • 신용카드 • 무통장 입금	• 신용카드(스마트 결제) • 무통장 입금 • 공인인증서 • 모바일머니
정보사회	정보기술과 특징	• 신문, 잡지, 카탈로그 • TV 광고 • 전화, 팩스 • 우편 주문 • 불안전한 금전 거래 보안	• 인터넷 활용이 커짐 • 온라인 광고에 필요한 멀티미디어 플랫폼 개발 • 풍부하고 매력적인 방식의 제품 정보	• 최첨단 통신 시스템(월드와이드웹 의존도 높음) • 디지털 컨버전스 • 프로슈머 • 기술중심→인간중심 • 실시간 연결, 양방향 소통
공간적 역동성	시공간 공조성	• 전화 통화 시간대 • 물품 인수 가능 시간	• 가상공간 선택 확대 • 상당 부분 완화	• 하루 24시간, 연중무휴 • 거의 완화됨
공간적 역동성	거리 조락성	• 상당 부분 작용	• 물리적 거리 영향력 감소	• 물리적 공간과 가상공간의 조합 • 새로운 형태의 거리 영향력 발생
공간적 역동성	개인의 제약성	• 정보기술 이용 능력에 좌우	• 다양한 정보 기기 • 상당부분 해소	• 다양하고 편리한 정보기술로 극복 가능
공간적 역동성	네트워크의 변화	• 지방 수준의 네트워크 • 다양화	• 네트워크의 다양화 • 범위, 빈도 높아짐 • 국가적, 다지역 수준	• B2C, C2C • 생산자 소비자 직거래 • 국가적, 다지역, 세계적 수준

출처: 저자 작성

고 메시지가 도착한다. 값비싼 물품 또는 신상품의 경우, 온라인 검색을 통해 상품에 대한 정보와 소비자들의 댓글을 보고 구매를 결정하고 상점을 정한다. 방문하려는 상점에 대한 정보, 개점시간, 주차장 시설 등도 미리 검색하여 참고한다.

물류비용 문제로 가정택배보다는 편의점과 지하철을 선호한 초기의 배송 체계에 관한 연구는 온라인쇼핑에서 구매자의 특성이 거주 지역의 특성을 반영하며, 이들이 이용하는 편의점과 지하철역의 입지가 여전히 실제 물리적 공간 거리의 영향을 강하게 받는다고 밝혔다. 또한 소비자들이 기존의 상점과 온라인 구매를 크게 구분하지 않고 이용한다는 점에서 온라인쇼핑은 통행의 감소와 관계가 없으며, 오히려 인터넷이 소비자의 구매 행위를 다양하게 만든다고 보았다 (Huh & Song, ibid., p.223-234).

상점을 통한 전통적인 소매 환경에서는 소비자가 주로 이용하는 상점의 지리적 분포, 상점 방문 및 이용 빈도, 상점까지의 통행 수단과 접근 경로 등이 주요 연구 주제였으나, 온라인쇼핑에서는 구매 행위와 연관된 정보기술 이용과 관련하여 잠재 소비자가 가진 제약과 다양한 선택의 맥락에서 구매 행위의 연구가 필요할 것이다. 그리고 상품 배송 때문에 발생하는 새로운 유형의 화물 유동에서 나타나는 지리적 유형이나 물류 센터의 입지, 효과적인 배송 시스템의 구축 등에 관한 논의 또한 중요한 연구 과제가 될 것이다.

3) 원격교육(e-learning)

원격교육은 교수자와 학습자가 직접 대면하지 않고 인쇄 교재, 방송 교재, 오디오나 비디오 교재 등을 매개로 하여 교수·학습 활동을 하는 형태의 교육으로 정의된다.[2] 미국훈련개발협회 (American Society of Training and Development)는 원격교육을 웹 기반 학습, 컴퓨터 기반 학습, 가상 수업, 디지털 협업 등과 같은 여러 도구와 과정을 총괄하는 융합형 학습으로 정의하고 있다 (정보통신연구원, 2010, p.47).

원격교육은 기존의 교육과 달리 시공간의 제약을 받지 않는다. 학교 수업에 참석하기 위해 학생들이 이동했던 시간과 공간, 정해진 장소에서 정해진 시간에 배워야 하는 학습 과정이 변화되고 있는 것이다. 가르치는 사람과 배우는 사람의 연결이 쉬워졌으며, 가르치는 사람 없이도 학습 패키지, 잡지, 방송, 신문, 컴퓨터 통신 및 인터넷 등을 이용한 자기 주도적 학습을 할 수 있게 되었다. 또한 거의 모든 분야에서 학습 관련 네트워크가 만들어져 확산되고 있다. 특히 인터넷을 매개로 한 학습 네트워크의 발달은 초중등 교육뿐만 아니라, 고등교육, 대안적 교육기관, 기업 훈련, 그리고 개별 학습에 이르기까지 온라인 교육 전반의 다변화와 다원화에 영향을 미치고 있다.

〈표 7-3〉은 정보사회 발전과 원격교육의 특성을 정리한 것이다. 원격교육에 관한 관심은 1999년 평생교육법이 우리나라에서 제정되면서 양적으로 급증한 평생교육의 공급과 수요에 부응하며 급속히 커지고 있다. 이른바 사이버 대학, 가상 대학, 디지털 대학, 온라인 대학은 이러한 정책 변화와 함께 원격강좌를 통해 원격교육을 제공하는 대학들의 명칭이다(이혜정·이지현, 2007, p.3).

다수의 사람들이 즐겨 이용하는 인터넷상의 blog, webblog, wiki, Instant Messenger, 머드게임(multi-user dimension; MUD), 인터넷 중계 채팅(Internet Relay Chat; IRC) 등은 상호작용 매체로, 모두 사용자들 간의 소통과 연결을 활발하게 해 준다.[3] 사용자들이 공동으로 만들어 가는 백과사전인 위키피디아(Wikipedia)와 네이버의 포털 지식 검색 서비스의 활성화는 일종의 개방된 온라인 협업이다. 정보통신기술 및 학습 테크놀로지의 발전은 '시뮬레이션 환경'이나 '3D 가상현실' 등에 기반을 두고 '문제 또는 프로젝트 중심 학습'을 할 수 있도록 학습 환경을 바꾸고 있다.

직업의 세분화에 따른 업무의 고도화와 정보화에 따른 지식 및 지능의 복잡화와 다양화, 사회경제적 변화에 적응하기 위한 이종 근로, 멀티잡의 필요성은 직업 유지와 자기 계발을 하기 위한 학습활동을 촉구하고 있다. 사람들은 언제 어디서나 필요한 학습이 이루어질 수 있어야 한다는 인식으로 이용할 수 있는 모든 교육 통로를 사용하며, 인터넷과 모바일, 그리고 디지털 컨버전스가 제공하는 원격교육의 다양한 네트워크의 이용 방법을 터득해 가고 있다.

원격교육은 정보통신기술의 활용과 함께 계속 진화할 것이다. 그러나 우리나라의 경우, 원격교육의 중심에 있는 사이버 교육기관인 사이버 대학에 관한 연구에서 사이버 대학교와 학습자의 지리적 분포는 수도권에 집중되고 있으며, 인터넷 이용 인구가 많은 곳과 관련되어 있음이 밝혀졌다(김은경, 2002, p.67; 허우긍, 2007, p.303). 허우긍(ibid., p.311)은 학습자의 지리적 분포를 통해 역으로 사이버 대학의 배후지가 존재하며, 국가의 기존 공간 구조에 따른 거리 조락의 영향을 받고 있음을 확인했다. 또한 사이버 대학 학습자들이 보충 학습, 동호회, 그리고 정보 교류를 목적으로 오프라인 모임에 참석하며, 오프라인 모임의 필요성을 절실히 바란다는 점을 통해 지

구분		형성단계	발전 단계	성숙단계
정보사회	원격 교육생	• 사이버 대학 학습자	• 정규교육 학생 • 평생교육생	• 10대 이상 전체 인구
	사회경제적	• 지식 습득 • 교육 수준 향상	• 자기 계발 • 새로운 기술 습득 • 직업훈련	• 전문성 강화 • 지속적인 재교육 • 이종 근로, 멀티잡
	정보기술 특징	• 인쇄 교재 • 방송 교재 • 오디오나 비디오 교재	• 다양한 상호작용 매체(blog, webblog, wiki, Instant Messenger, MUD, IRC) • 풍부한 학습 콘텐츠 • 시뮬레이션 • 3D	• 전 지구적 온라인 집단지성(위 키피디아, 포털 지식 검색 서비 스)
공간적 역동성	시공간 공조성	• 가정에서 학습 • 비교적 자유로운 시간 선택 가 능 • 학습자의 인구경제적 특성 • 거주 지역에 따라 제약성 차이 • 온라인 네트워크 여부	• 가정, 도서관, 이동 중 학습 • 물리적 공간 활동이 시간 선 택에 영향 • 다양하나 느슨한 네트워크(인 터넷, 모바일) • 지리적으로 가까운 학습자끼 리 오프라인 형성	• 다양한 네트워크의 종류와 범 위의 확대 • o2o, o2m, m2m • 국가적 수준, 다지역, 세계적 수 준의 네트워크 • 정서적 교류와 교수자와의 의 사소통 채널 필요로 오프라인 네트워크 정착
	거리 조락성			
	개인의 제약성			
	네트워크의 변화			

출처: 저자 작성

리적 한계를 벗어나지 못한다고 했다.

아이들은 여전히 실제 학교에 다니면서 사회화되고, 교사들로부터 지도도 받을 것이다. 그러나 그와 비슷하게 오늘날 수천 편의 짧은 동영상, 예를 들어 칸 아카데미(Khan Academy)에서 온라인상에 무료로 공유하는 유튜브(Youtube) 동영상을 통한 교육 역시 중요한 학습 방식을 제공하고 있다. 가장 많은 사람들에게 열려 있는 원격교육은 지역 불균등 발전을 해소하며, 교육 기회의 균등화를 추구할 수 있는 도구로 관심을 받고 있다. 그러나 기존의 인구 분포, 공간 구조, 지역적 정보격차로 인해 거리 조락의 지배를 받을 개연성이 있다. 그러므로 더 많은 연구가 지리적 공간에 집중하여 진행되어야 할 것이다.

4) 원격진료(telemedicine)

원격진료는 진단, 치료, 교육 등을 위한 병원 간 또는 이에 준하는 기관 사이의 의료 정보 교환을 말한다(American Telemedicine Association, 2010; Norris, 2002). 사전적 의미는 산간 지대나 낙도,

적설 지대 등 교통이 불편한 벽지 주민과 의료 기관 사이에 통신망을 설치하고 각종 ME(medical engineering) 기기를 이용하여, 환자가 멀리 다른 곳에 위치하고 있는 전문의의 진료를 받을 수 있는 것을 말한다.

이러한 특성 때문에 지리학에서는 원격진료가 환자가 외부로 이동할 때 발생할 수 있는 위험성이나 비용을 현격하게 낮추는 데 공헌하고 있다고 보며, 무엇보다 서비스 영역, 진료 과목 및 질병의 특성, 그리고 대상에 따라 지원되는 의료 서비스의 물리적 또는 가상적 접근성을 개선하는 데 도움을 주고 있다고 여기고 있다. 궁극적으로 원격진료는 이를 제공하는 쪽과 제공받는 쪽을 정보통신기술로 연결함으로써, 특정한 의료 서비스를 환자, 의료진 등으로 대표되는 원격진료 이용자의 가까이에서 제공할 수 있도록 하며, 의료 서비스에서 상대적으로 독립적이며 소외된 그들의 시공간 경로를 합리적인 범위로 끌어온다는 점에서 의의가 있다(Mitchell, 1999; Shannon, 1997; 보건복지부, 2013).

그동안 지리학 또는 관련 분야에서는 정보통신의 도입으로 지리적·공간적 변화에 대한 다양한 의견과 예측이 쏟아져 나왔다. 주류를 이루는 결과는 정보통신의 기술이 지리적인 제약을 상당 부분 해소하는 데 기여할 것이라는 점이다(Graham and Marvin, 1996; Kitchin, 1998; Warf, 2000). 그렇지만 기존의 개념과는 달리, 의료 분야에서 정보통신 활용의 하나인 원격진료는 그

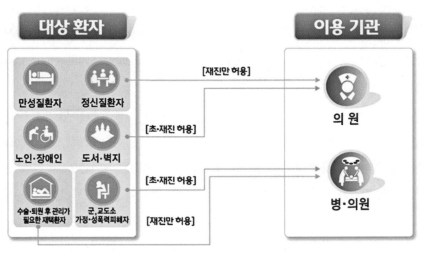

[그림 7-1] 원격의료 허용 기관 및 대상 환자
출처: 보건복지부(2013)

 센싱(측정)
질병정보를 환자가 측정

취합 및 전송
정보의 원격전송

분석 및 피드백
전송된 정보 수집/분석+진료/상담/교육+처방

환자/고객

혈당
혈압
체중
심전도
콜레스테롤
식습관
운동습관

PC
휴대폰
게이트웨이

의료인

질병정보 DB

소비자 영역

공급자 영역

[그림 7-2] 원격의료 흐름도
출처: 보건복지부(2013)

양상을 조금 달리한다. 물론 원격진료가 전자적인 매체를 이용한 의료 정보의 교환을 의미하고 있고, 그렇기 때문에 지리적인 또는 공간적인 제약을 자유롭게 하는 데 일정 부분 기여하고 있는 것은 사실이다. 또한, 환자는 원격진료의 이용을 통해 외부로 이동할 때의 경제적 부담이나 위험성을 해소할 수 있고, 이로써 의료 서비스의 지리적인 불평등이 어느 정도 극복될 수 있다는 점도 상당히 매력적이다(American Telemedicine Association, 2010; Shannon, 1997; Lucas, 2008; Norris, 2002).

그렇지만 현실적으로는 현재 기술의 한계로 오진(五診: 문진, 시진, 촉진, 탁진, 청진)을 기초로 하는 진단이 여전히 필요하고, 지역 의료를 긴밀하게 지원하는 형태로 원격진료가 발전되고 있으며, 전국 단위의 형평성을 고려한 수익성 등의 문제 때문에 온라인과 오프라인 모두에서 일정한 범위 내의 원격진료 서비스가 필요하다(Park, 2010). 더불어, 원격진료가 새로운 기술의 등장이라는 측면에서 눈길을 끌지만, 결국 기존의 의료 기관을 전자적인 방식으로 어떻게 연결할 것인가 하는 것이 큰 목적이다. 즉, 병원 상호 간의 의사 전달 방식인 의료 전달 체계(Health Care Delivery System)를 얼마만큼 효율적으로 온라인 방식으로 전환하느냐 하는 문제가 주요 핵심이

142

며, 이에 따라 이미 형성된 의료 행위, 인식, 제도 등의 종합적인 의료 이용에 관한 문제들이 여전히 원격진료 내에서도 주요한 담론으로 다뤄진다.

이러한 이유로 많은 나라들이 의료 공간 조직의 논의 중 가장 보편적으로 선택하고 있는 지역화(regionalization, 일정하게 정해진 지리적인 범위 내에서 지방정부나 또는 이에 준하는 조직들이 지역 주민들에 대한 의료 서비스를 책임지는 형태)라는 개념이 자연스럽게 원격진료에서도 그대로 옮겨와 논의되고 있다(Cutchin, 2002; Shannon et al., 2002).

4. 네트워크 사회에서의 지리적 공간

정보사회(e-society)를 장밋빛으로 전망하는 사람들은 정보통신기술의 공간적 속성을 많은 양의 정보를 순식간에 처리하고 전달하며 그 비용도 절감시켜 결과적으로 인간의 활동의 거리, 시간 개념에 큰 변화를 가져온다고 보고 있다. 사람들은 도보와 교통수단 이용을 전제로 설명해 온 종래의 개념과 원리는 사라지거나 수정될 것으로 기대하며, 참여 기회의 확대는 개인의 네트워크가 완전히 새로운 모습으로 전개될 것으로 전망한다.

정보기술의 발전은 현실과 가상을 모두 포괄하여 결합한 공간을 제공하므로, 사람들이 가상과 현실 공간의 정체성을 정확히 구분하여 활동하는 것을 불가능하게 만들어 가고 있다. 따라서 어떤 공간에서 정보를 얻는가에 따라 공간적 행태와 활동이 결정될 것이다(Sinka, 2009, p.122). 싱카(Sinka, 2009)는 공동체가 수집한 정보를 바탕으로 하여 이루어진 공간과 장소를 정보사회공간(Information Society Space)이라 하고, 여기에서 만들어지는 물리적 또는 가상적 네트워크가 앞으로 지리적 환경에 강한 영향을 미칠 것으로 보았다.

한편, 싱카가 언급한 정보사회공간이 만들어지고 발전하는 과정은 사회 발전 단계와 비슷한 모습으로, 수렵채집사회, 농경사회, 산업사회, 정보사회, 그리고 지식사회에 따라 변화한다. 각 사회의 정보 수집 범위의 특성은 공동체 구성원의 수적 증가와 같아 지식과 정보가 중심이 되는 지식정보사회는 구성원의 인구수가 8억~40억에 이른다고 보았다(국가/다지역/세계적 수준 구성원, ibid., p.117). 그러므로 지리적 환경은 사회공동체의 발달과 함께 다원화되고 다양한 네트워크를 포함하게 될 것이며, 사람들의 인지지도 역시 점점 확대될 것이다.

정보사회공간의 일부 네트워크는 가상공간에만 존재하나, 기존의 사회적 관계망과 대부분의 네트워크는 물리적 공간과 가상공간 모두에 존재한다. 또한 일상에서의 시공간이 컴퓨터, 인터넷, 모바일 기기, 스마트폰과 결합하면서, 가상공간 네트워크는 주요한 지리적 공간이 되어 일상생활을 점점 새롭게 재편하는 모습으로 드러났다. 사람들은 이제 밤과 낮, 일터와 가정이라는 전통적인 구획과 리듬과는 무관하게 일하고 잠자고 논다. 지금까지 여가의 주 무대였던 가정에서도 일할 수 있게 되었을 뿐만 아니라, 일하면서 동시에 쇼핑하고 여가를 즐긴다. 일상생활의 핵심인 일, 쇼핑, 교육, 그리고 여가가 서로 중첩되고 교차되면서 실현될 수 있는 새로운 지리적 공간이 조성되고 있다는 것이다.

정보통신기술은 시·공간 공조성을 완화시키는가? 거리 마찰을 사라지게 하여 거리 조락성은 의미를 잃게 되는가?, 그리고 개인의 제약성을 줄여 네트워크를 확대하고 강화하는가? 정보통신기술에 내재하는 대체 또는 보완이라는 가능성 속에서 직접적인 만남과 사회성을 가진 사람들의 성향, 그리고 이동성(mobility)에 대한 인간의 욕구(Kellerman, 1993, p.83)는 새로운 지리적 공간, 즉 물리적 공간과 가상공간의 결합 속에서 어떤 활동이 어떠한 영향을 받게 될까? 궁극적으로 물리적 이동은 감소할 것인가? 사람들은 삶의 질을 향상시키기 위해 어떤 공간을 선택할까? 네트워크를 만드는 흐름은 어떤 특성일까? 네트워크들은 어떻게 달라질 것인가? 달라진 네트워크는 지리적 공간을 어떤 모습으로 재조직할 것인가? 네트워크의 발전은 지역 불균등 발전 문제를 해소할 수 있을까? 등이 제시될 수 있다.

■ 주

1) 네이버 지식백과를 참고하였다.

2) 원격교육에 관한 정의는 평생교육백서를 참조하였다(교육인적자원부, 1999, p.12).

3) 네이버 지식백과를 참고하였다.

■ 참고문헌

· 김은경, 2002, "사이버 대학교와 학습자의 지리적 분포 및 교육 특성에 관한 연구," 지리학논총 40, pp.61-92.

· 김태환, 2006, "도시와 정보통신," 김인, 박수진 편, 도시해석, 서울: 푸른길, pp.110-128.

· 민경식, 2012, "스마트워크 기술 동향 및 국내외 추진현황," 인터넷 & 시큐리티 이슈 2012년 4월, pp.3-32.

· 이지선, 2000, "케이블TV 홈쇼핑에 의한 상품유동의 지리적 특성," 지리학논총 5, pp.73-93.

· 이혜정, 이지현, 2007, "원격대학 관련 정책 변화에 따른 연구동향 분석," Journal of Lifelong Education 13(4), pp.1-26.

· 정보통신정책연구원, 2010, "디지털 사회의 일상성 탐구," 디지털 컨버전스 기반 미래 연구(II) 시리즈, pp.10-18.

· 정보통신정책연구원, 2011, "홈쇼핑시장의 환경변화에 따른 정책개선 방안 연구," 정책연구, pp.11-50.

· 조성혜, 1995, 재택근무자(텔레커뮤터)의 시·공간 행태에 관한 연구, 박사 학위 논문, 서울대학교 대학원.

· 한주성, 1996, 교통지리학, 법문사.

· 허우긍, 2006, "도시와 교통," 김인·박수진 편, 도시해석, 서울: 푸른길, pp.95-109.

· 교육인적자원부, 1999, 평생교육백서, 교육인적자원부.

· 보건복지부, 2013, 보건의료제도 개선(www.mw.go.kr 최종 접속일 2014년 2월)

· American Telemedicine Association, 2010, About telemedicine(http://www.atmeda.org/news/library.htm 최종접속일 2010년 8월).

· Cutchin, M., 2002, "Virtual medical geographies: Conceptualizing telemedicine and regionalization," *Progress in Human Geography* 26, pp.19-39.

· Graham, S. and Marvin, S., 1996, *Telecommunications and the city: electronic spaces, urban places*, London and New York: Routledge.

· R. J. Johnston ed., 1981, *Dictionary of Human Geography*, The Free Press, A Division of Macmillan Publishing Co., Inc., New York.

· Huh, Woo-kung, 2007, "A geography of virtual universities in Korea," *NETCOM* 21(3-4), pp.297-314.

· Huh, Woo-kung & Song, Yena, 2006, "E-shopping and Off-line Delivery Systems in Korea: Real Space still Matters," NETCOM 20(3-4), pp.219-235.

· Kellerman, Aharon, 1993, *Telecommunications and geography*, Belhaven Press, London and New York, pp.60-89.

· Kitchin, R. M., 1998, "Towards geographies of cyberspace," *Progress in Human Geography* 22(3), pp.385-406.

· Loo, B. P. Y., 2012, *The E-Society*, New York, Nova Science Publishers, Inc.

· Lucas, H., 2008, "Information and communications technology for future health systems in developing countries," *Social Science and Medicine* 66, pp.2122-2132.

· Mitchell, J. W., 1999, *e-topia*, Massachusetts, The MIT Press.

· Nilles, J. M., 1988, "Traffic reduction by telecommuting: a status review and selected bibliography," *Transportation Research A* 22, pp.301-317.

· Norris, A. C., 2002, *Essentials of telemedicine and telecare*, New York, John Wiley and Sons.

· Park, S., 2010, "The Centralization and Decentralization of Telemedicine Networks in Korea and Japan: Case Studies of Choongbook and Kagawa," *NETCOM* 24(1-2), pp.79-108.

· Shannon, G. W., 1997, "Telemedicine: restructuring rural medical care in space and time," In Bashshur, R.L., Sanders, J.H., and Shannon, G.W.(Ed.), *Telemedicine: theory and practice*, Illinois, America Thomas Books.

· Shannon, G. W., Nesbitt, T., Bakalar, R., Kratochwill, E., Kvedar, J., and Vargas, L., 2002, "Organization models of telemedicine and regional telemedicine networks," *Telemedicine and e-Health* 8, pp.61-70.

· Shirley, S., 1988, "Telework in the UK," in Korte, W. B., Robinson, S. and Steinel, W. J.(eds.), *Telework: Present Situation and Development of a New Form of Work Organization*, Amsterdam, Elsevier Science Publishers B. V., pp.23-31.

· Sinka, R., 2009, "The appearance of a new phenomenon in geographic thinking: The influence if ICT," *NETCOM* 23(1-2), pp.111-124.

· Warf, B., 2000, "Compromising positions-the body in cyberspace," In Wheeler, J. O., Aoyama, Y., and Warf, B.(Ed.), *Cities in the telecommunications age - the fracturing of geographies*, NewYork, Routledge.

THE GEOGRAPHY OF NETWORKS

국제물류 네트워크의 공간적 특성 : 글로벌 컨테이너 해운시장을 중심으로

이정윤

1. 들어가며

통합된 글로벌 시대에 다른 나라의 경제활동과 분리된 국가 경제는 존재하기 어렵다. 비록 수준의 차이는 있지만 대부분의 국가들은 자국의 생산품을 글로벌 시장에 판매하는 동시에, 자국에 부족하거나 다른 나라에서 좀 더 효율적인 생산이 가능한 재화를 구입한다. 이처럼 국가 경계를 뛰어넘어 상품(또는 서비스)을 교환하는 활동을 국제무역이라고 하며, 이에 파생된 결과로 나타나는 현상이 바로 국제물류(international logistics)이다.

국제물류에서 활용되는 화물운송 수단은 도로, 철도, 파이프라인, 항공, 해운 등 다양하나, 가장 중요한 역할을 수행하는 것은 해운(maritime transportation)이다. 오늘날 국제물류에서 해운은 물동량 기준으로는 전체의 89.8%, 화물 가치 측면에서도 전체의 3분의 2 이상을 처리한다.[1] 이는 지구 표면의 대부분이 바다로 이루어진 것이 주된 원인이지만, 1970년대 이후 점차 발달한 글로벌 생산 네트워크로 국제물류 활동이 지속적으로 늘어나고, 컨테이너화(containerization)로 대표되는 물류 분야의 혁신이 큰 영향을 미치고 있다.

이에 이 장에서는 현대 국제물류에서 가장 중요한 역할을 담당하는 컨테이너의 특성과 물동량 성장 추이를 살피고, 글로벌 컨테이너 해운시장의 물류 네트워크를 구성하는 핵심 요소들(해운선사, 컨테이너 항만, 정기선 서비스, 글로벌 터미널 운영사 등)의 특징과 관련 현상의 공간적 의미를 논하고자 한다.

2. 국제무역의 발달과 컨테이너 물류의 성장

1) 국제무역의 발달

국제무역에서 연간 상품교역(merchandise trades) 규모가 미화 1조 달러를 처음으로 돌파한 해는 1973년이다. 글로벌 상품교역 시장은 1980년대 이전에는 완만한 속도로 성장하다가, 1990년대 이후 성장 속도가 점차 빨라져 21세기 초 글로벌 금융 위기 직전까지는 역사상 유례없는 빠른 속도로 성장하였다.

2008년 연간 약 32.7조 달러 규모까지 급증한 국제 상품교역은 금융 위기 직후인 2009년에는 전년 대비 −20% 이상 급감하는 위기를 겪었으나, 2011년까지 이전 수준의 교역 규모를 회복한

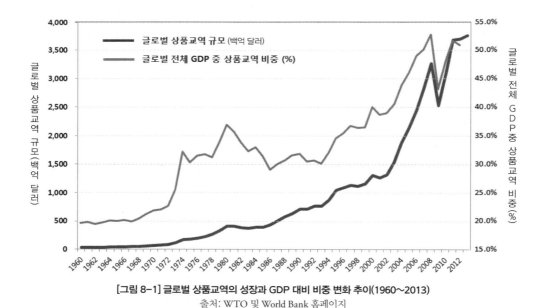

[그림 8-1] 글로벌 상품교역의 성장과 GDP 대비 비중 변화 추이(1960~2013)
출처: WTO 및 World Bank 홈페이지

이래 최근 다소 정체되어 있다.[2] 한편, 글로벌 GDP에서 상품교역이 차지하는 비중은 1970년대 이전에는 전체의 약 5분의 1 수준에 불과하였으나, 2000년대 후반 이후에는 전체 글로벌 GDP의 절반 수준까지 높아졌다. 이런 변화 추세는 국가 및 글로벌 경제에서 무역의 중요성이 더욱 커지고 있는 현실을 잘 나타내 준다(그림 8-1).

1970년대 이전의 국제무역은 북미, 서유럽과 아시아 일부 선진국이 주도하였다. 과거 국제무역의 특징은 선진국과 개발도상국(이하 개도국) 간 교역이 분리되는 현상이었는데, 원자재는 주로 개도국에서 선진국으로 이동하고 완제품은 선진국에서 선진국 또는 원자재의 흐름과는 반대로 이동하는 유형이 주축이었다.[3] 당시 국제무역은 대부분 자국에서 얻기 어려운 재화들을 교환하는, 즉 희소성을 극복하는 차원의 경제활동이었으며, 자국에서 생산할 수 있는 제품들은 각종 무역 규제 및 보호 정책으로 인해 교역이 제한되었다. 따라서 국제무역을 통해 운송되는 화물은 물동량도 적고 종류도 다양하지 못했는데, 대부분의 국제물류 활동은 주로 벌크(bulk)화물의 직항 운송을 중심으로 이루어졌다.

1970년대 이후부터 관세 인하, 비관세 장벽 제거를 지향하는 새로운 무역 체계 논의[4]가 활발해지는 동시에, 선진국에 집중된 생산 시설이 자유롭게 해외로 이동할 수 있는 토대가 마련되었다. 특히, 해외직접투자(FDI)는 개도국의 산업화와 글로벌 생산 네트워크 구축에 큰 영향을 미쳤는데, 1980년대 이후 가속된 신흥공업국의 성장은 이러한 맥락에서 이해할 수 있다. 초기 해외 직접투자는 주로 선진국에서 생산비가 저렴한 개도국으로 제조업을 이전하는 방식이었으나, 신흥공업국의 자본력이 향상되고 다국적기업의 전략이 다양해지면서 개도국 기업이 선진국과 다른 개도국에 투자하는 사례도 점차 늘게 되었다. 이런 변화는 글로벌 생산 네트워크와 상품사슬이 더욱 복잡해진 것을 의미하며, 이런 현상은 1990년대 이후 냉전 종식 및 WTO 체제 출범과 더불어 더욱 빠르게 심화되었다.

또한 다국적기업을 중심으로 공급사슬관리(supply chain management)가 본격적으로 도입되면서, 글로벌 시장을 통합적으로 서비스하는 효율적인 물류 체계의 필요성이 더욱 증대되었다. 국제물류는 글로벌 생산 네트워크에서 기업의 가치 창출과 효율적인 재화 이동을 지원하는 핵심 기능이 되었고, 이를 위해서는 저렴하고 신속한 화물운송 및 처리가 반드시 필요해졌다. 이러한 국제무역 변화 추세에 최적화된 운송 수단이 바로 컨테이너(container)인데, 그 결과 오늘날 컨테이너 물류 해운 네트워크는 국제 상품교역에서 중추적인 역할을 하고 있다.

2) 컨테이너 물류의 성장

현대 국제물류에서 가장 보편적인 운송 수단인 컨테이너는 본래 운송이 목적이 아니라 화물 분실을 방지하기 위해 마련된 장치였다. 물론, 컨테이너는 자체가 보관 창고인 동시에 화물 도난 방지 효과도 있지만, 컨테이너가 글로벌 물류를 대표하는 운송 수단으로 자리 잡게 된 가장 큰 원동력은 운송과 하역의 표준화(standardization)에서 찾을 수 있다.

표준화된 컨테이너 용기는 선박, 트럭, 철도 등 다양한 전용 운송 수단과 하역 장비를 동시에 활용함으로써 화물 처리 속도를 크게 향상시켰으며, 나아가 운송 수단과 하역 장비의 표준화 및 대형화로 규모의 경제를 실현하여 물류비용을 획기적으로 절감할 수 있게 되었다. 더불어, 다양한 유형의 화물을 운송할 수 있고, 고유한 식별 번호를 통해 관리가 용이하다는 점도 오늘날 국제물류에서 컨테이너 활용성을 높이는 중요한 요인으로 꼽힌다(표 8-1).

컨테이너 상업 운송이 최초로 시작된 시기는 1950년대 후반이지만, 1960년대까지 국제물류에서 컨테이너 활용 수준은 매우 낮은 편이었다. 그 까닭은 당시 국제무역과 물류 활동이 주로 원자재를 비롯한 벌크화물 중심이었고, 컨테이너 운송 경험이나 관련 기술에 대한 신뢰가 모두 부족했기 때문이었다. 국제물류의 주요 운송 수단으로 컨테이너가 주목받기 시작한 것은 1970

〈표 8-1〉 컨테이너 운송의 특징과 장점

특징	장점
운송 및 하역 표준화	• 국제표준(ISO) 적용으로 전 세계 어디서나 다양한 전용 운송 수단(선박, 트럭, 바지선, 철도 등) 및 장비를 통해 손쉽게 처리 가능
화물 처리 속도 향상	• 환적 활동의 최소화 및 신속성(항만 내 처리 시간이 3주에서 1일로 단축) • 컨테이너 전용선의 운항 속도는 일반 화물선보다 빠름
비용 절감	• 표준화로 인한 운송 비용 절감(벌크화물 운송의 약 1/20 수준) • 운송 수단 및 터미널 대형화로 인한 규모의 경제 실현 가능
다양한 활용성	• 벌크, 공산품, 자동차, 냉동/냉장 화물 등 다양한 종류 화물운송이 가능 • 폐기된 컨테이너의 다양한 재활용
관리의 용이성	• 개별 컨테이너는 고유한 식별 번호로 다른 컨테이너와 구분됨
자체 저장 기능	• 컨테이너 자체가 하나의 보관 창고, 간편하고 저렴한 포장 가능 • 선박, 열차, 야적장 등에서 다단 적재로 공간 효율성이 큼
보안 및 안전	• 운송 중 내장 화물에 대한 정보 보안(출발지, 세관, 도착지에서만 개봉) • 분실 및 도난 방지 효과

출처: Rodrigue 외(2013)를 기초로 저자가 재구성

네트워크의 지리학

년대 이후인데, 이때부터 컨테이너 복합운송 시설에 대한 투자도 활발해졌다. 컨테이너 전용 선박이 본격적으로 도입되면서 주요 항만에는 컨테이너 터미널이 건설되고, 기존 항만 터미널(부두)의 개조도 함께 이루어졌다. 컨테이너를 활용한 국제물류 처리 경험이 늘면서 관련 운송 기술에 대한 신뢰도 향상되었으며, 컨테이너 운송, 하역 시장의 규모가 커지고 사업 기회가 다양해짐에 따라 많은 투자가 이루어졌다.

하지만 글로벌 물류에서 컨테이너 화물이 본격적으로 성장한 시기는 중국이 국제경제에 본격적으로 진입한 1990년대 이후부터이다. 컨테이너는 글로벌 무역 패턴과 다국적 제조업체의 물류 전략에 매우 큰 영향을 미쳤는데, 지구 반대편 지역까지 글로벌 생산 네트워크와 공급사슬이 구축되면서 대형선박으로 대양을 횡단하는 컨테이너 정기선 서비스가 급속히 활성화되었다. 또한 1990년대 이후 발생한 중요한 변화는 과거 해운에만 특화되었던 컨테이너가 복합운송 시스템(intermodal transportation system)을 통해 내륙 철도와 바지선 서비스까지 크게 확대되었다는 점이다.

이처럼 국제해운과 내륙운송에서 컨테이너화가 보편화되면서 전 세계 컨테이너 운송량과 항만처리 물동량은 폭발적으로 늘어나게 되었다. 1990년 이후, 글로벌 컨테이너 운송량은 연평균 9.5%씩 성장하여 글로벌 금융 위기 직전인 2008년에는 1억 5200만TEU 수준까지 증가했다. 같은 기간 전체 글로벌 항만에서 처리된 컨테이너 물동량은 연평균 10.5%씩 증가하여 2008년에는 5억 3000만TEU 규모가 되었다. 글로벌 전체 컨테이너 운송량 대비 항만 처리 물동량 비중을 살펴보면, 1990년 3.07에서 2008년에는 3.49로 증가했는데,[5] 이는 실제 운송량과 항만 처리 물동량의 격차가 더욱 커지고 있음을 의미한다. 이러한 변화는 글로벌 생산 네트워크와 공급사슬 발달로 생산과 소비의 국제적 분화가 심화되는 현실과 허브 항만(터미널)의 환적 기능이 빠르게 성장하는 컨테이너 해운 네트워크의 특성이 반영된 결과로 해석할 수 있다. 즉, 국제무역에서 실제 운송되는 물동량보다 컨테이너 해운 네트워크에서 훨씬 많은 국제물류 활동이 파생된다는 의미인데, 이런 현상의 특징에 대해서는 뒤에서 더 자세히 다루도록 한다.

컨테이너 물동량 증감은 국제경제 및 무역 활동 수준과 매우 밀접한 관계가 있다.[6] 일례로 2000년대 후반의 글로벌 금융 위기는 국제 상품교역 규모 및 컨테이너 물동량에 심각한 쇠퇴를 불러왔는데,[7] 이것이 한시적 현상인지 아니면 국제무역과 컨테이너 물류에 중요한 변화의 계기가 될 것인지는 아직까지도 불분명하다.[8] 또한, 컨테이너 물류는 글로벌 해운시장 특성과 무역 불균형에 따른 공컨테이너(empty container) 이동 등으로 인해 실제 경제활동 규모보다 과대 추정되는 위험을 가지고 있는 것도 사실이다. 하지만, 컨테이너 물동량이 오늘날 글로벌 경제와 국제무역 변화를 설명하는 가장 역동적인 변수이며, 국제 컨테이너 해운시장의 특성이 현대 국제물류 네트워크를 가장 잘 나타내고 있음은 분명하다. 이에, 다음 절에서는 글로벌 컨테이너 해운시장의 물류 네트워크 구성 요소들을 조금 더 자세히 살펴보고자 한다.

3. 컨테이너 해운시장의 물류 네트워크 구성 요소

1) 컨테이너 선사

컨테이너 정기선 서비스를 제공하는 '해운선사(maritime shipping company)'는 글로벌 해운시장의 물류 네트워크를 구성하는 핵심 요소이다. 현대 컨테이너 정기선 시장의 중요한 특징은 소수의 대형 선사가 높은 시장 점유율을 차지한다는 것이다. 세계 컨테이너 해운시장의 총 공급 규모는 약 1763만TEU(4977척)인데, 상위 20개 해운선사의 공급 규모가 전체의 86.7%인 1528만TEU(3331척)이며, 특히 최상위 3개 초대형 선사가 차지하는 비중이 전체의 37.7%(1487척)에 이른다. 소수 초대형 선사의 높은 시장 점유율은 향후에도 지속적으로 유지될 것으로 전망되는데, 이러한 추세는 이후에 살펴볼 선사 간 전략적 제휴와 함께 대형 선사가 주도하는 10,000TEU급 이상 초대형 선박의 발주 동향과도 밀접한 관계가 있다(표 8-2).

오늘날 글로벌 컨테이너 정기선 시장을 주도하는 해운선사는 AMP-Maersk(덴마크), MSC(스위스), CMA-CGM(프랑스) 등의 유럽계와 Evergreen(대만), COSCO(중국), APL(싱가포르) 등의 아시아계로 크게 나뉜다.

최근 20년간 상위 3개 초대형 선사가 포함된 유럽계의 시장 점유율이 지속적으로 증가하고 있다[9](그림 8-2). 글로벌 해운시장 점유율이 소수 대형 선사에 집중됨에 따라 이들이 컨테이너 정기선 네트워크 구축 및 변화에 미치는 영향력도 점점 커지고 있는데, 이는 지난 20년간 글로벌 해운선사들의 전략적 협력과 대응을 이끌어 내는 주요 요인이 되었다.

〈표 8-2〉 세계 20대 컨테이너 해운선사의 선박 보유 및 주문 현황

순위	선사	국가	선박 보유 현황			선박 주문 현황		
			선복량 (TEU)	선박 수 (척)	선박당 선복량	선복량 (TEU)	선박 수 (척)	선박당 선복량
1	AMP-Maersk	덴마크	2,681,027	573	4,679	258,900	16	16,181
2	MSC	스위스	2,436,649	490	4,973	429,448	37	11,607
3	CMA CGM	프랑스	1,522,779	424	3,591	373,957	37	10,107
4	Evergreen	대만	880,344	197	4,469	276,992	23	12,043
5	COSCO	중국	781,392	157	4,977	73,772	7	10,539
6	Hapag-Lloyd	독일	773,527	156	4,959	–	–	–
7	APL	싱가포르	626,908	115	5,451	9,200	1	9,200
8	CSCL	중국	615,572	132	4,663	145,180	10	14,518
9	MOL	일본	594,961	117	5,085	100,000	10	10,000
10	한진해운	한국	594,321	101	5,884	90,720	10	9,072
11	Hamburg Süd	독일	490,101	109	4,496	104,784	12	8,732
12	OOCL	홍콩	482,571	92	5,245	48,760	5	9,752
13	NYK	일본	478,896	106	4,518	112,000	8	14,000
14	Yang Ming	중국	392,785	87	4,515	229,308	19	12,069
15	현대상선	한국	374,858	62	6,046	99,300	9	11,033
16	PIL	싱가포르	360,659	165	2,186	46,800	12	3,900
17	K Line	일본	350,562	67	5,232	69,350	5	13,870
18	Zim	이스라엘	326,420	83	3,933	–	–	–
19	UASC	UAE	282,406	50	5,648	281,926	19	14,838
20	CSAV	칠레	234,930	48	4,894	65,100	7	9,300

주: 2014년 5월 기준, 선복량 및 보유 선박 수는 용선을 포함한 전체를 의미
출처: http://www.alphaliner.com/top100

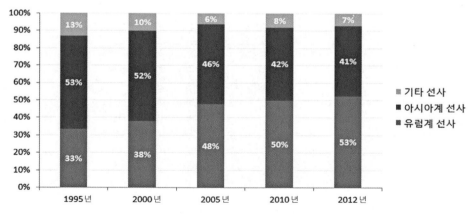

[그림 8-2] 컨테이너 정기선 시장의 유럽계 선사 비중 확대 추이(1995~2012)
자료: 김태일(2012)을 기초로 저자 재구성

2) 컨테이너 항만

국제물류 네트워크상에서 이동하는 컨테이너 물동량 크기는 국가(지역)별 무역 및 경제활동 규모와 거의 비례한다. 북미와 서유럽 선진국이 국제무역을 주도했던 1970년대 이전에는 전 세계에서 컨테이너 물동량이 가장 많은 항만들이 모두 이들 지역에 분포하였다. 하지만 선진국과 개발도상국 간의 글로벌 생산 네트워크가 본격적으로 발달하기 시작한 1980년대 이후에는 홍콩, 일본, 대만, 한국 등 아시아 신흥공업국 항만들이 그 역할을 대체하게 되었다. 이런 변화는 중국이 세계경제에 본격적으로 편입된 1990년대 이후 새로운 전기를 맞이하게 되는데, 2013년 말 기준 세계 컨테이너 물동량 상위 10대 항만 중 무려 7개가 중국 항만이며, 나머지 3개 항만도 모두 아시아에 분포하는 현실은 오늘날 글로벌 생산 및 국제물류 네트워크에서 이 지역이 차지하는 위상을 잘 나타내고 있다(표 8-3).

이처럼, 시기별로 컨테이너 항만과 처리 물동량이 차별적으로 성장하는 추세는 최근 발표된 게레로와 로드리게(Guerrero & Rodrigue, 2014)의 연구에서도 잘 나타난다. 이들은 계층적 군집 분석(HCA)을 통해 전 세계 323개 컨테이너 항만의 성장 패턴을 5년 단위로 분석하였는데, 연구 결과 1950년대 중반부터 현재까지 총 다섯 차례의 의미 있는 성장 주기(wave)가 있었던 것으로 나타났다. 글로벌 컨테이너 항만의 성장 주기별 특징, 성장 요인, 사례 항만들과 이들의 지역별

〈표 8-3〉 컨테이너 물동량 기준 글로벌 상위 10대 항만의 순위 변화(1970~2013)

순위	1970		1980		1990		2001		2007		2013	
	항만	국가	항만	국가	항만	국가	항만	국가	항만	국가	항만	국가
1	NY/NJ	미국	NY/NJ	미국	싱가포르	SGP	홍콩	중국	싱가포르	SGP	상하이	중국
2	오클랜드	미국	로테르담	NLD	홍콩	중국	싱가포르	SGP	상하이	중국	싱가포르	SGP
3	로테르담	NLD	홍콩	중국	로테르담	NLD	부산	한국	홍콩	중국	선전	중국
4	시애틀	미국	가오슝	대만	가오슝	대만	가오슝	대만	선전	중국	홍콩	중국
5	앤트워프	BEL	싱가포르	SGP	고베	일본	상하이	중국	부산	한국	부산	한국
6	벨파스트	영국	함부르크	독일	LA	미국	로테르담	NLD	로테르담	NLD	닝보	중국
7	브레멘	독일	오클랜드	미국	부산	한국	LA	미국	두바이	UAE	칭다오	중국
8	LA	미국	시애틀	미국	함부르크	독일	선전	중국	가오슝	대만	광저우	중국
9	멜버른	호주	고베	일본	NY/NJ	미국	함부르크	독일	함부르크	독일	두바이	UAE
10	틸버리	영국	앤트워프	BEL	킬룽	대만	롱비치	미국	칭다오	중국	텐진	중국

주: NY/NJ-뉴욕/뉴저지, NLD-네덜란드, BEL-벨기에, LA-로스앤젤레스, SGP-싱가포르, UAE-아랍 에미리트
자료: CONTAINERISATION INTERNATIONAL 및 http://www.statista.com

<표 8-4> 글로벌 컨테이너 항만의 성장 주기

구분	컨테이너 항만의 성장 주기				
	1차 주기(A)	2차 주기(B)	3차 주기(C)	4차 주기(D)	5차 주기(E)
기간	1956(1965)~1975	B-1) 1970~1980 B-2) 1975~1985	1980~1990	D-1) 1995~현재 D-2) 2000~현재	2005~현재
특징	3대 글로벌 무역축 (북미, 유럽, 일본) 초기 컨테이너 항만	글로벌 무역축 확대 및 교역 파트너 증가 (카리브해, 지중해, 아시아 신흥공업국)	신흥 시장의 확산 (중남미, 중동, 동/남아시아)	글로벌 경제에서 컨테이너 운송 표준화 중국 경제의 성장	성장 정점기(Peak growth) 틈새시장 탄생
성장 요인	기존 무역 물동량 컨테이너 대체 효과	컨테이너화의 본격 도입	글로벌 공급사슬 형성 환적 허브 항만 탄생	글로벌 공급사슬 확대 중국 및 환적 허브 항만 성장 효과	Spillover 효과 신규 환적 허브 탄생
사례 항만	앤트워프 뉴욕, LA, 오클랜드, 나고야 등	B-1) 로테르담, 도쿄, 홍콩 B-2) 가오슝, 제다, 킹스톤 등	싱가포르, 콜롬보, 부산, 두바이, 알헤시라스 등	D-1) 상하이, 선전, 조이아 타우로 D-2) 탄중팔라스, 닝보 등	탕헤르 메드, 카우세도, 잉커우, 프린스루퍼트 등

출처: Guerrero and Rodrigue(2014)를 기초로 저자 수정

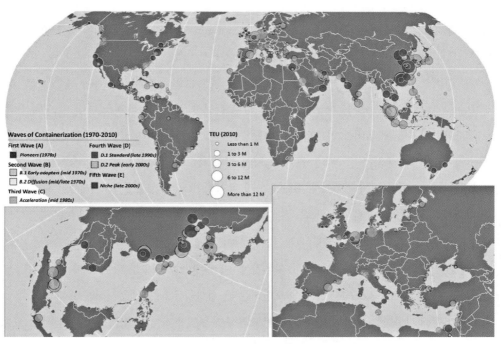

[그림 8-3] 글로벌 컨테이너 항만의 성장 주기별 지역 분포
출처: Guerrero and Rodrigue(2014)

분포는 〈표 8-4〉와 [그림 8-3]과 같다.

이처럼 컨테이너 항만들이 시기에 따라 차별적으로 성장하게 된 가장 큰 원인은 글로벌 공급
사슬의 순차적 발달로 전 세계의 '생산과 소비의 지리(geography of production and consumption)'가
역동적으로 변화했기 때문이다. 다국적 제조 기업의 해외 진출이 확대되면서 국가별, 지역별로
컨테이너 물동량 성장 속도에 차이가 생겼으며, 글로벌 생산과 소비의 중심지가 지속적으로 이
동함에 따라 컨테이너 항만의 성장 주기 또한 차별적으로 나타나게 된 것이다. 이러한 변화 과
정에는 특정 지역에 기본적으로 내재된 컨테이너 물동량 이외에도 해운선사와 항만(터미널)으
로 구성된 컨테이너 해운시장의 독특한 특성이 작용하고 있는데, 이에 대해서는 4절에서 더 자
세히 살피도록 한다.

3) 컨테이너 정기선 서비스 항로

컨테이너 정기선 서비스 항로(노선)의 유형은 소수 항만을 직접 연결하는 'Port-to-Port(이하 직
항)', 지역 내 다수 항만을 주기적으로 운항하는 'Pendulum(이하 시계추)', 전 세계 주요 항만들을
순차적으로 연결하는 'Round-the-World(이하 세계일주)' 서비스 형태로 구분된다(표 8-5).

직항 서비스는 컨테이너보다 벌크화물의 편도 운송에 주로 활용되나,[10] 역내 지선(feeder) 컨
테이너 항로나 대형 물동량을 확보할 수 있는 일부 간선 항로에 적용되기도 한다. 소수의 항만
에만 기항하기 때문에 서비스 빈도를 극대화할 수 있는 장점이 있는 반면, 지역 간 물동량의 수
요-공급이 일치하지 않을 경우에는 공(empty)컨테이너 회수의 문제점이 발생할 가능성이 크다.

시계추 서비스는 컨테이너 화물에 특화된 가장 보편적인 운송 형태로, 미리 고시된 운항 스케
줄에 따라 특정 지역의 다수 항만들을 주기적으로 연결하는 방식이다. 컨테이너 해운시장에서
기간 시계추 서비스는 글로벌 경제의 핵심인 아시아, 유럽, 북미 지역을 3대 축으로 해당 지역
항만들을 연속적으로 기항하는 형태로 제공된다. 이 서비스는 대부분 다른 대륙(지역) 항만을
연결하는 대양횡단(trans-oceanic) 노선을 포함하는데, 선사들은 해당 해운시장을 효과적으로 서
비스하기 위해 기항하는 항만의 수와 운항 빈도의 균형을 맞추기 위해 노력하게 된다.[11]

시계추 서비스에서는 선사가 기항 항만을 자유롭게 선택할 수 있기 때문에, 역내 항만 간에는
해당 서비스를 유치하려는 경쟁이 발생한다. 이는 선사 입장에서 특정 항만의 물동량이 충분하

〈표 8-5〉 컨테이너 해운 정기선 서비스 네트워크 유형

구분	직항(Port-to-Port)	시계추(Pendulum)	세계일주(Round-the-World)
서비스 형태 (방식)	• 1~3개 항만 직접/왕복 운송	• 특정 지역 복수 항만 간 시계추 방식 운송	• 전 세계 주요 항만 일주
특징	• 컨테이너 운송은 제한적(일부 feeder 노선 등) • 벌크 화물 운송에 주로 이용	• 글로벌 컨테이너 간선/지선 항로의 가장 일반적 형태 • 기항 항만 선택이 자유로움 • 연계형 환적 항만 필요	• 단일 선사/얼라이언스 운항 • 기항 항만 수 최소화 경향 • 운항 선박 크기 제한(Panamax급 미만)
장단점	• 소수 항만 간 신속한 연결 • 수요-공급이 불일치할 경우 복화 문제(empty) 발생 • 운항 서비스 연결성 낮음	• 기항 항만 수/서비스 빈도 균형 유지 가능(지역별 해운 시장 비교우위 활용) • 타 대륙 주요 항만 및 로컬 항만 운송 시 환적 필요	• 주요 글로벌 항만 간 운송 시 환적 불필요 • 서비스 빈도/주기가 길고 시장 비교우위 활용 어려움

지 않거나 운항 효율성이 만족스럽지 못할 경우, 해당 항만을 포기하고 다른 항만에 기항할 수 있음을 의미한다. 최근 선사 간 전략적 제휴(M&A 포함), 선박 대형화 등으로 기항 항만의 수를 줄이려는 추세가 증가하면서, 역내 항만들 사이에 노선 유치 경쟁은 더욱 치열해지고 있다. 이처럼 컨테이너 정기선 서비스의 네트워크 구조는 해당 지역의 해운시장 여건과 선사의 전략에 따라 수시로 변화하며, 지역 간 무역 불균형(trade imbalance) 정도와 국가별 해운시장의 규제 수준[12] 등에 따라 매우 다양한 형태를 나타낸다(표 8-6).

한편, 세계일주 서비스는 특정 선사(또는 얼라이언스)의 단일 선박이 세계 주요 항만을 순차적으로 기항하는 형태이다. 이 서비스는 경제적 효율성보다는 글로벌 주요 항만을 원스톱으로 연결한다는 상징성 때문에 해당 선사의 운항 서비스 능력을 과시하려는 의도가 담겨 있다. 하지만 오늘날 해운시장에서 세계일주 서비스는 점차 쇠퇴하는 추세인데, 이는 선사 간 얼라이언스가 확대됨에 따라, 소속 선박을 세계일주 서비스에 투입하는 것보다 지역별로 특화된 다른 서비스(시계추 등)에 활용하는 것이 좀 더 효율적이기 때문이다.

간선 시계추 서비스와 함께 세계일주 서비스에서는 대륙(지역)별로 소수의 항만이 인근 지역

〈표 8-6〉 시계추 운항 서비스 네트워크 유형 및 특징

구분	대칭적(symmetrical)	비대칭적(asymmetrical)	인터허브(inter-hub)
서비스 형태 (방식)			
	• 대양횡단 노선을 중심으로 양쪽 지역의 기항 항만 수가 비교적 동일	• 대양횡단 노선을 중심으로 한쪽 지역의 기항 항만 수가 현저히 적음	• 주요 허브 항만 또는 관문 항만을 직접 연결하는 용선 서비스와 유사
특징	• 투입 선박 수가 충분할 경우, 높은 서비스 수준 유지 가능 • 전체 노선 운항 시간이(cycle times) 많이 소요	• 양 지역 간 무역 불균형 존재 시 탄력적 적용 가능 • 특정 지역/국가 연안 운송 규제 (cabotage) 영향	• 소수 항만에 풍부한 물동량 수요가 있을 경우 서비스 가능 • 최근 초대형 컨테이너선 취항 증가와 밀접한 관계

항만들의 물동량을 집산하는 '환적 허브항(transshipment hubs)'으로 기능한다. 이때, 지역에서 어느 항만이 허브로 선택되느냐에 따라 해당 항만을 중심으로 지역 내부와 외부를 연결하는 컨테이너 정기선 네트워크 구조가 결정된다. 컨테이너 선박이 대형화되고, 선사 간 전략적 제휴가 강화되며, 글로벌 전문 컨테이너 터미널 운영사의 역할이 증대되는 오늘날에 역내 컨테이너 물류 네트워크가 허브항을 중심으로 재편되는 현상은 더욱 가속화되고 있다.

4. 컨테이너 해운시장 변화가 물류 네트워크에 미치는 영향

1) 컨테이너 선박의 대형화

국제물류에서 컨테이너 운반선이 처음 등장한 것은 1956년이다. 초창기 제한적인 물동량만 처리하던 컨테이너 운반선의 규모[13]는 국제무역이 활성화되고 국제물류에서 컨테이너가 본격적으로 활용되면서 급속히 대형화되었다. 1970년대에 처음으로 도입된 컨테이너 전용선(fully cellular container ship)의 운송 능력(약 1000~2500TEU)은 1980년대는 해당 선박이 파나마운하를

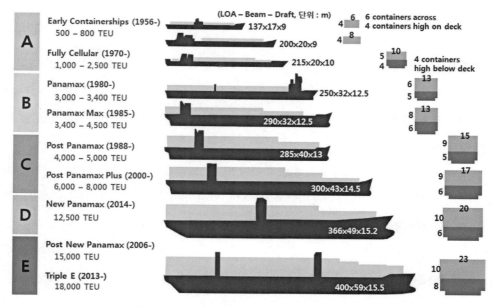

[그림 8-4] 컨테이너 선박의 대형화 추세(1956~현재)

출처: Rodrigue 외(2003)를 기초로 저자 재구성

겨우 통과할 수준(Panamax급, 약 3000~4500TEU)까지 확대되었고, 2000년대 초에 이르러는 이보다 2배 이상 큰 선박[Post Panamax Plus(PPP)급, 약 6000~8000TEU]의 운항이 보편화되었다. 컨테이너 선박 규모의 증가 속도는 시간이 지날수록 더욱 빨라져, 오늘날에는 PPP급 선박 운송 능력의 3배에 달하는 18,000TEU급 이상의 선박까지 취항하고 있다(그림 8-4).

선박의 대형화 추세는 국제무역 확대와 컨테이너 물동량 증가에 따른 자연스러운 현상으로 볼 수 있으나, 그 이면에는 대형 선박을 운항하여 규모의 경제를 달성함으로써 효율성과 가격경쟁력을 확보하여 시장 점유율을 높이려는 선사들의 치열한 경쟁이 숨겨져 있다.[14] 따라서 선박 대형화는 단순한 기술 진보나 운송 인프라 개선의 관점이 아니라, 국제 해운시장에서 선사 간 경쟁과 얼라이언스 심화, 정기선 서비스 노선의 재편, 항만 간 인프라 건설 경쟁 등을 유발하여 현대 국제물류 네트워크 구조를 재편하는 핵심 요인으로 이해되어야 한다.

2) 선사 간 전략적 제휴의 강화

컨테이너 선박 대형화 추세는 글로벌 해운시장 점유율이 높고 값비싼 초대형 선박을 공격적으로 발주할 능력이 있는 소수 대형 선사가 주도하였다. 1990년대 이후 더욱 본격화된 선박 대형화는 글로벌 해운시장에 매우 큰 영향을 미치게 되었는데, 가장 중요한 것은 선복량 공급 과잉으로 인한 컨테이너 운임 인하 경쟁이었다.

국제 해운시장에서 컨테이너 운임 하락이 장기간 지속되자 선사들의 영업 환경은 급격히 악화되었다. 또한 국제 유가마저 급등하면서 자본력이 약한 해운선사들은 대형 선사에 비해 더욱 치명적인 손실을 입었다. 이에 경쟁력을 상실한 선사들은 파산하거나 다른 선사에게 인수·합병되었으며, 살아남은 선사들도 부채를 상환하기 위해 핵심 자산(선박, 터미널 등)을 매각하는 경우가 발생하였다. 이는 결국 대형 선사의 시장 지배력을 더욱 강화시키는 원인이 되었는데, 이러한 어려움을 극복하고 시장의 불확실성에 대처하기 위해 해운선사들이 적극적으로 선택한

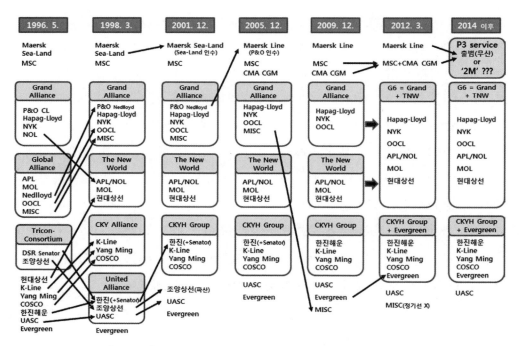

[그림 8-5] 주요 컨테이너 해운선사 얼라이언스 추세(1990년대 중반~현재)
출처: 김태일(2012)을 기초로 저자가 재구성

네트워크의 지리학

방법이 선사 간 전략적 제휴(이하 얼라이언스)이다. 선사 간 얼라이언스 방식은 크게 가격, 운항, 물류 효율화의 세 가지 유형으로 구분되는데,[15] 얼라이언스별로 소속 선사 간 협력 수준은 다르지만 초대형 선사에 대항하여 자신들의 시장 점유율을 유지하려는 목표는 같다고 볼 수 있다.

[그림 8-5]는 1990년대 중반 이후 현재까지 주요 글로벌 선사들의 얼라이언스 동향을 정리한 것이다. 과거에는 주로 시장 점유율 1~3위인 독립 초대형 선사(Maersk, MSC, CMA CGM 등)를 견제하기 위해 중소 선사들이 삼삼오오 짝을 지어 협력 체계를 구축하는 방식이었으나, 최근 초대형 선사의 시장 지배력이 더욱 강화됨에 따라 얼라이언스 그룹 간 통합을 통해 몸집을 더욱 불리는 형태로 확대되고 있다.

하지만 최근의 가장 큰 변화는 과거 독립 선사 형태로 운영하던 3대 초대형 선사들의 상호 협력 체계가 더욱 강화되고 있다는 점이다.[16] 이러한 추세는 글로벌 해운시장이 극소수 공급자 중심으로 빠르게 재편되는 현상을 반영하는 것인데, 이미 세계 해운시장의 3분의 1 이상을 점유한 3대 초대형 선사가 향후 글로벌 컨테이너 물류 네트워크 구축 및 변화에 미치는 영향력은 더욱 커질 것으로 전망된다.

3) 전문 컨테이너 터미널 운영사(GTO)의 성장

국제무역 및 물류 활동 활성화로 컨테이너 물동량이 급속히 늘어남에 따라, 이러한 변화의 중심에 선 아시아를 비롯한 많은 국가의 컨테이너 항만들은 기존 터미널을 확장하거나 새로운 컨테이너 터미널을 건설할 필요성이 절실하게 되었다.

글로벌 컨테이너 물동량의 증가는 필연적으로 운송 선박의 대형화를 촉진시켰고, 대형화된 컨테이너 선박은 좀 더 깊은 수심을 가진 부두가 필요하였으며, 기존 컨테이너 항만은 대형선박에서 상·하역되는 많은 화물을 동시에 처리하기 위해서 더욱 넓은 부지(CY)를 지닌 터미널을 확보해야만 했다. 이러한 환경 변화는 대형 컨테이너 항만(터미널)을 적시에 공급함으로써 역내 정기선 해운 서비스 네트워크에서 중심적인 역할을 선점하려는 '지역 허브항(regional hubs)' 경쟁과 밀접하게 연관된다.

새로운 항만 인프라를 건설하기 위해서는 짧은 기간 동안 많은 재원이 필요하기 때문에, 각국 정부나 항만관리기관(port authority)들은 자체 재원 조달의 한계를 '글로벌 컨테이너 터미널 운

〈표 8-7〉 상위 10대 GTO의 글로벌 컨테이너 하역 시장 점유율

순위	지분율 기준 컨테이너 처리량(2012년)			투자·운영 참여 터미널 전체 처리량(2011년)		
	GTO	연간 처리량 (백만 TEU)	글로벌 시장점유율	GTO	연간 처리량 (백만 TEU)	글로벌 시장점유율
1	PSA	50.9	8.2%	HPH	71.8	12.2%
2	HPH	44.8	7.2%	APMT	63.7	10.8%
3	APMT	33.7	5.4%	PSA	57.2	9.7%
4	DPW	33.4	5.4%	DPW	54.1	9.2%
5	COSCO Pacific	17.0	2.7%	COSCO Pacific	53.2	9.0%
6	TIL	13.5	2.2%	TIL	23.1	3.9%
7	CSTD	8.6	1.4%	CSTD	18.8	3.2%
8	Hanjin	7.8	1.3%	Eurogate	12.9	2.2%
9	Evergreen	7.5	1.2%	Hanjin	10.0	1.7%
10	Eurogate	6.5	1.0%	SSA Marine	9.7	1.6%
	소계	223.7	36.0%	소계	374.5	63.5%

자료: http://www.drewry.co.uk, Notteboom, T. 외(2012) 등을 기초로 저자가 재구성

영사(global container terminal operator, 이하 GTO)'의 투자 유치를 통해 해결하고자 하였다. 이런 과정을 통해 GTO는 전 세계 주요 항만에 터미널 지분을 보유하거나 직접 운영에 참여하게 되었는데, 그 결과 상위 10대 GTO는 오늘날 전 세계 컨테이너 하역 시장의 3분의 1 이상을 점유(지분율 기준)하고 있으며, 이들이 투자하거나 운영에 참여한 컨테이너 터미널이 처리하는 총 물동량은 전 세계 처리 물동량의 약 3분의 2에 이르게 되었다(표 8-7).

특히, Port of Singapore Authority(이하 PSA)나 Hutchison Port Holdings(이하 HPH), AMP Terminals(이하 AMPT), Dubai Port World(이하 DPW), COSCO Pacific 등 국제 컨테이너 하역 시장에서 중요한 역할을 담당하는 5대 GTO는 전 세계 대부분 지역에서 터미널을 운영(투자)하면서 글로벌 네트워크를 구축하고 있다(표 8-8). 이처럼, 주요 항만들이 GTO를 유치하는 현상은 단지 부족한 인프라 투자 재원을 충당하기 위해서만이 아니라, 터미널 건설 이후 해당 항만의 컨테이너 물동량을 안정적으로 확보하려는 전략적 판단이 작용한 것이다.

GTO는 본사 유형에 따라 전문 터미널 운영사(하역사), 해운선사 그리고 컨테이너 물류와 직접적인 관계가 적은 금융·투자회사의 세 가지 형태로 구분할 수 있다(표 8-9). 일례로, 상위 5대 GTO 중 PSA, HPH, DPW[17]는 전문 터미널 운영사 계열이며, AMPT, COSCO Pacific은 각각 전 세계 및 중국 최대 해운선사인 AMP-Maersk, COSCO의 자회사이다. 이처럼 GTO는 그 자

네트워크의 지리학

<표 8-8> 5대 GTO 컨테이너 터미널의 글로벌 네트워크 현황(2014년 5월 기준)

순위	GTO	컨테이너 터미널의 지역별 분포									
		극동	동남아	서남아	중동	유럽	북미	중남미	아프리카	대양주	계
1	PSA	11	3	4	1	6	–	3	–	–	28
2	HPH	20	7	2	3	14	–	8	3	2	59
3	APMT	12	5	3	3	22	9	7	13	–	74
4	DPW	6	5	6	6	12	1	5	7	4	52
5	COSCO Pacific	22	1	–	–	2	–	–	1	–	26

출처: PSA, HPH, APMT, DPW, COSCO Pacific 각사 홈페이지

<표 8-9> GTO 유형별 특성 비교

구 분	글로벌 컨테이너 터미널 운영사(GTO) 본사 유형		
	전문 컨테이너 터미널 운영사 (하역사, stevedores)	컨테이너 해운 선사 (shipping companies)	금융·투자회사 (financial corporations)
핵심 업무	항만 컨테이너 하역	컨테이너 정기선 서비스	재무적 자산 관리
핵심 업무와의 연관성	동종 사업 확장 및 지역별 다양화	효율적인 정기선 운항을 위한 지원 기능	가치투자 및 수입 창출
비즈니스 모델	기능의 수평적 통합 (기존 노하우 활용)	기능의 수직적 통합 (전후방 연계)	투자 포트폴리오 다양화
사업 확장 및 투자 전략	직접 투자	직접 투자 또는 자회사 설립	인수, 합병 또는 자산 재조정
주요 사례	PSA, HPH, DPW, HHLA, Eurogate, ICTSI, SSA 등	AMPT, COSCO Pacific, MSC, Evergreen, 한진 등	RREEF, Ports America, SSA Marine 등

출처: Notteboom, T. 외(2012)를 기초로 저자가 재구성

체가 이미 해운선사일 뿐만 아니라, 비록 선사 계열 GTO가 아니어도 자신이 투자한 다른 항만 터미널에서 글로벌 선사(얼라이언스)와 이미 긴밀한 협력 관계를 유지하고 있기 때문에, 특정 지역의 컨테이너 해운 네트워크 구축 과정에서 중요한 역할을 하게 된다.

즉, 투자 대상 항만에서 하역 사업으로 이익을 얻으려는 GTO는 터미널 수입을 극대화하기 위해 해당 항만에 컨테이너 정기선 서비스를 유치하는 노력을 기울이게 되며, 이는 결과적으로 해당 항만의 지속적이고 안정적인 물동량 창출에 기여하게 되는 것이다. 요컨대, 국제 컨테이너 해운 서비스의 네트워크 구조를 이해하기 위해서는 해운선사와 컨테이너 항만 그리고 해당 항만의 중요한 구성 요소인 GTO의 관계를 종합적으로 살필 필요가 있다.

5. 컨테이너 해운 네트워크 변화 사례 및 시사점

1) 컨테이너 해운 네트워크의 구성 원리

컨테이너 해운 네트워크의 형태는 기본적으로 해당 노선이 제공하는 서비스의 '운항 빈도(frequency of service)', 서비스에 투입되는 '선박의 크기(fleet and vessel size)' 그리고 해당 노선이 '기항하는 항만의 수(number of port calls)'에 의해 결정된다.

운항 빈도는 특정 항만에 기항하는 정기선 해운 서비스의 적시성과 관계가 있다. 정기선 해운 시장에서는 특정 노선이 항만별로 주당 1회 운항 서비스(weekly service)를 제공하는 형태가 보편적이지만, 물동량이 많은 지역의 고객들은 더욱 빈번한 서비스를 요구하게 된다. 정기선 서비스의 운항 빈도를 늘리기 위해서는 투입 선박의 크기가 작아지는 경향이 있는데, 이를 극복하기 위해 선사들은 해당 노선에 이전보다 규모가 큰 선박을 투입함으로써 운항 서비스 증가 요구에 대응하는 모습을 보인다.

대형 선박(특히, post-panamax급 이상)은 연근해보다는 장거리 운송에서 비교우위를 지니기 때문에, 선사들은 이를 주로 장거리 간선(trunk) 노선에 투입하고 규모가 작은 선박들은 연근해 피더(feeder, 지선) 서비스에 활용한다. 또한, 선사들은 서비스의 일관성 유지를 위해 장거리 노선에 비슷한 규모의 대형 선박을 동시에 투입하고자 노력한다. 그러나 특정 노선에 다수의 대형 선박을 투입하는 것은 개별 선사 입장에서는 부담이 매우 큰 투자이므로, 위험을 분산하기 위해 중소 선사들은 상호 얼라이언스를 강화하여 공동 운항 형태의 노선 서비스를 제공하게 된다.

특정 노선에서 기항하는 항만 수가 적어지면, 선사는 서비스 왕복(운항)시간을 단축시켜 투입하는 선박 수를 줄일 수 있다. 반면, 소수의 기항 항만과 컨테이너 화물의 내륙 배후지 간 거리가 멀어져 추가 환적과 운송 지연의 문제가 발생할 수 있으며, 이는 해당 해운 서비스에서 고객이 이탈하는 원인이 된다. 따라서 서비스 공급 지역 내에서 적절한 기항 항만 수를 선택하는 것은 해운선사(얼라이언스)에게는 매우 중요하고 복잡한 의사 결정이라 할 수 있다.

하지만, 현대 컨테이너 정기선 시장은 초대형 선사와 이에 대응하는 해운선사 얼라이언스로 구성된 소수의 공급자가 주도하고 있다. 이는 선박 대형화와 더불어 컨테이너 물류 네트워크에서 기항 항만 수가 줄어들고 역내 항만 간 노선 유치 경쟁이 심화될 것임을 시사한다. 경쟁에서 생존한 항만은 역내 '환적 허브항(transshipment hubs)' 기능이 더욱 강화되지만, 그렇지 못한 항만은 간선 항로에서 소외된 피더 항만으로 전락할 가능성이 높아지는 것이다.

이러한 과정에서 대형 선사(얼라이언스)와 연계된 GTO는 특정 항만의 부족한 인프라 재원을 제공하는 동시에 해운 노선 유치와 물동량 확보를 매개로 역내 해운시장에서 중요한 역할을 담당하게 되는데, 전문 GTO의 글로벌 항만 네트워크 확대는 이런 맥락에서 이해될 수 있다.

2) 환적 허브항 발달 유형과 특징

최근 대형 선사가 주도하는 컨테이너 물류 네트워크 변화에서 가장 두드러지는 특징은 '환적 허브항(transshipment hubs)'의 성장을 꼽을 수 있다. 환적 허브항의 발달 유형은 크게 '건너뛰기(by-passing)', '꼬리자르기(tail-cutting)' 그리고 'hub-and-spoke' 등으로 구분되는데, 유형별 특징에는 다소 차이가 있으나 모두 기항 항만의 수를 줄임으로써 서비스 빈도와 운영 효율성을 높이려는 해운선사(얼라이언스)의 의도가 반영된 결과이다(표 8-10).

건너뛰기, 꼬리자르기 유형으로 환적 허브 기능을 수행하는 항만들은 자체 물동량을 보유한

〈표 8-10〉 환적 허브항 발달 유형과 특징

환적 허브항 발달 유형	컨테이너 정기선 서비스의 기존(과거) 기항 형태		
	건너뛰기형(by-passing)	꼬리자르기형(tail-cutting)	hub-and-spoke형
특징	• 기간 항로상에서 물동량이 적은 중간 항만(B) 기항을 건너뛰고 운항 • 대형 선박 기항이 생략되는 항만(B)은 주변 항만(A 또는 C)의 피더 항만으로 전락	• 과거 간선 항로(시계추)의 종점 항만(C) 물동량이 적은 경우, 운항 서비스 구간을 단축(B항만이 서비스 종점) • 운항 서비스 빈도는 제고되나 C는 B의 피더 항만이 됨	• 순수한 형태의 환적형 허브 • 신규 허브항 자체 물동량은 미미하나, 역내 간선 항로상 유리한 위치(경로)에 입지 • 기존 항만들(A, B, C)은 신규 허브항의 피더 항만이 됨

출처: Rodrigue 외(2013)를 기초로 저자가 재구성

'지역 관문항(regional gateway ports)'의 특성을 지닌다. 이 경우, 해당 항만의 전체 물동량에서 환적 화물이 차지하는 비중은 대부분 절반 이하 수준에 머물지만, 'hub-and-spoke' 형태의 환적 허브는 자체 물동량이 아닌 간선 항로상 유리한 입지로 인하여 발달했기 때문에 전체 물동량 중에서 환적 화물이 차지하는 비중이 매우 높은 특징을 보인다.[18]

한편, 'hub-and-spoke' 형태처럼 기존 항만 이외 지역에 환적 허브가 발달하는 것은 선박 대형화 추세와도 밀접한 관계가 있다. 선박의 규모가 커지면 기존 항만이 제공하지 못하는 깊은 수심의 터미널이 필요할 뿐만 아니라, 규모의 경제를 달성하고 운항 효율성을 높이기 위해 개별 항만에서 처리하는 물동량 규모도 커져야 한다. 하지만 기존 항만이 충분한 물동량을 제공하지 못할 경우, 선사들은 기항하는 항만 수를 줄이는 대신에 인접 지역의 물동량을 연근해 피더 네트워크로 연결함으로써 기항 항만에서 처리하는 물동량 규모를 키우는 전략을 택하게 된다. 이러한 목적으로 개발(선택)되는 소수 항만터미널을 '중간 허브터미널(intermediate hub terminal)'이라 하는데, 선사들이 이를 활용하여 얻을 수 있는 장점은 다음 〈표 8-11〉과 같다.

현대 컨테이너 해운 물류 네트워크에서 활발하게 활용되는 중간 허브터미널은 앞서 살핀 'hub-and-spoke' 형 이외에도 복수의 장거리 간선 항로를 연계하는 '연결형(relay)'과 역내 시계추 항로가 교차하는 '교차항로형(interlining)' 등이 있다(표 8-12). 이 또한 형태별 특징은 다소 상이하지만, 이들 모두 해당 지역에서 컨테이너 해운 네트워크의 서비스 효율성을 제고하려는 목적은 동일하다. 선박의 대형화, 선사 간 얼라이언스 강화로 더욱 가속되고 있는 환적 허브항 및 중

〈표 8-11〉 중간 허브터미널(intermediate hub terminals) 활용의 장점

구분	장점
최적 입지 (location)	• 글로벌 기간 항로(노선)와 가까운 지역에 위치(경로 우회 최소화) • 주요 정체 구간(말라카 해협, 파나마/수에즈 운하) 인근에 입지하여 컨테이너 간선 항로 간 연결(relay) 효율성 증대
깊은 수심(depth)	• 최신 대형 선박 기항에 적합한 깊은 수심(13.5m 이상) 확보 가능
넓은 토지(land)	• 기존 항만 대비 혼잡도가 낮고 넓은 물류 처리 부지 확보 가능 • 향후 물동량 증가 시 추가 부지 확장 용이
낮은 비용/높은 생산성 (cost & productivity)	• 인건비가 낮은 지역(국가)으로 이동 시 하역비용 절감에 유리 • 신규 컨테이너 터미널의 높은 생산성으로 선박 체류 시간 단축 가능
터미널 소유/운영 용이 (ownership)	• 터미널 직영(또는 지분 투자)을 통해 자유롭게 운영(GTO 계약 포함) • 항만 당국 간섭 배제, 시장 변화에 따른 탄력적 대응 가능

출처: Rodrigue 외(2013)를 기초로 저자가 재구성

구분	hub-and-spoke형	간선항로 연결형(relay)	교차 항로형(interlining)
형태			
특징	• 연근해 피더와 장거리 기간 항로의 밀접한 연계 필요 • 기간 항로 선박은 주로 대형, 피더 항로 선박은 중소형	• 복수의 장거리 간선항로 연결 • 항로별 투입 선박 규모 유사 • 싱가포르, 지브롤터 등 간선 항로 bottlenecks에 주로 입지	• 동일 지역내 복수의 시계추 서비스 (항로)가 교차하는 항만 • 시계추 서비스별 기항 항만이 상이한 경우 발달

출처: Rodrigue 외(2013)를 기초로 저자가 재구성

간 허브터미널의 발달은 오늘날 컨테이너 해운시장과 관련 물류 네트워크를 이해하는 데 가장 중요한 요소라 할 수 있다.

글로벌 해운 네트워크에서 환적 허브항 및 중간 허브터미널의 역할이 중요해짐에 따라, 전체 컨테이너 해운시장에서 환적 화물이 차지하는 비중도 크게 늘었다.[19] 그 결과, 부산항을 비롯한 많은 글로벌 항만들은 컨테이너 환적 화물 유치를 중요한 정책 목표로 삼고 다양한 인센티브를 제공하고 있다.[20] 이러한 노력은 끊임없이 변화하는 국제 해운시장에서 해당 항만의 경쟁력을 확보하기 위한 것이지만, 지속가능성이 낮은 환적 화물에 의존하는 항만 성장 전략의 실효성에 대해서는 많은 이견이 있다.

3) 동아시아 컨테이너 해운 네트워크 변화 사례 및 시사점

중국이 세계 경제에 본격적으로 편입된 1990년대 이후, 동아시아는 전 세계에서 컨테이너 물동량이 가장 빠르게 성장하였고, 역내 컨테이너 해운 네트워크도 다른 어떤 지역보다 역동적으로 변화하고 있다.

과거 동아시아의 전통적인 컨테이너 물류 네트워크는 홍콩-대만-일본-한국-북미로 연결

되는 단일 간선항로를 주축으로, 역내 허브항에서 인접 중소 항만으로 피더 노선이 연결되는 형태였다. 1990년대 초반까지 동북아에서는 부산항보다 태평양 연안 일본 항만(도쿄, 요코하마, 고베, 오사카 등)이 역내 물류 네트워크에서 중요한 역할을 하였다. 하지만, 1990년대 중반 이후 상하이와 함께 북중국 신흥 항만들(칭다오, 다롄, 톈진 등)이 빠르게 성장함에 따라, 동아시아 컨테이너 해운 네트워크는 복수의 간선 항로로 분화되기 시작하였다. 이 시기에는 홍콩–대만–일본으로 연결되는 기존 축보다 홍콩–상하이–부산을 경유하여 북미로 연결되는 새로운 물류 회랑(logistics corridor)의 발달이 더욱 빠르게 진행되었다. 같은 시기 동북아에서는 1995년 고베 대지진을 계기로 부산항의 역내 허브 기능이 강화되는 방향으로 전환되었다.

이러한 추세는 2000년대 이후 상하이 항과 북중국 항만들이 폭발적으로 성장하면서 더욱 고착되었다. 중국의 급속한 경제성장에 따라 상하이 주변 '장강 델타'가 전 세계에서 컨테이너 물동량이 가장 많은 지역으로 변모하였고, 따라서 동아시아 컨테이너 해운 네트워크는 상하이 항(닝보–저우산 항 포함)을 중심으로 재편되었다. 또한, 과거 피더 노선만 기항하던 북중국 항만들의 물동량이 급증하면서, 이들 항만에도 간선 항로 대형 선박이 직접 기항하게 되었다. 그 결과, 오늘날 동아시아에는 다수의 간선 항로가 복잡한 형태로 얽힌 중층적인 해운 네트워크가 형성되었는데, 이러한 변화 과정을 요약하면 [그림 8-6]과 같다.

동아시아에 물동량 규모가 큰 항만들이 동시에 성장하자, 대형 선사(얼라이언스)들은 역내 물류 네트워크를 효과적으로 서비스하기 위해 환적 허브항 전략을 통해 정기선 서비스의 기항 항만 수를 줄이고자 하였다. 이러한 노력은 구체적인 변화로 나타나게 되었는데, 일례로 현재 부산항에 기항하는 주요 해운선사의 30여 개 정기선 서비스 중 일본과 부산항을 동시에 기항하는 노선은 전체의 약 10% 수준에 머물고 있다.[21] 이는 중국 항만을 중심으로 재편된 새로운 물류 네트워크에서는 과거 역내 허브기능을 담당했던 부산항과 일본 항만도 필수가 아닌 선택 항만으로 전락한 현실을 반영하는 것이다. 이러한 추세는 최근 동아시아 컨테이너 물류 네트워크의 중심이 부산항에서 상하이 항으로 이전되고 있는 현상과 일치한다.[22]

최근 역내 컨테이너 물류 네트워크가 중국 항만을 중심으로 재편되는 원인은 지역 및 국가별 컨테이너 물동량 규모의 절대적인 차이뿐만 아니라, 대형 선사와 밀접히 연계된 GTO 투자가 중국 항만에 집중되는 현상으로도 설명할 수 있다.[23](표 8-13) 대형 GTO들은 글로벌 대형 선사(얼라이언스)와 전략적 협력 관계로 연결되어 있기 때문에 정기선 서비스 유치에 유리하며, 따라

170

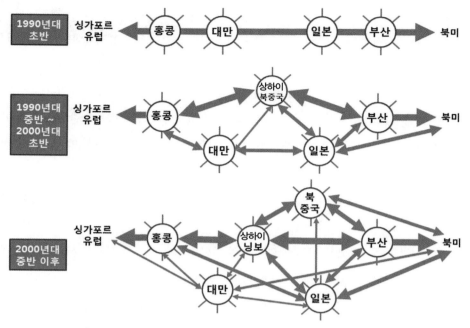

[그림 8-6] 1990년대 이후 동아시아 지역 컨테이너 해운 네트워크 변화 추세
출처: 한진물류연구원(2005)을 참고로 저자 재구성

〈표 8-13〉 주요 GTO의 동아시아 국가별 투자 항만 현황(2014년 5월 현재)

GTO	국가별 투자 항만		
	한국	중국	일본
PSA	부산(신항), 인천	텐진, 다롄, 옌웬강, 푸저우, 동구안, 광저우,	기타큐슈
HPH	부산(북항), 광양	상하이, 닝보, 산터우, 셔먼, 주하이, 후이저우, 장면, 선전, 홍콩	–
APMT	–	텐진, 다롄, 칭다오, 상하이, 셔먼, 광저우, 닝보(계획 중)	고베, 요코하마
DPW	부산(신항)	칭다오, 홍콩, 텐진(개발 중), 연태(개발 중)	–

출처: PSA, HPH, APMT, DPW 각사 홈페이지

서 해당 항만을 중심으로 컨테이너 물류 네트워크가 구축될 가능성이 높아진다. 즉, 중국 항만에 GTO 투자가 집중되는 현실은 향후 동아시아 컨테이너 물류 네트워크가 이들을 중심으로 더욱 견고하게 고착될 수 있음을 의미하는 것이다. 소수 공급자 중심으로 빠르게 재편되는 국제 해운시장에서 컨테이너 정기선 물류 네트워크의 변화는 지역별 물동량의 차별적 성장뿐만 아니라, 대형 선사와 GTO 간 전략적 협력의 산물로 이해될 필요가 바로 여기에 있다.

역내 컨테이너 물류 네트워크가 대형 선사(얼라이언스) 및 GTO의 전략으로 재편됨에 따라, 이들과 연계가 미흡한 항만 간에는 간선 항로 유치와 환적 허브 지위를 유지하려는 경쟁이 심화된다. 특히, 동아시아와 같이 물동량이 많은 지역에서 다수의 컨테이너 정기선 서비스가 선택적 항만 기항을 지속할 경우, '교차항로형(interlining)' 중간 허브터미널 기능을 유치하려는 경쟁이 과열될 우려가 있다. 최근 부산항을 비롯한 많은 항만들이 환적 물동량을 창출하는 선사에게 큰 인센티브를 부여하는 것은 치열한 역내 허브항 경쟁이 표출되는 단적인 예이다.

컨테이너 간선 서비스 유치를 통해 역내 허브 기능을 강화하려는 노력은 단기적으로는 항만 경쟁력을 유지하는 전략으로 활용할 수 있으나, 자체 배후지 화물이 아닌 환적 화물에 의존한 물동량 증가는 해당 항만 성장의 지속가능한 대안이 되기 어렵다. 특히, 글로벌 해운시장이 소수의 공급자 중심으로 재편되는 상황에서 정기선 간선 서비스를 유치하려는 과도한 경쟁은 해당 항만의 건강한 성장 기반을 저해할 뿐만 아니라, 오히려 소수 초대형 선사와 GTO의 시장 지배력을 강화하는 수단으로 악용될 수 있음을 경계해야 할 것이다.

■ 주

1) IHS Global Insight, 2008년 기준

2) 2010년 30.8조 달러에 머문 상품교역 규모는 2011년 36.8조 달러로 글로벌 금융 위기 이전 수준 이상으로 성장하였으나, 최근 2012년 37.0조, 2013년 37.7조 달러로 성장이 다소 정체된 양상을 보인다.

3) 20세기 초중반 국제무역은 주로 식민지 시대에 초래된 선진국−개도국 간 불평등 교역의 잔재로 설명된다.

4) 다자간 무역 협상(Multilateral Trade Negotiation)이라고 일컫는 '도쿄라운드'가 대표적인 사례이다.

5) 1990년 글로벌 전체 컨테이너 운송량은 2870만TEU이며, 항만 처리 물동량은 8800만TEU이다.

6) 1980~2011년간 글로벌 전체 수출액과 컨테이너 물동량 상관관계 분석 시 r^2값은 0.9675에 이른다.

7) 2008년 대비 2009년의 글로벌 상품교역 규모는 22.6%나 감소했으며, 같은 시기 컨테이너 물동량도 4900만TEU(−9.3%) 감소하였다. 이런 쇠퇴는 특히, 가구, 전자제품, 자동차 등 내구재의 소비 감소로 인한 것인데, 소비자들이 경제 불확실성이 해소될 때까지 관련 제품 구매를 연기했기 때문이다.

8) 일부 학자들은 글로벌 경제 위기는 제조업 비교우위의 한계, 무역 불균형 그리고 유가 폭등의 영향에 기초한 것이며, 국제무역은 성장기를 마치고 성숙기에 접어들었다고 진단하는 반면, 다른 학자들은 글로벌 경제는 신흥경제국 성장과 자유무역의 확대에 따라 지속적으로 성장할 것으로 전망하고 있다.

9) 상위 3개 선사의 세계 20위권 해운선사 중 시장 점유율은 1995년 27%에서 2012년 45%로 꾸준히 증가하였다.

10) 연결성 수준이 낮기 때문에 컨테이너보다는 원유, 광물, 곡물 등 화물의 수요와 공급에 불균형이 존재하는 벌크화물 이동에 주로 활용된다. 대부분 '부정기용선(chartered ship)'을 이용하며, 단일 선적항에서 화물이 적재되면 약 1~3개 항만에서 하역을 마친 뒤 서비스가 종료되는 형태이다.

11) 오늘날 글로벌 시계추 서비스 중 아시아~유럽 항로는 노선당 평균 8~10척의 선박이 8~12개 항만에 기항하고 있으며, 아시아~북미서안 항로에는 노선당 평균 5~7척의 선박이 투입된다. 유럽~북미동안 항로는 평균 6~8척의 선박이 6~8개 항만에 기항하는 패턴으로 운영된다.

12) 미국과 같이 연안 운송 관련 규제가 심한 국가(예: Jones Act 등)에서는 외국적 해운선사가 자국 내 항만에 복수로 기항하는 것을 꺼릴 수 있다.

13) 당시 Ideal-X로 불리던 최초의 컨테이너 선박이 한 번에 적재할 수 있는 최대 물동량은 35피트 규격 컨테이너(35×8×8foot) 58개에 불과하였다.

14) 컨테이너 운송에 소요되는 비용을 선박 규모에 따라 비교할 경우, 1만 4000TEU급 선박은 6000TEU급 선박에 비해 TEU당 약 3분의 1 수준의 원가절감 효과가 있는 것으로 알려져 있다.

15) 가격 측면의 얼라이언스는 소속 선사 간 운임 및 선복 조정 협정을 하는 것이며, 운항 측면의 얼라이언스는 선복 구매/교환 협정이나 선복 풀에 대한 지분 투자(합작)을 의미한다. 물류 효율화 측면에서는 선사 간 컨테이너/섀시 및 정보 시스템을 공유하는 형태의 얼라이언스가 이루어진다.

16) 2014년 하반기부터 3대 컨테이너 선사(Maersk, MSC, CMA, CGM)들은 글로벌 해운시장에 대한 지배

력을 더욱 강화하기 위해 'P3 service'라는 얼라이언스 체계를 구축할 예정이었으나, 중국이 주도한 반독점 규제에 의해 창설이 저지되었다. 이에 1, 2위 선사인 Maersk와 MSC는 3위 업체인 CMA CGM을 배제하고 '2M'이라는 새로운 선박공유협정(VSA)을 체결하여 2015년 초에 본격 출범할 계획을 발표하였다.

17) DPW는 국부펀드(Sovereign Wealth fund)로 운영되는 특성상 금융·투자 회사 계열로 볼 수도 있다.

18) hub-and-spoke형 환적 허브 항만의 대표적 사례로는 중남미(카리브 해) Kingston항과 유럽(지중해) 조지아 타우로 항 등을 들 수 있는데, 이들 항만의 환적 물동량 비중은 모두 전체의 85% 이상이다.

19) 글로벌 컨테이너 물동량에서 환적 화물의 비중은 1980년에는 약 11% 수준에 불과하였으나, 1990년에는 약 19%, 2000년에는 약 26% 그리고 2010년에 이르러서는 약 29% 수준까지 증가하였다.

20) 2014년도 기준 부산항은 환적 화물을 5만TEU 이상 처리한 대형 선사에게 연간 총 35억 원, 과거 2개 연도 대비 물동량 증가 선사에게 TEU당 5000원의 인센티브(선사당 연간 20억 한도)를 제공하며, 환적 물동량 창출에 기여하는 연근해 선사에게도 연간 총 25억 규모의 인센티브를 지급하고 있다.

21) 2014년 2월 말 현재, 부산항과 일본 항만을 동시에 기항하는 대형 선사의 정기선 서비스는 TNWA의 CNY(부산-고베-도쿄-북미), PS5(북미-요코하마-부산-상하이) 그리고 CKYH-EMC의 ADN(도쿄-오사카-부산-중국-대만-홍콩-중동) 서비스밖에 없으며, 나머지 대다수 한-일 컨테이너 정기선 항로는 중소 규모 선박을 운영하는 연근해 선사들이 담당하고 있다.

22) 강동준 등(2014)이 전 세계 컨테이너 항만의 네트워크 연결 정도 순위와 중심성 지수를 분석한 결과, 부산항은 2006년 홍콩, 싱가포르에 이은 세계 3위에서 2011년 6위로 하락한 반면, 동기간 상하이 항은 3위, 닝보 항은 4위로 상승하여 부산항보다 네트워크 연결정도 및 중심성이 우월한 것으로 나타났다.

23) 중국계 GTO(COSCO Pacific)를 제외하더라도, 4대 GTO들은 동아시아에서 총 23개 항만에 컨테이너 터미널을 투자(운영)하고 있는데, 한국, 일본에는 각각 3개 항만에만 투자가 이루어진 반면에 나머지는 모두 중국 항만(17개)에 투자가 집중되었다.

■ 참고문헌

• 강동준·방희석·우수한, 2014, "세계 주요 정기선사의 항만네트워크에 관한 연구," 한국항만경제학회지 30(1), pp.73-96.

• 김태일, 2012, 정기선시장 경쟁구도 변화와 전망, KMI 현안 분석 No.3.

• 한진물류연구원, 2005, 동북아 역내 피더 네트워크 강화방안: 부산항과 광양항을 중심으로.

• CONTAINERISATION INTERNATIONAL, 2013, Top 100 Container Ports 2013.

• Guerrero, D. and J-P Rodrigue, 2014, "The Waves of Containerization: Shifts in Global Maritime Transportation," *Journal of Transport Geography* 35, pp.151-164.

• J-P Rodrigue, Claude Comtois and Brian Slank, 2013, *The Geography of Transport Systems* 3rd Edition,

Routedge.

• Notteboom, T. and J-P Rodrigue, 2012, "The Corporate Geography of Global Container Terminal Operators," *Maritime Policy and Management* 39(3), pp.249-279.

• OECD, 2013, Interconnected Economies: Benefiting from Global Value Chains.

• 부산항만공사 홈페이지 http://www.busanpa.com

• Alphaliner 홈페이지 http://www.alphaliner.com/top100

• APMT 홈페이지 http://www.apmterminals.com/

• COSCO Pacific 홈페이지 http://www.coscopac.com.hk/cn/

• DP World 홈페이지 http://web.dpworld.com/

• Drewry 홈페이지 http://www.drewry.co.uk

• HPH 홈페이지 http://www.hph.com/

• ISL 홈페이지 https://www.isl.org/en/containerindex

• PSA 홈페이지 http://www.internationalpsa.com/home/default.html

• Statista 홈페이지 http://www.statista.com

• World Bank 홈페이지 http://data.worldbank.org

• WTO 홈페이지 http://www.wto.org/english/res_e/statis_e/statis_e.htm

09 택배 네트워크의 구조와 발전 방향

임현우

1. 서론

공정거래위원회의 택배 표준약관에 따르면, 택배는 "가로, 세로 및 높이의 합이 160cm 이하, 중량 30kg 이하인 소형 화물을 송하인의 주택, 사무실 또는 기타의 장소에서 수탁하여 수하인의 주택, 사무실 또는 기타의 장소까지 수송하여 인도하는 것"으로 정의된다. 택배 서비스는 소화물 일관수송업으로 규정되기도 하며, 일반적으로 기업과 기업 간의 B2B, 기업과 개인 간의 B2C, 개인과 개인 간의 C2C 서비스로도 분류된다. 1992년도 국내에 처음으로 도입된 택배 산업은 온라인쇼핑 등 전자 상거래 활성화와 함께, 지난 20년간 물량 기준으로 연평균 20% 이상의 고성장을 거듭하였다. 이후, 2000년대 후반에는 성숙기에 접어들면서 성장률이 한 자리 수로 하락하기도 하였으나, 2013년에는 연간 약 14억 9500만 박스 규모로 성장하였다(물류신문사, 2014). 특히 대한상공회의소(2013)가 실시한 소비자 조사에 따르면, 소비자 1인당 택배 이용량이 월평균 10상자에 이를 정도로 택배는 온라인 소비문화의 확산과 함께 문전 운송 서비스의 편리함을 강점으로 국민 생활에 필수 서비스로 자리 잡은 것을 알 수 있다.

광범위한 지역에 흩어져 있는 많은 개인 및 기업 고객들의 소화물을 신속히 집배송하는 동시에 운영비를 최소화하기 위해서는, 고르게 분포된 집배송 영업소와 터미널로 구성된 효율적인 전국 단위의 택배 네트워크를 갖추는 것이 중요하다. 이러한 점에서 택배 산업은 대규모 시설 투자가 필요한 장치산업임과 동시에 막대한 물량을 체계적으로 분류하고 운송하는 데 많은 인력이 필요한 노동집약적인 산업이기도 하다(하헌구·민정웅, 2006). 네트워크 관점에서 보았을 때, 집배송 영업소, 터미널 및 허브를 포함한 택배 거점은 노드(node)에 해당하며, 각 택배 거점 간 운송 노선은 링크(link)에 해당된다. 고객이 원하는 시간 내에 신속하게 배송하는 일관된 서비스 수준을 유지하면서 비용을 최소화하기 위해서는 수요의 공간적 분포와 배송 인프라의 제약 사항을 고려한 최적화된 네트워크를 구축해야 한다.

택배 네트워크의 구조 설계는 1차적으로 지역별 택배 수요에 따라 택배 거점의 수와 위치 및 권역을 결정하고, 다음으로는 하위 거점에 해당하는 영업소를 상위 거점인 특정 터미널에 할당하여 운송 노선인 링크로 연결하는 작업으로 구성된다. 택배 네트워크는 터미널들 간의 연결 형태에 따라, 크게 hub-and-spoke(H&S)와 point-to-point(P2P) 방식으로 구분되는데, 국내 택배업계는 업체별로 다양한 네트워크 구조와 분류 체계를 운영하고 있다.

시기별로 택배 수요가 증가함에 따라 개별 업체의 네트워크도 변화될 수밖에 없었는데, 장기적인 안목에서 체계적으로 대응하기보다는 단기적인 시설 확충과 같은 임시방편식 대응이 많았던 것으로 보인다. 택배 네트워크 설계와 관련하여 지역별 수요나 터미널의 화물 처리 용량 등의 조건이 고정되어 있는 조건에서 수리적 모형을 통해 운송비를 최소화하는 것에 대한 연구는 국내외에 많이 찾아볼 수 있다(고창성·정기호, 2007; 조용훈 외 2012; Crainic 2000; Lappierre et al. 2004). 택배 물량 증가에 따른 네트워크 구조의 변화 방향을 제시한 연구는 상대적으로 적은 편이나, 최근에 들어 관련 주제에 대한 일부 연구 시도가 있었다(임현우 외, 2008; 최강화, 2011; 김상진, 2013; Lim and Shiode, 2011).

이 장에서는 기존의 연구들을 바탕으로 국내 택배업계의 현황에 대해 살펴보고, 수요 변화에 따른 택배 네트워크의 발전 방향을 제시하고자 한다. 구체적으로 2절에서는 국내 택배업계의 현황과 전반적인 업무 프로세스에 대해 살펴보고, 3절에서는 택배 네트워크의 종류와 그에 따른 장단점 및 국내 택배업체들의 네트워크 구축 사례에 대해 알아본다. 4절은 최적화 모형을 통한 택배 네트워크 구조 설계 방법론들에 대해 설명하며, 마지막으로 5절에서는 택배 수요 및 시장 환경의 변화에 따른 업체의 단기 및 중장기적 대응 방안을 네트워크 운영 및 구조 측면에서 논하기로 한다.

2. 국내 택배업의 운영 현황

1) 국내 택배산업의 개요

1990년대 이전의 국내에서는 개인이 서로 주고받는 소화물에 대한 수요가 크지 않았으며, 이에 대한 서비스는 우체국에서 제공하는 소포 및 정기화물 서비스가 전담했다. 가장 먼저 택배 서비스를 제공하기 시작한 때는 1992년으로, 한진택배가 '파발마'라는 브랜드로 택배 서비스를 국내 처음으로 도입했다. 초기에는 30여 대에 불과한 배송 차량 운행으로 오늘날과 같은 전국 익일 배송이 불가능하였다. 배송 시간을 기준으로 24시간, 48시간, 72시간 배송 지역 및 배송 불가 지역 등 세 가지로 구분하여 배송 서비스를 시작하였다. 이어서, 1990년대 후반에 들어 TV 홈쇼핑 및 온라인쇼핑몰의 성장과 확산으로 택배 수요가 급격히 증가하였고, 신속한 배송 서비스에 대한 필요성이 증가하였다. 그 결과, 대형 택배업체들을 중심으로 대전 인근에 대형 허브터미널을 구축하기 시작했으며, 이로써 2000년대 초반부터 전국 익일 배송 서비스가 가능해졌다(김민규, 2010; 김상진, 2013).

택배 사업 초기에는 개인 고객의 비중이 높았으나, 기업과 개인 간의 B2C 시장이 확대됨에 따라 그 비중이 점점 낮아지고 있다. 대한상공회의소(2012)에 따르면, 물량 기준으로 개인과 개인 간의 C2C 점유율이 2000년 32%의 높은 수준이었으나 2010년에는 6%로 하락하였다. 이러한 변화를 통해 전체적인 택배 시장의 구조 변화를 상징적으로 알 수 있으며, 택배 시장의 대부

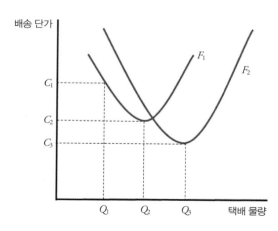

[그림 9-1] 택배 물량 증가에 따른 평균비용곡선의 변화
자료: 임현우 외(2007), p.119

네트워크의 지리학

분은 기업과 개인 간의 B2C 시장으로 구성되어 있다.

택배 수요의 급속한 성장과 낮은 진입장벽으로 많은 업체들이 시장에 진입하였으나, 업체 간 과다 경쟁에 따라 전체 택배 시장은 성장을 하여도 각 택배업체들의 수익성은 악화되는 현상이 나타기 시작했다. [그림 9–1]에서 보는 바와 같이 택배 물량이 Q_1에서 Q_2로 증가하면 규모의 경제로 인해 한계비용이 감소하고, 평균비용곡선(F_1)상의 배송 단가는 C_1에서 C_2로 감소한다. 이때, 대부분의 경쟁 업체들은 시장가격인 C_2로 배송단가를 낮출 수밖에 없다. 만약 배송 수요가 지속적으로 증가하고 일부 업체가 규모 및 효율성 측면에서 월등히 우수한 배송 네트워크를 갖추게 되어 해당 업체의 평균비용곡선이 우하향 방향(F_2)으로 이동할 수 있다면, 배송 단가는 C_3 수준까지 낮아질 수 있다. 결국 배송 단가를 C_3 수준까지 낮추지 못하는 업체는 도태될 수밖에 없으며, 이러한 비용 체계를 갖춘 업체만이 택배 시장에서 살아남게 된다(임현우 외, 2007).

실제로 시장이 확대됨에 따라 2000년대 중반에 대기업들이 내부 물량을 기반으로 시장에 진입하였으나, 물량 증가에 따른 터미널과 영업소 등의 기반 시설의 확충이 힘들고 외부 물량의 확보가 어렵게 되자 다른 업체에 매각하거나 사업을 포기하는 사례가 증가하였다(현대경제연구원, 2009). 이러한 택배업체 난립에 따른 시장의 혼탁은 투자 부족에 따른 사업 중단 및 업체 간의 인수합병 등으로 정리되고 있으며, 현재 국내 택배업체는 2007년에서 2011년 동안 29개에서 20개 정도로 축소되었다. 그 결과, 전체 택배 시장 점유율 10% 이상이 CJ대한통운, 현대로지스틱스, 한진택배, CJGLS, 우체국택배와 같은 대형 업체와 중견·중소 업체로 크게 구분된다. 특히 2011년에 대한통운과 CJGLS가 통합되면서 시장점유율 약 35%의 거대 기업의 탄생으로 향후 대기업 중심의 시장 재편이 가속화될 것으로 보인다(대한상공회의소, 2012).

2) 택배업체 운영 프로세스

택배 산업을 구성하는 개체들은 업체마다 약간의 차이는 있지만 [그림 9–2]와 같이 일반적으로 본사와 영업 조직으로 대변되는 지점, 영업소, 및 취급소로 구분된다. 본사는 사업계획 수립 및 평가, 인프라 투자, 터미널 및 간선 운영을 책임지며, 영업소 조직은 지역별 권역으로 분할하여 집배송 업무를 담당한다. 지점은 택배사의 물량을 확보하여 자체적으로 보유하고 있는 영업소를 이용하여 택배 본사에게 집배송 서비스를 제공한다. 영업소는 지점 또는 본사를 통하여 택

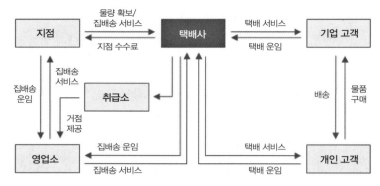

[그림 9-2] 택배 산업의 영업 구조
자료: 김상진(2013), p.6

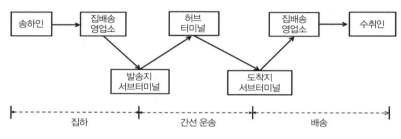

[그림 9-3] 택배 서비스 제공 프로세스

배 화물을 터미널까지 집하하거나 터미널에서 고객까지 배송하는 역할을 담당하고 있다. 영업소는 본사에서 직영하기도 하지만, 일반적으로 집배송 트럭을 보유한 차주에게 대리점의 형태로 위탁 운영되는 경우가 많다. 취급소는 고객의 편의를 위한 집하 및 배송 거점의 역할을 수행하며, 취급 물량당 수수료를 배부받는다. 규모가 큰 대기업일수록 본사의 역할이 크며, 중소 업체일수록 고객과의 최접점에서 집배송을 책임지는 영업 조직의 중요성이 크다고 할 수 있다(김상진, 2013).

택배 서비스는 [그림 9-3]에서 볼 수 있듯이, 일반적으로 고객이 주문과 접수를 하면 영업소 집하를 거쳐 발송지 서브터미널, 중계 허브터미널, 도착지 서브터미널, 도착지 영업소를 지나 최종적으로 개인 및 기업 고객에게 배송되는 과정을 가진다. 택배 주문은 개인 고객인 경우 전화나 인터넷으로 택배사에 서비스를 요청하며, 기업 고객인 경우 일정 계약 기간 동안 서비스를 제공하기 때문에 지정된 고객과의 약속 시간에 맞추어 정기적으로 집하하기도 한다. 고객으로

네트워크의 지리학

부터 집하된 화물은 영업소에 입고하여, 수량 확인 및 포장 상태 검수를 받고 영업 마감 시간(보통 오후 6~8시경)에 셔틀 차량을 이용하여 영업소에서 권역별 서브터미널로 운송한다. 서브터미널에 집결된 화물은 중앙 허브터미널 또는 권역별 허브터미널별로 분류 작업을 진행하여 발송한다. 허브터미널에서는 밤 10시부터 다음 날 새벽 4시까지 목적지별로 분류 및 발송 작업을 진행하며, 목적지 인근의 서브터미널 또는 해당 영업소로 화물을 운송한다. 배송 당일 오전 8시까지 목적지 인근 영업소에 도착한 화물은 수량 및 파손 여부 확인 등을 거쳐 당일 오후까지 최종 목적지인 고객에게 배송된다(김민규, 2010).

비용적인 면에서는 집배송, 본사 운영, 간선 운송, 터미널 유지 비용의 순으로 비중이 높으며, 이 중에서 집배송비가 대략적으로 전체의 55~70%가량을 차지하고, 터미널 및 간선 비용이 14~26%를 차지한다. 집배송은 영업소 차량을 이용하여 물량 기준으로 일정 지역을 할당한 후 집하와 배송을 동시에 수행하며, 터미널에서 물품을 인수인계한다. 대기업 택배업체는 차량당 일평균 150~200개, 중소기업 택배업체는 일평균 80~120개를 처리한다. 또한 집배송의 많은 부분을 아웃소싱하기 때문에 택배업체의 관리는 간선 운영과 터미널 운영에 치중하는 경향이 있다(김상진, 2013).

3. 택배 네트워크의 종류 및 특성

광범위한 지역에 흩어진 각 고객에게 소화물을 집배송하기 위해서는 전국 단위의 대규모 네트워크 구축이 필요하다. 신속하고 효율적인 택배 화물 운송을 위해서 중간 거점마다 일정 규모의 터미널을 보유하고 있으며, 터미널에서는 자동 분류기, 컨베이어, 지게차 등 화물의 운반 및 상하차 작업에 필요한 많은 장비를 갖추고 있다. 택배 터미널은 네트워크에서의 역할과 위계에 따라 크게 서브터미널과 허브터미널로 구분할 수 있다. 먼저, 서브터미널은 영업소에서 집하된 화물을 분류하여 발송하는 거점으로, 택배업체마다 권역 터미널, 지점 또는 집배 센터라 부르기도 한다. 이들은 대략 500평(약 1653m²) 안팎의 규모로 집배송 물량 집중 지역이자 최대 인접 지역에 입지하여 18시에서 21시 사이에는 집하 입고 업무, 07시에서 11시 사이에는 배송 출고 업무를 수행한다. 동력 및 무동력 컨베이어를 활용하여 반자동 또는 수동 방식으로 택배 화물을

<표 9-1> 택배 네트워크 시스템의 종류 및 장단점

구분	P2P 시스템	H&S 시스템.	절충형 시스템
운송 방식	택배 터미널 / 택배 터미널 / 택배 터미널 / 택배 터미널 / 택배 터미널 (상호 직접 연결)	서브 터미널 / 서브 터미널 / 허브 터미널 / 서브 터미널 / 서브 터미널 / 서브 터미널 (허브 중심 연결)	서브 터미널 / 서브 터미널 / 허브 터미널 / 서브 터미널 / 서브 터미널 / 서브 터미널 (허브 및 상호 연결)
	• 거점에서 거점으로 직접 운송	• 허브터미널로 집결 후 각 서브터미널로 발송	• 거점 간 물량에 따라 목적지로 직접 또는 허브를 경유하여 운송
장점	• 영업 시간 확대 • 화물 분류 오류 감소 • 작업원의 확보 용이 • 운송 시간 단축 • 성수기 물동량 분산	• 물동량 불균형 감소 • 터미널 투자 감소 - 운영 인력 감소 - 분류 비용 감소 - 간선 운송 비용 절감	• 많은 물량 처리 가능 • 물동량 변화 시 대응 용이 • 목적지별 신속한 도착 • 선별적 터미널 투자 가능 (대도시 지역 중심)
단점	• 개별 터미널 투자 증가 - 운영 인력 증가 - 분류 비용 증가 - 간선 운송 비용 증가 • 물동량 불균형 시 간선 운송 효율성 감소	• 영업 시간 단축 • 원거리 지역 도착 지연 • 대단위 규모 시설 필요 • 성수기 분류 시간 지연으로 배송 지연	- 분류 비용 증가 - 화물 분류 오류 증가 • 권역별 간선 차량 증가 (간선 운송 비용 증가)

자료: 조용훈 외(2012), p.105

터미널별로 분류한다.

또한, 보통 10,000평(약 33,058m²)~30,000평(약 99,174m²) 규모의 허브터미널은 터미널 간 이동 화물의 중계 기능을 담당한다. 11톤 규모의 간선 차량을 이용하여 주요 도시 이동 시간을 최소화하기 위해 고속도로 인터체인지 5km 이내에 입지하는 경우가 많다. 20시 전후로 입고된 화물은 입고 및 검수 절차를 거쳐 대규모 동력 컨베이어에 올려지게 된다. 대부분의 허브터미널은 시간당 5000에서 24,000상자 정도의 처리 능력을 가진 자동 분류기를 갖추고 있으며, 분류된 화물은 상차 작업을 거쳐 다음 날 04시경부터 목적지 서브터미널 및 영업소별로 운송된다. 택배 네트워크는 <표 9-1>에 나타난 바와 같이 일반적으로 거점 구실을 하는 영업소 및 터미널의 연결 형태에 따라 크게 거점에서 거점으로 직접 운송하는 point-to-point(P2P), 중앙의 허브터미널로 집결 후 권역별 서브터미널 및 영업소로 운송하는 hub-and-spoke(H&S), 그리고 이 두 방식의 장단점을 결합한 절충형(hybrid) 시스템으로 분류할 수 있다.

네트워크의 지리학

1) point-to-point(P2P) 네트워크

point-to-point(이하 P2P) 방식은 허브나 서브와 같은 터미널 간의 위계 없이 거점에서 거점으로 택배 화물을 직접 운송하는 형태이다. 이론적으로 m개의 출발지 터미널과 n개의 목적지 터미널을 모두 직접 연결하는 경우, $m \times n$개 만큼의 운송 노선(링크)이 필요하다. 이러한 직접 운송 방식은 목적지 터미널별 간선 운송 시간 단축으로 배송 출발이 신속하게 이루어지고, 대규모 허브터미널이 필요 없어 투자비 부담이 적으며, 성수기 때 물동량을 분산할 수 있는 장점이 있다. 각 터미널에서 집하되는 물량이 간선 운송 트럭에 완전히 적재할 정도로 충분할 경우(Truck-load: TL), P2P 방식이 총운송비 절감에 유리하지만, 물량이 적은 경우 트럭의 적재율을 높이기 위해 여러 터미널을 경유하여 택배 화물을 운송해야 하는 문제점이 있다. 국내 대부분의 택배업체들은 H&S 방식이나 이를 일부 변형한 절충형 네트워크를 채택하고 있어, 순수하게 P2P 방식으로 네트워크를 운영하는 업체는 거의 없다.

L사의 경우, 사업 초기에는 수원, 대전, 대구, 광주 총 4개의 터미널과 전국 700개의 영업소를 갖추고 각 터미널 간 운송은 P2P 방식으로 하는 네트워크를 구축하였다. 이후 물량이 증가함에 따라, 2000년대 초반 수도권에 안양 및 이천 터미널을 신축하였다. 취급 물량이 9000만 개 이상으로 증가한 2000년대 후반부터 운영 및 배송을 효율화하기 위해 청원 터미널을 허브로 지정한 P2P와 H&S의 절충형 네트워크 구조로 전환하였다. 최근에는 수도권에 하남 터미널을 추가하여 [그림 9-4]와 같은 모습으로 진화하였다. 대부분의 터미널들이 서로 직접 연결되어 있기 때문에 물동량이 폭증하는 성수기에 물량이 특정 터미널에 집

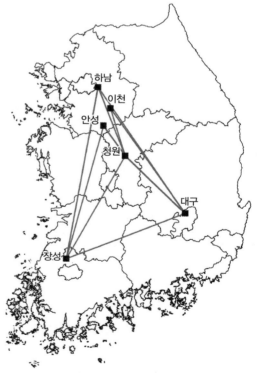

[그림 9-4] L사의 P2P 기반 H&S 절충형 택배 네트워크

중될 경우 다른 터미널로 분산하여 용량 초과로 작업이 지연되는 것을 방지할 수 있다. 모든 터미널은 컨베이어 등을 기본으로 한 반자동 분류 시설을 갖추고 있으며, 그중에서도 물동량이 집중되어 있는 수도권의 터미널들은 소형 화물을 구분하기 위한 자동 분류 시설을 갖추고 있다. 집배 센터로부터 집하된 화물은 19시에서 23시 사이에 권역별 터미널로 운송되며, 집하 터미널에서는 20시부터 다음 날 01시 30분까지 분류 작업을 마치고 목적지 인근의 배송 터미널로 발송된다. 배송 터미널에서 01시 30분에서 07시 사이에 세부 목적지별로 분류된 화물은 04시에서 09시 30분 사이에 배송 센터로 이동되어 고객에게 최종 배송이 이루어진다(김상진, 2013).

2) hub-and-spoke(H&S) 네트워크

hub-and-spoke(이하 H&S) 네트워크는 각 출발지 터미널에서 집하한 택배 화물을 허브터미널에 집결시킨 후, 목적지별로 분류하여 도착지 터미널로 운송하는 형태이다. 터미널 간 운송물량이 간선 운송 트럭 한 대에 가득 채울 수 없는 소량 화물(less-than-truckload: LTL)일 경우에는 좀 더 적은 규모의 트럭을 터미널과 허브 간 운송에 투입하여 P2P 방식에 비해 운송비 절감과 운행 효율화를 기대할 수 있다. H&S 방식에서는 주요 거점을 통합 운영하기 때문에 개별 터미널에서 분류 작업을 진행하는 P2P 방식보다 전체 분류 비용 및 작업 인력을 절감할 수 있으며, 지역 간 물량 불균형도 완화할 수 있다. 그러나 허브터미널에서 환적 및 분류가 이루어지기 때문에 그에 따른 터미널별 조업 가능 시간이 단축되고, 원거리 지역일수록 도착이 지연될 가능성이 크다. 또한 고속도로 교통 혼잡으로 인해 간선 차량의 도착이 지연될 경우, 허브터미널에서의 작업 생산성이 크게 저하되며, 심야 작업으로 인력 확보에 어려움이 있을 수 있다. 성수기에 택배 수요가 폭증하여 허브터미널에 하루 처리 용량 이상으로 물량이 집중되거나 허브터미널 분류 장비의 고장으로 분류 작업에 병목현상이 발생할 경우, 전체 네트워크 붕괴로 이어질 우려도 있다.

3) 절충형(hybrid) 네트워크

절충형 시스템은 P2P 방식과 H&S 방식의 장점만을 채택하여 택배 터미널 간 물동량이 많은 경우에는 직접 운송하고, 물동량이 적거나 출발지 터미널과 도착지 터미널 간의 물량에 불균형이 있을 경우에는 허브터미널로 중계하여 운송하는 형태이다. 즉, 출발지 터미널에서 도착지 터미널로 발송할 화물이 TL 규모로 충분한 경우 P2P 방식으로 직접 운송하고, 그렇지 못한 LTL의 경우 H&S 방식으로 허브터미널로 중계해 다른 지역 터미널에서 이동한 화물과 함께 운송한다. 절충형 방식은 P2P와 H&S 방식에 비해 시기별 물량 변화에 대한 대응이 용이하나, 허브터미널뿐만 아니라 일정 수준 이상의 분류 기능을 갖춘 터미널들을 다수 보유해야 하므로 전체 분류 비용이 커지고, 권역별 간선 차량 또한 증가하여 간선 운송 비용이 높아지는 단점이 있다.

예를 들어 D사의 경우, 사업 초기 중앙에 대전 메인 허브터미널과 수도권 물량을 담당하는 부곡 허브터미널을 두고 전국에 41개의 서브터미널을 설치한 H&S 구조의 네트워크를 운용했다. 이후, 2000년대 초반, 물량이 증가하면서 대전 메인 허브터미널을 중심으로 부곡, 대구, 양산, 광주 등 4개의 권역에 각각 허브터미널을 갖추기 시작했다. 2000년대 후반에는 대전 메인 허브터미널의 처리 용량이 수요 증가를 감당하지 못해 인근에 제2의 메인 허브터미널을 신축하였다. 현재는 시기별로 변화하는 물동량에 탄력적으로 대응하기 위해 P2P와 H&S 방식을 절충한 형태로 네트워크 구조를 변화해 가고 있다. 각 서브터미널에서 집하되는 화물 중 다른 지역 터미널 권역으로 가는 물량이 충분한 경우에는 P2P 방식으로 터미널 간 직송을 하며, LTL 물량은 대전 메인 허브터미널로 집결해 각 지역별로 분배한다(김상진, 2013).

4. 택배 네트워크의 설계

기본적으로 H&S 구조를 지닌 택배 네트워크 설계 문제는, 먼저 기종점 간 화물 운송비를 최소화하는 허브터미널의 최적 입지를 결정하는 문제와 허브터미널이 하나 이상인 경우에 비허브 노드인 터미널을 특정 허브터미널에 할당하는 문제로 구성되어 있다. 택배 네트워크는 허브 네트워크 정책에 따라 다양한 형태의 구조를 가질 수 있는데, 출발 노드와 도착 노드의 접 연결을 허용하는 P2P와 H&S의 절충형 방식인 비제약 허브 정책(nonstrict hubbing policy)과 순수 H&S 방식으로 모든 비허브 노드가 허브로 연결되어야 하는 제약 허브 정책(strict hubbing policy)

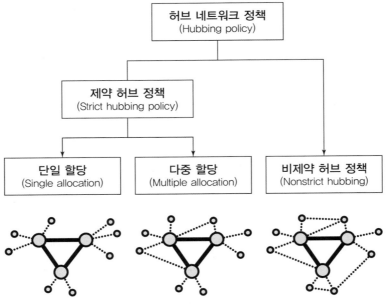

[그림 9-5] 허브 노드 할당 방식에 따른 허브 네트워크의 종류
자료: 김동규 외(2006), p.919

이 그에 해당한다. 제약 허브 정책은 다시 각 노드가 단 하나의 허브에만 연결되는 단일 할당 정책과 각 노드가 2개 이상의 허브 연결을 허용하는 다중 할당 정책으로 구분된다(Aykin, 1995; 김동규 외, 2006). 이 절에서는 조용훈 외(2012)가 제시한 복수의 허브터미널을 가지는 단일 할당 방식의 택배 네트워크의 구조를 설계하는 수리적 모형을 소개하려고 한다.

이 모형은 허브터미널이 하루에 처리할 수 있는 용량 제약을 만족하는 조건에서 운송비와 허브터미널의 분류 비용을 최소화하는 p개의 허브터미널을 n개의 서브터미널들 중에 선정하고, 각 서브터미널을 해당 허브터미널에 할당하는 문제를 다룬다. 모형에서의 파라미터 및 결정변수는 〈표 9-2〉와 같이 정의한다.

제시된 모형에서 식 (1)은 목적함수로 운송 비용과 허브터미널에서의 분류 비용의 합을 최소화하는 것이고, 각각 식 (2)와 (3)에 나타나 있다. 운송 비용의 첫 번째 항은 서브터미널과 허브터미널 간의 운송 비용이며, 두 번째 항은 복수의 허브가 선정될 경우의 허브터미널 간 운송 비용을 나타낸다. 분류 비용에서의 첫 번째 항은 서브터미널과 허브터미널 간 운송에 대한 분류 비용이고, 두 번째 항은 허브터미널 간 운송에 대한 분류 비용이다. 식 (4)는 단일 할당 정책에

네트워크의 지리학

〈표 9-2〉 모형의 변수 및 파라미터 정의

	정의
TC	운송 비용
SC	분류 및 환적 비용
S	서브터미널의 집합, $S=\{i,j\vert i,j=1,2,...,n\}$
H	허브터미널의 집합, $H=\{k,l\vert k,l=1,2,...,p\}$
	파라미터
α	허브터미널 간 운송 비율 할인율
v_q	운송 트럭 적재 용량(박스/대)
Q_k	허브터미널 k의 처리 용량(박스/일)
c_f	트럭 고정 운송 비용(원/대)
c_v	트럭 단위 거리당 변동 운송 비용(원/km)
c_t	허브터미널의 단위 분류 비용(원/박스)
r_{ij}	서브터미널 i에서 j까지 물동량(박스)
d_{ik}	서브터미널 i에서 허브터미널 k까지 운송 거리(km)
d_{kl}	허브터미널 k에서 허브터미널 l까지 운송 거리(km)
	결정변수
x_{ik}	서브터미널 i가 허브터미널 k에 할당된 경우 1, 그렇지 않으면 0

자료: 조용훈 외(2012), p.109

Minimize $TC+SC$ (1)

$$TC=\sum_{j\in S}\sum_{k\in H}(c_f+c_v d_{ik})\left[\frac{\sum\limits_{i,j\in S}r_{ij}}{v_q}\right]x_{ik}+\sum_{k\in H}\sum_{l\in H}\alpha(c_f+c_v d_{kl})\left[\frac{\sum\limits_{i,j\in S}r_{ij}x_{ik}x_{jl}}{v_q}\right]$$ (2)

$$SC=\sum_{i,j\in S}\sum_{k\in H}c_t r_{ij}x_{ik}+\sum_{i,j\in S}\sum_{k\in H}c_t r_{ij}x_{ik}x_{jl}$$ (3)

subject to

$$\sum_{k\in H}x_{ik}=1 \qquad \forall_i$$ (4)

$$\sum_{i,j\in S}r_{ij}x_{ik}=Q_{ik} \qquad \forall_k$$ (5)

$$x_{ik}, x_{jl}\in\{0,1\} \qquad \forall_{i,j,k,l} \quad k\neq l$$ (6)

관한 것으로 모든 서브터미널은 반드시 하나의 허브터미널에만 할당되어야 한다는 것을 의미한다. 식 (5)는 각 허브터미널을 경유하는 모든 물량의 합이 일일 처리 용량 이내여야 함을 의미한다. 마지막으로, 식 (6)에 나타난 바와 같이 본 모형을 통해 결정되는 터미널 할당 결정변수는 특정 터미널 i가 허브터미널 k에 할당되는 경우 1, 그렇지 않으면 0으로 표시되는 이진변수이다.

5. 물량 규모에 따른 택배 네트워크 구조의 변화

4절에 소개된 바와 같은 최적화 모형을 활용한 택배 네트워크 설계는 기종점 간 택배 물량 및 터미널의 일일 처리 용량 등의 네트워크 제반 조건이 고정되어 있는 상황에서 운송 비용과 분류 비용을 최소화할 수 있는 허브터미널의 위치와 일반 터미널과 허브터미널의 할당을 결정한다. 그러나 택배 수요는 단기적으로 명절과 같은 특정한 시기에 수요가 폭증하기도 하고, 장기적으로는 국가 경제 규모나 소비 시장에 따라 전체 물동량이 증가하거나 감소하기도 한다. [그림 9-6]에 나타난 바와 같이, 택배 수요가 증가하면 트럭의 적재율과 같이 업체가 보유한 시설 및 인력의 가용성 또한 증가하게 되고, 이는 규모의 경제에 따라 배송 단가와 같은 업체의 평균비용을 감소시키는 긍정적인 효과를 가져온다. 그러나 택배 수요가 네트워크상의 터미널들이 처리할 수 있는 용량을 초과할 정도로 증가하면, 터미널에서의 혼잡을 불러와 고객이 원하는 시간 내에 배송하지 못하게 되어 고객 서비스 수준의 중요한 척도인 배송 신뢰성이 감소하게 된다. 제시간 내에 배송하지 못한 주문에 따른 향후 매출 감소 등 각종 페널티를 비용으로 환산한다면 배송 신뢰성 감소는 평균 비용을 증가시켜 업체의 경쟁력을 약화시킬 수 있다.

택배 물량의 과도한 증가로 인한 전체 시스템의 효율성과 신뢰성 하락을 막기 위해서는 이에 대한 단기 및 중장기적 대응 방안이 필요하다. 물량 증가에 따른 단기적 대응 방안으로 허브터미널의 운영 시간을 1~2시간 앞당겨 작업 시간을 연장하면 일일 분류 처리 능력을 증가시킬 수 있는 효과가 있다. 하지만 이는 허브와 서브터미널 간의 운송 빈도를 증가시키고 간선 트럭의 적재율도 떨어뜨리는 단점이 있다. 두 번째 단기적 대응 방안으로 허브터미널에서 택배 화물의 분류 우선순위를 조정하는 방안을 고려할 수 있다. 허브터미널에서의 분류 작업은 일반적으로

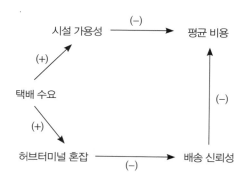

[그림 9-6] 택배 수요 변화가 택배 네트워크에 미치는 영향
자료: Lim and Shiode(2011), p.739

<表 9-3> 택배물량 증가에 따른 대응 방안

	시나리오 1	시나리오 2	시나리오 3	시나리오 4
시간당 4000상자 분류능력을 가진 하나의 허브터미널을 중심으로 한 H&S 네트워크	✓	✓		
허브터미널에서 원거리 화물에게 분류 우선순위 부여		✓	✓	✓
제한된 분류능력 가진 서브 허브터미널 도입			✓	
허브터미널 시간당 분류능력 6000상자로 확대				✓

자료: Lim and Shiode(2011), p.740, 재작성

먼저 입고된 화물을 우선적으로 분류하여 출고하는 선입선출(first-in-first-out) 방식을 따르는데, 입고 물량이 지나치게 증가하면 간선 운송 시간이 긴 원거리 화물일수록 배송 시간이 늦어질 우려가 크다. 따라서 원거리 화물을 우선적으로 분류하여 특정한 시간 이전에 출고 작업을 완료하면 전체 배송 지연율을 감소시킬 수 있다(임현우 외, 2008).

그러나 이러한 단기적 대응 방안은 일시적인 물량 증가에만 효과가 있으며, 장기적으로 택배 수요가 지속적으로 증가하는 경우에는 허브터미널을 추가로 건설하는 등 네트워크 구조를 근본적으로 재편할 필요가 있다. 림과 시오데(Lim and Shiode, 2011)는 택배 수요가 증가함에 따라 택배업체가 취해야 할 몇 가지 대응 방안을 시뮬레이션을 통해 효율성과 신뢰성 측면에서 평가하였다. 여기서 효율성은 배송을 포함한 택배 네트워크 운영비를 총 배송 수량으로 나눈 배송 단가를 의미하고, 신뢰성은 고객과 약속한 당일 배송을 완료할 확률을 의미한다. 림과 시오데(2011)는 국내 모 택배업체의 사례를 바탕으로 일일 택배 수요가 10단계에 거쳐 증가할 때, <표 9-3>에 나타난 바와 같이 택배업체가 취할 수 있는 총 네 가지 시나리오에 대해 시뮬레이션을 수행하였다.

첫째, 시나리오 1에서는 현재 상황을 상정한 것으로, 사례 업체는 시간당 4000상자 분류 용량을 가진 하나의 허브터미널을 중심으로 한 전형적인 H&S 네트워크 구조를 가진다. 둘째, 시나리오 2는 물량 증가에 따른 단기적인 대응 방안으로, 시나리오 1과 동일한 택배 네트워크 구조 하에 허브터미널에서 원거리 화물을 우선적으로 분류·처리하는 방안이 적용된다. 택배 물량이 단기적인 운영 대응 방안으로만 감당할 수 없을 정도로 증가하게 되면 기존의 네트워크 구조를 일부 변경할 필요가 있다. 셋째, 시나리오 3에서는 기존의 몇 개 서브터미널에 제한적인 분류

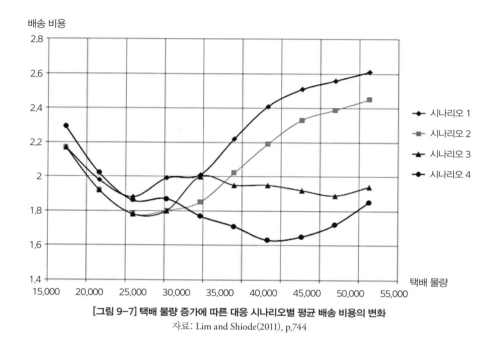

배송 비용

2.8
2.6
2.4
2.2
2
1.8
1.6
1.4

15,000 20,000 25,000 30,000 35,000 40,000 45,000 50,000 55,000

택배 물량

◆ 시나리오 1
■ 시나리오 2
▲ 시나리오 3
● 시나리오 4

[그림 9-7] 택배 물량 증가에 따른 대응 시나리오별 평균 배송 비용의 변화
자료: Lim and Shiode(2011), p.744

처리 능력을 부여하여 서브 허브터미널로 승격함으로써 허브터미널에 집중되던 택배 화물의 분류에 대한 부담을 경감하도록 하였다. 마지막으로, 시나리오 4는 장기적인 물량 증가에 대비해 대규모 투자를 통하여 기존의 허브터미널의 분류 용량을 시간당 6000상자로 증가시키는 상황을 상정한다.

[그림 9-7]은 택배 물량이 증가함에 따라 대응 시나리오별로 평균 배송 비용이 변화하는 과정을 보여 준다. 택배 수요가 증가하면 평균 배송 비용은 앞서 제시된 [그림 9-1]에서 나타난 바와 같이 규모의 경제에 따라 감소하는데, 물량이 네트워크가 감당하기 힘든 어느 수준을 넘어서면 터미널에서의 혼잡 등 규모의 비경제가 작용하여 평균 배송 비용이 오히려 증가하는 경향을 보인다. 택배 물량이 30,000상자까지 증가할 때는 시나리오 2, 3의 평균 배송비가 가장 최소이며, 이는 원거리 화물에 분류 우선순위를 부여하는 단기적 대처 방안으로도 충분함을 의미한다. 그러나 택배 물량이 33,000상자 이상으로 증가할 경우, 대규모 투자를 통해 허브터미널의 일일 분류 용량을 시간당 6000상자로 증가하는 시나리오 4의 평균 비용이 가장 적은 것으로 나타났다.

기존의 몇 개 터미널을 분류 처리능력을 갖춘 서브 허브로 전환하는 시나리오 3의 경우에는

네트워크의 지리학

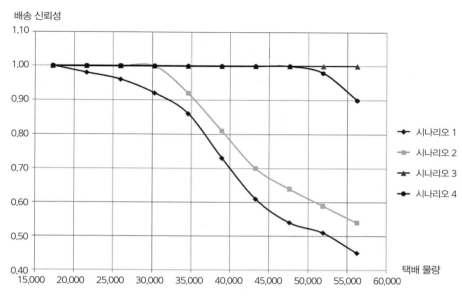

배송 신뢰성

		시나리오 1
		시나리오 2
		시나리오 3
		시나리오 4

택배 물량

[그림 9-8] 택배 물량 증가에 따른 대응 시나리오별 배송 신뢰성의 변화
자료: Lim and Shiode(2011), p.744

서브 허브 도입에 따른 추가 비용으로 평균 배송 비용은 시나리오 4보다 다소 높지만, 택배 물량이 56,000상자 이상으로 증가하는 수준까지 100%의 배송 신뢰성을 유지한다는 점에서 장점을 가진다고 볼 수 있다(그림 9-8). 이와는 대조적으로, 택배 물량이 56,000상자까지 증가할 때까지 아무런 조치도 취하지 않는 시나리오 1의 경우, 전체 화물의 55%가량이 배송 지연되는 사태가 발생할 수 있음을 보여 준다. 결국 림과 시오데(2011)의 연구는 택배 물량이 장기적으로 증가할 것이 예상되면, 허브터미널의 규모를 더욱 확장하여 hub-and-spoke 네트워크의 중심성을 강화시키는 것이 비용을 절감하는 것임을 시사한다. 그러나 장기 수요에 대한 예측이 빗나가거나 전체 택배 시장이 성숙기에 접어들어 기대 이상으로 물량이 증가하지 않는 경우에는 대규모 메가 허브터미널은 과잉 투자 시설로 전락할 수도 있다. 따라서 장기적 전망이 불확실한 상황에서는 자가 물류 시설에 대규모 투자를 하는 것보다 일시적으로 물량 증가할 때는 다른 업체와 배송 인프라를 공유하는 물류 공동화 방안을 모색하는 것도 또 다른 대응책이 될 수 있을 것이다.

■ 참고문헌

- 고창성·민호기, 2006, "택배 서비스에서 화물터미널 용량과 수주마감시간 결정," 로지스틱스연구 14(1), pp.43-58.
- 고창성·이희정·이해경, 2006, "택배 서비스에서 이익을 최대화하는 화물터미널과 영업소간의 배달 및 수집 문제," 로지스틱스연구 14(1), pp.1-16.
- 고창성·정기호, 2007, "영업소 통합을 통한 효율적 택배 네트워크 설계," 로지스틱스연구 15(2), pp.1-10.
- 김동규·박창호·이진수, 2006, "수송 규모의 경제 효과를 고려한 단일 할당 허브네트워크 설계 모형의 개발," 대한토목학회논문집 D 26(6), pp.917-926.
- 김민규, 2010, 택배의 정석, 올댓컨텐츠.
- 김상진, 2013, 수요증가에 따른 국내 택배 네트워크 구조에 대한 연구, 인하대학교 물류전문대학원 물류 MBA과정 석사 학위 논문.
- 대한상공회의소, 2012, 국내외 물류산업 통계.
- 대한상공회의소, 2013, 택배서비스 이용실태 조사.
- 물류신문사, 2014, 물류산업총람.
- 이선지, 2000, "소화물 일관수송업 영업소의 입지분석과 배송권역 설정," 한국도시지리학회지 3(2), pp.39-56.
- 임현우·임종원·이한석, 2007, "온라인쇼핑의 성장에 따른 택배 물류네트워크의 효율적 운영에 대한 탐색적 연구," 한국마케팅저널 9(2), pp.97-129.
- 임현우·임종원·최강화, 2008, "택배 유통네트워크의 구조와 조업활동에 대한 인과구조 분석," 경영논집 42(4), pp.101-123.
- 조용훈·박동주·박형준·박찬익·엄인섭, 2012, "택배산업의 네트워크 최적화에 관한 연구," 국토연구 72, pp.103-120.
- 정기호·정원재, 2008, "택배산업의 효율적 공동수배송을 위한 수리적 모형 개발에 관한 연구," 물류학회지 18(2), pp.131-147.
- 최강화, 2011, "택배네트워크 운영효율성 증진을 위한 시스템 사고," 한국시스템다이나믹스 연구 12(1), pp.89-114.
- 하현구·민정웅, 2006, "택배산업에서 대리점의 택배회사 선택 속성 분석," 로지스틱스연구 14(2), pp.141-157.
- 현대경제연구원, 2009, 택배산업의 경쟁력 강화 방안, VIP Report.
- Aykin, T, 1995, "Networking policies for hub and spoke systems with application to the air transportation system," *Transportation Science* 29(3), pp.201-221.
- Crainic, T.G., 2000, "Service network design in freight transportation," *European Journal of Operations*

네트워크의 지리학

Research 122, pp.272-288.

• Lappierre, S.D., Ruiz, A.B. and Soriano, P., 2004, "Desinging distribution networks: formulation and solution heuristics," *Transportation Science* 38, pp.174-187.

• Lim, H. and Shiode, N., 2011, "The impact of online shopping demand on physical distribution networks: a simulation approach," *International Journal of Physical Distribution & Logistics Management* 41(8), pp.732-749.

제4부

경제의 세계화와 네트워크

THE GEOGRAPHY OF NETWORKS

글로벌 생산 네트워크[1]

정준호

1. 서론

경제의 세계화는 기회와 위협의 양면성을 동시에 가지고 있다. 중국, 인도, 브라질 등과 같은 신흥국가들이 국제분업 구조에 편입되어 성장 가도를 추구할 수 있는 기회를 가질 수 있고, 기존 분업 구조의 재편으로 선진국은 신흥국가의 저비용 경쟁력을 견디지 못해 경제사회의 구조 조정 압력에 직면할 수도 있다.

최근의 세계화는 네 가지 측면에서 이전보다 진일보한 세계화로 평가받고 있다(De Backer, 2008). 먼저, 신흥개도국이 국제분업 구조에 새로이 편입되었다는 것은 지리적인 측면에서도 세계적이라고 할 수 있다. 또 재화와 서비스의 공간 및 자본 이전 등이 매우 활발하게 발생하고 있으며, 조직적 차원에서도 글로벌 가치사슬의 형성이 전면화되고 있다. 생산 활동뿐만 아니라 서비스 산업까지도 지역 간 교역이 활발하여 특정 직무(task)의 교역을 의미하는 오프쇼링(off-shoring) 현상이 발생하고 있다. 마지막으로, 기능적인 차원에서도 생산과 유통뿐만 아니라 R&D와 혁신 영역까지 그 범위가 확대되고 있다.

이 장에서는 이러한 경향을 잘 반영하고 묶어 낼 수 있는 개념적 틀로서 지리·조직적 차원에서의 세계화 현상을 주로 다루고 있는 글로벌 가치사슬[2] 또는 생산 네트워크에 대한 논의를 개

관한다. 또 이에 따른 공간 구조를 논의하고, 이에 수반하는 네트워크 지리학에 대한 함의를 제시하고자 한다.

2. 글로벌 가치사슬과 생산 네트워크

1) 글로벌 가치사슬에 대한 기존 논의

가치사슬(value chain)의 중요성과 의미에 관한 선구적인 연구는 1980년대 중반의 포터(Porter M., 1980)에 기반을 두고 있다. 그는 통상적으로 경제적 지대라는 의미로 해석될 수 있는 가치 개념에 주목하고, 상이한 공간적 배치에서 그것이 어떻게 창출되고 강화되며 전유되는지에 대해 구체적으로 보여 주었다. 이러한 가치사슬에 대한 연구는 생산에 대한 이분법을 넘어서는 계기를 마련하였다. 왜냐하면, 가치사슬이라는 개념에서는 금융, 물류, 유통과 같은 서비스 활동과 물적 생산이 통합적으로 이해되어야 하기 때문이다(Hess and Yeung, 2006).

〈표 10-1〉에 나타난 바와 같이, 공간상의 가치사슬의 조직에 관한 논의는 자연스럽게 조직 자체를 성찰하는 계기가 되었다. 1980년대 중반 이후의 경제사회학과 조직론에서 제시된 네트워크와 착근성(embeddedness)의 개념이 가치사슬의 공간적 배치를 이해하는 데 중요한 기여를 하였다. 경제사회학에서는 사회의 미시적 기초(micro-foundation)로 사회적 상호작용을 가정한다. 이러한 맥락에서 그라노베터(Granovetter M., 1985)는 경제행위가 지속적인 사회적 관계의 네트워크에 착근된다고 주장하였다. 이러한 개념을 통해 사업의 형성 과정과 기업 성과의 차별성이 분석되었다.

하지만 앞선 시각들은 글로벌 가치사슬 형성의 주요 행위 주체인 다국적 기업의 역할을 충분하게 고려하지 못하였다. 개별 행위 주체뿐만 아니라 광범위한 생산 네트워크 형성의 행위 주체로서 다국적 기업의 역할에 주목하는 GCC(Global Commodity Chain)와 GVC(Global Value Chain)론은 월러스타인(Wallerstein, Immanuel)의 세계체제론의 영향을 받아 1990년대 중반 이후 글로벌 차원에서 다국적 기업의 생산 네트워크 분석에 집중하였다. 이러한 연구 흐름은 산업의 구조 고도화, 기술과 고용의 변동, 시장의 확대, 교역 패턴의 분석으로 이어졌다. 이러한

〈표 10-1〉 글로벌 가치사슬(생산 네트워크)에 대한 여러 논의들

시기와 명칭	주요 논의 분야	주요 개념	주요 논의 내용
1980년대 초반 이후 가치사슬	전략 경영	생산 단계, 경쟁 전략, 경쟁 우위	생산 활동의 공간적 재조직, 가치의 중요성, 생산을 제조업과 서비스 포함
1980년대 중반 이후 네트워크와 착근성	경제사회학, 조직론, 전략 경영	사업 형성과 성과에 대한 조직 간 관계, 경제행위와 사회구조 간의 관계	선도 기업과 착근적인 네트워크, 공간을 가로지르는 관계로서의 네트워크, 가치 창출, 강화, 네트워크 유지
1980년대 중반 이후 행위자-네트워크	과학과 기술 연구, 사회 과학의 포스트구조주의	이질적 관계, 원거리 통제, 인간과 비인간으로서의 행위자	분석 단위의 기초로서의 네트워크와 관계
1990년대 중반 이후 글로벌 상품과 가치사슬(GCC, GVC)	경제사회학, 발전론	연쇄적인 사슬로서의 상품 생산, 사슬 조직에서의 가치 창출	글로벌 생산의 공간적 배치와 경제발전의 성과, 제도적인 영향력
1990년대 후반 이후 글로벌 생산 네트워크(GPN)	경제지리학, 경제사회학, 발전론	다양한 영역성, 방법론적 국가주의를 넘어서는 제도와 권력, 다양한 유형의 기업 간 관계와 거버넌스	글로벌 생산 배치와 지역 발전과의 연계, 다양한 공간적 규모에서의 제도와 권력 분석

자료: Hess and Yeung(2006)의 논의를 수정 및 보완

GCC (GVC)의 사슬개념이 다양한 지리적 차원에서 논의되고 있지만, 중범위 또는 미시 수준에서 GCC(GVC)의 공간 구조가 명쾌히 해명되지 못하고 있다. 이는, 세계체제론에 영향일 수도 있지만, GCC(GVC)의 논의가 글로벌 차원의 중심-주변부 관계의 공간 분석에 일정 정도 함몰되어 있기 때문이다.

반면, 1990년대 후반 이후의 GPN(Global Production Network)론은 서로 다른 지리적인 규모에서 행위 주체들의 권력의 행사에 따른 공간 경제의 변동을 탐색하고 있다. 그뿐만 아니라, 다양한 행위 주체들 간의 다양한 거버넌스의 형성과 그 효과에 대해 질적인 분석을 수행하고 있다 (Hess and Yeung, 2006).

2) 글로벌 상품사슬(GCC)과 글로벌 가치사슬(GVC)

전술한 바와 같이, 글로벌 가치사슬에 관한 연구에서 기업 차원의 분석을 중심에 두고 시작한 것은 GCC론이다. GCC는 중심-주변부 관계의 세계체제론적 사고를 바탕으로 글로벌 차원의 다국적 기업의 행태 분석에 집중하였다. GCC론은 기술과 생산 네트워크의 진입 장벽에 대한 정태적인 사고를 어느 정도 피력하고 있다. 하지만 지속적인 기술 변화와 학습으로 기술과 네트

워크의 진입 장벽은 변화하게 된다. 이에 대한 동태적 관점이 바로 GVC론이다(Sturgeon, 2002).

〈표 10-2〉에서 볼 수 있듯이, GCC론의 선구자인 제레피(Gereffi, 2001)는 글로벌 가치사슬을 생산자 주도형 상품사슬(producer-driven commodity chain)과 구매자 주도형 상품사슬(buyer-driven commodity chain)로 구분하였다. 의류, 신발, 완구 등 노동집약적 산업에서 나타나는 구매자 주도형 상품사슬의 경우에는 유통자본이 이를 주도하고 선진국과 개도국 간에 국제분업이 형성된다. 반면에 자동차, 컴퓨터, 반도체 등의 자본집약적·기술집약적 산업에서 나타나는 생산자 주도형 상품사슬은 원천기술을 보유한 선진국의 다국적 기업이 개도국에 외국인 직접 투자를 함으로써 전개된다. 따라서 생산자 주도형 GCC에서 다국적 기업들은 구매자 주도형 GCC에서와 달리, 저렴한 노동력 요소비용뿐만 아니라 수요 조건, 산업 인프라, 연관 산업의 발전 정도를 종합적으로 고려하여 글로벌 네트워크를 형성한다.

하지만 이러한 GCC론은 〈표 10-3〉에서 보는 바와 같이, 산업 조직의 특성과 그 다양성에 대

〈표 10-2〉 생산자 주도형과 구매자 주도형 GCC 비교

구분	생산자 주도 GCC	구매자 주도 GCC
추동력	산업자본	상업자본
핵심 역량	연구개발과 생산	디자인, 마케팅
진입 장벽	규모의 경제	규모의 경제
경제 부문	내구 소비재, 중간재, 자본재	비(非)내구 소비재
사례	자동차, 컴퓨터, 항공기, 반도체	의류, 신발, 완구
제조 기업의 소유	초국적 기업	대부분 개도국의 현지 기업
주요 네트워크 라인	투자 기반	무역 기반
지배적인(권력) 구조	수직적	수평적

자료: Gereffi(2001)

〈표 10-3〉 산업조직 차원에서의 GCC와 GVC의 비교

구분	거래 비용	GCC	GVC
	시장	암묵적 가정	시장
네트워크 조직 형태		구매자 주도	모듈형
			관계형
			전속형
	위계	생산자 주도	위계

자료: Gereffi et al.(2005)

한 이해가 미흡하다. 이는 생산자 주도의 위계(다국적 기업)와 구매자 주도의 네트워크(다국적 유통자본과 현지 기업 간)만을 고려하기 때문으로 산업 조직에 대한 시야가 좁다. 이에 대한 보완으로서 등장한 GVC론은 기업 간 관계의 다양성과 각 기업의 거버넌스 및 권력(제도) 형태에 논의를 집중한다. 제레피 등(Gereffi et al., 2005)은 글로벌 가치사슬상의 기업 간 관계의 거버넌스 구조가 시장(market), 모듈형(modular), 관계형(relational), 전속형(captive), 그리고 위계(hierarchy) 등으로 유형화할 수 있다고 제시한다. 그들은 또한 이러한 거버넌스 구조가 산업별로 상이하고, 기술 변화와 학습에 따라 동태적으로 변동할 수 있다는 점, 다시 말해 기업 간 관계의 주요 변수로 권력의 비대칭성과 명시적 조정 방식의 상이성을 강조하고 있다. 또한, GVC론은 기존 GCC론과 달리 글로벌 차원의 구매자와 공급자의 출현과 이들 간의 조정을 용이하게 하는 기술적·사회적 전제 조건으로 가치사슬상의 생산의 모듈화(modularization)를 논의하고, 기업 간 관계의 다양성과 그 이면의 권력의 속성을 다루고 있다(Gereffi et al., 2005).

최근의 글로벌 생산 네트워크 형성의 기술·사회적 조건으로서 모듈화에 대한 여러 가지 논란에도 불구하고, 생산 측면의 모듈화에 한정할 경우 [그림 10-1]에서 보는 바와 같이, 모듈화가 가능하기 위해서는 정보·통신기술의 발전 및 표준화가 진전되고, 기반 공정 기술 공급자의 존재가 필요하다. 이는 저작권 제도와 표준 설정과 같은 사회·제도적 조건의 형성이나 과학기술의 발전과 같은 기술적 조건의 결합물로서 이해되어야 한다. 이러한 기술·사회제도적 조건에서 암묵지적(暗默知的) 성격보다는 상대적으로 성문화된 기업 간 생산 네트워크가 형성될 수 있다. 이러한 생산 네트워크의 특성으로 기업 간 상호 의존성의 상대적 약화, 네트워크의 개방성 강화, 네트워크 진입과 퇴출장벽의 완화 등을 들 수 있으며, 기업들이 이를 활용함으로써 기능적·공간적 유연성을 제고할 수 있다. 따라서 생산 공정의 모듈화를 통해 기업 특수적이 아닌 산업 특수적 생산 시설의 공유를 통해 기업은 요소비용을 절감하고 설비 가동률을 제고하여 규모의 외부경제를 향유할 수 있는 것이다(Sturgeon, 2002).

글로벌 가치사슬의 형태에 관계없이 선진국과 개도국 간의 기술 격차 및 그 추격 사이에는 일정한 간극이 존재한다. 선진국은 원천기술을 보유하고 있으며, 개도국은 그것을 추격하기 위해 노력하지만 전문 인력의 부족 등의 이유로 한계가 드러나게 된다. [그림 10-2]는 선진국의 다국적 기업과 개도국의 공급자 간의 관계를 소유와 권력의 관점에서 제시한 것이다(Milberg, 2004).

첫 번째 유형은 '수직 차원의 경쟁'이라고 일컬어지는 것으로서, 마크업의 크기는 동일하지만

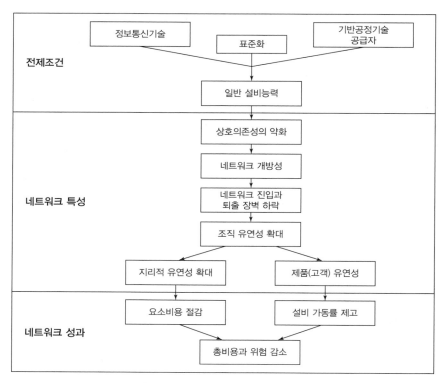

[그림 10-1] 생산 모듈화의 경제적 성과

자료: Sturgeon(2002)

가치사슬상의 하위 부문으로 갈수록 부가가치의 몫이 작아지고 상위 부문에서는 그 비중이 커지는 경우이다.

두 번째 유형은 '하청기업에 대한 압력'으로 불리는 것으로서, 마크업의 크기와 부가가치의 몫이 가치사슬의 하위 부문으로 갈수록 작아지고 상위 부문으로 갈수록 커지는 경우이다. 이는 부가가치의 비중이 감소하는 아웃소싱과 비용에 대한 낮은 마크업을 설정할 수 있는 공급자의 압착(squeeze) 능력에 기반을 둔 모형이다. 가치사슬의 상층부와 하층부는 매우 비대칭적인 구조로 전자는 독과점적 시장구조를, 후자는 고도로 경쟁적 시장구조를 가지고 있다.

세 번째 유형은 '강력한 1차 공급자'모형으로, 선진국 또는 일부 개도국의 공급자가 일정한 기술 기반을 토대로 경쟁력을 확보한 경우이다. 대표적인 사례로 브라질 자동차산업의 1차 공급업체, 한국의 반도체업체, 멕시코의 의류생산업체 등을 꼽을 수 있다. 그러나 이러한 생산자 외

네트워크의 지리학

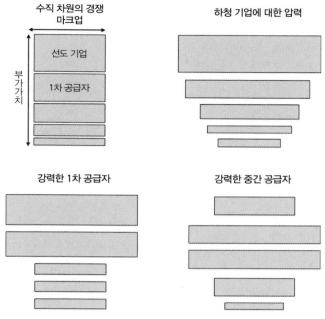

[그림 10-2] GCC와 GVC에서의 마크업 설정과 비용 경쟁력
자료: Milberg(2004)

의 하위 부문으로 가면 마크업의 크기와 부가가치의 몫이 작아진다.

마지막 유형은 '강력한 중간 공급자'로 일컬어지는 모형이다. 가치사슬의 중간 부문에서 마크업의 크기와 부가가치 몫이 가장 크고, 그 밖의 부문에서 크기가 작아진다. 이는 거래업자가 공급업자를 압착(squeeze)할 수 있는 능력과 수요자가 전용할 수 없다는 이점에서 비롯된다. 대표적인 사례로서 코코아나 커피 교역을 들 수 있다.

3) 글로벌 생산 네트워크(GPN)

GVC론은 가치사슬 내의 기업 간 관계의 거버넌스와 그 동학(動學)을 해명하는 데 기여하였지만, 이와 관련한 지리적 함의에 대해서는 큰 관심을 기울이지 않았다. 이는 주로 사회학에서 연원하고 세계체제론적 관점을 수용하고 있어, 중심과 주변부라는 공간적 규모 이외에 다양한 지리적 규모들을 상정하지 않고 기업 간 관계의 산업 조직론적 차원을 지리적 차원보다 더욱더 중요하게 다루었다(Henderson et al., 2002; Hess and Yeung, 2006).

GVC가 간과하는 지리적 차원을 체계적으로 통합하려는 시도가 나타났는데, 그것이 바로 GPN(Global Production Network)론이다. 경제지리학자에 의해 주도되고 있는 GPN론은 '상품사슬'이라는 개념 대신에 '생산 네트워크'라는 개념을 사용한다. 범용 제품이라는 뉘앙스를 가질 수 있는 '상품'이라는 용어보다는 '생산'이라는 용어가 선호되며, 이는 생산과정에 뒤따르는 사회적 과정을 일컫는다. '사슬'이라는 용어가 생산과정의 선형적 과정을 함의하는 것을 피하고, 생산과정의 복합적이고 다층적 구조와 행위 주체 간의 상호작용을 나타내기 위하여 '네트워크'라는 용어가 채택되었다(Henderson et al., 2002).

[그림 10-3]에서 보는 바와 같이, GPN론의 분석적 범주는 크게 가치, 권력, 착근성으로 구성되어 있다. 이는 각각 가치의 창출·강화·포획 과정, 네트워크 내부의 권력 관계, 특정 네트워크와 지역에서의 기업들의 착근성을 의미한다. 세 가지 범주는 기업, 산업, 네트워크, 제도라는 네 가지 수준에서 분석될 수 있다. GPN론도 거버넌스 구조의 다양성, 권력과 제도의 중요성을 강조한다는 점에서 기존의 GVC론의 문제의식과 큰 차이가 없고, 분석 틀도 GVC론의 그것과 별 차이가 없으며, 이를 좀 더 정교한 것으로 이해될 수 있다(김석관, 2012).

하지만, GPN론이 경제지리학자에 의해 주도된다는 점에서 지역 발전의 내생적 요소와 외생적 요소 간의 균형을 잡아 신지역주의의 내생적 발전론을 비판하고 견제하려는 의도를 가지고

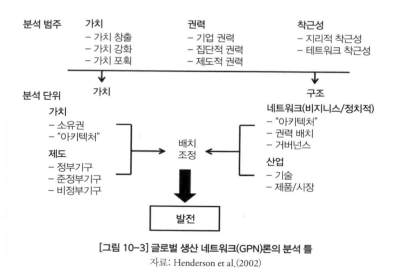

[그림 10-3] 글로벌 생산 네트워크(GPN)론의 분석 틀
자료: Henderson et al.(2002)

있다. 다국적 기업, 국가, 초국적 기구 등의 역할과 비대칭적 권력 관계를 조명하여 지역 발전의 내생성에 대한 집착이 가지는 한계를 드러내고자 하였다(Coe et al., 2004).

또한, 경제지리학자들은 착근성에 대한 개념에 더 천착함으로써 생산 네트워크의 지리적 다양성을 강조하고자 하였다. 이와 결부하여 경제발전이 중심-주변부라는 거시적인 이분법적 공간적 틀에서 발생하는 것이 아니라, 미시적인 수준에서 거시적으로 올라가는 다층적인 공간 수준들(또는 그 반대)의 상호작용 속에서 일어난다고 주장한다. 이처럼 GPN론은 기존의 발전론이 기대고 있는 국가와 지역이라는 선험적인 공간 단위의 집착을 해체하고 다양한 공간 규모들 간의 상호작용에 천착한다.

사회·지리적 착근성의 개념을 통해 지역의 특성과 제도적 맥락을 강조하고 글로벌-로컬 수준을 포괄하는 다규모적인 접근을 시도하는 GPN론은 글로벌 경제에서 지역의 경제발전에 대한 하나의 시각인 전략적 결합(strategic coupling) 모델을 제시한다(Coe et al., 2004). [그림 10-4]에서 보는 바와 같이, 전략적 결합 모델은 글로벌 생산 네트워크라는 글로벌 스케일과 지역 자산이라는 로컬 스케일이 적절하게 결합하여 지역 내 가치의 창출, 강화, 포획 과정이 원활히 진행되면 지역 발전이 일어난다는 것이다. 다시 말해, 전략적 결합은 글로벌 생산 네트워크상의 핵심 기업(예: 다국적 기업)이 요구하는 전략적 니즈를 해당 네트워크 내 지역의 자산이 충족시켜 주는 것을 의미한다. 이러한 지역 자산의 형성에 지역 제도들이 중요한 역할을 수행한다.

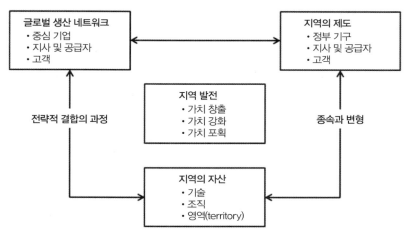

[그림 10-4] 전략적 결합: 글로벌 생산 네트워크와 지역 발전
자료: Coe et al.(2004)

4) 생산공정 분업(fragmentation of production)

이제까지의 논의들은 주로 발전론, 경제사회학, 경영학, 경제지리학의 연구에 기반은 둔 것들이다. 경제학의 시각에서 최근의 글로벌 생산 네트워크의 형성을 다루고 있는 것이 바로 생산공정 분업론(fragmentation of production)이다. 이는 글로벌 생산 네트워크의 형성을 편익과 비용이라는 경제학의 시각에서 조망하고 있으며, GVC와 GPN론들과는 달리 네트워크를 형성하는 기업 간 관계들의 다양성과 그 이면의 권력관계에 깊이 천착하고 있지는 않다.

지금처럼 교통과 통신기술이 발전되지 않았던 시기에 국가 또는 지역 간 교역은 주로 완제품에 제한되어 있었다. 하지만 [그림 10-5]에서 확인할 수 있듯이 교통, 통신 및 정보처리 비용의 급격한 하락에 따라 특정 직무(task)의 국가 또는 지역 간 교역이 실질적으로 가능하게 되면서 생산공정 분업(fragmentation)이 전개되기 시작하였다(Grossman and Rossi-Hansberg, 2006).

존스와 키에르츠코프스키(Jones and Kierzkowski, 1990)는 생산과정의 공간적 분할에 관한 논의의 시발점을 제공하였는데, 그들은 산업 전반의 분업과 생산과정 전반의 분업, 최종재 교역과 중간재 교역 간의 기본적인 차이에 주목하였다. [그림 10-6]에서 보는 바와 같이, 교통과 통신기술의 발전에 따라 원거리에 있는 생산 단위들을 연계하기 위한 서비스 연계 비용[3]이 작아지

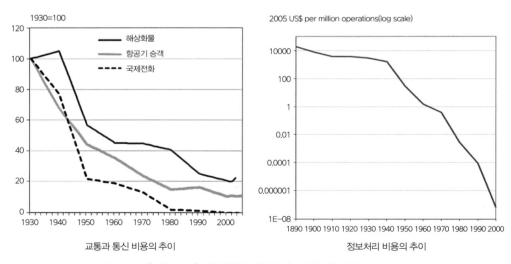

[그림 10-5] 교통과 통신 비용 및 정보처리 비용의 추이
자료: De Backer(2008)

네트워크의 지리학

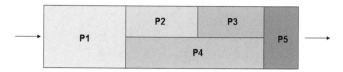

생산과정의 공간적 분리(fragmentation) 이전

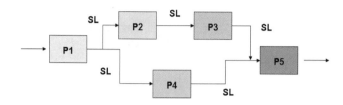

생산과정의 공간적 분리(fragmentation) 이후

[그림 10-6] 생산공정 분업의 개념
주: P는 생산 단위, SL은 서비스 연계를 의미함
자료: Kimura and Ando(2005)

기 때문에 기업은 생산과정을 여러 단위로 공간적으로 분리하여 운영할 수 있다. 또한, 이로부터 발생하는 입지적 우위를 활용하여 전체적으로 생산비용을 절감할 수 있는 것이다.

기무라와 안도(Kimura and Ando, 2005)는 입지적 우위, 즉 거리에 따른 생산과정의 공간적 분할에 대한 기존의 논의에 기업 조직 차원(시장과 위계)을 부가하여 동아시아 내 기계 산업 생산 네트워크의 형성을 설명하고 있다. [그림 10-7]에서 확인할 수 있듯이, 가로축에 지리적인 거리의 차원을 배치하고, 세로축에 수직적 분리(vertical disintegration)라는 기업 조직 차원을 부가할 경우 공간적 함의가 분명해진다(Kimura and Ando, 2005). 예를 들면, 기업 간 거래[4]가 지배적일 경우 서비스 연계비용(거래비용)이 거리에 민감할 수 있다. 따라서 공간적 근접성이 확보되면 새로운 사업 파트너에 대한 탐색 비용, 품질 모니터링 비용, 문제해결 비용, 납기 비용 등이 절감될 수 있는 것이다.

특히, 동아시아의 기계 산업에 대한 실증연구를 통해 기무라(Kimura, 2009)는 생산과정의 분할과 집적경제가 동행한다는 것을 보여 주었다. 예를 들면, 일본의 기계업체는 자국 내에서는 기업 내 거래를 유지하고, 투자국에서는 시장 거래 형태를 취하고 있으며, 다른 동아시아 국가와의 거래는 그 중간 형태를 유지하고 있다. 다시 말해, 입지우위의 차이를 이용하고, 기업 특수적 자산의 경우에도 하청, EMS, OEM, 인터넷 경매 등을 이용한 아웃소싱 또는 기업 활동의 외

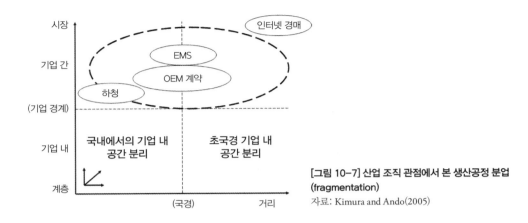

[그림 10-7] 산업 조직 관점에서 본 생산공정 분업 (fragmentation)

자료: Kimura and Ando(2005)

부화가 확대되고 있다. 그리고 공간적 집적은 시장 거래에 따른 여러 가지 위험과 비용을 헤징 (hedging)할 수 있는 여건을 제공하고 있다. 이러한 맥락에서 동아시아에서 집적과 생산과정의 공간적 분할 현상은 동행하고 있는 것이다.

3. 글로벌 생산 네트워크[5)의 공간 구조

글로벌 가치사슬 또는 생산 네트워크에 대한 여러 가지 논의들은 암묵적 또는 명시적인 것에 관계없이 산업 조직인 기업 간의 관계적 특성과 그 다양성에 천착한다. 특히 GVC나 GPN론은 기업 간 관계 이면의 권력관계에 관심을 보이고 있다. 최근 경제의 세계화에 따른 글로벌 네트워크의 형성은 기업 간 관계를 재편하여 아웃소싱(outsourcing), 오프쇼링(off-shoring), 생산공정 분업[6) 등을 강화시키고 있다. 그렇다면 이러한 글로벌 생산 네트워크의 형성이 어떻게 공간 구조를 재편하고 있는가? 이는 네트워크의 지리학 관점에서 중요한 논의의 대상이다.

이하에서는 논의의 단순화와 편의를 위해 산업·지역의 특수성 및 권력관계의 비대칭성과 같은 질적 특성을 명시적으로 감안하지 않고 글로벌 네트워크 형성에 따른 공간 구조의 재편을 비용과 편익의 관점에서 개관하고자 한다. 하지만 이는, 앞서 설명한 역사·제도적, 사회·기술적 특수성이 부가되어야 현실적 구체성이 더욱더 배가될 수 있다는 점을 부정하는 것은 아니다. 따라서 이하의 논의는 개략적인 경험적인 스케치에 불과할 수 있다는 점을 염두에 둘 필요가 있다.

글로벌 가치사슬 또는 생산 네트워크에 대한 논의들에서 분석 단위는 기업이지만, 이러한 흐름을 전체적으로 살필 수 있는 기업 자료는 제한적이기 때문에 산업 단위에서 이를 분석할 수밖에 없다. 윅스티드 등(Wixted et al., 2006)은 이러한 한계를 지적하고 [그림 10-7]의 논의를 산업 조직과 지역 차원에서 수정한 [그림 10-8]을 제시하였다. 이러한 틀은 가치사슬, 클러스터, 생산의 공간적 분할이라는 개념들을 엮어 내어 가치창출의 세계화 과정을 설명하고자 한다. 이러한 사고는 분업에 의한 특화, 지역 간 교역, 그리고 이러한 과정의 지역화를 가정하는 것으로 공간분업(spatial divisions of labor)을 상정하는 것이다. 이러한 공간적 배치는 산업 조직의 특성에 따라 수직적 또는 수평적 형태로 나타날 수 있다.

이러한 생산의 공간적 분할은 국내 생산의 공동화 현상(hollowing out)을 불러오고, 국제적 차원에서는 새로운 지역에서 산업화를 추동(推動)한다. 이는 주로 산업 집적지들을 중심으로 전개되고, 국제적으로는 이들 간의 공간적 연계가 발생한다(Kuchiki, 2006). 예를 들면, [그림 10-9]는 일본 토요타 자동차 기업의 가치사슬을 클러스터 간의 공간 연계로 보여 주고 있다. 토요타는 광저우에서 캠리(Camry)를, 나고야에서 프리우스(Prius)를 조립하고, 각각 일본과 중국에 판매하고 있다. 가치사슬 측면에서 보면 연구개발 활동은 나고야에서 수행되고, 이것이 광저우 공장에 적용되고 있으며, 나고야는 핵심 부품을 생산하여 신차 생산의 모(母)공장으로서 역할을 수행하고 있다. 반면에 광저우는 표준화된 차종과 일부 부품들을 생산하여 나고야에 공급하고 있다. 이처럼 차종별로 입지적 우위를 활용하기 위하여 가치사슬의 클러스터 간 연계와 교환이 발생하고 있는 것이다.

이처럼 글로벌 가치사슬은 공간적인 측면에서 클러스터 간의 연계로 나타나고, 이를 통해 가치사슬 창출의 공간 구조가 형성되고 있다. 이를 일반적 차원에서 살펴보도록 하자. 기무라(Kimura, 2009)는 동아시아의 기계 산업에 대한 경험 연구를 통해 글로벌 생산 네트워크의 공간

산업 간	로컬 클러스터	클러스터들 간의 연계
산업 내	로컬 클러스터(수평적)	산업 내 무역
	국내	국가 간

[그림 10-8] 연계의 지리적 체계
자료: Wixted et al.(2006)의 내용을 수정 및 보완

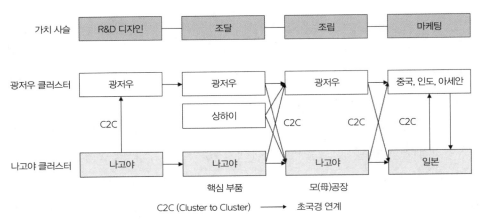

[그림 10-9] 토요타의 동아시아 내의 가치사슬: 클러스터 간의 연계

자료: Kuchiki(2006) 수정 및 보완

구조를 〈표 10-4〉와 같이 제시한 바가 있다. 그는 공간적 규모를 한 국가 내 광역권 규모, 하나의 국가 또는 인접 국가를 포함하는 하위 경제블록 규모, 경제블록 규모, 그리고 글로벌 규모로 분류하고, 이러한 규모에 따라 경제활동의 입지 유형이 서로 다르게 나타나고 있다는 것을 보여 주었다. 스터전 등(Sturgeon et al., 2008)이 제시한 글로벌 네트워크의 계층적인 공간 구조(그림 10-10)도 〈표 10-4〉의 논의와 크게 다를 바가 없다. 따라서 이러한 공간 유형을 좀 더 일반화한 〈표 10-5〉를 중심으로 생산 활동의 공간 구조에 대한 논의를 살펴보도록 하자.

〈표 10-5〉에서 살펴볼 수 있듯이, 거리축에 따른 생산 활동의 글로벌화를 추동하는 경제적 논리는 네트워크 구축과 재입지 비용, 운송 비용을 포함한 서비스 연계 비용, 생산 비용 절감을 위한 입지 우위의 활용과 관련되어 있다. 첫 번째, 비용이 크지 않다면 기업은 근거리 입지를 선호할 가능성이 크다. 두 번째, 비용이 크다면 기업은 마찬가지로 근거리 입지를 선택하

〈표 10-4〉 글로벌 생산 네트워크의 공간 구조: 동아시아 기계 산업

구분	계층 1(로컬)	계층 2(일국/하위블록)	계층 3(경제블록)	계층 4(세계)
리드타임	2.5시간 이하	1~7일	1~2주	2주~2달
빈도	1회 이상/일	1회 이상/주	1회/주	1회/주
운송 수단	트럭	트럭/선박/항공기	선박	선박
통행 길이	100km 이하	1,500km 이하	6,000km 이하	장거리

자료: Kimura(2009)

게 될 것이다. 마지막으로, 입지 우위의 차이를 활용하는 것이 중요하다면 장거리 입지를 선택할 것이다. 또한 규모의 경제를 충분히 활용할 수 있을 경우 장거리 거래 유형이 나타날 수 있다(Kimura, 2009).

다른 한편으로, 시장 조직(O. Williamson의 표현에 따른 'make or buy' 옵션)의 차원을 고려할 경우에 거래 비용과 지리적 근접성 간의 관계는 중요한 공간적 함의를 가진다(Kimura, 2009). 사업 파트너 간의 신뢰 관계가 공고할 경우 거래의 지리적 유형은 장거리일 수 있다. 따라서 기업 간 거래는 계층 1의 공간적 범위 내에서 주로 발생하지만, 기업 내 거래는 대부분 계층 3에서 일어나게 된다. 시장 거래의 경우, 신뢰가 바탕이 되면 그 거래는 주로 계층 1의 공간 내에서 발생하지만, 신뢰가 없을 경우에는 그 거래가 계층 2의 공간적 범위로 확대될 수 있다. 가치사슬상의 상류 기업과 하류 기업 간 관계가 비대칭적이면 계층 1의 공간 내에서 거래가 주로 발생하고, 그 관계가 대칭적이면 계층 2의 공간 범위로 거래가 확대될 수 있다. 기업 간 인터페이스[7]가 통합형일 경우, 계층 1의 공간 범위에서 거래가 주로 발생하지만, 모듈형의 경우에는 계층 2 또는 3에서 거래가 발생하게 된다.

제품 아키텍처 간의 인터페이스 설계, 즉 표준화는 가치사슬 배치의 공간 구조와 선·후진국

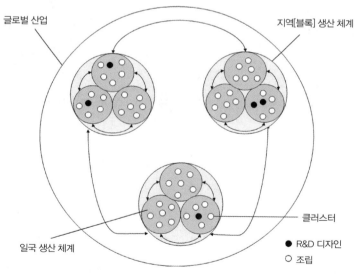

[그림 10-10] 글로벌 생산 네트워크의 공간 구조
자료: Sturgeon et al.(2008)

〈표 10-5〉 거래유형과 생산입지의 공간 구조

	계층 1 (로컬)	계층 2 (일국/하위 블록)	계층 3 (경제블록)	계층 4 (세계)
거리축에 따른 공간 분리				
• 네트워크 구축 비용/재입지 비용	낮음 ←——————————→ 높음			
• 서비스 연계 비용[수송 비용(비용, 리드타임, 품질)]	높음 ←——————————————→ 낮음			
• 입지 우위(생산 조건, 규모의 경제)	낮음 ←——————→ 높음			
시장 조직(disintegration)축에 따른 공간 분리				
• 기업 간 관계				
– 기업 내 vs 시장 거래(자본 보유)	시장거래 ←——————————→ 기업 내			
– 신뢰성	약 ←——————→ 강			
– 권력 균형	불균형 ←——————→ 균형			
• 기업 간 인터페이스의 설계				
– 통합형 vs 모듈형	통합형 ←——————————→ 모듈형			

자료: Kimura(2009)

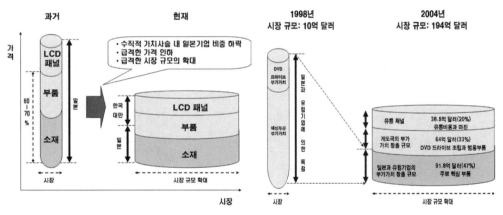

[그림 10-11] 제품 모듈화에 따른 시장 구조 변화: LCD 패널과 DVD 사례

자료: Shintaku et al.(2006)

간의 추격(catch-up) 과정에 많은 함의가 있다. 신타쿠 등(Shintaku et al., 2006)은 표준화가 제품의 모듈화를 가속화시키고, 이는 다시 국제분업을 촉진시킨다고 주장한다. [그림 10-11]의 LCD 패널과 DVD 사례에서 보는 바와 같이, 개발 초창기에는 핵심기술을 보유한 일본과 유럽 기업들이 수직적인 가치사슬 구조를 형성하였지만, 기술 진보가 생산의 모듈화를 촉진함에 따라 한국과 대만 등의 개도국 기업들이 시장에 진입하게 되어 경쟁은 더욱더 강화되었다. 그 결과, 제품 가격은 급속히 하락하고 시장은 대규모로 성장하였다. 선진국의 시장점유율은 낮아지고 있

지만, 시장 확대에 따라 이들 국가의 경제적 이득의 총량은 여전히 증가하게 된다.

특히 후발국의 모듈화된 제품에 대한 대규모 투자로 인한 비용 경쟁력 확보는 [그림 10-12]에서 보는 바와 같이 과거와는 다른 선진국과의 추격 과정을 수반한다. 과거에는 선진국에서 신제품이 개발 및 생산된 이후에 기술 성숙화에 따라 생산 시설이 저비용의 개도국으로 이전되어 후발국의 추격에는 상당한 시간이 소요되었다(Vernon, 1966). 하지만 최근의 모듈화가 생산의 지리적 이전을 가속화시켜 추격 시차가 급속히 줄어들게 되었다. 최근 중국 제조업의 놀라운 신장세는 이러한 모듈화에서 기인하는 바가 크다. 추격 시차가 줄어들었다고 해서 선진국의 경제적 이득이 감소했다는 것은 아니다. 선진국 기업들은 부가가치가 큰 기술 집약적인 통합형 아키텍처 제품의 개발에 집중하고 있다(Shintaku et al., 2006). 이러한 활동의 공간적 범위는 자국 내의 핵심 지역으로 국지화되는 경향이 있다. 반면에, 모듈화된 생산은 규모의 경제를 수반하고 입지적 우위의 차이를 충분히 활용하기 때문에, 그것의 공간적 범위는 앞서 설명한 바와 같이 계층 2 또는 계층 3까지 확대될 수 있다.

생산의 모듈화와 생산공정 분업론의 논의를 종합하여 보면, 글로벌 생산 네트워크의 공간 구조는 기업 차원의 공간적 분산과 산업 차원의 집적, 그리고 규모의 외부경제를 활용하기 위한 집적지(결절) 간의 글로벌 연계로 나타난다.

생산의 모듈화는 생산공정의 공간적 분할을 이끌어 생산공정 분업론으로 연결된다. 이러한 논의는 경제지리학자인 매시(Massey, 1984)의 공간적 분업(spatial division of labor)론과 유사한 사고 틀을 가지고 있다. 매시에 따르면 기술과 숙련의 특성, 지역 노동시장의 지배적인 특성에 따

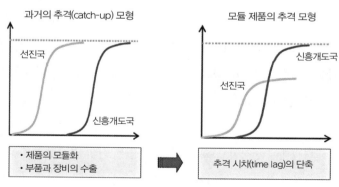

[그림 10-12] 제품 아키텍처의 특성에 따른 추격 모형의 변화
자료: Shintaku et al.(2006)

라 기업 활동의 입지가 차별화되며, 구상과 실행기능의 기능적 분리에 대응하는 공간적인 위계 구조가 형성된다.

하지만 모듈화·생산공정 분업론과 공간 분업론 간에는 중요한 차이가 있다. 공간 분업론은 암묵적으로 기술 발전이 공간상에서 순차적으로 발생하거나, 장기적으로 그 과정이 공간상에서 구조화된다는 사고를 가정하고 있다. 비록 이 논의가 제품 수명 주기론을 비판하고 있더라도 제품 수명 주기론의 암묵적 가정과 논리적 동형성을 가지고 있다. 이에 비해, 모듈화 논의와 생산공정 분업론은 기술 발전이 공간적으로 병렬적으로 전개되고, 그 과정에서 성문화된 지식에 기반한 표준화로 인하여 낙후 지역의 기술 추격 과정이 비지형(leapfrog)으로 매우 가속화될 수 있다는 점을 제시하고 있다. 예를 들어, 델컴퓨터가 이루어 낸 개인용 컴퓨터 시장에서의 급성장은 가치사슬상의 물류 혁신인 SCM에 있다. 이에 따라 일부 낙후 지역에서 성장을 위한 기회의 창이 열릴 수 있는 것이다.

4. 네트워크 지리학에 대한 함의

글로벌 가치사슬 또는 글로벌 생산 네트워크에 대한 논의들은 산업 조직적 측면과 그것의 지리적 측면들을 통합시키는 일련의 작업이다. 그 과정에서 시장과 위계라는 이분법적 산업 조직론적 시각 대신에 기업 간 관계의 다양성, 즉 시장과 위계 이외의 제3의 형태로서 '네트워크'에 주목하게 되었다. 그리고 이는 경제의 세계화와 함께 다양한 공간적 규모에 따른 경제활동의 착근성에 주목하여 산업 조직론적 시각과 지리적 관점의 통합을 추구하였던 것이다.

경제지리학자들은 생산 네트워크의 역사·제도적 착근성에 주목하고, 이들의 다양성을 지도화하는 작업에 관심을 두는 동시에, 글로벌 차원과 로컬 차원을 연결하여 세계화 시대의 지역경제의 발전 전략을 고안하려고 노력해 왔다. 반면에, 경제사회학자들은 시장과 위계라는 이분법적 산업 조직론적 관점을 넘어서서 다양한 형태의 기업 간 관계, 즉 네트워크에 주목하고 그 이면의 비대칭적 권력관계에 천착함으로써 중심과 주변부 간의 경제적 동학을 재해석하고 있다. 이와는 달리, 국제경제학자들은 거리와 산업 조직 간의 관계를 비용과 편익의 관점에서 재해석하고, 이러한 생산의 입지 우위가 공간적 규모에 따라 어떻게 재편되고 있는지를 보여 주고 있다.

　글로벌 가치사슬 또는 글로벌 생산 네트워크론에서 다루어지는 네트워크는 시장과 위계 사이에서 제3의 형태이며, 이는 사회·제도적 맥락에 착근된다. 또한, 이는 물리적 차원이 아니라 사회·제도적인 차원을 수반하기 때문에 가시적인 네트워크가 아니다. 산업 조직의 제3의 형태로서 네트워크가 세계적 차원에서 전개될 때, 그러한 네트워크의 형성을 둘러싼 행위 주체들 간의 권력관계에 주목하고, 이것의 지리적 특성을 해명하는 것은 중요한 작업이다. 그렇다면 이렇게 네트워크는 만사형통의 개념어가 될 수 있는 것일까?

　경제지리학자가 경제학자와 구별되는 지점은 공간적 규모에 따라 동일한 과정이 그대로 반복되지 않는다는 점이다. 따라서 스케일의 효과가 경제적 과정에 영향을 미치게 된다. 예를 들면, 로컬 단위와 광역 단위에서 경제활동의 조직을 둘러싸고 펼쳐지는 각각의 사회적 관계의 특성이나 밀도는 다를 수밖에 없다. 이렇게 상이한 공간 스케일을 가진 사회·제도적 맥락에 따라 경제활동의 논리는 조정이 되고 변형될 수밖에 없는 것이 사실이다. 문제는 그 변형의 정도에서 경제학자들은 무시할 만하다고 생각하고, 사회학자들도 지리적 변형보다는 사회적 관계 그 자체의 동학에 관심을 더 부여한다. 그러한 의미에서 이들에게 지리적 효과의 중요성이 인식될지라도, 이것은 경제·사회적 과정을 좌지우지하는 결정적인 것은 아니다.

　그렇다면 시장과 위계를 넘어서는 산업 조직의 제3의 형태로서 네트워크의 다양성과 그것의 사회·지리적 착근성의 천착이 가져다주는 글로벌 가치사슬 또는 글로벌 생산 네트워크론은 네트워크 지리학의 연구에 어떠한 함의를 던져 주고 있는 것일까?

　네트워크는 시장과 위계라는 제3의 형태로 인식이 되는 순간 그 자체가 주어진 것으로 생각될 수 없으며, 시장과 위계 양쪽에서 지속적인 긴장과 갈등 관계가 뒤따를 수밖에 없다는 점이다. 따라서 네트워크 그 자체는 선험적으로 '좋다', '나쁘다'라는 가치판단이나 정(+)의 효과를 전제할 수 있는 것이 아니다. 즉, 네트워크의 효과는 미결정적이다. 이는 네트워크에 참여한 행위 주체 간의 권력관계와 그 조정 기제에 따라 상이한 효과가 창출될 수 있는 것이다(정준호, 2012). 이러한 과정이 지리적인 맥락에 착근된다는 점에서 다양성을 갖지만, 네트워크 효과의 미결정성은 일반적인 현상으로 여길 수 있을 것이다. 바로 이 지점에서 일반과 특수를 아우르는 인식론적 종합의 단서를 글로벌 가치사슬 또는 글로벌 생산 네트워크론이 부여하고 있다는 것, 그것이 바로 네트워크 지리학에 던지는 함의일 것이다.

■ 주

1) 이 장은 김선배·김영수·이상호·정준호, 2010, "광역경제권 글로벌 경제 거점 클러스터 육성 전략과 과제," 서울: 산업연구원, 제2장 2절의 내용을 수정 및 보완한 것이다.

2) 본고에서는 글로벌 가치사슬과 글로벌 생산 네트워크의 개념이 서로 호환되는 것으로 사용한다. 엄밀하게 정의하면 그 정의가 각각 다를 수 있지만, 이들이 다루는 내용과 문제의식에서 큰 차이가 없다. 글로벌 가치 사슬과 생산 네트워크 개념의 변화에 대한 최근 논의를 정리한 것으로 김석관(2012)을 참조할 수 있다.

3) 서비스 연계 비용은 교통 비용과 다양한 공간 연계 비용을 포함한다. 일종의 거래 비용이다. 생산 단위 간 거래 비용은 관계 특수적인 경우가 많다. 물론 이는 업종과 기업 지배 구조 등에 따라 상이할 것이다.

4) 생산공정 분업론에서는 GVC나 GPN론에서 논의한 바와 같이 기업 간 관계가 다양한 형태를 가지고 있음에도 불구하고, 이러한 다양성을 보지 못하고 하나로 처리하는 경향이 있다. 이는 생산공정 분업론이 국제경제학에 바탕을 두고 있다는 사실과 무관하지 않다. 반면에 GVC나 GPN 논의는 사회학이나 경제지리학, 발전론에 기반을 두고 있으며, 다양성을 강조하고 질적인 연구를 강조하는 경향이 있다.

5) 이 절에서 글로벌 가치사슬과 글로벌 생산 네트워크는 상호 호환되는 것으로 사용한다.

6) 윅스티드 등(Wixted et al., 2006)에 따르면, '아웃소싱'이란 기업 내부에서 공급되던 일정한 재화와 서비스가 외부 기업에 의해 제급되는 관행을 말한다. '오프쇼링'은 재화와 서비스의 생산과정 일부가 국외로 이전되는 현상을 일컫는다. 그리고 '생산과정의 공간적 분할'이란 동일 공장에서 일반적으로 수행되던 기존의 지속적인 생산과정의 일부가 모듈 형태로 점차적으로 상이한 입지에서 수행되고, 단일 입지에서 이러한 과정들이 최종재의 생산으로 통합되는 일련의 변화들을 의미한다.

7) 통합형 아키텍처의 경우 부품 상호 간에 의존성이 강하고 복잡하고, 하나 이상의 기능이 각 부품에 할당되어 있다. 자동차의 경우처럼 최종재의 설계 최적화는 부품 설계 그 자체의 상호 조정에 의해 결정된다. 반면에, 모듈형 아키텍처의 경우 부품 상호 간에 의존성이 매우 약하고 단순하다. 또한 단지 하나의 기능만이 각 부품에 할당될 뿐이다. 개인용 컴퓨터와 같이 최종재의 설계 최적화는 독점적으로 개발되는 각 부품에 의존한다(Fujimoto, 2007; Shintaku et al., 2006).

■ 참고문헌

- 김석관, 2012, "경제의 세계화와 국제 분업에 관한 이론적 쟁점: 통합적 분석 틀의 모색," 지역연구 28(2), pp.95-127.
- 정준호, 2012, "네트워크 실패에 기반한 신산업정책론의 가능성과 한계," 동향과 전망 85, pp.50-88.
- Coe, N., M. Hess, Yeung, H. W.-C., Dicken, P. and Henderson, J., 2004, "'Globalizing' Regional Development: A Global Production Networks Perspective," *Transactions of the Institute of British Geographers* 29(4), pp.468-484.

- De Backer, K., 2008, *New Trends in Globalisation*, Conference on Medium Term: Economic Assessment, Iasi, September 26, 2008.

- Fujimoto, T., 2007, "Architecture-Based Comparative Advantage—A Design Information View of Manufacturing," *Evolutionary and Institutional Economics Review* 4(1), pp.55-112.

- Gereffi, G., 2001, "Shifting governance structures in global commodity chains, with special reference to the internet," *American Behavioral Scientist* 44, pp.16-37.

- Gereffi, G., Humphrey, J. and Sturgeon, T., 2005, "The governance of global value chains," *Review of International Political Economy* 12(1), pp.78-104.

- Granovetter M., 1985, "Economic Action and Social Structure: The Problem of Embeddedness," *American Journal of Sociology* 91(3), pp.481-510.

- Grossman, G. and Rossi-Hansberg, E., 2006, "Trading tasks: a simple theory of offshoring," unpublished paper, Princeton University.

- Henderson, J., Dicken, P., Hess, M., Coe, N. and Yeung, H. W.-C., 2002, "Global Production Networks and the Analysis of Economic Development," *Review of International Political Economy* 9(3), pp.436-464.

- Hess, M. and Yeung, H. W-C, 2006, "Whither global production networks in economic geography? Past, present, and future: How did it all begin? Genesis of the global production networks framework in economic geography," *Environment and Planning A* 38, pp.1193-1204.

- Jones, R. W. and Kierzkowski, H., 1990, "The role of services in production and international trade: A theoretical framework," in Jones R. W., Krueger A. O.(eds), *The Political Economy of International Trade*: Essays in Honor of R. E. Baldwin, Oxford: Blackwell, pp.31-48.

- Kimura, F., 2006, "International production and distribution networks in East Asia: eighteen facts, mechanics and policy implications," *Asian Economic Policy Review* 1, pp.326-344.

- Kimura, F., (2009), "The Spatial Structure of Production/Distribution Networks and Its Implication for Technology Transfers and Spillovers," *ERIA Discussion Paper Series* No.2. Jakarta: ERIA, March.

- Kimura, F. and M. Ando, 2005, "Two-dimensional Fragmentation in East Asia: Conceptual Framework and Empirics," *International Review of Economics and Finance* 14(3), pp.317-348.

- Kuchiki, A., 2006, "An Asian Triangle of Growth and Cluster-to-Cluster Linkages," *Discussion Paper* 71, Institute of Developing Economies.

- Milberg, W., 2004, *The changing structure of international trade linked to global production systems: what are the policy implications?*, Working Paper 33, Policy Integration Department World Commission on the Social Dimension of Globalization International Labour Office, Geneva.

- Porter, M. E., 1980, *Competitive Strategy: Techniques for Analyzing Industries and Competitors*, New York:

The Free Press.

• Shintaku, J., Ogawa, K. and Yoshimoto, T., 2006, *Architecture-based Approaches to International Standardization and Evolution of Business Models*, MMRC Discussion Paper 96, University of Tokyo.

• Sturgeon, T., 2002, "Modular production networks: a new American industrial organization," *Industrial and Corporate Change* 11(3), pp.451-496.

• Sturgeon, T., Van Biesebroeck, J and Gereffi, G., 2008, "Value chains, networks and clusters: reframing the global automotive industry," *Journal of Economic Geography* 8(3), pp.297-321.

• Vernon, R., 1966, "International Investment and International Trade in the Product Cycle," *Quarterly Journal of Economics* 80(2), pp.190-207.

• Wixted, B., Yamano, N. and Webb, C., 2006, "Input-output analysis in an increasingly globalized world: applications of OECD's harmonized international tables," *STI/Working Paper* 2006/7, OECD.

11 자본과 금융 네트워크

서봉만

1. 서론

　20세기 후반 이후 세계 금융시장은 급격한 변동을 겪어 왔다. 1980년대 초반 남미 여러 나라의 채무불이행 이후 금융시장의 주요 행위자가 정부와 공공기관으로부터 기업과 금융기관으로 바뀌었으며, 은행을 매개로 한 대부와 대출이 아닌 새롭게 개발된 금융상품들의 시장 거래가 금융의 핵심으로 부상하였다. 그와 동시에 금융거래도 양적으로 급격하게 팽창하였다. 같은 시기에 미국과 유럽 여러 나라들은 낮은 성장률과 생산성이 정체되어 있던 제조업 중심의 전통적인 산업 구조에서 벗어나 정보통신업과 금융산업을 포함하는 신성장 산업 육성을 도모하기 시작하였다. 특히 기축통화인 달러와 국제 금융센터인 뉴욕을 바탕으로 미국은 본격적으로 금융산업의 성장을 지원하고 나섰다. 이 과정에서 개발도상국의 금융 규제 완화를 유도하여 새로운 금융상품으로 무장한 미국 금융기관들의 국제화를 지원하였다. 이러한 미국의 움직임은 구미 국가들에 의해서도 경쟁적으로 도입되었다. 그 결과, 이제까지 투자자의 저축을 은행들이 대부를 통해 채무자들에게 매개(intermediation)하는 간접 금융 방식에서, 자금이 필요한 기업이나 기관들이 금융시장에서 다양한 금융상품의 거래를 통해 직접적으로 자금을 조달하는 직접 금융 방식으로 금융산업의 중심이 이동하게 되었다. 이러한 금융산업의 변화는 금융기관들이 자금을 모으고 다시 배분하는 일련의 과정에 많은 변화를 가져왔는데, 그중 가장 주목할 만한 것은 금융기관들이 중심이 되어 새로운 형태의 네트워크를 다양한 지리적 스케일에서 생산하였다는 것이다. 예를 들어, 은행들은 차관단(syndicate)을 구성하여 합병과 같은 대규모 국제적 금융거래에 참여하는 빈도가 증가하였으며, 우회 투자를 통해 본연의 기능 외에 금융시장 내 상품 거래에도 관여하게 되었다. 증권사들도 새로운 금융상품을 개발하여 지리적으로 다양한 투자자들을 자신들의 금융거래 네트워크로 포섭하였으며, 금융거래를 촉진하는 신용 평가 및 관련 위험 관리 기관들과의 관계도 한층 강화해 오고 있다. 따라서 새로운 금융시장의 거래와 이를 가능하게 한 금융 네트워크의 관련성에 대해서 주목하고, 이러한 변화의 지리적 성격을 규명해 내는 것이 필요하다.

금융 네트워크에 관한 관심은, 1990년대 금융 환경의 변화를 배경으로 발생한 1997년 아시아 경제 위기와 2007년 미국 서브프라임 경제 위기의 전개 과정에서, 위기의 충격파가 금융과 실물 경제의 연결 고리를 타고 위기의 진원지인 아시아와 미국을 넘어서 다른 지역으로 광범위하게 확산되는 현상을 보이면서 한층 고조되었다. 특히 경제학자들은 경제 위기가 여러 지역으로 전염확산(contagion) 되는 과정에 관심을 가지게 되었는데, 이 과정에서 자연스럽게 금융기관들 간의 금융거래 네트워크의 작동 방식에 관한 연구들이 활발하게 진행되었다. 그 밖에도 다양한 금융상품의 개발로 금융거래의 중심이 은행으로부터 다양한 금융기관들로 구성된 금융시장으로 넘어가면서, 금융 네트워크는 은행과 증권회사와 같이 성격이 다른 종류의 금융기관들과 이를 보조하는 금융거래 관련 생산자 서비스 기관들로 구성된 복합적인 형태로 진화하였다. 2007년 서브프라임 위기의 발생 과정에서 드러난 다양한 형태의 은행과 비은행 금융기관들 간의 네트워크를 통해 생겨난 그림자 은행(shadow banking)과 유동성 위기를 극복하기 위해 금융기관들이 지분 판매를 통해 국부펀드로부터 자금을 조달하는 과정에서 만들어진 시장과 국가를 넘나드는 하이브리드 네트워크에 이르기까지 금융 네트워크의 성격은 나날이 복합적인 양상으로 진화하고 있다(Pistor, 2009).

이 장에서는 다양하게 진행되고 있는 금융 네트워크 관련 연구들을 분야별로 나누어 살펴보고, 이 연구들의 지리학적 의의를 성찰하고자 한다. 먼저, 일반적인 금융론에서 네트워크 개념이 원용되는 과정과 경제사회학을 비롯한 인접 학문에서 네트워크 개념들을 이용해 금융 현상을 분석한 연구들을 검토한다. 두 번째로, 탈규제화와 디지털화로 대표되는 금융 환경의 변화

속에서 여전히 지리가 금융시장을 이해하는 데 중요하다는 것을 금융센터에서 이루어지는 금융상품 생산과정에서 금융 네트워크의 역할을 중심으로 살펴본다. 아울러, 금융센터들 간의 네트워크를 통한 연계가 개별 센터들에서의 금융 활동에 미치는 영향을 검토한다. 세 번째로, 다양한 금융 흐름의 기저에서 작동하는 금융 네트워크의 실제 작동 방식에 대해서 국부펀드와 신디케이트 신용 시장에 대한 사례 연구를 통해 살펴본다. 마지막으로, 금융 네트워크가 지닌 지리적 함의를 정리하면서 글을 맺고자 한다.

2. 금융 네트워크를 보는 관점들의 진화: 금융경제학과 경제사회학계 논의를 중심으로

전통적인 금융론은 유진 파마(Fama)의 효율적 시장 가설(efficient market hypothesis)에 기초하여 발전해 왔다(Fama, 1970). 파마는 1970년에 발표한 논문에서 금융시장은 상품 가격이 모든 정보를 반영하는 효율적 시장이라는 가설을 체계적으로 발전시켰다. 효율적 시장 가설에 기초한 금융 이론들은 정상적인 금융시장 거래에서는 시장 참여자들이 가용한 최대한의 정보를 이용해서 무작위의 상대방과 거래를 하게 되는데, 이 과정을 통해 시장에 존재하는 정보가 충분하게 반영된 금융상품의 균형가격이 도출된다고 주장한다. 1990년대 네트워크 이론을 원용한 경제학자들은 네트워크를 금융시장의 불완전성을 보완하고 효율적인 정보 교환과 위험 관리를 위한 수단으로 간주한다(Allen and Babus, 2009). 이러한 전통적인 견해는 1990년대 이후 네트워크 이론이 경제학 일반 및 금융 이론에 적용되면서 도전을 받게 되었다.

경제학계의 금융과 네트워크에 관한 최근의 연구 흐름은 크게 두 가지로 볼 수 있다. 이는 네트워크 구조가 금융 동학이 시공간적으로 전개되는 방식에 미치는 영향에 관한 연구와 금융시장에서 다양한 행위자들이 네트워크를 형성하는 과정에 관한 연구이다(Allen and Babus, 2009). 전자의 경우, 금융기관들 간의 거래 네트워크를 통해 한 금융기관의 파산이 동일한 네트워크에 참여하고 있는 다른 업체로 확산이나 흡수되는 과정에 대해 이론적으로 또는 경험적으로 살펴보는 연구가 대부분이다. 최근에 관심을 끄는 연구들은 20세기 후반부터 지속적으로 발생해 온 경제 위기의 확산과 관련하여, 1990년대 이후 형성되어 온 금융 네트워크들이 경제 및 금융 안정성에 미친 영향들에 대한 것들이다. 대체로 경제학자들은 금융기관들 간의 연결이 촘촘한 네트워크일수록 전염확산으로 인한 위험을 감소시킨다고 주장한다(Allen and Gale, 2000; Freixas, Parigi, and Rochet, 2000). 여러 금융기관들 간의 조밀한 연결이 특정 금융기관의 지급불능으로 인한 손해를 전체 네트워크 참여 기관들로 분산시켜 시스템의 복구 능력을 강화시킨다는 것이다. 주로 경제학자의 수리적 상상력에 의존해 수행된 연구 결과들은 네트워크의 구조가 금융시장 내 개별 행위자들의 위기 분담과 전체 금융 시스템의 안정에 미친 영향에 대한 가설적 결론들을 생산해 내었다(Allen and Babus, 2009; Nagurney, 2008; Gale and Kariv, 2007).

게일과 카리브(Gale and Karive)는 금융시장을 합리적인 개인들의 무작위적인 거래의 집합으로 보는 전통적인 관점에 의문을 제기한다. 그들은 기존의 금융론에서 가정하고 있는 완전한(complete) 네트워크상에서의 무수한 거래자들 간의 무작위적인 거래는 실제 금융시장에서는 찾아보기 힘들기 때문에, 한정된 거래자들 간의 비대칭적인 거래 관계로 이루어진 네트워크 형태로서 금융시장을 연구해야 한다고 주장한다(Gale and Kariv, 2007). 그들은 현실 세계에서의 금융거래는 정보의 비대칭성, 거래 비용, 그리고 거래 상대방이 계약대로 이행하지 못할 위험(counter party risk) 등 다양한 형태의 시장 불완전성을 수반하는데, 금융시장 참여자들은 네트워크를 형성하여 이러한 금융거래의 불완전성을 수정·보완할 수 있다고 주장한다. 그들의 연구는 현실 세계의 네트워크에 대한 경험적인 데이터를 분석하기보다는 추상적 수리 모델을 이용해 금융 네트워크의 불완전성이 최초의 투자자와 마지막 대출자 사이에 존재하는 다수의 매개자들로 이루어진 네트워크를 통해 극복될 수 있다는 개연성을 수리적으로 제시하는 데 초점을 두었다. 그 결과, 네트워크 개념이 신고전파 금융론의 이론적 틀을 공고히 하는 새로운 변수로서 취급하려는 시도에 가까웠다. 게일과 카리브의 논의 중에서 한 가지 흥미로운 점은, 추상적 모델을 통해서 금융 네트워크의 존재가 외부 경제 상황이 정상적일 경우에는 효율적인 시장 거래를 촉진시키는 반면, 위기 상황에서 단기적 충격을 빠르게 전파시켜 경제 시스템을 상당히 취약하게 만들 수 있다는 점을 지적하고 있다는 것이다. 이 점에서 그들의 논의는 최근 세계 경제 위기의 성격 및 전개 유형이 단순히 다양한 금융시장의 변화가 우연히 결합한 결과가 아닌, 일정 정도 구조적인 측면이 있음을 시사한다.

후자와 관련해서는, 금융 정보의 교류 및 생산이나 위험 분산을 위한 효율적인 금융 네트워크의 구성 과정에 대한 연구가 진행되었다. 일단 경제학자들은 금융 네트워크가 개별 금융 행위자들을 금융 위기의 전염확산으로부터 보호해 줄 것이라는 것에 대체로 동의한다. 금융 네트워크를 통한 경제 위기의 전염확산으로부터 개별 행위자를 보호하기 위해서는 일정 임계값(threshold) 이상의 네트워크 연결이 필요하며, 이를 달성함으로써 개별 행위자들은 보호받을 수 있기 때문에 금융 네트워크에 참여하는 것이라고 주장한다. 이런 의미에서 금융 네트워크에 참여하는 것은 금융시장 참여자들에게는 일종의 보험과도 같은 것이다(Allen and Babus, 2009). 하지만 네트워크의 구성 과정에서 발생하는 비용 문제와 위험 분담 효과를 종합적으로 고려한 네트워크의 최적한 방안을 찾아야 한다는 주장이 제기되었다(Leitner, 2005). 라이트너(Leitner)는 최적의 금융 네트워크 구조를 찾기 위해서는 네트워크의 확대가 위험 분담 효과를 증가시키는 양의 효과와 동시에, 관련 거래 비용의 증가와 전염확산의 가능성을 높인다는 음의 효과 간의 상쇄 효과를 고려하여야 한다고 주장한다(Leitner, 2005).

경제학자들은 지리적 공간, 특히 거리가 금융시장 참여자들 간의 네트워크 형성 과정에서 중요한 고려 요소라는 점을 지적하였다. 경제학자들은 네트워크의 참여자들 간 지리적 거리가 늘어날수록 동일한 충격에 다르게 반응할 확률이 높기 때문에 위험 분산 또는 분담 효과의 경우 높게 나타나며, 반대로 협정에 대한 강제성 부여의 경우에는 지리적 거리가 늘어날수록 효과가 낮다고 주장한다(Allen and Babus, 2009). 페이샴프와 구버트(Fafchamps and Gubert)는 마이크로 금융 네트워크 사례 연구를 통해 개인들이 위험 분담 효과가 협정 강제성을 부여하지 않고는 담보되기 어렵기 때문에, 네트워크 참여자들 간의 근접성을 고려하여 위험 분담 협정에 참여한다고 주장하였다. 이들의 연구는 금융 네트워크의 형성과 관련한 행위자들의 고려 요소로 공간이 포함되었다는 점에서 향후 경제학적 연구에 많은 시사점이 있다(Fafchamps and Gubert, 2007).

이상의 경제학적 연구들은 기존의 경제학적 모델을 보완하는 도구로서 네트워크를 하나의 새로운 변수로 취급하고, 네트워크를 구성하는 결절들 간의 관계를 수평적 또는 대칭적 관계로 보는 행태·기능주의적 경향을 띤다는 점에서, 네트워크를 구성하는 결절들 간의 관계를 비대칭적 역학 관계로 파악하며, 이러한 관계들이 시공간 속에서 동태적으로 진화해 가는 과정에 초점을 둔다는 여타 사회과학적 접근과 다르다고 할 수 있다(이왕휘, 2010). 경제학계에서도 최근에는 기존 경제학자들의 관심의 초점이었던 차익거래(arbitrage)[1] 위험 관리 그리고 효율적 자본 배분 등을 달성하기 위한 금융 네트워크와 더불어 금융거래 과정에 관여하는 의사 결정자들 간의 사회적 네트워크, 그리고 전자거래와 관련된 전산망과 같은 물리적 네트워크들 간의 상호작용을 통합적으로 연구하려는 시도도 보인다(Nagurney, 2008). 하지만 여전히 경제학자들이 네트워크를 하나의 균형 모델의 새로운 요소로서 포섭하려고 하고 있다는 점에서, 네트워크를 다양한 금융 공간을 구성하는 사회관계의 일부로서 여타의 사회기술적 구성물들과 함께 금융거래를 규정짓지만, 그 과정이 반드시 효율적인 균형으로 수렴되지는 않는다고 보는 경제사회학과 관련 분야 연구자들과는 다르다(Seo, 2011).

경제사회학자들은 금융 현상들이 단순히 경제적 신호들에 의해 일방적으로 결정되는 것이 아니라, 지역에 뿌리내린 다양한 금융 네트워크의 특성 및 형태가 금융 현상들에 역으로 영향을 미치기도 한다고 주장한다. 브라이언 우지(Uzzi)는 개별 기업들이 지닌 금융 네트워크의 포트폴리오가 기업들의 자금 조달력에 영향력을 미친다고 주장한다(Uzzi, 1999). 그는 일부 지역 금융기관들과 지역에 뿌리내린 밀접한 거래 관계를 확보하고 있는 동시에, 다양한 여타 금융기관들과 느슨한 거래 관계를 유지하는 기업들이 한 가지 거래 유형에만 집중하는 기업들에 비해 더 나은 조건으로 자금을 조달하고 있다는 것을 사례를 통해 보여 주고 있다. 우지에 따르면, 네트워크를 구성하는 다양한 관계 유형들 사이에 존재하는 일종의 상호 보완성(network complementarity)이 네트워크에 참여하는 기업들에게 좀 더 다양한 기회와 더 나은 성과를 제공한다는 것이다.

또한 경제사회학자들은 경제적 논리를 추구하기 위한 전략으로서 네트워크의 역할에 대해서도 주목한다. 조엘 포도니(Podolny)는 협조금융시장(syndicated credit market)에서 투자은행들 사이에 존재하는 네트워크 유형에 관한 연구를 통해 시장 환경의 변화에 따라서 투자은행들의 네트워크 형성과 관련된 행태가 변한다는 사실을 보여 준다(Podolny 1993; Podolny 1994). 포도니는 시장 불확실성이 증가할수록 정보 획득과 관련된 거래 비용을 줄이기 위해 비슷한 지위나 명성을 가진 투자은행들 간의 협력이 활발하게 진행되는 지위 동질성(status homophily)이 강화되거나 기존에 협력 관계에 있던 투자은행들 간의 거래가 활발해진다고 주장한다. 즉, 우지나 포도니와 같은 경제사회학자들의 경우, 네트워크의 성격과 형태가 경제적 효율성에 영향을 미치거나 경제적 합리성이 네트워크의 성격과 형태를 규정짓는다고 주장하고 있다는 점에서, 경제적 논리에 대응하는 네트워크 논리가 있다고 본다는 점에서 경제학자들보다는 능동적으로 네트워크를 인식하고 있다.

기업의 투자 및 경영활동을 관리하는 거버넌스 네트워크도 경제사회학자들이 관심 있게 연구하고 있는 분야이다. 뉴엔당(Nguyen-Dang)은 최고경영자와 이사회의 구성원인 사외 이사들이 같은 사회적 네트워크에 속해 있을 경우에는 낮은 성과에도 불구하고 실직할 가능성이 낮으며, 만약 실직을 했을 경우에도 이러한 사회적 네트워크를 통해 구직에 성공할 가능성이 높다고 주장한다(Nguyen-Dang, 2012). 이 밖에도 유사한 연구들이 사회적 네트워크가 기업의 거버넌스에 부정적인 영향을 미친다는 사례들을 보여 주고 있다(Kramarz and Thesmar, 2006). 이러한 연구들은 네트워크가 기존의 경제 시스템을 보완하기보다는 여러 가지 취약한 부분들을 들춰내고 악용하는 기제로서 이용될 수 있다는 점에서 경제사회적 효율을 저해할 수 있다는 점을 지적한다.

위에서 언급한 접근들은 기존의 사회과학에서 간과되었던 네트워크의 경제사회적 의미를 발굴해 내고 새로운 방법론을 제시하였다는 점에서 의의가 있다. 한 가지 아쉬운 점은 네트워크의 형성과 영향력을 행태기능적인 면을 중심으로 인식하고 있다는 점이다. 그 결과, 네트워크를 구성하는 주체들에 관한 논의와 네트워크를 구성하는 행위자들 간의 역학관계에 대한 고려가 충분하지 못하다는 한계를 드러내고 있다(이왕휘, 2010). 네트워크 권력에 대한 연구는 김상배(2008)가 지적하듯이, 네트워크로부터 나오는 권력(power from the network), 네트워크상에서 발휘되는 권력(power on the network), 그리고 네트워크 자체가 행사하는 권력(power of the network) 등으로 복합적인 측면으로 구성되어 있다는 어려움이 있다.

세계 금융시장의 작동 방식을 이해하기 위해서는 관계적 금융 공간에서 작동하는 이러한 권력들 간의 상호작용에 대한 이해가 필요하다. 불완전한 시도이지만, 이왕휘(2010)는 메이도프와 스탠포드의 국제금융 사기를 사례로 개인이 비대칭적이고 수직적인 관계들을 이용하여 금융 네트워크를 사유화하고 직접적으로 관계가 없는 제3자들에게 위험을 전가하는 과정을 보여 주었다. 이 과정에서 메이도프와 스탠포드는 네트워크로부터 발생하는 권력을 독점하고 여타의 네트워크 참여자들에게 자신들의 영향력을 발휘하는 과정을 통해 네트워크를 일정 기간 지속적으로 재생산하는 데 성공하였다.

이상에서 살펴본 바와 같이, 금융 네트워크는 다양한 학문적 접근들에 따라 시장의 불완전성을 보완하는 기제로서, 경제적 상황에 대응하는 금융기관들의 전략적 산물로서, 그리고 경제사회 공간을 지배하기 위한 권력 기제로서 작동하고 있다. 다만, 이러한 논의 속에서 공간 및 지리에 대한 고려가 아주 제한적으로 이루어지고 있다는 점은 아쉽다.

3. 금융 네트워크와 금융센터들

금융 현상과 관련하여 지리학자들에게 가장 친숙한 주제는 금융센터이며, 이들은 다양한 형태로 네트워크 개념과 연결되어 있다. 1990년대 중반 이후 진행된 지리학계의 논의를 통해 금융센터를 설명하는 데 중요한 개념으로 네트워크 개념이 자리 잡게 되었다. 지리학계에서 금융센터에 관한 논의가 활발하게 진행된 계기는 1992년에 발간된 리차드 오브라이언의 저서 『범세계적 금융 통합: 지리의 종언』에서 탈규제화와 정보통신기술의 발전이 범세계적 금융 통합을 이룰 것이며, 그 결과 지리는 더 이상 금융 현상을 이해하는 데 중요하지 않을 것이라고 주장한 것이었다. 오브라이언의 주장을 반박하기 위해 지리학자들은 금융의 탈규제화와 디지털화에도 불구하고 여전히 주요한 금융거래는 금융센터라는 지리적 집적에 의존하고 있음을 지적하면서, 지리는 무의미해진 것이라기보다는 재구성되었음을 강조하였다. 구체적으로 국제금융거래를 둘러싼 다양한 금융기관들 및 관련 수요와 공급 사슬을 구성하는 기업들 간의 네트워크 관계(urbanization logic), 금융상품의 생산과정에서 금융기관들 간의 정보 공유 네트워크의 존재(localization advantage), 그리고 많이 줄었지만 여전히 존재하는 제도와 규제 수준의 차이(institutional and regulatory advantage) 등의 세 가지 요소를 통해 금융센터가 변화된 국제금융 환경 속에서도 중요성이 강화되기 때문에 새로운 금융 공간을 구성해 나가는 과정에서 중요한 역할을 하고 있다고 지리학자들은 주장한다(Faulconbridge et al., 2007). 특히 당시 태동하고 있던 '관계성 지향(relational turn)'이라는 학계의 움직임에 기대어, 금융센터 내 금융시장 참여자들 간의 사회적 네트워크가 금융상품 생산에 중요한 역할을 한다는 주장이 여러 학자들에 의해 제시되었다(Leyshon, 1997; Pryke and Lee, 1995; Thrift and Leyshon, 1994). 또한 이러한 주요 금융센터에 뿌리내린 국지화된 네트워크들 간의 교류가 금융 산업 국제화에 중요한 역할을 해 왔다는 점도 지적되었다(Agnes, 2000).

지리학자들의 금융센터에 관한 논의들은 기존의 경제학적 연구에 시사하는 바가 크다. 초기의 경제학자들은 금융센터들 간의 수직적 계층 구조와 유형에 초점을 맞춘 연구들을 진행하였는데, 대부분 금융기관들의 자회사 및 지사들 간의 네트워크 연계들의 중첩 정도를 측정하여 국제금융센터들의 계층성을 연구하였다(Davis, 1990; Gehrig, 2000; Reed, 1983; 1981; Tschoegl, 2000; Choi, Park, and Tschoegl, 1996; Choi, Tschoegl, and Yu, 1986). 그런데 자회사나 지사들의 수를 통해 측정된 상호 연결성은 실제 국제금융기관들의 국제적 네트워크의 깊이와 폭을 표현하는 데는 한계를 지닐 수밖에 없으며, 국제금융센터에서 금융상품의 생산과 소비를 매개하는 다양한 관계적 네트워크를 통해 표출되는 장소성(sense of place)을 충분히 밝혀낼 수 없다(Seo, 2011). 실제로 금융 위기가 전개되는 과정에서 다양한 형태의 관계적 네트워크가 작동하면서 개별 금융센터들 내부에서는 일정 정도 동질적인 정보가 공유되고, 센터들 간에는 정보의 이질성이 포착되었는데, 이는 금융시장의 통합이 여전히 제한적임을 나타내고 있다(Clark and Wójcik, 2001). 따라서 금융센터들의 내부와 외부에서 작용하는 다양한 형태의 금융 네트워크를 주목할 필요가 있다.

최근에 진행되고 있는 금융센터와 네트워크에 관한 논의 중의 하나는 금융 환경의 변화가 금융센터 간의 경쟁과 협력에 미친 영향을 검토하는 것이다. 특히 전자금융의 활성화로 인해 물리적 증권거래소의 중요성이 약화되고, 나날이 확장되는 증권거래소 참가자들의 국제화를 내부화하기 위해 거래소 간 합병이 계획되거나 시도되었다. 기존 금융 집적의 형성 과정에서 핵심 요소로 간주되었던 거래소 간의 합병은 개별 국제금융센터들의 경쟁력에 영향을 미쳤는데, 암스테르담의 사례는 이와 관련하여 시사하는 바가 크다(Faulconbridge et al., 2007). 1996년에 런던의 세계 금융시장에서의 영향력과 이를 뒷받침하는 막강한 유동성에 대항하기 위해 파리, 브뤼셀 그리고 암스테르담 증권거래소들 간 합병이 이루어졌고, 그 결과 당시로서는 유일한 초국적 거래소인 유로넥스트(Euronext)가 탄생하였다. 유로넥스트의 도입 초반에는 외국 금융기관의 진입이 늘면서 암스테르담 금융산업은 전반적으로 성장하였다. 하지만 시간이 흐르면서 차츰 네덜란드 국적의 금융기관들이 외주를 증가시키면서 고용 감축이 일어나게 되었고, 외국 금융기관들도 영업의 많은 부분을 런던의 사무실과 원격으로 진행하게 되면서 암스테르담은 유럽 금융센터 네트워크상에서 상대적으로 쇠퇴하였다(Faulconbridge et al., 2007). 이러한 사례들은 암스테르담의 경쟁력이 금융센터로서의 자체 특성이나 금융상품들 간의 보완성 외에도 여타 유럽의 금융센터들 간의 관계네트워크에 의해 영향을 받고 있음을 보여 준다(Faulconbridge et al., 2007).

하지만 금융센터들 간의 관계 네트워크는 개별 센터들이 위치하고 있는 국가의 사회경제적 제도와 지속적으로 상호작용을 하면서 이들의 상대적 성공과 실패에 영향을 미친다. 엥겔렌과 그로테(Engelen and Grote)는 암스테르담과 프랑크푸르트의 비교 연구를 통해 증권거래소들 간의 합병과 가상화(virtualization)가 개별 센터들에 전혀 다른 결과를 낳았다고 주장하였다 (Engelen and Grote, 2009). 네덜란드의 경우에는 금융산업의 발전이 자국 금융 행위자들 및 자본의 세계화와 함께 진행되어, 가상화로 인한 변화가 기존의 암스테르담을 유지했던 구심력과 원심력의 균형을 와해시키고, 많은 금융 활동을 런던으로 이전시키는 결과를 가져왔다. 반면, 독일의 경우에 프랑크푸르트 역시 일부 런던으로 금융 활동 이전이 있었지만, 기존의 관리 조율에 바탕을 둔 독특한 시장경제 전통이 여전히 건재하여 기업들의 은행 자금에 대한 의존도가 높고 지역적 차원의 자본 순환이 계속 유지되어 증권거래 가상화로 인한 영향이 상대적으로 낮음을 보여 주었다.

세토렐리와 페리스티아니(Cetorelli and Peristiani)는 기업공개(IPO) 자료를 이용하여 전 세계 주요 금융센터들을 대상으로 최초 상장하는 기업의 자국 시장 내 금융센터와 최초 기업공개가 이루어진 금융센터들 간의 투자 흐름을 행렬로 구축하여 사회적 네트워크 기법을 통해 분석하였다(2009). 이들은 다양한 네트워크에 속해 있는 개별 금융센터의 경쟁력을 기업공개 액수 등과 같은 속성 자료로 파악하는 것은 한계가 있다고 주장하는 동시에, 센터들의 금융시장에서의 지위를 네트워크 변수들[사이성(betweenness)], 네트워크상에서 특정 결절과 모든 여타의 결절과의 연결 관계 속에서 중개자로서의 역할을 측정하는 지표와 지위[(prestige) 지표]를 이용하여 측정하는 것이 더 유의미하다고 주장하였다. 세토렐리와 페리스티아니의 연구는 최근 뉴욕 금융시장 활동이 누계상으로는 쇠퇴하고 있는 것처럼 보일 수 있어도 실제로는 국제금융거래 관계상의 지위나 영향력은 여전히 예전과 비슷하게 유지되고 있음을 네트워크 분석을 통해 경험적으로 보여 줬다는 점에서 의의가 있다. 이와 같이 네트워크는 속성 데이터로는 보여 줄 수 없는 노드들의 특성들을 분석에 담아낼 수 있다는 점에서 기존의 연구들과는 다르다.

이상의 연구들에서 금융센터는 다양한 금융 네트워크에 의해 구성되는 관계적 공간으로 인식되고 있다. 따라서 개별 금융센터의 속성뿐만 아니라 다양한 금융 네트워크로 연결된 여타 금융센터와의 관계를 함께 고려하지 않고서는 금융센터들의 성쇠를 이해하기 힘들다. 그리고 금융센터는 새로운 금융 네트워크의 생성을 촉진하는 인큐베이터 역할도 한다는 점에서 양자 간의 관계를 통합적으로 이해하는 것 역시 필요하다.

4. 금융 흐름과 금융 네트워크

금융지리학적 분야에서 상대적으로 연구가 덜 진행된 분야가 금융 흐름의 지리적 특성과 이와 관련된 네트워크의 작동 방식에 대한 탐구이다. 국제적인 거래의 규모와 성격이 복잡해짐에 따라 금융기관이나 투자자들은 다양한 형태의 금융 네트워크를 구성하여 자금을 모으고 배분하며, 그 결과는 지역 및 국가 경제의 발전에 직간접적으로 영향을 미친다. 바바라 갈슨(Garson)은 『돈이 세상을 돌게 한다(Money makes world go around)』라는 저서에서 금융기관들과 그들이 운영하는 금융상품 시장들을 매개로 형성된 금융 네트워크를 통한 돈의 흐름이 세계 곳곳의 경제와 사람들의 삶에 어떻게 영향을 미치는지를 추적하였다(2001). 구체적으로는 1997년 아시아 위기로 인한 동남아시아 지역 경제의 붕괴와 1990년대 중반 미국 내의 합병이 중서부 지역의 공장 폐쇄와 실업 문제 등에 미친 영향들이 결국은 금융 네트워크를 통한 자본의 흐름과 밀접히 관련되어 있다는 것을 다양한 사례를 통해 지적하고 있다. 이 절에서는 국부펀드와 협조금융시장을 사례로 한 연구들을 통해 금융 흐름의 이면에 존재하는 다양한 형태의 금융 네트워크의 작동 방식과 국제경제의 현실에 대한 함의를 살펴보고자 한다.

1) 금융 위기와 새로운 금융 네트워크의 형성: 국부펀드의 부상[2]

국부펀드는 국가가 재정 흑자 및 수출을 통해 축적된 잉여 자금을 재원으로 구성하여 운영하는 펀드인데, 원유 수출을 통해 축적된 부를 관리하기 위한 수단으로서 중동 지역 국가들에 의해 20세기 중반 이후부터 존재해 왔다. 동아시아에서는 외환 위기 이후 경상수지가 흑자로 전환되고 막대한 외환 보유액을 축적하게 되는데, 국내에서도 2005년에 한국투자공사를 설립하면서 국부펀드를 보유하게 되었다. 국부펀드의 등장은 금융시장을 규제하고 관리해야 하는 주체인 정부가 투자자로 금융시장에 참여한다는 점에서 기존 거버넌스 체계에 근본적인 변화를 초래하는 계기가 되었다. 그리고 2007년 금융 위기 때, 국부펀드가 서구 금융기관들을 구제하는 과정에서 지분 참여를 하게 되면서, 아시아 국가들과 서구 금융기관들이 초국적 투자 관계로 얽히면서 한층 더 복합적인 양상으로 발전하였다. 이러한 국제금융시장의 변화는 새로운 금융 네트워크의 형성 과정과 거버넌스의 지리학에 대한 연구의 필요성을 제기한다.

피스톨(Pistor, 2009)은 2007년 이후 금융 위기가 전개되는 과정에서, 시스템의 유동성 위기를 해결하기 위해 서구 금융기관과 국부펀드들이 지분 참여 등을 통한 초국적 투자를 추진하면서 새로운 금융 네트워크를 형성하는 과정과 이 과정에서 야기된 새로운 양상의 거버넌스 문제를 다루고 있다. 피스톨은 2007년 이후 국제금융시장의 변화를 설명하면서 금융시장 참여자들의 위험 회피 전략에 주목한다. 그는 금융 위기에 대처하는 과정에서 금융시장 참여자들이 단순히 자신들의 금융 투자에 대해서만 위험 회피를 하는 것이 아니라, 거시적인 면에서 새롭게 등장할 금융시장의 제도적 불확실성에 대해서도 위험 회피 전략을 수립한다는 점을 스타크(Stark)의 조직 위험 회피(organizational hedging) 개념을 원용하여 주장하였다(Stark, 1996; Pistor, 2009). 즉, 2007년 위기를 계기로 범세계적 금융 질서는 금융시장 중심의 앵글로색슨 금융 모델로 수렴할 것이라는 판단에 근본적인 회의를 가져왔으며, 위기 해결 과정에서 임박한 금융 시스템의 붕괴와 미래 거버넌스 체계의 불확실성에 대한 대처 과정에서 새롭게 조직된 금융 네트워크들의 역할에 주목하기 시작했다.

피스톨은 전통적으로 국가와 은행들은 각각의 영역에서 별개의 네트워크를 통해 작동하였는데, 2007년 이후 위기에 대처하는 과정에서 양자의 네트워크가 결합되었다고 주장한다(Pistor, 2009). 그는 사례 연구를 통해 위기 극복 과정에서 영국의 바클레이와 미국의 시티그룹이 각국 정부 및 국부펀드들과 전략적으로 관계를 협상한 결과, 정부를 배제한 채 국부펀드와 은행들이 결합된 금융 네트워크를 형성하였음을 보여 주었다. 금융 위기 상황에서 바클레이는 영국 정부의 구제금융을 거부함으로써 배당금 지불 및 국내 대부 정책 등 다양한 측면에서 전략적 유연성을 유지하였으며, 바클레이의 이사회와 주주들도 이를 긍정적으로 받아들였다. 피스톨에 따르면, 운용할 수 있는 자산의 규모 면에서 국부펀드들이 영국 정부를 능가했으며, 자산 운용과 관련한 유연성에서도 국부펀드가 유리하였기 때문에 바클레이가 국부펀드를 선택한 것은 당연한 전략적 선택이었다. 결과적으로 영국 정부는 국부펀드가 포함된 새로운 금융 네트워크의 발전 과정에서 별다른 역할을 하지 못했다.

시티그룹의 경우, 위기의 초반에는 국부펀드에 의존하였지만 상황이 악화되면서 미국 정부가 여러 차례에 걸친 지분 투자를 통해 시티그룹의 경영에 참여하게 되었다. 바클레이에 의해 배제된 영국 정부와 달리 미국 정부는 시티그룹의 이후 자본 재확충(recapitalization) 과정에서 주도적으로 기존 투자자들인 중동 및 아시아의 국부펀드들과 여타 주주들의 지분 관계를 재조정

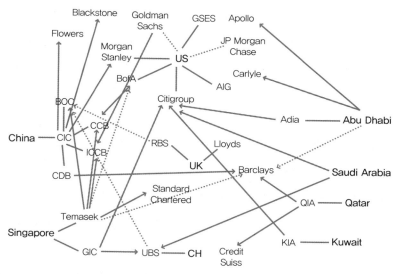

[그림 11-1] 국부펀드와 구미 은행들 간의 새로운 금융 네트워크
출처: Pistor(2009), p.588

하는 등 적극적인 거래 중개자 역할을 수행하였다.

바클레이와 시티그룹의 사례는 이제까지 서로 다른 제도적 환경에서 거의 독립적으로 운영되어 왔던 국부펀드와 국제은행들 간의 구조적 공백(structural holes)들을 새롭게 형성된 금융 네트워크가 채워 주는 과정과 그 과정 속에서 국부펀드와 정부의 다양한 역학 관계를 잘 보여 준다(그림 11-1 참조). 피스톨은 국부펀드가 은행들의 지분을 획득하면서 국제은행, 국가, 그리고 국부펀드가 공동 이해 참여자로서 기능하는 새로운 금융 네트워크가 형성되었다고 주장하였다(Pistor, 2009).

2) 국제 협조융자 시장의 은행들 간의 네트워크 지리[3]

협조융자(syndicated loan)는 국제적인 융자에서 많이 발생하는데, 은행들이 차관단(syndicate)을 구성하여 동일한 계약 조건으로 대출자에게 대부를 함으로써 위험을 차관단에 참여하는 여러 은행들에게 분산하는 금융상품이다. 협조융자를 위해 만들어지는 차관단은 융자의 여러 가지 거래 방식이나 조건 및 구성 등을 결정하고, 실질적으로 융자를 주도적으로 이끌어 가는 간사은행과 일반 참여은행으로 구성된다. 간사은행은 기존의 네트워크를 기반으로 협조융자 차관단의 구성을 결정하고, 이러한 과정을 통해 시장을 조성하는 역할을 한다. 또한 이들은 협조융자를 조직하는 과정에서 대출자와 긴밀하게 협력하게 되는데, 이러한 과정을 통해 일종의 관계적 자산(relational assets)을 축적할 수 있다. 이는 동일한 대출자와의 향후 거래 기회를 포착하는 데 유리하게 작용한다. 이러한 비가시적 수익 외에도 간사은행은 협조융자 차관단을 조직하는 노력에 대한 대가로 다양한 형태의 수수료 수입을 얻는다. 반면에, 참여은행은 단순히 협조융자 차관단의 일원으로 전체 대부금의 일정 비율을 제공하고 이자를 받는 데에 그친다. 따라서 협조융자 차관단을 구성하는 은행들 간의 네트워크는 위험 분산을 통해 참가한 모든 은행들에게 공통의 이익을 제공하지만, 관계적 자산의 축적과 수수료 수입의 배분 과정은 불평등한 구조를 지니고 있다.

서봉만(Seo, 2012)은 일본 은행들과 구미 은행들의 국제화를 국제 협조융자 시장에서의 국제 네트워크 형성 과정의 지역별 특성과 역학관계를 통해 살펴보았다. 그는 지역별로 협조금융 차관단의 네트워크의 규모와 구성 및 간사은행 구성에서 차이를 확인하였으며, 이는 각 은행들이 지닌 관계적 자산의 차이뿐만 아니라 지역별로 차관단 네트워크에 참여하는 은행들 간의 협력과 경쟁 관계가 다르기 때문이라고 주장한다. 일본 은행들의 경우에는 아시아 금융시장의 저조한 발달로 인해 상대적으로 관계적 자산의 축적 기회가 적은 구미 지역에서 주로 활동해 왔다. 그 결과, 이들은 구미 은행들이 간사은행인 차관단에 단순한 참여은행으로서 참가한 경우가 많았다. 반면에, 구미 은행들은 자신들의 지역 시장 내에서 기존의 관계적 자산을 바탕으로 차관단을 조직할 때 간사은행으로 참여하는 경우가 많았으며, 시장점유율에서도 경쟁 은행들을 압도하였다. 또한 일본 은행들의 경우, 1990년대의 지속적인 경제 침체와 1997년 아시아 금융 위기로 인해 아시아 협조융자 시장에서의 비중을 줄여 나갔으며, 그 결과 기존 아시아 시장의 금융 네트워크에서 유지해 오던 지위마저 구미 은행들에게 내주는 결과를 보였다(Seo, 2012).

개별 은행들이 형성하는 금융 네트워크와 그 속에서의 네트워크 지위는 지역별로 상이한데, 이는 지역별 네트워크 구성이 다르며, 그 결과 참여자들 간의 시장 내 역학 관계도 지역별로 변한다는 것을 의미한다. [그림 11-2]에서 보듯이, 일본 은행들도 지역 시장별로 상이한 네트워크 권력을 지닌 것으로 나타난다. 협조융자 레버리지 지수(syndication leverage index)는 협조융자 시장에서 은행들이 실제 투자한 자금과 간사은행으로서 관리한 자금 간의 비율을 측정한 것으로,

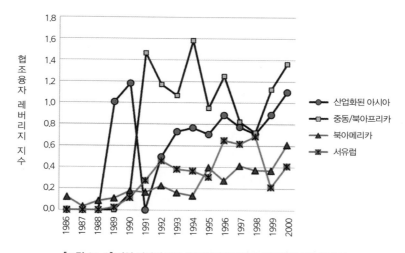

[그림 11-2] 지역 시장별 일본 은행들의 협조융자 레버리지 지수의 추이
출처: Loan Pricing Company(2001) DealScan을 이용하여 저자 계산 Seo(2012)

이 수치가 1 이상인 경우 은행들은 협조융자 시장에서 레버리지를 누리는 것으로 간주한다. 일본 은행들의 협조금융 차관단 네트워크상 권력을 나타내는 지표로 협조융자 레버리지 지수를 지역 시장별로 측정한 결과 [그림 11-2]와 같은 추이를 보였다. 일본 은행들은 상대적으로 지역 협조융자 시장의 발달이 미비하고, 지역 은행들의 간사은행 수행 역량이 낮은 아시아와 중동 및 북아프리카 지역에서 상대적으로 높은 네트워크 권력을 보이고 있는 반면, 구미 지역 시장에서는 지역 은행들이 간사은행으로서 조직한 협조금융에 참여은행으로 참가하는 경우가 많기 때문에 레버리지 지수가 낮게 나타난다. 이는 프렌치(2000)가 주장했듯이, 일본 은행들이 자신들의 관계적 자산들을 동원하여 지역 협조융자 시장 내 협조융자 차관단 형성 과정에서 지속적으로 자신들의 지위를 확보하기 위해 협상하고 재조정한 결과를 반영하는 것이다.

5. 금융 네트워크의 지리적 의미

경제적인 의미에서 금융 네트워크는 실제 금융시장 거래의 불완전성을 보완하는 기제로서, 특히 금융거래에서 매우 중요한 요소인 위험 분산을 촉진한다는 점에 주목하였다. 이와 반대로, 경제사회학적 연구들은 본질적으로 금융시장의 효율성은 금융 네트워크와 같은 사회적 기제들에 의해 달성될 수 없음을 지적해 왔다. 하지만 이들 연구들은 금융 네트워크에 함의된 지리적 의미에 대해서는 거의 언급하지 않고 있다. 언급되더라도 지리적 근접성과 금융 네트워크 형성과의 관계에 초점을 맞추는 경우가 대부분이다. 하지만, 이제까지 살펴본 바와 같이 금융 네트워크는 금융센터와 금융 흐름의 지리와 상호작용을 하며 발전되어 왔으며, 이 경우 지리는 단순한 거리 이상의 의미를 가진다.

금융 네트워크의 지리적 의미는 다음의 네 가지로 요약될 수 있다. 첫째, 금융거래에 참여하는 은행, 투자은행, 그리고 보험회사 등 금융기관들은 금융 상품의 생산 및 판매를 촉진하기 위해 금융시장 참여자들은 런던의 더 시티(The City) 또는 맨해튼의 월스트리트와 같은 금융센터들을 형성한다. 금융센터들은 다양한 금융 네트워크에 기반을 두고 형성된 것인 동시에 새로운 금융 네트워크를 발생시키는 인큐베이터 역할도 한다. 기술 및 경제 환경의 변화는 복수의 금융센터들과 시장들을 연결하는 금융 네트워크의 재조정을 유도하고, 그 결과 개별 금융센터의 성쇠에 영향을 미친다. 즉, 금융 네트워크는 금융센터의 독립적인 입지 특성(site characteristics) 및 상황적인 입지 특성(locational characteristics)과 상호작용을 하며 발전한다.

둘째, 금융 네트워크는 국부펀드의 사례에서 살펴본 바와 같이, 전통적인 금융론에 따라 개별 행위자들이 경제적 유인을 추구하는 과정에서 발생하기도 하지만, 금융 위기와 같은 거시적인 경제 변화를 극복하기 위한 과정에서도 형성될 수 있다. 2007년 앵글로색슨 경제에서 경험한 바와 같이, 거시적인 경제 환경의 변화에 따른 개발도상국의 국부펀드의 성장과 과도한 금융 레버리지의 붕괴로 인한 서구 금융기관의 위기가 결합되면서 새로운 형태의 금융 네트워크가 형성되고, 이를 둘러싼 거버넌스 문제가 대두하였다. 즉, 기존의 무역 관계에 기초한 지역 간 경제적 통합이 금융으로 인해 더욱 복합적으로 진화되고 강화되는 현상을 보인다. 이는 금융 네트워크의 지리적 확산으로 거시적인 공간 스케일에서 새로운 차원의 거버넌스가 끊임없이 재생산되는 과정이 필요하다는 것을 의미한다.

셋째, 금융 네트워크는 지역적으로 상이하게 구성된다. 세계 금융시장은 정보통신기술의 발전과 탈규제화로 금융 서비스의 공급자와 수요자들 간의 거래가 공간적 장애들과 상관없이 진행될 것이라는 견해가 경제학자들 사이에서는 팽배하였다. 하지만, 금융상품의 생산에 필요한 금융 지식의 지리적 분포는 본질적으로 불균등하며, 이러한 금융 지식을 이용하는 데 필요한 금

네트워크의 지리학

융기관들의 관계적 자산의 축적 및 역량 역시 지리적으로 균등하지 않다. 그 결과, 협조금융시장 사례와 같이 개별 금융기관들은 지역 시장별로 다른 금융 네트워크에 속할 뿐만 아니라, 상이한 역할을 분담함으로써 지역적으로 구성된 금융 네트워크에 고유한 지위와 역할을 부여받음을 의미한다. 일단 지역별로 형성된 금융 네트워크가 지역 금융시장 간의 관계를 규정짓게 되는데, 장기적으로 이러한 지리적으로 차별적인 금융 네트워크 구성이 전체적인 금융시장의 자원 배분에 미치는 영향에 대해서는 앞으로 지속적인 관심이 필요하다.

마지막으로, 최근 세계 금융시장에서 전개된 다양한 변화들에도 불구하고 대부분의 금융거래는 금융센터에 입지한 금융 네트워크에 의해 관리되었으며, 그 결과로 나타난 금융 흐름 역시 시공간적으로 매우 선택적이고 불안정한 양태를 보였다. 그리고 이러한 현상들은 다양한 계층의 사람들과 지역들에 불균등한 영향을 미쳤다. 2007년 위기 이후 급격하게 진행된 주택 압류는 자신들의 주택 담보로부터 파생된 복잡한 금융상품들에 대해서는 문외한인 미국 내 중하위 계층들과 그들이 속한 지역사회를 황폐화시켰다. 반면에, 과도한 레버리지 효과를 유발하고 위기를 촉발시킨 금융기관들은 세계 경제 시스템의 안정성 확보라는 미명으로 미국 정부와 개발도상국의 국부펀드에 의해 구제되는 아이러니한 상황으로 나타났다. 이러한 상황의 핵심은 금융 네트워크상에서 유리한 위치를 선점한 행위자들에 의해 특정 지역과 계층의 이익이 불공평하게 우선시되었다는 것이다. 따라서 금융 네트워크에 뿌리내린 시장 참여자들 간의 권력 동학(power dynamics)을 이해하고, 이를 통해 금융센터와 흐름의 지리를 이해해야 한다.

1980년대 이후 진행된 금융화는 새로운 형태의 금융 네트워크를 지속적으로 생산해 내고 있으며, 이러한 금융 네트워크들의 활동은 기존의 금융과 실물경제의 관계를 근본적으로 변화시키고 있다. 특히, 향후 급속한 금융화를 경험할 것으로 예상되는 개발도상국 경제지리를 이해하기 위해서는 금융을 통한 중심부와 주변부 경제의 통합 및 금융과 여타 경제 분야와의 관계를 네트워크 관점에서 지속적으로 연구해 나갈 필요가 있다.

■ 주

1) 재정(裁定)거래라고도 하는데, 동일한 재화 또는 상품이 두 개 이상의 시장에서 가격 차이가 있을 경우, 이를 이용하여 가격이 낮은 시장에서 구입하여 다른 시장의 소비자에서 높은 가격에 팔아서 차익을 남기는 거래 행태를 말한다. 일반적으로 경제학에서는 이러한 차익거래가 시장에서 균형가격의 발전을 촉진한다고 본다.
2) 자세한 내용은 Pistor(2009)에서 확인할 수 있다.
3) 자세한 내용은 Seo(2012)에서 확인할 수 있다.

■ 참고문헌

· 김상배, 2008, "네트워크 권력의 세계정치: 전통적인 국제정치 권력이론을 넘어서," 한국정치학회보 42(4), pp.387-408.
· 이왕휘, 2010, "세계 금융 네트워크의 암흑면: 메이도프와 스탠포드의 국제금융사기 분석," 국가전략 16(1), pp.89-122.
· Agnes, P., 2000, "The 'End of Geography' in Financial Services? Local Embeddedness and Territorialization in the Interest Rate Swaps Industry," *Economic Geography* 76(4), pp.347-366.
· Allen, F. and Babus, A., 2009, "Networks in Finance," in Kleindorfer, P. R., Wind, Y. R. and Gunther, R. E.(eds.), *The Network Challenge*: Strategy, Profit and Risk in an Interlinked World, Upper Saddle River NJ: Pearson Prentice Hall, pp.367-382.
· Allen, F. and Gale, D., 2000. "Financial Contagion," *Journal of Political Economy* 108(1), pp.1-33.
· Cetorelli, N. and Peristiani, S., 2009, *Prestigious Stock Exchanges: A Network Analysis of International Financial Centers*, Federal Reserve Bank of New York Staff Reports No. 384, New York.
· Choi, S-R., Park, D. and Tschoegl, A. E., 1996, "Banks and the World's Major Financial Centers, 1990," *Weltwirtschaftliches Archiv* 132, pp.774-793.
· Choi, S-R., Tschoegl, A. E. and Yu, C-M., 1986, "Banks and the World's Major Financial Centers, 1970-1980," *Weltwirtschaftliches Archiv* 122, pp.48-64.
· Clark, G. L., and Wójcik, D., 2001, "The City of London in the Asian Crisis," *Journal of Economic Geography* 1(1), pp.107-130.
· Davis, E. P., 1990, "International Financial Centres: An Industrial Analysis," *Bank of England Discussion Paper* No. 51, London.
· Engelen, E., and Grote, M. H., 2009, "Stock Exchange Virtualisation and the Decline of Second-tier

Financial Centres--the Cases of Amsterdam and Frankfurt," *Journal of Economic Geography* 9(5), pp.679-696.

- Fafchamps, M., and Gubert, F., 2007, "The Formation of Risk Sharing Networks," *Journal of Development Economics* 83(2), pp.326-350.

- Fama, E., 1970, "Efficient Capital Markets: A Review of Theory and Empirical Work," *Journal of Finance* 25(2), pp.383-417.

- Faulconbridge, J., Engelen, E., Hoyler, M. and Beaverstock, J., 2007, "Analysing the Changing Landscape of European Financial Centres: The Role of Financial Products and the Case of Amsterdam," *Growth and Change* 38(2), pp.279-303.

- Freixas, X., Parigi, B. and Rochet, J. D., 2000, "Systemic Risk, Interbank Relations and Liquidity Provision by the Central Bank," *Journal of Money, Credit and Banking* 32(3), pp.611-638.

- French, S., 2000, "Re-scaling the Economic Geography of Knowledge and Information: Constructing Life Assurance Markets," *Geoforum* 31, pp.101-109.

- Gale, D. and Kariv, S., 2007, "Financial Networks," mimeo. http://www.econ.nyu.edu/user /galed/papers/paper07-01-01.pdf(최종 열람일: 2012년 10월 7일).

- Garson, B., 2001, *Money Makes World Go Around: One Investor Tracks Her Cash Through the Global Economy, from Brooklyn to Bangkok and Back*, New York: Penguin Books.

- Gehrig, T., 2000, "Cities and the Geography of Financial Centers," in Huriot, J. M. and Thisse, J. F.(eds.), *Economics of Cities*: Theoretical Perspectives, Cambridge: Cambridge University Press, pp.415-445.

- Kramarz, F., and Thesmar, D., 2006, "Social Networks in the Boardroom," CEPR Discussion Paper 5496. http://ssrn.com/paper=878678(최종 열람일: 2012년 10월 7일).

- Leitner, Y., 2005, "Financial Networks: Contagion, Commitment, and Private Sector Bailouts," *Journal of Finance* 60(6), pp.2925-2953.

- Leyshon, A., 1997, "Geographies of Money and Finance II," *Progress in Human Geography* 21(3), pp.381-392.

- Nagurney, A., 2008, "Networks in Finance," in Seese, D., Weinhardt, C. and Scholttmann, F.(eds.), *Handbook on Information Technology in Finance*, Berlin, Heidelberg: Springer Berlin Heidelberg, pp.383-419.

- Nguyen-Dang, B., 2012, "Does the Rolodex Matter? Corporate Elite's Small World and the Effectiveness of Boards of Directors," *Management Science* 58(2), pp.236-252.

- Pistor, K., 2009, "Global Network Finance: Institutional Innovation in the Global Financial Market Place," *Journal of Comparative Economics* 37(4), pp.552-567.

• _____, 2011, "Governing Interdependent Financial Systems Lessons from the Vienna Initiative," *Center for Law and Economic Studies Working Paper* No. 396. New York: Columbia University School of Law.

• Podolny, J. M., 1993, "A Status-based Competition Model of Market," *The American Journal of Sociology* 98(4), pp.829-872.

• _____, 1994, "Market Uncertainty and the Social Character of Economic Exchange," *Administrative Science Quarterly* 39(3), pp.458-483.

• Pryke, M., and Lee, R., 1995, "Place Your Bets: Towards an Understanding of Globalisation, Socio-financial Engineering and Competition Within a Financial Centre," *Urban Studies* 32(2), pp.329-344.

• Reed, H. C., 1981, *The Preeminence of International Financial Center*, New York: Praeger.

• _____, 1983, "Appraising Corporate Investment Policy: a Financial Centre Theory of Foreign Direct Investment," in Kindleberger, C. P. and Audretsch, D. B.(ed.), *The Multinationl Corporation in the 1980s*, Cambridge: MIT Press, pp.219-244.

• Seo, B., 2012, "Globalization of Japanese Banks in Global Syndicated Credit Markets: A Geo-relational Approach," *Geographical Review of Japan Series B* 85(1), pp.1-16.

• Seo, B, 2011, "Geographies of Finance: Centers, Flows and Relations," *Hitotsubashi Journal of Economics* 52(1), pp.69-86.

• Stark, D., 1996, "Recombinant Property in East European Capitalism," *American Journal of Sociology* 101, pp.993-1027.

• Thrift, N., 1996, *Spatial Formations*, London: Sage Publications.

• Thrift, N., and Leyshon, A., 1994, "A Phantom State? The De-traditionalization of Money, the International Financial System and International Financial Centers," *Political Geography* 13(4), pp.299-327.

• Tschoegl, A. E., 2000, "International Banking Centers, Geography, and Foreign Banks," *Financial Markets, Institutions & Instruments* 9, pp.1-32.

• Uzzi, B., 1999, "Embeddedness in the Making of Financial Capital pp.How Social Relations and Networks Benefit Firms Seeking Financing," *American Sociological Review* 64, pp.481-505.

238

12

네트워크 도시[1]

손정렬

1. 머리말

20세기 중반 이후 세계경제의 두드러진 특징은 경제의 세계화이다. 경제가 세계화되어 간다는 것은 생산, 분배, 소비라는 경제활동의 많은 부분들이 과거 국가별로 독립적인 방식에서 좀 더 상호 의존적인 방식으로 변화되어 가는 과정을 의미한다. 이러한 변화는 공간적으로도 장소 간의 연계 정도를 더욱 강화시키는 방향으로 작용하였을 뿐 아니라, 연계의 공간적 범위를 확대하는 방향으로도 영향을 미쳐 왔다. 도시 모형의 측면에서 세계도시는 변화된 경제 환경 속에서 한 국가 안에서의 영향 요소들뿐만 아니라 범세계적인 영향 요소의 필요성을 반영하는 개념이다. 즉, 세계도시는 국경을 초월하여 전 세계적으로 배후지를 가지고 영향력을 행사하는 세계도시 체계상에서 최상위급의 도시들이라고 할 수 있다.

세계도시 체계상에서 최상위급에 위치한 도시들은 사센(Sassen, 1991)의 세계도시론에서 삼두마차(Beaverstock, Smith and Taylor, 2000)에 해당되는 뉴욕, 런던, 동경이다. 이 도시들은 모두 기존의 국가별 도시 체계상에서 수위의 도시들로, 각 국가별 도시 체계 내의 다른 도시들에 비해 월등한 수준의 경제력과 지배력을 가지고 있다. 이는 세계도시로 성장하기 위해서 특정 도시들이 위치한 각 국가의 경제력이 어느 정도 중요하고, 이러한 국가 경제력의 적극적인 지원이 집중될 필요가 있다는 것을 시사한다(Markusen and Gwiasda, 1994). 경제 공간에서 자본과 자원의 집중 양상과 공간적 관성을 고려할 때, 이러한 도시들은 대부분 앞서 열거한 예와 같이 거대도시들일 가능성이 높다.

이러한 점에서 란트스타트(Randstad)는 비교적 특이한 유형의 세계도시권이다. 란트스타트는 거대한 도시를 중심으로 형성된 대도시권이 아니다. 도시권 내로 들어가면 상대적으로 규모가 큰 암스테르담과 로테르담이 있고, 이 도시들은 헤이그, 위트레흐트 등의 도시들과 함께 상호 보완적인 역할을 수행함으로써 도시권 전체가 마치 하나의 세계도시인 것처럼 작용한다. 이러한 도시 구성 방식은 네트워크 도시(network city)의 전형이다.

네트워크 도시에 대한 관심은 배튼(Batten, 1995)의 시론적 연구를 출발점으로 하여 15년여의 기간 동안 많은 관심을 받아 왔으며, 다양한 논의의 주제들을 만들어 내었고, 이 과정에서 이와 관련되거나 파생된 개념들이 다수 존재한다. 따라서 이러한 논의의 흐름을 정리하고, 향후 21세기 도시의 성장 측면에서 네트워크 도시라는 성장 모형이 장기적으로 가능한 것인지, 그리고 가능하다면 어떤 요건들이 전제되어야 하는지 등을 살펴보는 것은 실제 도시계획 수단으로 이를 적용하는 데 중요한 사전 정보를 제공해 줄 수 있다. 이러한 배경에서 이 장은 네트워크 도시의 형성 과정, 공간 구조, 도시 관리 및 계획, 그리고 성장 전망에 대한 기존의 연구들을 검토 및 정리하여 네트워크 도시 모형을 다차원적으로 조망해 보려 한다. 이를 위하여 먼저 네트워크 도시의 형성 배경을 살펴본 뒤, 이의 공간 구조와 도시 관리 및 계획 전략의 동향을 요약한다. 다음으로 이러한 네트워크 도시 모형이 공간적으로 잘 구현되고 있는 몇몇 주요 사례들과 아울러 한국에서의 연구들을 정리하고, 마지막으로 이러한 네트워크 도시 모형이 21세기 도시 성장 모형으로서 적용 가능성을 가지고 있는지를 논의한다.

2. 네트워크 도시의 형성

1) 형성 배경

규모의 경제, 범위의 경제 등이 한 기업 수준에서 내부적으로 기업 활동의 효율성을 향상시키

240

네트워크의 지리학

기 위해 추구하는 효과들이라면 외부경제는 한 기업이 외부적으로 추구하는 효과이다. 외부경제는 집적 경제와 네트워크 경제로 구분해 볼 수 있다(Cabus and Vanhaverbeke, 2006). 이 두 가지 개념은 명확하게 구분되는데, 전자의 경우에는 공간적인 집적을 유발하지만 후자의 경우에는 효과가 네트워크 자체로부터 오는 것이므로 반드시 공간적 집적과 수반될 필요가 없다(Suarez-Villa and Rama, 1996). 고든과 매캔(Gordon and McCann, 2000)이 지적한 바와 같이, 도시권 내에서 집적 경제의 효과는 기업들이 상호 연관된 네트워크로의 포함 여부에 관계없이 공간적인 근접성이 확보되면 나타난다. 반면, 네트워크 경제 효과의 경우 반드시 공간적 근접성이 있어야 하는 것은 아니지만 네트워크 내에 포함되어 있어야 나타나게 된다. 이러한 점에서 네트워크 경제 효과의 강화는 공간 또는 장소적인 영향력을 약화시키는 방향으로 영향을 줄 수 있다.

이러한 네트워크 경제는 도시의 수준에서도 확인이 되고 있다. 카펠로(Capello, 2000)에 따르면, 도시들은 네트워크에 참여함으로써 상호 보완적 관계 속에서 규모의 경제를 추구하고, 상호 협력적 활동 속에서 시너지 효과를 창출할 수 있다. 도시 네트워크는 세 가지의 요소로 구성되어 있는데, 이들은 각각 네트워크, 네트워크 외부성, 상호 협력 요소이다. 이 요소들은 현대 도시들 간의 관계가 더 이상 크리스탈러(Christaller, 1933)류의 독립적인 배후지 영역을 가지는 중심지들 간의 관계에 의해서만 설명되기는 어려우며, 외부경제 효과가 공간적인 근접성만에 의해 달성되기는 어렵고, 도시의 성장 또한 계층적인 위계질서나 상호 경쟁 관계만이 성장 가능성을 규정하지는 않는다는 인식의 변화를 반영하고 있다. 실제로도 유럽의 헬스시티 네트워크(Health City Network)에 가입되어 있는 도시들을 대상으로 도시 네트워크(urban network)가 외부경제의 효과를 발휘하고 있는지를 실증적으로 분석한 연구에서 카펠로(2000)는 이들 도시가 도시의 성취도와 효율성을 향상시켰음을 보여 주고 있다.

네트워크 도시는 일반화된 의미에서 도시 네트워크의 특수형이라고 볼 수 있다. 도시 네트워크에서 지리적 또는 공간적 근접성은 특별한 의미가 없는 데 비해서, 네트워크 도시는 구축되는 네트워크가 일정한 공간적 영역 내에 존재하는 것을 전제하고 있다. 따라서 외부경제 효과라는 측면에서, 네트워크 도시는 네트워크 경제의 효과와 함께 집적 경제의 효과도 동시에 추구할 수 있는 여건을 갖추고 있다. 도시권 안에서의 네트워크는 시너지 효과 발생의 메커니즘에 따라 클럽 네트워크(club network)와 웹 네트워크(web network)로 구분된다(Meijers, 2005). 전자의 경우는 도시들이 같은 종류의 기능들로 특화되어 상호 간의 협력을 통하여 규모의 경제를 추구하는 유형으로, 도시들 간에 수평적인 시너지를 얻을 수 있다. 한편, 후자의 경우는 도시들이 이질적인 기능들로 특화가 이루어짐으로써 도시들 간에 상호 보완성이 생기게 되고, 이 보완성을 기초로 범위의 경제를 추구하는 이른바 수직적인 시너지를 얻게 된다. 네트워크 도시는 바로 웹 네트워크 유형의 시너지 효과를 추구하는 도시 공간 조직이다. 따라서 네트워크 도시 내에서는 상호 보완성이라는 요소가 구성의 핵심적인 요소로 작용하게 된다. 판 오르트 등(van Oort et al., 2010)은 이보다 더 명시적으로 경제 네트워크 관계에서의 상호 보완성을 중요한 요소로 판단하였으며, 이러한 상호 보완성은 네트워크 도시의 핵심이라고 할 수 있는 공간 및 기능적 통합을 이끌어 낼 것이라고 한 바 있다.

2) 중심지 이론과 네트워크 도시 이론

크리스탈러의 중심지 이론은 제조업의 역할이 상대적으로 두드러지지 않고, 재화와 서비스가 경제활동의 중심이 되는 비교적 폐쇄된 경제 환경에서 설명력이 높은 도시 체계 이론이었다. 하지만 20세기 중후반을 거치면서 제조업, 그중에서도 특히 20세기 후반에 들어서는 지식 기반 제조업으로 대변되는 신산업들과 고차 생산자 서비스업이 경제의 중심에 자리를 잡으면서 중심지 이론에 의한 도시 체계의 설명력이 더 이상 유의하지 않은 시점에 이르고 있다(Camagni, 1993). 예를 들면, 중심지 이론에서의 도시들과는 달리 실제의 도시들은 특화를 통해 도시별로 제공되는 기능상에서 차이가 나게 되어, 경우에 따라서는 저차 도시에서 고차 기능들이 제공되기도 한다(Capello, 2000). 또한 유사한 기능을 가진 도시들 사이에도 수평적인 연계가 존재하며(Capello, 2000), 이를 통해 시너지 효과가 만들어진다(Camagni et al., 1994). 카펠로(2000)의 지적처럼, 도시 간 관계의 변화는 도시 공간 조직을 설명하는 데 기존의 중심지 이론보다 네트워크의 논리가 더욱 설득력을 가지게 되는 배경이 된다.

〈표 12-1〉은 중심지 이론 체계와 네트워크 체계 간의 차이점을 더욱 명료하게 보여 준다. 중심지 체계에서 도시의 서열을 결정하는 요인은 중심성이다. 중심성은 한 도시가 가지고 있는 기능의 다양성 정도를 반영하는 지표이다. 이에 비해, 네트워크 체계에서의 도시의 중요도를 핵심적으로 보여 주는 요소는 결절성이다. 결절성은 네트워크상에서 도시가 가지는 위상학적인 특성을 반영한다. 중심지 체계의 경우 규모(즉, 도시별로 가지는 기능의 총합)와 그에 따른 시장으

<表 12-1> 중심지 이론과 네트워크 체계

중심지 체계	네트워크 체계
중심성	결절성
규모 의존성	규모 중립성
서열과 복종을 지향	유연성과 상호 보완성을 지향
동질적인 재화와 서비스	이질적인 재화와 서비스
수직적 접근성	수평적 접근성
일방적 흐름	쌍방적 흐름
공간상에서 완전경쟁	가격 차별화가 수반된 불완전경쟁

출처: Batten(1995, p.320)의 일부를 정리

로서의 인구 규모가 체계를 구성하는 중요한 요소이다. 각 도시의 중심성과 이에 따른 도시 규모에 의해 도시들 간의 서열과 엄격한 복종 관계가 형성되지만, 네트워크 체계에서는 이러한 절대규모 자체는 그다지 중요하지 않으며, 도시들 간의 관계는 더욱 유연한 방식으로 연계가 이루어지고, 이들 관계의 기저에는 상호 보완성이 자리 잡고 있다. 도시 간 연계 특성을 보면 중심지 체계의 경우 상위 도시와 하위 도시 간의 수직적 연계만이 이루어지며, 이들 간의 흐름은 기능의 제공이라는 측면에서 볼 때 상위 도시로부터 하위 도시로의 일방성에 기초하고 있다. 반면에, 네트워크 체계의 경우는 (규모나 기능이라는 측면에서 유사한) 도시들 간의 수평적 연계가 중요하며, 이들 간의 흐름 또한 양방향적 성격을 가진다. 마지막으로, 중심지 체계에서는 동질적인 상품을 대상으로 한 완전경쟁 시장을 기초로 하고 있으나, 네트워크 체계에서는 이질적인 상품을 대상으로 한다는 점, 그리고 기능별로 특화의 정도가 다르다는 점 등에 의하여 가격 차별화가 생기고, 이에 따라 불완전경쟁 시장이 형성된다는 설명 방식을 가지고 있다.

중심지 체계에서 네트워크 체계로의 무게중심 이동은 최근의 세계도시 체계 연구에서도 잘 나타나고 있다. 세계도시 체계에 대한 연구는 1980년대 이래로 활발하게 이루어져 왔지만 종래의 연구들은 도시들 간의 계층을 중심으로 연구가 진행되어 왔던 데 비해, 카스텔(Castells, 1996)의 네트워크 사회에서의 도시들 간 네트워크에 대한 이론적 틀은 이후의 세계도시 체계 연구의 접근 방식이 중심지 체계의 계층 중심에서 네트워크 중심으로 옮겨지게 되는 계기를 마련하게 된다(Taylor, 2004). 그러나 이러한 전환은 기존의 계층 관계가 전적으로 없어지는 것을 의미하기보다는 이 두 가지 특성들이 현실 세계에서 함께 뒤섞여 있다는 의미를 가지고 있다(Thompson, 2003).

3. 네트워크 도시 공간 구조

네트워크 도시의 핵심 요소인 네트워크의 관점에서 볼 때, 기존의 집적 경제를 통한 경제활동의 공간 조직에 대한 설명은 제한적이며, 따라서 새로운 접근 방식이 필요하다. 〈표 12-2〉는 공간상에서의 입지 선택을 통해 혜택을 얻는 과정을 접근성과 집적 경제 그리고 네트워크라는 세 가지로 구분하여 비교하고, 이들이 가지는 공간적 함의를 토지 이용 패턴과 지대 효과 및 그 형태를 중심으로 정리하고 있다.

먼저, 표에서 교통 접근성을 중요하게 고려하는 접근에서는 거리와 이에 따른 교통비가 생산 비용의 중요한 결정인자가 된다. 또한, 경제조직의 관점에서는 단일 시장을 가진 개별 기업의 수준에서 의사 결정을 하게 되므로, 접근성이 가장 좋은 중심부로부터의 거리에 따라 각 위치별로 지대가 결정되어 연속적인 토지 이용을 보인다. 집적 경제를 이용한 접근에서는 경제조직 측면에서 여러 경제활동 행위자들이 기능적이고, 공간적으로 좀 더 조직화되고 계층화된 경제 환경 속에서 외부경제 효과를 통해 영향을 줄 수 있는 여건 또는 환경을 고려하여 선호 입지가 선정된다. 지대 효과는 위치 차액 지대의 형태를 유지하나, 토지 이용의 경우 교통 접근성에서와 같이 접근성을 기준으로 특정 지점으로부터 연속적인 패턴을 보이기보다는 입지적 혜택이 있는 지역들을 중심으로 불연속적 패턴을 보인다. 한편, 네트워크는 지리적 또는 공간적 맥락을 초월한 새로운 접근이 필요하다. 김용창(1997)에 따르면, 네트워크 접근에서는 도시의 지대 수준이 인접 배후지의 지대 지불 역량보다 세계경제 네트워크상에서의 국제경쟁력을 가지는 활

〈표 12-2〉 접근성, 집적 경제, 네트워크 이점의 비교

이점의 형태	비용 관점과 이점의 원천	생산 체계와 경제조직	토지이용 패턴	지대 효과와 형태
교통 접근성	• 거리와 교통비 • 투입-대체 관계	• 단일 시장과 개별 기업	• 중심부로부터 연속적 패턴	• 위치 차액 지대
집적 경제	• 일반적 생산 조건 • 경제적 외부경제 • 생산요소 비용	• 조직 경제 • 생산-소비 계층의 안정적 구조	• 불연속 패턴	• 위치 차액 지대 또는 제3의 차액 지대 형태
네트워크	• 경제 체계 전 과정 • 계층 조정 관련 비용 • 사회적 비용/이점 • 뿌리내림/산업 환경	• 탈조직 경제 • 사회적 분업 심화 • 시장-계층-기업 구분이 모호함	• 불연속 패턴	• 네트워크 • 위치 지대 (독점/차액 지대)

출처: 김용창(1997, p.37)의 일부를 정리

동의 역량에 의해 결정된다. 이 활동들은 네트워크상에서 결절성이 높은 도시들을 중심으로 입지를 선호하게 되고, 이들의 경제력과 지불 능력은 이들이 선호하는 도시의 지대 수준을 상승시키게 되어 전통적인 입찰 지대론으로부터 네트워크 위치 지대론으로의 전환이 필요하게 된다.

네트워크 도시 내에서 도시들이 형성하는 공간 구조는 [그림 12-1]에 제시되어 있다. 그림에서 왼쪽의 공간 구조 형태는 단핵도시, 중앙에는 회랑도시, 그리고 오른쪽에는 네트워크 도시를 각각 나타낸다. 단핵도시의 경우는 지역 내에서 하나의 수위도시를 중심으로 이보다 규모가 작은 여러 개의 도시들이 계층적 네트워크 구조를 형성하게 된다. 회랑도시의 경우도 단핵도시와 유사하지만, 이 경우에는 수위도시급의 도시 두 개를 중심으로 수평적 네트워크가 형성되어 있다는 점이 다르다. 네트워크 도시는 이러한 수평적 네트워크가 셋 또는 그 이상의 도시들 간에 형성되어 있고, 규모가 다른 도시들 간의 네트워크 연결 또한 공간 계층적인 구조를 띠지 않는다는 점이 다른 유형들과 구분되는 특징이다.

중심지 이론이 설명하는 바와 같은 공간상에서의 계층적 구조가 네트워크 도시의 도시 체계가 보여 주는 공간 구조를 설명하기에 적합하지 않은 설명 틀이라는 점은 [그림 12-2]에서 더욱 명확히 드러난다. 그림에서는 대도시권 내에서 이루어지는 다양한 유형의 상호 의존성을 여섯 가지로 구분하여 일반화하고 있다. 가상의 대도시권을 나타내는 그림은 대도시권 내에서 두 곳의 도시권(urban region)과 다시 각 도시권별로 각 하나의 중심도시(central city)와 세 개의 교외도시(suburban municipality)들이 있음을 보여 주고 있다. 이들 도시들 사이의 상호 의존성(urban interdependency) 또는 연계는 도시 내(within municipalities)에서의 연계, 도시권 내(within

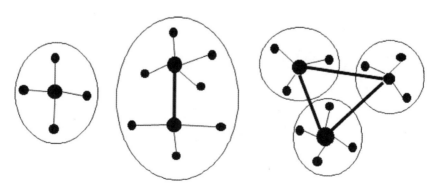

[그림 12-1] 세 유형의 도시 공간 구조: 단핵도시(왼쪽), 회랑도시(가운데), 네트워크 도시(오른쪽)
출처: Batten(1995, p.316)의 그림을 기초로 필자가 재작성

urban regions)에서의 연계, 그리고 도시권 간(between urban regions)의 연계로 구분해 볼 수 있다. 도시 내에서의 연계는 유형 1로, 행정 경계를 가지는 도시 내에서 이루어지는 연계(intra-nodal)이다. 도시권 내에서의 연계는 중심-주변 간의 연계(core-periphery, 유형 2), 즉, 중심도시와 교외도시 간의 연계와 교외도시 간의 연계(criss-cross, 유형 3)가 있다. 그리고 도시권 간의 연계는 중심도시 간의 연계(inter-core, 유형 4), 한 도시권의 중심도시와 다른 도시권의 교외도시 간의 연계(core-periphery, 유형 5), 그리고 한 도시권의 교외도시와 다른 도시권의 교외도시 간의 연계(criss-cross, 유형 6) 등이 있다. 이 여섯 가지 유형 중 도시권 내의 연계 유형 가운데 하나인 유형 3과 도시권 간의 연계 유형 세 가지 모두는 계층적인 공간 조직의 관점에서는 설명이 불가능한 상호작용의 방식이지만, 네트워크 도시에서는 일상적으로 나타나는 연계의 유형들이다. 아울러 [그림 12-2]는 네트워크 도시 내에서의 도시 네트워크가 도시권 내에서의 네트워크와 도시권 간의 네트워크 두 가지 측면을 모두 고려할 필요가 있음을 보여 준다. 예를 들어, 대도시권에서는 네트워크가 작동하더라도 각 도시권 내에서는 단핵도시 양상을 보이거나 그 반대의 경우도 나타날 수 있다(Parr, 2004).

　도시 발전 선상에서 볼 때, 도시는 성장함에 따라 단핵도시(그림 12-1의 왼쪽)에서 다핵을 가지는 네트워크 도시(그림 12-1의 오른쪽)로 확장되어 간다(de Goei et al., 2010). 초기 도시는 도심 또는 중심도시를 중심으로 주변의 교외가 중심-주변의 동심원적 계층 구조(Burgess, 1925; Alonso,

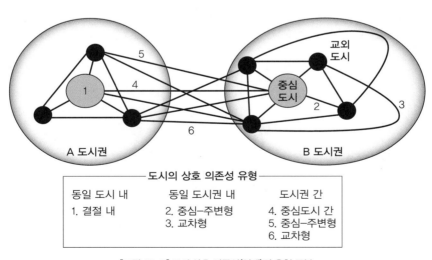

[그림 12-2] 도시 상호 의존성(연계)의 유형 구분
출처: van Oort et al.(2010, p.738)의 그림을 기초로 필자가 재작성

네트워크의 지리학

1964)를 이루고 있는 단핵도시이다. 다음 단계에서는 교외화가 확장되면서 교외도시가 형성되고, 중심도시에 있던 기능들이 이전해 나가면서 도시권 내에서 다핵도시가 형성되게 된다(Kloosterman and Musterd, 2001). 다핵도시화 초기에 중심도시-교외도시 간에 계층적인 구조를 가지고 있던 도시 체계는 본격적인 고용 증가 및 인구의 교외화와 함께 교외도시들의 수와 규모가 성장하면서 중심도시 및 교외도시들 간의 경쟁이 강화되고, 이들 간의 연계도 강화되는 도시권 내 네트워크 도시가 형성된다. 경우에 따라서는 이러한 네트워크가 중심도시는 그 자체 내에서, 그리고 교외도시들은 서로 간의 자족적인 연계가 이루어지는 네트워크형 도시가 형성되기도 한다(Schwanen et al., 2004). 지속적인 도시의 성장과 교통 및 정보통신기술의 발달은 기존에 하나의 도시권이 일일 도시 생활권(daily urban system)으로 각 도시권별로 독립하여 편제되던 방식에서 이 도시권들 사이의 영향권이 중첩되고 그 권역을 넘어서는 연계가 증가하는 다핵도시권으로서의 도시 네트워크가 형성되는 방식으로의 전환을 가져온다(Bourne and Simmons, 1978; Parr, 2004). 네트워크 도시 내에서는 연계의 유형에 따라 결절도시 네트워크와 통합도시 네트워크를 구분할 수 있다. 전자는 [그림 12-1]의 배튼(1995)의 모형에서와 같이 주요 결절이 되는 중심도시 간에 네트워크가 형성되는 연계(그림 12-2의 유형 4)이고, 후자는 [그림 12-2]의 유형 5와 6에 해당하는, 도시 계층에 관계없이 다른 도시권에 속한 도시들 간의 다방면적인 연계이다(de Goei et al., 2010).

이상에서 제시된 서로 다른 유형의 공간 조직 패턴은 연계의 정도와 방식이라는 차원으로 들어가면 좀 더 복잡한 유형의 구분이 필요하게 된다. 이러한 연계의 정도와 방식을 규정하는 요인은 네트워크 조직 원리이다. 네트워크가 조직되는 원리는 조정(coordination)과 협력(cooperation)의 두 가지 방식이 있다(Heinelt and Niederhafner, 2008). 조정은 네트워크에 참여하는 행위자들의 느슨한 결합 형태이다. 이러한 결합 속에서 행위자들은 각자의 이해를 추구할 수 있고, 공통의 정책 목표들에 초점을 둔 공동 활동에 집중할 수 있다. 조정은 정보 수집과 분배를 위한 중요한 창구가 되기도 한다. 협력 또한 네트워크에 속한 행위자들 공동의 이해를 추구하기는 하나 행위자가 조직되는 방식에서 차이가 있다. 협력은 좀 더 견고한 형태의 결합이기는 하나 행위자의 이해에 부합하는 정도에 따라 선별적으로 참여한다는 점에서 결합의 범위는 상대적으로 제한적이다. 네트워크 도시 내에서 도시 네트워크의 공간 구조라는 측면으로 볼 때, 조정 유형의 네트워크는 도시들 간의 연계를 비교적 균등한 수준으로 유지하도록 만들어 도시 간의 계층성이 상대적으로 약화될 수 있다. 반면에, 협력에 기초를 둔 네트워크가 형성될 경우 네트워크 링크별로 선별적인 연계의 강약 정도에 따라 좀 더 계층성이 강한 도시 관계를 나타낼 가능성이 있다. 그러나 특정 사안에 대해서는 특정 도시 간 연계가 강하더라도 다른 사안에 대해서 반드시 동일하지는 않을 수 있으므로, 경제활동과 관련된 여러 가지 연계 대상들을 종합적으로 고려할 경우 협력의 방식이 공간적으로 더 강한 계층성을 보인다고 단언할 수는 없다.

4. 네트워크 도시에서의 정책과 계획

도시 네트워크는 네트워크 도시를 포함하는 일반적인 개념이다. 하지만 이 용어는 네트워크 도시 내에서 형성되는 도시 간 네트워크를 의미하는 실용적인 개념으로, 네트워크 도시를 추구하는 도시 지역에서의 도시계획이나 정책에서도 자주 사용되는 개념이다. 도시 네트워크는 공간적 측면에서 볼 때, 압축도시들 간에 네트워크가 형성되어 나타나는 경제적·지리적 지역이다(Priemus, 2001). 도시계획 관점에서는 지역적 스케일에서 공간계획, 경제, 교통기반 시설계획 등의 분야에서 협력하는 도시들이라고 할 수 있다(Priemus, 2007). 이를 좀 더 구체적으로 정의한다면, 도시 네트워크는 도시권 내에서 기반 시설 네트워크가 주택, 사무실 및 기타 작업 공간, 쇼핑, 여가 시설 및 다양한 서비스들과 결합되어 형성되는 조합이다(Priemus, 2007). 도시 네트워크가 형성되기 위해서는 두 가지 전제 조건이 만족되어야 한다(Priemus, 2001). 첫째로, 도시 네트워크는 공간적으로 서로 간에 경쟁을 해서는 안 되며, 각각의 공간에 대한 수요를 수용할 최적의 장소를 결정하는 과정에서 상호 협의가 필요하다. 둘째로, 도시 네트워크는 대중교통 체계 등을 통한 도시 상호 간 연결성이 높아야 한다.

도시계획 수단으로서 도시 네트워크의 추진은 최근 들어 유럽의 도시들을 중심으로 주목을 받아온 것이 사실이지만, 이를 추진하는 과정에서 나타나는 구체성의 결여, 개념적 모호성 등은 계획과 정책을 실질적으로 추진하는 데 있어 여러 가지 문제점을 발생시킬 수 있다. 그러한 한 예가 도시 네트워크가 추구하는 다핵성이다(Governa and Salone, 2005). 그동안 널리 이용되어 온 개념임에도 불구하고 다핵성의 정확한 의미는 모호하여 사람들마다 다른 방식으로 이해되거나, 경우에 따라서는 공간적 스케일에 따라 다르게 이해된다(Davoudi, 2004). 또한 다핵성은 공간계획에 대한 이상주의적 접근 방식(Krätke, 2001)으로 이론과 실제의 격차가 매우 커 정확히 어떤 정책이 집행되어야 이에 도달할 수 있는지, 그리고 좀 더 일반적인 측면에서 다핵성이라는 것 자체가 유럽의 공간, 경제, 사회 구조에서 만병통치약으로 쓰일 수 있는지 등에 대한 답을 구하기가 쉽지 않다.

고베르나와 살로네(Governa and Salone, 2005)는 이와 같은 문제를 가지는 다핵성과 네트워킹을 계획에서 추진할 때 채택해야 하는 새로운 방향으로 두 가지를 제안하고 있다. 첫째는 기능 지향적이고 규범적인 접근(도시 네트워크)으로부터 행위자 지향적인 접근으로의 전환이고, 둘째는 공간 정책의 영역 경계를 정책의 영향이 미치는 공간적인 영역을 중심으로 다시 정의하는 것이다. 이 중 첫 번째 제안에 대해서 카뷔스와 판하베르베케(Cabus and Vanhaverbeke, 2006)도 동일한 문제 제기를 하고 있다. 이들은 경제활동의 측면에서 기업들이 형성하는 네트워크로 결속된 영역은 도시 네트워크라는 틀로는 이해될 수 없으며, 역동적인 산업 커뮤니티를 이루고 있고 도시의 역할이 중요하게 고려되는 영역에 입지한 기업들 간의 관계라는 측면에서 이해될 수 있다고 지적한다.

이들 연구에서의 공통적인 지적은 도시라는 모호한 대상 간의 네트워크보다 실제 정책과 계획에서는 좀 더 구체적이고 실체가 있는 행위자들 간의 네트워크가 중요한 대상이 된다는 점을 강조하고 있다. 네트워크 활동을 하는 행위자에는 경제활동을 담당하는 기업과 같은 행위자도 있지만 계획과 정책이라는 측면에서 중요한 행위자는 도시정부이다. 도시정부들 간에 형성되는 네트워크는 그 강도와 성격에 따라 다양한 유형의 네트워크가 있다. 하지만 이러한 네트워크가 공통적으로 지향하는 것은 도시정부와 이들이 속한 네트워크 도시 지역 전체를 관장하는 상위 계획기구 간의 수직적 정책 조율, 지역 계획기구에서 추진하는 다양한 정책들 간의 수평적 조율, 그리고 도시들 간의 협력을 제도화하기 위한 도시연합의 추진 등이다(Arndt et al., 2000). 한편, 네트워크 도시에서 도시계획 전략은 다중적인 공간 스케일에서 접근할 필요가 있다. 이는, 도시 지역 내에서 또는 외부와의 관계 속에서 형성되는 도시 네트워크에 대한 요구와 기대 효과가 특정 도시권, 이를 포함하는 네트워크 도시권, 국가, 대륙 등 각 공간적 스케일별로 다를 수 있기 때문이다(Priemus and Zonneveld, 2004).

네트워크 도시계획 전략이 성공적으로 뿌리를 내리기 위해서는 네트워크 내의 결절들에 해당하는 도시들 간의 접근성을 향상시키는 것이 중요하다. 이는 한편으로, 도시계획의 출발부터 현존하는 도시 구조상에서 접근성이 좋은 장소들을 중심으로 개발을 집중시키는 전략을 이용할 수 있으며, 동시에 접근성이 좋지 않은 도시들이라고 하더라도 이를 향상시키기 위한 (대중)교통 체계를 확충함으로써 전체적인 수준에서의 접근성을 향상시킬 수 있다(Curtis, 2008). 교통 기반 시설에의 지속적인 투자와 교통 서비스의 개선은 네트워크 연계의 강도를 더욱 증가시키는 효과를 유발함과 동시에, 공간적으로도 네트워크 도시의 광역화를 유도할 것이라 기대된다. 하지만 티서리지와 홀(Titheridge and Hall, 2006)의 통근 통행 분석에 따르면, 이러한 시도들이 내부적인 연결의 강도를 증가시켰지만, 통근 거리는 시설의 개선 이전과 이후에 커다란 변화를 보이지 않아 네트워크 연계의 공간적 범위가 확장되는 정도에는 제한이 있을 것임을 시사하고 있다. 이는 네트워크 행위자인 통근자를 기준으로 볼 때, 네트워크 도시의 지리적 스케일이 일정 규모 이상으로 쉽게 커지지는 않을 것을 의미한다.

5. 네트워크 도시 주요 사례

1) 네덜란드의 란트스타트와 그 밖의 네트워크 도시들

네트워크 도시를 논의하면서 빠지지 않는 사례 지역이 네덜란드의 란트스타트이다. 이 지역은 네트워크 도시 모형을 제안한 배튼(Batten, 1995)의 연구에서 네트워크 도시의 사례로 분석된 지역으로, 전형적인 네트워크 도시의 특성을 지니고 있다. 란트스타트 내에는 네덜란드의 수도인 암스테르담을 비롯하여 이 지역의 관문도시 역할을 하는 로테르담, 위트레흐트, 헤이그 등의 도시들이 도시 네트워크를 형성하고 있다. 이들 도시들 간의 거리는 20~55km 정도로 이동시간으로 보면 대략 1시간 이내에서 움직일 수 있는 비교적 가까운 거리에 위치하고 있어, 대도시권 전체로 볼 때 일일 도시 생활권을 이루고 있다. 기능적으로는 위트레흐트의 경우 비교적 이들 도시들의 평균적인 산업 구성을 가지고 있는 데 비해, 암스테르담은 상업 서비스 부문, 로테르담은 제조업 및 운송 부문, 그리고 헤이그는 공공 행정 부문에서 특화를 보이고 있다(Meijers, 2005). 이들 간의 기능적 보완성은 상호 협력의 필요성을 끌어내고, 이러한 협력은 지역 수준에서 시너지 효과를 창출해 낸다. 이와 같이 개별 도시들은 규모 면에서 그다지 크지 않으나, 란트스타트는 네트워크 도시권 전체로서 세계도시 체계 내에서 높은 경쟁력을 보이고 있다. 예컨 대, 국제기업들의 본사 입지로 볼 때, 유럽에서 런던 다음으로 선호를 하는 도시권이 란트스타 트이다(Batten, 1995).

이러한 여건에도 불구하고 이 지역은 최근 다양한 문제들에 직면하고 있다(권오혁, 신철지, 2005). 첫 번째 문제는 도시 스프롤 현상이다. 이러한 스프롤은 도시 기반 시설에 대한 비용 부 담을 증가시키고, 이는 생산비용의 증가와 생산성의 하락으로 연결되어 궁극적으로 이 지역의 경쟁력을 감소시키고 있다. 두 번째 문제는 경제활동에서 네트워크 도시의 성격이 강한 지역임 에도 불구하고, 정책 행위자인 도시정부들 간에는 네트워킹이 충분한 수준으로 이루어지지 않 아 기반 시설에 대한 계획이나 산업 입지 정책 등이 이 지역의 장기적이고 종합적인 계획과 연 계되지 못하고 있다는 것이다. 한편으로, 도시지역 간의 공간적인 연계는 강하나 기능 간의 연 계(예를 들면, 산·학·연 간의 연계)는 상대적으로 강하지 않은 편이라는 점도 문제로 지적되고 있다.

란트스타트를 기본 모형으로 출발한 네트워크 도시에 대한 연구는 최근 들어 메가시티 지역 (mega-city region)에 대한 연구들과 같이 결합하면서 대상의 범위와 이론적 내용이 한층 더 심화 되었다. 하지만 네트워크 도시 모형의 본원적 성격이라는 측면에서 보면 모든 메가시티 지역이 네트워크 도시적인 특성을 가지지는 않는다. 이는 메가시티 지역의 다핵성과 상호 보완성이 어 느 정도 수준이냐에 따라 결정될 수 있는 문제이기 때문이다. 이러한 판단 근거를 기준으로 보 면, 메가시티 지역 중 다핵성을 기준으로 볼 때 라인루우르 지역이 비교적 란트스타트와 비슷한 수준으로 네트워크 도시적인 특성을 가지고 있는 도시권으로 판단해 볼 수 있다. 이 지역은 전 통적으로는 석탄 산업을 중심으로 성장한 도시지역으로 쾰른, 뒤셀도르프, 뒤스부르크, 에센, 도르트문트 등 다섯 개의 도시들을 중심으로 도시권을 형성하고 있는 전형적인 유럽의 다핵도 시권이다(Hilbers and Wilmink, 2002). 그 밖에도 아직은 도시 네트워크가 완벽하게 갖추어져 있 다는 평가를 받지 못하지만(Albrechts and Lievois, 2004), 명시적으로 네트워크 도시 모형의 적용 차원에서 분석되었던 지역으로 앤트워프, 브뤼셀, 겐트의 3대 도시와 루벤이 모여 다이아몬드 형의 도시 배치를 보이는 중부 벨기에의 플레미시 다이아몬드 지역도 앞의 두 지역과 함께 자주 인용되는 예이다. 이 중 브뤼셀은 유럽연합의 본부를 비롯해 정부 기능으로 특화되었으며, 앤 트워프는 항만 및 산업 기능이 강세를 보인다.

유럽 이외 지역에서는 네트워크 도시 모형의 설명 방식을 적용한 연구들은 드물어 일본의 간사이 지역을 대상으로 한 모형의 적용(Batten, 1995)이 거의 유일하다. 일본의 경우, 최상위 세계 도시로서 도쿄의 영향력이 지배적이었기 때문에, 개별적인 도시 수준에서는 이와 경쟁할 수 있는 도시들이 거의 없었다는 점에서 비교적 규모가 작은 몇몇 도시들이 모여 네트워크 도시를 이룸으로써 간사이 지역이 도쿄에 대한 대안적인 입지를 제공하고 있다는 점은 매우 주목할 만한 현상이다. 이 지역은 오사카, 교토, 고베 등의 비교적 규모가 큰 도시들과 히메지, 나라, 오츄, 와카야마 등의 소규모 도시들이 효율적인 방식으로 통합되어 있다. 이 도시들 중 나라와 교토는 문화 자원을 중심으로 특화가 이루어져 있고, 오사카와 고베는 항만 기능으로 특화가 이루어져 있으며, 이 중 오사카는 상업과 산업 활동의 중심지이기도 하다.

2) 한국에서의 네트워크 도시 모형 적용

네트워크 도시 모형이 한국의 도시들에 적용된 사례는 많지 않다. 그 이유 중 하나는, 네트워크 도시 모형이 최근 도시들의 변화를 네트워크라는 새로운 설명 틀을 이용하여 비교적 잘 설명해 주고 있기는 하나, 아직까지는 모형 적용의 단계가 대부분 유럽의 도시들에 국한되어 있기 때문이다. 다른 한 가지 이유로는 서울의 종주성을 들 수 있는데, 서울은 대한민국 전체 또는 수도권 등 어떤 공간 스케일에서도 월등한 수준의 경제력과 잠재력을 가지고 있기 때문에, 다핵성과 상호 보완성을 추구하는 네트워크 도시적인 특성이 한국에서 관측되기가 쉽지 않을 것이라는 추측을 해 볼 수 있다. 이런 점에서 아래에 논의된 실증 연구 세 편은 한국에서 네트워크 도시 모형의 가능성을 탐색해 본 희소한 연구들로 평가할 수 있다.

먼저, 대도시권 내에서의 네트워크 도시 모형 적용 가능성에 대한 연구로 권오혁(2009)의 연구가 있다. 이 연구는 한국 동남권을 도시별 통계자료를 이용하여 네트워크 도시로 규정할 수 있을지의 여부를 네트워크 도시를 특성화하는 몇 가지 차원의 기준을 가지고 분석한 연구이다. 연구의 결과로 저자는 동남권 도시들은 교통 네트워크가 잘 구축되어 있고, 도시 간의 독립성이 유지되고 있으며, 기능적 분화를 통한 상호 의존성과 연계의 가능성이 있고, 도시들 중 특히 중소도시들이 높은 성장률을 보인다는 점에서 이 지역을 네트워크 도시지역이라고 평가하였다.

다음으로는, 한국 도시 체계 전체를 대상으로 이것이 네트워크 도시 체계라고 평가할 수 있는

지를 분석한 최재헌(2002)의 연구가 있다. 1990년과 2000년의 한국 73개 도시 통계자료를 이용한 이 실증 연구는 수도권 지역이 접근성과 집중도에서 우세하고, 인터넷 시설들이 지방 도시들을 중심으로 허브–스포크(hub-and-spoke) 망을 구축하고 있기는 하지만, 고속도로망과 항공망 등에서의 연계성이 지방도시 상호 간에는 미약하기 때문에 한국 도시 체계 전체를 네트워크 도시로 판단하기에는 무리라고 결론을 내리고 있다. 그러나 김주영(2003)은 이와 대조적으로 네트워크 도시 이론이 한국 도시 체계에서의 도시의 효율성을 평가하는 데 적합한 이론이라고 제안함으로써 한국 도시 체계 또한 일정 부분 네트워크 도시적인 메커니즘에 의해 움직이고 있음을 보여 주었다. 카펠로와 카마니(Capello and Camagni, 2000)의 적정 도시 규모 이론, 중심지 이론, 네트워크 도시 모형의 비교를 통해 설명력이 높은 도시 모형을 확인하고자 하는 분석을 수행한 그의 연구에 따르면, 도시의 적정규모 이론을 통해 도시 성장을 설명하는 데 나타난 한계점을 토대로 도시 성장 패턴을 설명할 수 있는 모형이 네트워크 도시 모형이었다.

6. 네트워크 도시의 성장 전망

네트워크 도시가 추구하는 목표는 도시 간의 네트워킹을 통해 도시권의 경쟁력을 향상시키는 것이다. 따라서 네트워크 도시 지지자들의 입장에서 네트워크 도시는 평균적인 도시들에 비해 더 높은 경제성장을 달성할 수 있는 도시 성장 모형이다. 호헨베르크와 리스(Hohenberg and Lees, 1985)에 따르면, 중심지 이론의 설명 틀 내에서는 도시 규모와 성장률 간에 양의 상관관계가 있다. 이러한 상관관계를 도시 유형을 기준으로 비교하여 보면 일반적인 도시들보다는 네트워크형의 도시들이 평균적으로 더 높은 성장률을 보이고 있음을 알 수 있다(Batten, 1995). 배튼(1995)은 또한 유럽 도시들을 대상으로 한 실증적인 분석 결과가 중심지형 도시들의 경우 규모에 따라 성장률이 증가하는 양의 관계를 보여 주는 반면에, 네트워크 도시의 경우는 오히려 중소도시가 높은 성장률을 보이고 있음을 지적하고 있다.

프렌켄과 호크만(Frenken and Hoekman, 2006)은 네트워크 도시의 성취도를 분석하기 위한 실증적인 연구를 수행하였는데, 이 연구의 결과도 네트워크 도시가 더 성장을 유도한다는 위의 가설들을 뒷받침하고 있다. 이 연구에서는 유럽 내의 1088개 지역을 대상으로 비버스톡 등

(Beaverstock et al., 1999)이 제안한 세 가지 유형의 도시들 중 (네트워크 도시가 크리스탈러의 중심지와 같이 배후지에 의존하지 않고 도시들 간의 연계를 통하여 성장한다는 점과 이들 도시에서 기능적 분화와 상호 보완성이라는 특성이 나타난다는 점에서) 세계도시와 준세계도시 유형의 도시들을 네트워크 도시로 정의하고, 이들의 성장 속도에 차이가 있는지를 회귀 모형을 통해 분석하였다. 연구의 결과는 소득, 인구밀도, 기술 등 전통적인 결정 인자 이외에도 네트워크 도시 유형의 도시들인 경우에 더욱 성장을 유발하는 것으로 분석되었다.

하지만 네트워크 도시가 성장 전망이 양호한 도시 성장 모형이라는 것에 대한 반론 또한 존재한다. 특히 이러한 반론은 상대적으로 최근의 경험 연구들을 통한 결과에서 제시되고 있으며, 성장 전망의 여부를 판단하는 것 이전에 성장의 권장 모형으로서 진정한 의미의 네트워크 도시라는 것이 현재 존재하고 있는지에 대한 근본적인 질문을 제기하고 있다. 예를 들어, 판 오르트 등(van Oort et al., 2010)은 네트워크 도시의 가장 널리 알려진 사례 지역인 란트스타트 지역이 진정한 의미에서의 네트워크 도시지역인지를 판단하기 위하여 이 지역 내에서 공간적 및 기능적 통합과 상호 보완성이 존재하고 있는지를 기업 설문 자료를 이용하여 분석하였다. 이 연구는 흥미롭게도 이 지역 내에서 중심지 이론에 부합하는 다양한 계층 구조와 공간적인 상호 의존성을 확인하였으나 기능적 통합과 관련해서는 증거를 찾을 수 없다고 지적하고 있다. 따라서 이러한 결과는 공간적으로 볼 때, 란트스타트가 도시권 전체의 차원에서는 기능적으로 통합된 지역으로 작동한다고 볼 수 없으며, 오히려 공간 정책의 포커스는 거대도시권 내의 각각의 도시권들로 맞추어져야 한다는 것을 시사하고 있다. 실제로 이들은 몇몇 도시권 내의 수준에서는 네트워크 도시적인 특성이 감지되고 있는 것에 주목하였다.

이와 비슷한 문제 제기에서 출발하여 드 고에이 등(de Goei et al., 2010)은 영국 남동부의 대도시권이 네트워크 도시인지 여부를 판단하기 위한 분석을 수행하였다. 여기에서는 1980년대 이후의 지역 내 통근 자료를 이용하여 회귀분석을 수행한 결과, 연구자들은 분석한 현재의 시점에서 이 지역을 다핵도시 지역 또는 통합된 도시 네트워크 지역이라고 부르기는 어렵다고 판단하였다. 다만, 몇몇 증거들을 통해 대도시권 내의 도시권들의 수준에서는 도시 네트워크의 전개가 이루어지고 있고, 도시권 간 그리고 지역 간의 수준에서 체계의 분산이 진행되고 있다는 점에서 지역 전체적으로도 향후 네트워크 도시적인 면모를 갖출 수 있는 가능성은 있다고 판단하고 있다.

7. 결론

이 장의 목적은 네트워크 도시에 대한 최근의 논의들을 정리하여, 네트워크 도시에 대한 개념적 이해를 넘어 이 모형이 실제 도시정책에 적용될 수 있는 모형으로서의 가능성과 잠재력이 어느 정도 있는지를 판단하는 데에 필요한 실용적인 지식을 제공하고자 하는 것이다.

이제까지의 연구들을 정리해 보면, 네트워크 도시 이론이 기존의 배후지 영역 중심의 중심지적 도시 체계가 세계화되고, 입지 경쟁력을 얻는 방식도 규모 중심에서 연계 중심으로 바뀌어 가면서 점점 더 설득력을 얻고 있는 것이 사실이다. 특히 교통과 정보통신의 발달은 네트워크의 중요성을 더욱 강화시키는 역할을 하고 있다. 아울러, 도시계획이나 도시정책의 차원에서도 이들 개념을 반영하여 도시권의 경쟁력을 향상시키고 삶의 질을 제고하기 위한 적극적인 시도들도 유럽을 중심으로 확대되는 추세이다. 또한 네트워크 도시 유형의 도시권들이 평균적인 수준보다 더 빨리 성장을 달성한다는 연구들은 도시정책을 수립하는 정책 입안자들에게 특히 매력적인 성장 지향적 도시정책이 아닐 수 없다. 하지만, 최근 란트스타트나 영국 남동부 지역을 대상으로 한 실증 분석 연구의 결과들(de Goei et al., 2010; van Oort et al., 2010)이 제시하듯이, 이들 도시권에서 진정한 의미에서의 네트워크 도시라는 이론 체계가 완전하게 구현되어 실제로 작동한다고 볼 수 있는지에 대해서는 비록 소수이기는 하나 아직은 반론들도 제기되고 있으며, 더욱 확실한 답을 얻기 위해서는 좀 더 장기적인 변화의 양상과 추이에 대한 자료를 축적하여 분석해 볼 필요가 있다고 생각된다. 그럼에도 불구하고, 네트워크 도시 이론은 20세기를 마무리하고 21세기로 접어든 지금, 세계도시 체계 변화 방식의 핵심을 설명해 주고 있다는 점에서 중요한 의의를 찾을 수 있다.

■ 주

1) 이 장은 손정렬, 2011, "새로운 도시 성장 모형으로서의 네트워크 도시," 대한지리학회지 46(2), pp.181-196.의 내용을 일부 수정·편집하여 정리한 것이다.

■ 참고문헌

• 권오혁, 2009, "네트워크도시의 이론적 검토와 동남권에의 적용 가능성에 관한 연구," 한국경제지리학회지 12(3), pp.277-290.

• 권오혁·신철지, 2005, "네트워크 도시의 연계구조와 발전전략: 네덜란드의 란트스타트를 중심으로," 공간과 사회 24, pp.154-174.

• 김용창, 1997, "산업재구조화와 도시공간 구조 변화: 네트워크 도시," 국토 191, pp.32-40.

• 김주영, 2003, "네트워크 도시 이론을 적용한 도시의 효율성 분석," 국토연구 38, pp.63-78.

• 최재헌, 2002, "1990년대 한국도시 체계의 차원적 특성에 관한 연구," 한국도시지리학회지 5(2), pp.33-49.

• Albrechts, L. and Lievois, G., 2004, "The Flemish diamond: urban network in the making?" *European Planning Studies* 12(3), pp.351-370.

• Alonso, W., 1964, *Location and Land Use*, Cambridge: Harvard University Press.

• Batten, D. F., 1995, "Network cities: creative urban agglomerations for the 21st-century," *Urban Studies* 32(2), pp.313-327.

• Arndt, M., Gawron, T., and Jahnke, P., 2000, "Regional policy through co-operation: From urban forum to urban network," *Urban Studies* 37(11), pp.1903-1923.

• Beaverstock, J. V., Smith, R. G., and Taylor, P. J., 2000, "World-city network: a new metageography," *Annals of the Association of American Geographers* 90(1), pp.123-134.

• Beaverstock, J. V., Taylor, P. J., and Smith, R. G. 1999, "A roster of world cities," *Cities* 16, pp.445-458.

• Bourne, J. S. and Simmons, J. W., 1978, *Systems of Cities*, Oxford: Oxford University Press.

• Burgess, E. W., 1925, *The Growth of the City*, Chicago: University of Chicago Press.

• Cabus, P. and Vanhaverbeke, W., 2006, "The territoriality of the network economy and urban networks: evidence from flanders," *Entrepreneurship and Regional Development* 18(1), pp.25-53.

• Camagni, R., 1993, "From City Hierarchy to City Networks: Reflections about an Emerging Paradigm," in Lakshmanan, T. R. and Nijkamp, P.(eds.), *Structure and Change in the Space Economy: Restschrift in Honour of Martin Beckmann*, Berlin: Springer Verlag, pp.66-87.

• Camagni, R., Diappi. L., and Stabilini, S., 1994, "City Networks: An Analysis of the Lombardy Region in terms of Ccmmunication Flows," in Cuadrado-Roura, J., Nijkamp, P., and Salva, P.(eds.), *Moving Frontiers:*

Economic Restructuring, Regional Development and Emerging Networks, Aldershot: Avebury, pp.127-148.

- Capello, R., 2000, "The city network paradigm: measuring urban network externalities," *Urban Studies* 37(11), pp.1925-1945.

- Capello, R. and Camagni, R., 2000, "Beyong optinmal city size: an evaluation of alternative urban growth patterns," *Urban Studies* 37(9), pp.1479-1496.

- Castells, M., 1996, *The Rise of Network Society*, Oxford: Blackwell.

- Christaller, W., 1933, *Die Zentralen Orte in Suddeutschland*, Jena: Gustav Fischer Verlag.

- Curtis, C., "Planning for sustainable accessibility: the implementation challenge," *Transport Policy* 15(2), pp.104-112.

- Davoudi, S., 2004, "Territories in action, territories for action: the territorial dimention of Italian local development policies," *International Journal of Urban and Regional Research* 28(4), pp.796-818.

- de Goei, B., Burger, M. J., van Oort, F. G., Kitson, M., 2010, "Functional polycentrism and urban network development in the Greater South East, United Kingdom: evidence from commuting patterns, 1981-2001," *Regional Studies* 44(9), pp.1149-1170.

- Frenken, K. and Hoekman, J., 2006, "Convergence in an enlarged Europe: the role of network cities," *Tijdschrift voor Economische en Sociale Geographie* 97(3), pp.321-326.

- Gordon, I. R. and McCann, P., 2000, "Industrial clusters: complexes, agglomeration and/or social networks?" *Urban Studies* 37, pp.513-532.

- Governa, F. and Salone, C., 2005, "Italy and European spatial policies: polycentrism, urban networks and local innovation practices," *European Planning Studies* 13(2), pp.265-283.

- Heinelt, H. and Niederhafner, S., 2008, "Cities and organized interest intermediation in the EU multi-level system," *European Urban and Regional Studies* 15(2), pp.173-187.

- Hilbers, H. D. and Wilmink, I. R., 2002, "The supply, use and quality of Randstad Holland's transportation networks in comparative perspective," *Tijdschrift voor Economische en Sociale Geographie* 93(4), pp.464-471.

- Hohenberg, P. M. and Lees, L. M., 1985, *The Making of Urban Europe: 1000-1950,* Cambridge: Harvard University Press.

- Kloosterman, R. C. and Musterd, S., 2001, "The polycentric urban region: towards a research agendas," *Urban Studies* 38, pp.623-633.

- Krätke, S., 2001, "Strengthening the polycentric urban systems in Europe: conclusions from the ESDP," *European Planning Studies* 9(1), pp.105-116.

- Markusen, A. and Gwiasda, V., 1994, "Multipolarity and the layering of function in world cities: New

York City's struggle to stay on top," *International Journal of Urban and Regional Research* 18(2), pp.167-193.

- Meijers, E., 2005, "Polycentric urban regions and the quest for synergy: is a network of a cities more than the sum of the parts?" *Urban Studies* 42(4), pp.765-781.

- Parr, J. B., 2004, "The polycentric urban regions: a closer inspection," *Regional Studies* 38, pp.231-240.

- Priemus, H., 2001, "Corridors in the Netherlands: apple of discord in spatial planning," *Tijdschrift voor Economische en Sociale Geographie* 92(1), pp.100-107.

- Priemus, H., 2007, "The network approach: Dutch spatial planning between substratum and infrastructure networks," *European Planning Studies* 15(5), pp.667-686.

- Priemus, H. and Zonneveld, W., 2004, "Regional and transnational spatial planning: problems today, perspectives for the future," *European Planning Studies* 12(3), pp.283-297.

- Sassen, S., 1981, *The Global City*, Princeton: Princeton University Press.

- Schwanen, T., Dieleman, F. M., and Dijst, M. J., 2004, "The impact of metropolitan structure on commute behavior in the Netherlands: a multilevel approach," *Growth and Change* 35, pp.304-334.

- Suarez-Villa, L. and Rama, R., 1996, "Outsourcing, R & D and the pattern of intra-metropolitan location: the electronics manufacturing industries of Madrid," *Urban Studies* 33(7), pp.1155-1197.

- Taylor, P. J., 2004, "Regionality in the world city network," *International Social Science Journal* 56(3), pp.361-372.

- Thompson, G., 2003, *Between Hierarchies and Markets: The Logic and Limitations of Network Forms of Organization*, Oxford: Oxford University Press.

- Titheridge, H. and Hall, P., 2006, "Changing travel to work patterns in South East England," *Journal of Transport Geography* 14(1), pp.60-75.

- van Oort, F., Burger, M., and Raspe, O., 2010, "On the economic foundation of the urban network paradigm: spatial Integration, functional integration and economic complementarities within the Dutch Randstad," *Urban Studies* 47(4), pp.725-748.

제5부

사회를 읽는 새로운 시각으로서의 네트워크 접근

THE GEOGRAPHY OF NETWORKS

도시-지역 연구에서 관계론적 사고를 둘러싼 논쟁
: '네트워크적 영역성(networked territoriality)'에 대한 소고

박배균

1. 들어가며

　전통적인 지리학에서의 네트워크에 대한 연구는 위상학적 관계를 바탕으로 장소들 사이의 기능적 관계와 교류의 공간 구조를 밝히려는 공간 과학적 의도로 이루어져 왔다. 1980년대 이후 지리학에서 공간 과학적 분석의 중요성이 약화되면서 네트워크에 대한 관심도 다소 시들해졌지만, 최근 네트워크가 새로이 지리학에서 중요한 화두가 되고 있다. 하지만, 최근 지리학에서 다시 대두되고 있는 네트워크에 대한 연구는 공간 과학적 전통에 의해 촉발된 전통적 네트워크 분석과는 다른 방식으로 발전하고 있다. 네트워크 공간 분석이 위상학적 공간 구조를 밝히기 위해 연결성과 같은 지표의 정확한 측정을 목표로 했던 것과 달리, 최근의 네트워크에 대한 지리학적 연구는 사회적 관계, 권력관계 등에 초점을 두어 네트워크의 성격과 그 특성이 정치, 경제, 사회, 문화적 과정과 관계의 공간적 표현에 어떠한 영향을 주는지 분석하는 데 초점을 두고 있다. 이는 사람, 사물, 기업, 정부 조직, 사회단체, 가족, 종족 집단, 기계, 장비 등과 같은 매우 다양하고 이질적인 인간 또는 비인간적인 행위자와 힘들 사이의 네트워크적 관계와 상호작용, 그리고 그 과정에서 작동하는 권력관계가 장소, 도시, 지역의 특성을 이해하는 데 매우 중요하다는 '관계론적(relational)' 관점이 지난 10여 년간 지리학자들 사이에서 널리 받아들여진 데 기인한다. 특히, 지역, 도시, 장소를 특정 범위와 경계를 가진 구역으로 바라보는 '영역주의적 (territorial)' 관점을 비판하면서, 지역, 도시, 장소 등을 그 장소의 안팎을 가로지르는 매우 다양하고 이질적인 행위자들과 세력들의 네트워크적 관계망에 초점을 두는 '관계론적' 관점에 바탕을 두어 바라보자는 주장이 최근 들어 지리학, 도시학 분야에서 증가하고 있다.

이 장에서는 이러한 관계론적 관점에서 도시와 지역을 바라보는 견해와 이를 둘러싼 논쟁을 소개하고, '영역주의적' 관점과 '관계론적' 관점의 이분법적 시각을 극복하는 한 대안으로 '네트워크적 영역성(networked territoriality)'의 개념에 바탕을 둔 도시−지역 연구의 가능성을 간단히 소개하고자 한다.

2. 지역에 대한 관계론적 인식론

1) 지역에 대한 영역론적 접근 vs 관계론적 접근

지리학에서, 전통적으로 지역은 특정한 성질을 공유하여 다른 곳과 차별되는 공간적 구역 (area)으로 이해되어 왔다. 지역에 대한 이러한 관점은 18~19세기에 걸친 국민국가 만들기의 정치·경제적 과정과 맞물려서 더욱 확산되었다. 국민국가를 만드는 정치·경제적 과정은 지구를 여러 개의 관리 가능한 구역으로 구분하여 수평적으로 분화된 공간을 만들고, 이를 바탕으로 지리적 영역화를 촉발하는 과정이다(MacLeod & Jones 2007, p.1180). 이와 더불어, 국민국가 내부적으로도 여러 개의 분할된 행정적 단위가 만들어지는 과정이 동시에 진행된다. 이러한 과정을 통해 형성된 국가 중심적 존재론은 '지역지리'의 성립에도 영향을 주었는데, 국민국가 내부에서 수평적으로 구분할 수 있는 지역들을 찾아내는 것이 지역지리의 중요한 임무가 되었다. 그리고 지역은 지리적 탐구의 근본적 대상이자 기본적 구성단위가 되면서, 개별 지역의 정보와 데이터를 모아 그들의 특수성을 밝히는 개성기술적 접근법이 지리학의 중심적 방법론이 되었다. 이러한 개성기술적 접근법은 이후 계량 혁명에 의해 비판받으면서 신고전 경제학과 통계적 방법론을 바탕으로 입지 분석과 공간적 행태에 대한 과학적 일반화를 추구하는 지역과학으로 대체되었다. 공간과학 또는 지역과학에서 지역은 지리적 정보를 조직하고 관리하는 가장 효과적이고 합리적인 분석적 범주의 하나로 간주되었다(MacLeod & Jones 2007, p.1180). 개성기술적 접근과 공간과학적 접근이 지역에 대한 연구를 대하는 입장에서는 많은 차이를 보였지만, 이들은 공히 지역을 국가 하부의 영토이자, 학문적 분석이 중범위 수준에서 이루어질 수 있는 공간적 단위라는 사고를 공고히 하는 데 기여하였다. 이러한 사고를 바탕으로 지역은 국민국가 하부의 기능적 공간이자 영역적 단위라는 사고가 확고히 자리 잡게 되었다.

최근, 이러한 전통적 지역관에 도전하는 관점이 등장하고 있다. 특히 1990년대 후반부터 지역을 특정 공간적 범위와 면적을 가진 지리적 단위 내부의 자연환경, 인문적 조건의 결합물로 바라보던 영역주의적 관점 대신에 연결성의 네트워크적 위상학에 초점을 두어 지역을 이해하려는 관계론적 관점이 도시-지역 연구자들의 관심을 끌고 있다. 이들은 도시나 지역을 내적인 동질성보다는 이질적 요소들의 우발적 결합, 그리고 영역적 폐쇄성보다는 네트워크적 개방성과 관계성의 측면에서 바라보려 한다(MacLeod & Jones 2007, p.1178). 지역을 어떤 면적을 지닌 구역 내에서 동질적 특성을 지닌 곳이라 전제하고 이해하기보다는, 네트워크적 연결성을 바탕으로 여러 이질적인 사회적 속성들이 특정의 경계에 갇혀 있지 않은 개방적인 방식으로 서로 만나고 결합하는 공간적 패턴을 통해 지역이 구성된다는 것이다(Allen, Massey, Cochrane 1998, p.65). 결국 이러한 관계론적 관점에 따르면, 지역은 다양한 공간적 범위에 걸쳐 뻗어 나가고 지리적으로 복잡하게 얽혀 있는 네트워크 안에 위치하는 지점인 동시에, 상품, 기술, 지식, 사람, 금융, 정보 등이 이동하고 순환하는 공간으로 해석될 수 있다(Amin, Massey, Thrift 2003, p.25).

이러한 입장에서 보게 되면, 지역이나 도시의 경계를 명확히 설정하여 그 안과 밖을 구분하는 것은 불가능하기 때문에 지역의 특성을 그 울타리 내부의 자연, 인문적 과정에만 초점을 두어 설명하는 것은 잘못된 것이다. 지역의 안과 밖을 가르는 경계는 불명확하고 유동적이며, 지역의 정치, 경제, 사회, 문화적 과정은 해당 지역의 안과 밖에서 역동적이고 다양하게 구성되는 여러 행위자와 힘들의 네트워크적 위상기하학을 통해 구성된다(Amin, 2004, p.33). 따라서 지역의 특성을 지역 내부의 자연, 인문적 특성이나, 지역 내부 공동체의 활동, 정체성, 애착심 등에만 초점을 두어 설명하기보다는, 지역을 가로지르거나 지역에서 멀리 떨어진 곳의 행위자나 힘들과 연결되어 있기도 한 여러 다양한 연결성과 이동, 그리고 이러한 연결성에 의해 촉발되는 새로운 탈영역적 정체성, 이해관계, 사고방식 등에 의해 역동적으로 구성되는 것으로 이해할 필요가 있다. 이런 관점에서 보게 되면 도시와 지역은 더 이상 영역적 일체감을 자동적으로 가진 것이 아니라, 흐름 및 이질적인 것들의 병렬적 배열, 구멍 뚫림, 관계적 연결성 등과 같은 공간성에 의해 만들어지는 것으로 이해되어야 한다(Amin, 2004, p.34).

　이러한 관계론적 관점이 제시하는 문제의식은 언뜻 보기에 지역을 '등질지역'과 '기능지역'으로 구분하는 전통적인 방식에 내재된 문제의식과 비슷해 보인다. 영역주의적 관점에 의한 지역 개념이 자연, 인문적 동질성에 기인하여 지역을 구분하는 '등질지역'의 개념과 비슷하고, 관계론적 관점에 바탕을 둔 지역 개념은 기능적 보완성과 연결성에 입각하여 지역을 구분하는 '기능지역'의 개념과 비슷하다 할 수 있다. 사실, 지리학에서 기능지역의 중요성이 강조된 것도 네트워크적 공간 분석이 발전하면서 특정 기능과 힘의 세력권, 영향권의 측면에서 지역을 이해하는 것이 현대의 도시와 산업사회의 지리를 이해하는 데 더 유의미하다는 생각에서 비롯되었기 때문에, 네트워크적 연결성을 중요시하는 관계론적 지역 개념과 비슷한 문제의식에서 기인하였다고 할 수 있다. 하지만, '기능지역'의 개념이 최근 관계론적 문제의식에서 비롯된 지역 개념과 등치될 수는 없다. 이는 '기능지역'의 개념이 바탕을 두고 있는 공간과학적 지역 연구가 여전히 국가의 영역성을 절대시하는 '방법론적 영역주의(methodological territorialism)'(Brenner, 2004)에서 벗어나지 못하고 있기 때문이다. 네트워크 분석을 위한 지표의 개발과 계량적 통계분석에 치중하다 보니, 많은 분석적 연구들이 행정구역 단위로 획득된 통계자료에 기반을 두고 있어 국가행정단위의 영역성이 기능지역에 대한 연구에 여전히 내재한다. 따라서 '기능지역'의 개념은 지역이 국가 하부의 기능적 공간이자 영역적 단위라는 사고에서 완전히 자유롭지 못하여 지역과 도시에 대한 지역과 도시에 대한 영역주의적 인식론을 벗어나는 대안적 인식론을 형성하기에는 한계를 드러낸다.

2) 공간에 대한 철학: 절대적, 상대적, 관계적 공간관

　이와 더불어, 관계론적 지역론이 이전의 전통적 지역 개념과 구별되는 가장 근본적 차이는 공간을 이해하는 철학적 기반의 차이이다. '등질지역'이나 '기능지역'과 같은 전통적 지역 개념은 공간이 그것을 구성하는 물질과 아무런 관련성 없이 독립적으로 존재하는 독자적이고 자율적인 '용기(container)'와 같은 것이라는 절대적 공간관에 바탕을 두고 있다. 이러한 사고는 칸트가 공간을 우리가 관찰한 사물과 사건을 분류하고 정리하기 위한 체계로 보았던 것과 비슷한 것이다(Jones, 2009, p.489). 그리고 이러한 공간관에 따르면, 지리학과 지역 연구의 주된 역할은 공간을 일정 정도의 넓이와 면적을 지닌 구역으로 분할하고, 인문 및 자연적 특성에 대한 자료와 정보를 분할된 구역에 맞추어 수집하고 분석하여, 그 결과물을 해당 구역별로 분류하고 정리하는 일을 수행하는 것이 된다.

절대적 공간관은 공간과 그것을 구성하는 물질(또는 사회적 과정)은 엄밀히 구분되며, 그들 사이에는 절대적으로 고정된 관계가 있다고 전제하는데, 이러한 믿음을 문제시하면서 상대적 또는 관계적 공간관이 등장한다. 상대적 공간관에 따르면, 공간은 그것을 구성하는 물질/과정으로부터 독립적으로 존재하지 않고, 공간이 그 물질/과정과 어떠한 관계를 맺고 있는가에 따라서 달리 규정된다(Jones, 2009, p.490). 그리고 유클리드 기하학에서 가정되는 사물과 공간 사이의 절대적으로 고정된 관계는 없으며, 사물 사이의 거리나 관계는 시간과 공간의 속성에 따라 달라지기 때문에 공간 위의 위치나 지점은 시공간 위에서 일어나는 사건이나 순간으로 이해되어야 한다. 공간과 사물/과정 사이에 다양한 관계가 존재하고, 그 관계를 설명하는 다양한 기하학이 존재하며, 이들 중에서 어떤 것이 더 옳거나 나은 것인지 알 수 없다는 이러한 상대주의적 관점은 실제 현실의 문제를 설명할 경우에 경험하는 현장과 힘의 복잡성을 다루기 위해 어떤 하나의 기하학을 선택할 수밖에 없는 상황에 부닥치게 되면 그 한계를 노출하게 된다. 그렇지 않으면 특정한 지리적 배열이나 공간상의 행동과 관계를 보이는 구조적 힘과 원천이 무엇인지 설명할 수 없다.

관계론적 공간관은 공간과 물질 사이의 관계에 대해 앞의 두 관점과는 매우 다른 태도를 취하여, 공간을 구성 물질로부터 분리하여 사고하기를 거부한다. 즉, 공간은 물질과 그들의 시공간적 관계를 뛰어넘어 그 자체로 하나의 독립체로 존재할 수 없으며, 공간이 물질이고 물질이 공간이라는 것이다(Jones, 2009, p.491). 물질은 다른 물질과의 관계 속에서만 이해될 수 있는데, 이 모든 관계들은 나름의 시공간적 속성을 지닌다. 즉, 물질들은 서로에 대해 시공간적인 관계를 형성하고 있고, 물질들 사이의 이러한 시공간적 관계가 모여 사건과 네트워크가 형성된다. 다시 말해, 네트워크와 사건들은 그 내부에서 물질들 사이의 다양한 시공간적 관계들을 연결하는 역할을 하는 것이다.

네트워크적 연결성을 통해 지역을 이해하자는 사고는 공간에 대한 관계론적 인식에 철학적 바탕을 두고 있다. 지역이나 도시가 그것을 구성하는 정치, 사회, 경제, 문화적 과정과 분리된 채 독립적으로 존재하면서 그것들을 단순히 담아내기만 하는 그릇으로서 존재하는 것이 아니라, 정치, 경제, 사회, 문화적 사건, 과정, 관계 등이 수반하고 있는 시공간적 관계들이 결합되어 지역과 도시가 만들어지는 것으로 이해하자는 사고가 관계론적 지역관의 바탕이 된다.

3) 장소에 대한 영역론적 이해 vs 관계론적 이해

관계론적 사고는 장소에 대한 논의에도 영향을 주었다. 장소에 대한 전통적인 개념화는 현상학에 기초한 인본주의적 지리학자들에 의해 이루어졌는데, 여기서 장소는 추상적이고 합리적으로 규정되는 공간에 대비하여 인간의 주관적 경험과 감정 등을 통해 의미가 부여된 구체적인 공간으로 인식되어 왔다. 인본주의 지리학자들은 일상 세계에서의 경험과 느낌에 바탕을 둔 장소에 대한 전체론적 이해를 추구하면서, 장소의 의미와 그를 둘러싼 문화적 감수성을 무시하는 공간과학 또는 실증주의적 공간 연구로부터 장소를 구출하려 노력하였다(박배균, 2010, p.502). 하지만, 이들의 연구는 장소라는 것이 본래부터 그곳에서 주어지고 지속되는 그만의 고유한 특성을 지닌다는 인식을 바탕으로, 장소에 대한 본질주의적(essentialist)이고 영역주의적인 관점을 발달시켰다. 렐프(Relph, 2005)의 '장소와 장소 상실'은 이러한 주장을 매우 명확하게 보여 주는 글이다. 그는 여기서 모든 장소들은 나름의 독특한 이미지와 정체성을 지니고, 사람들도 이들 장소들에 대해 나름의 정체성을 형성한다고 주장한다. 즉, 장소는 역사적 과정을 통해 그곳에서 뿌리내려져서 형성된 나름의 고유하고 진정성(authenticity)이 있는 가치와 정체성을 지니고 있다는 것이다. 이러한 논의를 바탕으로 렐프는 이러한 장소에 뿌리내려진 가치와 정체성이 근대적 산업화의 영향으로 위협받고 사라지면서 장소의 상실이 나타나고 있음을 한탄스럽게 주장하였다.

렐프에게 장소의 가장 기본이 되는 것은 외부로부터 분리된 내부를 창조하는 것이다(박배균, 2010, p.503). 이와 관련하여, 그는 인간들이 장소에 대해 가지게 되는 내부자성과 외부자성을 구분한다. 렐프는 외부에서 장소를 바라보는 것은 사람이 여행자가 되어 멀리서 마을을 바라보는 것과 같고, 내부에서 어떤 곳을 경험하는 것은 사람이 장소에 둘러싸여 그 일부가 되는 것이라고 설명한다. 이처럼 렐프는 장소를 이해하는 데 외부–내부의 구분이라는 이분법에 기초하고 있고, 이러한 이원성이 인간들의 생활공간 경험에 기초가 되며 장소의 본질을 제공한다고 주장

네트워크의 지리학

한다. 이러한 이분법을 바탕으로 장소는 근대적 합리성을 바탕으로 추상화된 공간이라는 개념과는 대비되어, 사람들의 향수와 노스탤지어, 추억, 공동체적 감수성 등을 대변하는 개념으로 인식된다. 또한, 이러한 장소들이 지니는 원초적이고 본래적인 의미와 속성들이 근대화, 세계화 등과 같은 변화의 와중에서 파괴되고 사라지고 있다는 사실이 아쉬움으로 지적된다. 즉, 장소에 내재된 본질적 속성과 진정성이 근대화, 세계화 등과 같은 외부적 힘에 의해 사라지고 있는 것이 큰 문제이기 때문에, 장소의 본질적인 고유성과 의미, 정체성을 지키려는 노력이 필요하다는 것이다.

이러한 영역론적 장소 개념은 최근 많은 지리학자들에 의해 비판되어 왔다. 이들 비판의 핵심적 논점은 장소성이란 것이 본래부터 특정의 장소에 뿌리내려져서 주어지는 것이 아니라, 사회적이고 정치적으로 구성되며, 이 사회적 구성의 과정은 복잡한 권력관계와 이데올로기의 정치적 동원을 바탕으로 한 정치, 사회, 문화적 투쟁의 과정이라는 것이다(박배균, 2010, p.504). 질리언 로즈(Rose, 1993, p.51)에 따르면, 인본주의 지리학은 모든 사람이나 현상은 인간의 생각과 느낌을 통해 해석될 때에 의미를 지니고, 이러한 인문성은 보편적이기 때문에 장소감에 대한 욕망역시 보편적이라고 가정한다. 그리고 장소를 생각과 느낌을 통해 완전하게 해석할 수 있는 완벽한 인문성은 내부인이라는 소속감을 지녀야 형성된다고 주장한다. 장소감에 대한 인본주의 지리학의 이러한 설명 방식은 권력관계, 이데올로기, 문화적 제약 등이 장소감의 형성에 미치는 영향이라는 것을 처음부터 배제하는 논리이다(박배균, 2010, p.504). 많은 경우, 특정 장소에 대한 사람들의 생각과 느낌은 그들이 처한 권력관계, 정치경제적 이해관계, 문화적 편견, 이데올로기적 지향 등에 깊이 영향을 받을 수밖에 없는데, 이러한 부분이 영역론적 장소관에서는 전혀 고려되지 않는다. 즉, 영역론적 장소 개념은 장소에 대한 다양하고 이질적인 정체성과 감정이 장소의 '진정한 내부자성'이라는 영역적으로 신화화된 이데올로기에 의해 묵살되고, 단 하나의 정체성과 감정으로 통일되도록 강요하는 논리라고 할 수 있다.

이러한 본질주의적이고 영역론적인 장소 개념과 달리 최근 관계론적 장소 개념이 많은 지리학자들에 의해 제시되고 있다. 이들은 인본주의 지리학자들과는 달리 장소는 어느 곳에 뿌리내려져서 진정하고 고유한 속성을 지닌 공간이기보다는 일상 속에서의 반복적인 사회적 실천을 통해 만들어지고 재구성되는 것이라고 주장한다. 또한, 장소가 지니는 의미 또는 장소성은 장소가 지닌 본질적 속성에 따라 자연스럽게 주어지는 것이 아니라, 그 장소 안과 그 장소를 통해서 존재하는 다양한 행위자들 사이의 권력 관계 속에서의 갈등과 투쟁을 동반하는 정치적 과정을 통해 사회적으로 만들어지는 것으로 이해한다(박배균, 2010, p.505).

이처럼 장소를 영역적으로 구분되는 공간에 뿌리내려져서 고유한 나름의 속성을 부여받은 곳이 아니라, 장소 안에서 또는 장소를 통해서, 존재하는 다양한 행위자들의 만남, 상호작용, 실천, 수행을 통해 끊임없이 만들어지고 재생산되는 곳으로 이해하면, 장소에 대해 매우 개방적이고 비본질주의적인 해석을 할 수 있다. 즉, 장소는 특정의 정체성을 선험적으로 제공하는 곳이 아니라, 새로운 정체성의 창조적 생산을 위한 원재료와 창조적 사회적 실천이 가능하게 하는 조건을 제공하는 곳이다(박배균, 2010, p.506). 이런 측면에서 장소는 뿌리내려진 고유성을 지닌 안정된 존재론적 사물이라기보다는 개방성과 변화로 특징지어지는 하나의 사건으로 이해될 필요가 있다(Cresswell, 2004, p.39).

관계론적 장소 개념은 도린 매시(Massey, 1997)에 의해 제기된 '장소에 대한 글로벌한 감각(global sense of place)'이라는 개념을 통해 더욱 잘 이해될 수 있다. 매시는 장소의 개념을 개방적인 것으로 바꿀 것을 제안하면서, 장소에 대한 인본주의 지리학자들의 본질주의적 이해 방식과 달리, 장소를 뿌리내림이나 고착성과 같은 범주를 중심으로 이해하는 것이 아니라, 흐름, 이동, 연결이라는 개념을 중심으로 파악하자고 주장한다. 장소에 본래부터 뿌리를 내리고 있던 원초적이고 진정한 실체는 존재하지 않으며, 그 대신 장소는 오랜 기간의 역사 동안 그 장소를 짧게 또는 길게 머물다 지나간 사람들의 이동과 흐름에 의해 만들어지고 변화한다는 것이다. 이러한 인식론에 따르면, 1년, 10년, 100년, 또는 1000년 전에 이동해 온 사람들, 또는 왔다가 떠나간 사람들에 의해 장소는 만들어져 왔고, 또 앞으로도 있을 또 다른 이동과 스쳐 지나감을 통해 장소는 만들어질 것이며, 그렇게 장소는 외부와의 지속적인 관계와 만남 속에서 끊임없이 만들어져 가는 것이다. 결국 장소는 결코 내부−외부의 구분에 기반을 두고 고정된 영역성을 지닌 공간이 아니며, 열려 있고 계속하여 만들어져 가는 역동적인 사건인 것이다(박배균, 2010, p.507).

영역론적 장소관과 관계론적 장소관의 차이는 [그림 13−1]을 통해 잘 나타난다. 그림에서 볼 수 있듯이, 영역론적 관점에서 장소는 뚜렷하게 경계가 주어진 곳이며, 그 경계를 중심으로 그 안쪽은 내부로 그 바깥은 외부로 구분된다. 내부에 해당되는 행위자들만이 그 장소에 뿌리내리면서 그 장소에 대해 진정한 소속감과 정체성을 지니는 것으로 이해된다. 반면, 관계론적 장소관에서 장소의 경계성은 상대적으로 약하다. 경계가 전혀 존재하지 않는 것은 아니지만, 그 장

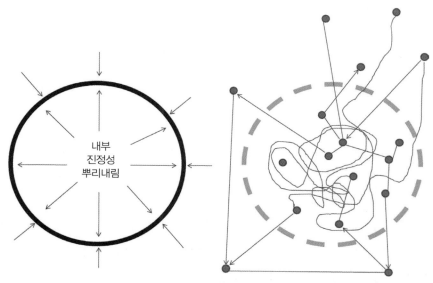

[그림 13-1] 장소에 대한 상이한 두 관점: 영역론적 장소관(좌)과 관계론적 장소관(우)

소의 경계는 군데군데 구멍이 뚫려 있어 그 장소에 대한 출입의 제약이 강하지 않고, 따라서 내부와 외부의 구분도 약하다. 그리고 장소는 그곳에 뿌리내리고 진정한 소속감과 정체성을 가진 내부자들에 의해서만 구성되는 것이 아니라, 경계의 내부와 외부에 위치한 다양한 힘과 행위자들이 관계망을 통해 서로 연결되어 쉽사리 이동하고 접촉하면서 장소를 끊임없이 만들어 가는 것으로 이해된다(박배균, 2010, p.508).

3. '네트워크적 영역성(networked territoriality)'

1) 네트워크-영역 이분법 비판

네트워크적 연결성에 초점을 두어 지역이나 장소를 이해하자는 관계론적 접근은 '관계적 선회(relational turn)'이라 불리는 학문적 경향과 깊이 연관되어 있다. 이 입장에 있는 학자들은 기존의 경제적 구조주의와 방법론적 개인주의를 비판하면서, 다양한 행위자들이 네트워크적 연결을 통해 관계를 형성하고, 이 관계들이 행위자들의 인식 방식, 담론, 행동 등에 중요한 영향을 미치고 있음을 강조한다(Dicken, Kelly, Olds, Yeung, 2001). 네트워크적 연결성을 중심으로 사회·공간적 과정과 관계를 이해하려는 학자들은 행위자들이 네트워크적 연결망을 통해 서로 영향을 주고받고, 이러한 네트워크의 확장을 통해 무한하게 상호 연결할 수 있다고 주장한다. 따라서 영역적 경계나 장소적 뿌리내림은 별로 중요하게 고려할 필요가 없는 개념으로 취급되기도 한다(Latour, 1993).

하지만, 최근에는 네트워크적 연결성을 지나치게 강조하여 사회·공간적 관계와 과정의 영역적 특성을 과소평가하는 경향에 대한 비판이 증가하고 있다. 예를 들어, 매클라우드와 존스(MacLeod & Jones, 2007, p.1185)는 도시와 지역이 외부와의 연결성에 의해 많은 영향을 받고 있다는 관계론적 입장을 받아들인다 하더라도, 일상의 수많은 현실 정치는 영역적으로 동원되는 의존의 공간과 그를 통해 수행되는 연대의 정치를 바탕으로 이루어진다는 점도 인정해야 한다고 주장한다. 이러한 문제의식으로 페인터(Painter, 2006)는 네트워크와 영역을 이분화하여 서로 대립되는 관계에 있는 것처럼 개념화하는 기존의 방식에 대해 문제를 제기한다. 그는 기존의 연구들이 영역을 경계성, 내적 통일성, 정치적 자결, 주권 등으로 특징지으며 변화에 저항하는 속성을 가진 것으로 보는 반면에, 네트워크를 연결, 흐름, 이동, 혼성적 정체성으로 특징지으며 역동적이고 탈영역화의 속성을 가진 것으로 바라보며, 영역과 네트워크를 상충되고 대당의 관계에 있는 것으로 개념화하는 경향이 있다고 비판한다.

페인터(2006)는 네트워크와 영역에 대한 이러한 이분법을 넘어서기 위해, '네트워크적 영역성(networked territoriality)'이란 개념을 제시한다. 여기서 영역은 네트워크적 연결을 방해하거나 저항하는 기능을 가진 공간성으로 개념화되지 않고, 네트워크 효과의 결과물로 이해된다. 즉, 영역은 선명하고 견고한 경계에 의해 구분되는 공간적 범위가 아니라, 영역성을 형성하는 행위자들 사이의 권력관계가 네트워크를 통해 수행되고 재생산되는 영향권으로 개념화된다. 예를 들어, 국가의 영역은 단순히 지도 상의 국경과 국제법에 의해 만들어지는 것이 아니라, 국가의 통치성이 특정의 공간적 범위 안에서 발휘될 수 있도록 만드는 여러 정치, 제도, 행정, 군사적 네트워크의 작동을 통해서 국가의 영역성이 수행되고 지속적으로 재생산되어야 유지될 수 있는 것이다. 즉, 영역이라는 공간은 필연적으로 구멍이 나 있고, 불완전하며 불안정하다. 또한, 수많은 인간 또는 인간이 아닌 행위자들에 의해 지속적으로 만들어지고 구성된다. 따라서 영역은 사

네트워크의 지리학

회, 정치적 삶의 독립변수가 아니라, 영역을 구성하고 유지하게 만들어 주는 수많은 조직, 제도, 행위자들이 지속적으로 작동하게 만들어 주는 네트워크적 연결성에 의존하여서만 존재할 수 있다(Painter, 2007, p.28).

이와 함께 네트워크도 영역을 약화시켜서 탈영역화를 초래하는 동인이라기보다는 오히려 영역화를 초래하기도 하는 힘으로 이해된다. 페인터(2006)에 따르면, 네트워크는 끊임없이 새로운 개체를 그 연결망에 참여시키면서 그 범위를 계속하여 확대할 수 있는 속성을 지니고 있지만, 실제로 나타나는 네트워크적 연결의 패턴을 보면 그 연결의 밀도와 빈도가 특정의 결절점 (node)들을 중심으로 강하게 나타나는 불균등한 연결성을 보여 주는 경우가 많다. 즉, 네트워크 상의 연결이 모든 곳에서 균등하게 일어나는 것이 아니라, 특정의 장소와 위치를 중심으로 강하게 국지화되는 경향을 보인다는 것이다(그림 13-2 참조). 즉, 네트워트적 연결은 특정의 장소와 지역을 벗어나 전 세계로 뻗어 나가면서 탈영역화하는 특성을 보이기도 하지만, 동시에 특정 지

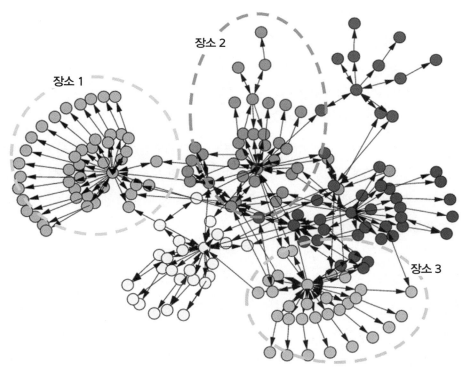

[그림 13-2] 네트워크의 국지화와 장소의 형성

역을 중심으로 강하게 국지화되면서 영역화 또는 재영역화하는 특성을 보이기도 하는 것이다.

2) 네트워크-장소-영역 관계의 역동성

영역-네트워크의 이분법적 시각을 극복하는 방법은 영역도 중요하고 네트워크도 중요하며, 이 둘이 적절히 상호작용을 한다는 식의 관점은 아니다. 네트워크와 영역 사이의 불가분적 관계를 좀 더 자세히 알아보기 위해서, 이 절에서는 네트워크, 장소, 영역 사이의 역동적 관계에 대해 논하고자 한다.

네트워크, 장소, 영역은 사회적 과정의 공간성이 서로 다른 방식으로 표현되는 형태들이다. 관련하여 제솝, 브레너와 존스(Jessop, Brenner and Jones, 2008)는 사회적 관계들은 필연적으로 공간적 차원과 결합되어 나타날 수밖에 없다는 측면에서 사회·공간적 관계로 이해해야 한다고 주장하면서, 영역(territory), 장소(place), 스케일(scale), 네트워크(network)를 사회·공간적 관계의 네 가지 차원이라고 제시하였다. 즉, 사회·공간적 관계는 (가) 어떤 경계를 중심으로 안과 밖을 구분하는 과정을 통해 만들어지는 영역, (나) 관계들의 국지화 및 지리적 뿌리내림의 과정을 통해 나타나는 장소, (다) 수직적으로 계층화된 차별화를 통해 나타나는 스케일, (라) 연결성과 결절점으로 구성되는 네트워크와 같은 네 가지 핵심적 차원을 중심으로 구성된다는 것이다.

그런데 이들 사회·공간적 관계의 각 차원들은 각자가 독립적인 메커니즘을 가진 공간적 형태인 것처럼 이해되어서는 안 된다. 이들은 오히려 사회적 과정의 성격에 의해 언제든지 다른 차원의 사회·공간적 관계로 변화할 수 있는 역동적인 과정의 한 순간으로 이해되어야 한다. 영역론적 지역 개념이나 관계론적 지역 개념의 가장 큰 문제점은 이들 사회·공간적 차원들의 어느 한 측면만을 지나치게 강조하고, 그 각각이 독자적인 존재론적 메커니즘을 가지고 있는 것처럼 바라보면서, 어느 한쪽에 과도한 인식론적 우선권을 부여한 것이다. 이러한 한계를 극복하고 '네트워크적 영역성'을 제대로 이해하기 위해서는 이들 사회·공간적 차원들이 어떻게 서로 복잡하게 뒤엉키고 역동적으로 형태 전환을 하는지 이해하는 것이 매우 중요하다. 이 절에서는 이들 네 가지 사회·공간적 차원들 중에서 네트워크, 장소, 영역에 집중하여, 이들의 역동적 형태전환에 대해 살펴보고자 한다.

(1) 국지화된 네트워크와 장소의 형성

[그림 13-2]에서 사회적 행위자들과 힘들의 네트워크를 공간상에 펼쳐 보면, 이 연결성은 모든 공간에서 균등하게 퍼져 분포하지 않고, 매우 강한 공간적 불균등성을 보인다. 즉, 네트워크의 결절과 연결이 공간상의 특정 지점들을 중심으로 불균등하게 집중하는 것이 보편적인데, 이를 통해 네트워크 관계의 국지화가 일어나게 된다. 국지화된 네트워크적 연결성은 현실에서 다양한 모습으로 나타나는데, 국지적 노동시장, 국지화된 기업 간 거래관계, 국지화된 정보의 공유, 국지화된 주택 시장 등이 그 예라고 할 수 있다.

이처럼, 네트워크적 연결성이 국지적으로 형성되면 필연적으로 이들 국지화된 네트워크에 자신의 생존과 재생산을 의존하는 행위자들이 등장하게 된다. 국지화된 노동시장에 의존하여 일자리와 생계를 유지하는 노동자들, 국지화된 거래 관계에 의존하여 기업 활동을 유지하는 지역의 중소기업들이 그 대표적 예라 할 수 있다. 이처럼 국지적 네트워크에 의존하는 행위자들은 그 네트워크의 국지성으로 인해 이동성이 제약받게 되고, 그 결과로 공간상의 특정 지점을 중심으로 국지적으로 고착되게 된다. 이러한 행위자들과 사회적 관계의 국지성은 장소 형성의 중요한 기반이 된다. 왜냐하면, 국지화된 네트워크를 바탕으로 일상적으로 만나고 접촉하는 행위자들은 장소감을 발달시키고, 그 장소에 대한 소속감과 정체성을 형성할 수 있기 때문이다. 이처럼, 특정 장소를 기반으로 형성된 국지적 네트워크와 장소적 정체성에 의존적인 행위자들은 '의존의 공간(space of dependence)'을 형성하게 된다. 여기서 의존의 공간이란 행위자들이 자신의 생존, 재생산, 정체성의 유지를 위해 특정의 국지화된 사회적 관계에 의존해 있을 때, 이 사회적 관계들이 뻗어 있는 공간적 범위를 가리킨다(Cox, 1998a).

[그림 13-2]는 국지화된 네트워크를 중심으로 장소와 의존의 공간이 형성되는 과정을 잘 보여 준다. 국지적으로 형성된 네트워크는 사람, 자본, 물자, 정보, 사고방식 등이 특정의 지점을 중심으로 흐르고 이동하게 만들며, 이러한 과정은 국지적 사회적 관계의 발전과 제도화를 이끌고, 이를 바탕으로 장소적 정체성과 감정이 발생한다. 하지만, 그림에서 알 수 있듯이 모든 국지화된 네트워크가 장소로 발전하지는 않는다. 이는 장소의 형성이 국지화된 네트워크에 기반을 두지만 그 둘의 관계가 필연적이지는 않기 때문이다. 즉, 장소의 형성은 국지화된 네트워크의 기능적 작용에 의해서만 발생하지 않고, 장소적 감정과 정체성이 발생하기 위해서는 우발적인 역사적인 조건 속에서 특정의 정치, 사회, 문화적 과정이 필요하다.

(2) 장소의 영역화

그런데 국지화된 네트워크를 바탕으로 특정의 장소가 형성되었다고 하더라도, 그 장소가 반드시 뚜렷한 경계성을 바탕으로 안과 밖을 엄밀히 구분하고, 배제와 포섭의 메커니즘을 바탕으로 작동하는 영역이 되는 것은 아니다. 영역이 형성되기 위해서는 1) 경계 만들기, 2) 그 경계를 중심으로 안팎을 구분하기, 3) 누구를 내부로 포섭하고, 다른 누구를 외부로 배제하는 통제 행위의 세 가지 요소가 필요하다. 다시 말해, 영역은 선험적으로 주어지는 것이 아니라, 어떤 사람, 사건, 그리고 관계를 영역 안의 것으로 포섭할 것인지, 어떤 것은 영역 밖의 것으로 배제할 것인지, 그리고 그 영역의 공간적 경계를 어떻게 설정하고 유지할 것인지가 영역을 구성하는 사회·정치적 과정의 결과물이다. 영역은 매우 다양한 형태로 나타나는데, 근대적 영토국가, 부동산 소유권을 바탕으로 경계가 설정되고 안과 밖이 구분되는 공간이나 신체 또는 가정과 같이 개인의 프라이버시와 관련된 영역, 경찰의 수사관할권과 같은 행정적 경계, 기숙사 방 내부에서 룸메이트 사이에 만들어진 구획화된 공간, 고급 아파트 단지에서 외부인의 출입을 통제하기 위한 공간 등이 영역의 예이다.

이러한 다양한 형태의 영역들은 장소의 특수한 형태라고 말할 수 있다(박배균, 2010, p.509). 관계론적 장소관에 의해 지적되었듯이, 장소는 장소의 안과 바깥에 존재하거나, 그것을 가로지르는 다양한 행위자들의 상호작용을 통해 만들어지고 끊임없이 재형성된다. 따라서 사회적 구성물로서의 장소는 여러 행위자들의 상호작용과 그것의 창발적 인과력으로 인해 매우 다양한 특성을 지닐 수 있다. 그런데 그 장소의 구성 과정에서 어떤 특수한 상황과 특수한 권력관계로 인해 그 장소의 경계성이 강조되었고, 그 경계를 중심으로 안과 밖을 구분하여 특정 세력들을 중심으로 특정한 방식의 사회관계와 특정한 성질의 대상들만을 그 경계 내부로 포함하고 다른 것들을 배제하려는 행위가 지배적 지위를 가지게 되면, 그 장소는 영역적 방식으로 구성되는 것이다. 다시 말해, 장소의 영역화가 이루어지는 것이다. 특히, 장소의 형성에 영향을 미치는 여러 행위자 중에서 그 장소에 대한 의존성과 고착적 이해가 강한 행위자들이 그들의 이해를 지키고 보호하기 위해 장소의 영역성을 강화하는 전략을 사용할 수 있다. 예를 들어, 장소의 특정 성질을 그 장소의 고유하고 진정한 것이라 강조하면서, 장소의 내부와 외부를 구분하고, 그 장소의 내부라 불린 것에 대한 문화적 정체성을 강조함을 통해 장소의 내부적 통일성과 대외적 배타성을 강화할 수 있는데, 이러한 과정이 장소의 영역화를 초래한다(Cox, 1998b; Harvey, 1989). 요약하면, 영역은 장소에 경계를 만들어 안과 밖을 구분하고, 그 경계 안의 성질, 의미, 가치, 권력관계를 특정한 방향으로 통제하려고 하는 경우 발생한다. 즉, 장소의 배타성, 경계성이 극도로 심화되는 경우에 나타나는 것이 영역이라 할 수 있다.

(3) 네트워크의 정치와 장소의 탈영역화/재영역화

영역화된 장소에는 그 장소에 기반하여 구조화된 사회·공간적 관계에 의존적인 행위자들이 존재한다. 이들 장소의존적인 이해를 가진 행위자들은 자신들이 의존하고 있는 국지적 관계가 계속 유지되고 확대 재생산 되기를 바란다. 그런데 이 '의존의 공간'은 격리된 섬이 아니기 때문에 더 넓은 공간적 스케일에서 움직이는 가치의 이동과 흐름에 영향을 받을 수밖에 없다. 그런데 자본주의적 경쟁의 상황에서 새로운 축적의 조건을 찾아 끊임없이 이동하는 자본의 속성 때문에 자본주의 공간경제는 항상 불안정하다(Harvey, 1982). 이런 상황에서 의존의 공간에 고착적 이해와 장소적 정체성을 가진 행위자들은 자신들의 이해와 정체성을 지키기 위해 자신들이 의존하고 있는 국지화된 사회적 관계를 보호하고 지킬 필요를 가지며, 이를 위해 여러 가지 정치

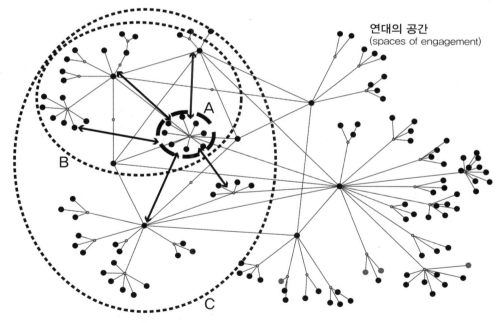

[그림 13-3] 연대의 공간과 장소의 탈영역화/재영역화

적 행위를 하게 된다.

그들이 사용하는 정치적 전략의 하나가 의존의 공간을 뛰어넘는 정치적 연대와 네트워크의 형성을 통해 다른 공간적 스케일에 있는 행위자들이나 권력을 동원하는 것이다. 이러한 정치적 연대와 네트워크가 형성되는 공간적 범위를 '연대의 공간(space of engagement)'이라 한다(Cox, 1998a). 즉, 특정 장소에 고착되어 있던 행위자들은 스케일의 정치를 통해 더 넓은 공간적 스케일에서 연대의 공간을 형성할 수 있는 것이다. [그림 13-3]은 A에 의존하고 있던 행위자들이 좀 더 스케일이 큰 B, C의 행위자들과 연대의 공간을 형성하는 경우를 보여 준다. 이러한 연대의 공간이 활성화되면 의존의 공간을 중심으로 형성되었던 사회·공간적 관계의 영역성이 약화되는 탈영역화가 발생할 수 있다. 하지만, 많은 경우에 연대의 공간은 일시적으로만 형성되고 사라질 가능성이 높다. 그렇지만 어떤 경우에는 이 연대의 공간이 지속화 및 공고화되면서 이 연대의 공간을 중심으로 새로운 장소 만들기와 영역화가 진행되는 재영역화가 발생할 수도 있다.

4. 결론

이 글에서 필자는 관계론적 패러다임에 입각하여 지역과 장소를 네트워크적 연결성을 중심으로 이해하자고 주장하는 최근의 관계론적 지역 개념과 장소관을 소개하고, 그를 비판적으로 논하면서 새로운 대안적 개념으로 '네트워크적 영역성'이라는 개념을 제시하였다. 관계론적 관점의 학자들은 지역을 특정 공간적 범위와 면적을 가진 지리적 단위 내부의 자연환경과 인문적 조건의 결합물로 바라보기를 거부하고, 네트워크 연결성을 바탕으로 여러 이질적인 사회적 속성들이 특정 경계에 갇혀 있지 않은 개방적인 방식으로 서로 만나고 결합하는 공간적 패턴을 통해 지역이 구성된다는 주장한다. 전통적 사회과학과 그에 영향을 받은 지역 연구가 근대 국민국가의 영역성을 절대적인 것으로 받아들이면서 국민국가를 기본적 분석의 단위를 설정하는 '방법론적 국가주의'와 '방법론적 영역주의'에 매몰되어, 정치, 사회, 경제, 문화적 과정을 과도하게 영역적 관점에서 해석하려한 경향이 있었던 것은 사실이며, 여러 장소와 지역의 초영역적 관계와 연결성을 강조하는 관계론적 주장이 새로운 사회과학 인식론의 가능성을 보여 준다. 하지만, 이들은 영역과 네트워크가 서로 양립되고 대립되는 관계에 있는 것으로 상정하고, 네트워크적 존재론으로 영역적 존재론을 대체하자고 주장하여, 현실의 삶과 사회적 과정이 지니는 영역성을 지나치게 무시하는 결과를 가져온다.

영역과 네트워크는 각기 독립적인 메커니즘을 가진 공간적 형태가 아니라, 사회적 관계의 공간성이 표출되는 상이한 방식으로, 권력관계의 특성과 사회적 힘들 간 상호작용 과정에 의해 끊임없이 형태를 전환하면서 복잡한 방식으로 교차하고 뒤섞이면서 나타난다. 네트워크는 공간상에서 균등하게 펼쳐져 나가지 않고 특정 지점을 중심으로 국지화되는 경향을 보이고, 이러한 국지화된 네트워크를 바탕으로 장소가 형성될 수 있다. 그리고 이렇게 형성된 장소는 그 장소 안에서, 또는 그것을 통해서, 작동하는 다양한 사회적 힘과 행위자들 간의 복잡한 상호작용의 과정 속에서 그 장소의 경계성을 강화하고 안과 밖을 나누는 영역화의 정치가 진행되면 영역으로 형태가 전환될 수 있다.

하지만, 이렇게 형성된 영역화된 장소·지역은 그 장소·지역을 둘러싼 권력투쟁의 과정 속에서 해당 장소·지역 외부의 힘들을 이용하여 권력관계를 유지하거나 역전하려는 네트워크의 정치가 펼쳐지면서 탈영역화될 수 있고, 이렇게 새로이 형성된 관계들은 새로운 공간적 스케일에서 재영역화될 수도 있다. 즉, 지역이나 장소는 네트워크적 영역성을 바탕으로 탈영역화·재영역화의 실천적 행위와 담론들 속에서 매우 복잡한 방식으로 구조화되고 제도화되어 구성된다. 그리고 이들 탈영역화·재영역화의 행위와 담론들은 부분적으로는 영역화된 울타리를 기반으로 구체적인 권력과 제도를 바탕으로 이루어지지만, 동시에 부분적으로는 울타리 쳐져 있지 않고, 애매모호하며 비가시적이다(Passi, 2004, p.542). 결국, 영역적 관점과 관계론적 관점 사이의 이분법적 구분을 극복하기 위해서는 지역과 장소가 울타리 쳐져 있기도 하면서 동시에 구멍이 뚫려 있다는 사실을 받아들여야 한다. 그리고 이 영역과 네트워크적 관계는 서로에 대항하는 적대적 관계에 있는 것이 아니라, 탈영역화와 재영역화의 변증법적 과정 속에서 끊임없이 모습을 변형하는 사회·공간적 관계의 상이한 두 차원이라는 것을 이해해야 한다.

■ **참고문헌**

• 박배균, 2010, "장소마케팅과 장소의 영역화: 본질주의적 장소관에 대한 비판을 중심으로," 한국경제지리 학회지, 13(3), pp.498-513.

• 애드워드 렐프(김덕현·김현주·심승희 역), 2005, 장소와 장소상실, 논형.

• Allen, J., Massey, D., and Cochrane A., 1998, *Rethinking the Region*, Routledge: London.

• Amin, A., 2004, "Regional Unbound: towards a new politics of place," *Geografiska Annaler* 86B, pp.33-44.

• Amin, A., Massey, D. and Thrift, N., 2003, "Regions, democracy, and the geography of power," *Soundings* 25, pp.57-70.

• Brenner, N., 2004, *New State Spaces: Urban Governance and the Rescaling of Statehood*, Oxford: Oxford University Press.

• Cox, K. R., 1998a, "Spaces of dependence, space of engagement and the politics of scale, or: Looking for local politic," *Political Geography* 17, pp.1-23.

• Cox, K. R., 1998b, "Locality and Community: Some Conceptual Issues," *European Planning Studies* 6(1), pp.17-30.

• Cresswell, T., 2004, *Place: a short introduction*. Malden, MA: Blackwell.

• Dicken, P., Kelly, P. F., Olds, K. & Yeung, H. W., 2001, "Chains and networks, territories and scales: towards a relational framework for analysing the global economy," *Global Networks* 1(2), pp.89-112.

• Harvey, D., 1982, *The Limits to Capital*. Oxford.

• Harvey, D., 1989, *The Urban Experience*. Blackwell, Oxford.

• Jessop, B., Brenner, N. & Jones, M., 2008, "Theorizing Socio-Spatial Relations," *Environment and Planning D: Society and Space* 26(3), pp.389-401.

• Jones, M., 2009, "Phase space: geography, relational thinking, and beyond," *Progress in Human Geography* 33(4), pp.487-506.

• Latour, B., 1993, *We have never been modern*, Harvester Wheatsheaf, Hamel Hempstead.

• MacLeod, G. and Jones, M., 2007, "Territorial, Scalar, Networked, Connected: In What Sense a 'Regional World'?" *Regional Studies* 41(9), pp.1177-1191.

• Massey, D., 1997, "A Global Sense of Place," In Barnes, T. and Gregory, D.(eds.) *Reading Human Geography*, London: Arnold., pp.315-323.

• Painter, J., 2007, Territory/network. CSCR Research Paper 3. Center for the Study of Cities and Regions, Department of Geography, Durham University.

• Painter, J., 2006, Territory-network, Paper presented in the Annual Meeting of the Association of American Geographers.

· Passi, A., 2004, "Place and region: looking through the prism of scale," *Progress in Human Geography* 28, pp.536-546.

· Rose, G., 1993, *Feminism and Geography: The Limits of Geographical Knowledge*, Cambridge: Polity Press.

행위자-연결망 이론(Actor-Network Theory)과 자연-사회 연구[1)

김숙진

1. 서론

세계무역기구(World Trade Organization)의 '무역 관련 지적 재산권에 관한 협정(The Agreement on Trade-Related Aspects of Intellectual Property Rights: TRIPS)'은 지적 재산권의 범위를 기존의 공업 제품뿐만 아니라 동식물 유전자원에까지 확대 적용했다는 점에서 농업, 화학, 의료, 의약, 수의학, 식품 분야에 유례없는 변화를 불러오고 있다. 다시 말해, 동식물 유전자원에까지 특허가 확대된 것은 기존 자본주의 영역 외적인 것으로 여겨졌던 유전자원에의 자본 침투를 용이하게 하는 사회적 장치를 마련한 것으로 여겨진다(Kloppenburg, 2004). 각 국가정부의 생명공학에 대한 투자를 증진시키고, 과거 석유화학 자본이 생명공학 자본으로 전환된 것은 그 좋은 예가 될 것이다.[2)] 더욱이, 이 협정은 각 국가마다 보호 범위와 정도가 다른 지적 재산권을 국제적으로 표준화하고 단일한 체제로 획일화시켜 국제무역을 증진시킨다는 신자유주의의 이데올로기가 그 바탕에 있다.

국내에서도 세계화에 따른 무한 경쟁의 경제체제에서 세계 생명공학의 급속한 발달과 특허를 통한 상업화의 잠재성을 인식하고, 생명공학에 전략적인 투자를 해 왔다. 1990년대부터 세계 경제에서의 국가 경쟁력 증대와 지식산업 사회로의 진입이라는 담론을 통해 생명공학(BT 산업)은 정보통신(IT 산업)과 함께 제2대 과학 산업으로 자리매김하면서 정부의 집중적인 관심과 투자의 대상이 되었다(The Ministry of Science and Technology, 2004). 또한 생명공학은 국가 균형 발전의 측면에서 바이오 클러스터 조성 사업 등의 지역 발전 전략으로도 활용되고 있다(Kim S.-J., 2009).

그동안 과학기술은 국내에서 합리성의 대명사이자 국가 발전의 열쇠로 인식되었고, 사회 진보의 토대로 간주되어 왔다. 따라서 과학기술 쪽에서는 보수와 진보 등 다양한 세력들의 대립과 갈등 없이 과학기술의 발전을 전폭적으로 지지하는 사회적 합의를 이뤄 왔다. 이런 사회적 합의는 우리 경제가 아직 과학기술에 크게 의존하지 않고 정치 민주화가 전혀 이루어지지 않았던 시대에는 특별한 어려움이 없었지만, 1990년대 이후 한국 경제가 기술 경쟁력을 핵심적 바탕으로 하는 발전 단계에 도달하고, 그동안의 산업화 과정에서 누적되었던 환경문제가 민주화의 진전으로 시민사회에서 중요한 쟁점으로 제기되면서, 이러한 과학기술에 대한 사회적 합의도 갈등을 빚게 되었다(김환석, 2006a).[3]

동식물 유전자 조작 중심의 최근 생명공학은 과학이 사회와 동떨어진 객관적이고 합리적인 불가침의 영역이 아니라, 엄청난 사회경제적, 환경적 영향을 미치는 과정이다. 또한, 각 지역(국가)의 자연적, 사회적, 정치적, 문화적인 조건과 역사에 영향을 받는 복합적인 과정임을 보여 주는 예이다. 그러나 생명공학 기술이 차세대를 이끌 주역으로 주목받으면서 국가적으로 엄청난 지원을 받지만, 여전히 우리 사회에서 생명공학 기술이 어떻게 정치, 사회, 경제적 상황과 상호 작용을 하는지에 대한 면밀한 논의는 취약하다. 그나마 윤리적인 측면에서의 논의가 약간 있을 뿐이며, 생명공학의 발달과 관련해서 과학기술의 발전과 이를 뒷받침하는 사회제도적 측면과 그에 따른 자본과 권력의 문제, 국가의 역할 문제, 자연의 이용과 분배의 문제, 그리고 그에 따른 환경적 문제에 관한 논의는 미비하다. 그 결과, 생명공학이라는 사회적 구성물이 가진 사회경제적·환경적 측면은 희미하게 되고, 무분별한 성장과 육성 담론만 무성한 상태이다.

이와 같이, 자연적·사회적·문화적인 측면과 역사에 영향을 받고 난 후, 상당한 사회·경제·환경적 영향을 미치는 과학기술과 이와 관련된 환경문제에 대한 연구는 과학—자연—사회, 이세 측면 간의 복잡한 관계를 고찰할 수 있는 종합적이고 학제적인 연구가 필요하다. 즉, 새로운 과학적 발견과 구성과 상업화뿐만 아니라 과학지식을 생산하는 사회제도로서의 과학, 그리고 그것의 자연과 사회와의 관계가 밝혀져야 한다. 과학과 과학지식의 생산에 대한 대안적 견해는 과학사회학(Sociology of Science)과 과학기술연구(Science and Technology Studies)로 대표되는 학자들에 의해 제안되어 왔고(Latour, 1993; 1999; Haraway, 1997; 홍성욱, 2005; 이영희, 2002), 자연—사회 관계에 대한 연구는 자연과 인문의 연계 학문인 지리학에서 주로 연구되어 왔다(Smith, 1996; Castree, 1995; 2002; Swyngedouw, 1999; Whatmore, 1999; 2002).

서구 지리학계에서는 다양한 과학기술과 관련된 환경문제들을 분석하는 데 이들 과학기술 연구의 내용을 도입하려는 노력들이 보이나(Bridge et al., 2003; Goodman, 2001; Whatmore, 2002), 국내에서는 이들 두 학문 간 연계를 시도하는 체계적인 논의 자체도 거의 없는 실정이다. 그러므로 현대 생활에서 흔히 일어나는 과학기술과 그에 따른 환경문제들을 다룰 때, 우선 과학과 자연에 대한 우리의 전통적인 인식을 재검토하고, '과학'과 '과학지식 생산'을 둘러싼 논의에서 '자연'과 '사회' 간의 관계가 어떻게 인식되고 있는지 좀 더 치밀한 이론적 검토가 선행되어야 할 것이다.

따라서 이 장에서는 서구의 이분법적 사고가 전통적인 과학관에 어떻게 배태되어 있는지, 이러한 이분법적 사고가 다시 자연관에 어떻게 이어져 내려오고, 이것이 최근에는 어떻게 극복이 되고 있는지, 그리고 이러한 극복 노력이 현대의 복잡한 과학기술 관련 환경문제 분석에 어떤 공헌을 할 수 있는지 그 가능성을 타진해 볼 것이다.

이를 위해 먼저, 과학에 대한 이해가 어떻게 변천해 왔는지를 알아보기 위해서 전통적인 과학관과 과학사회학, 그리고 과학기술 연구의 발전에 대해 고찰하고, 이러한 과학에 대한 이해의 변천에 담긴 자연과 사회와의 관계를 분석할 것이다. 다음으로, 과학관에서 발견되는 이분법적 사고가 다시 자연관에 어떻게 이어져 내려오고 있는지를 알아보기 위해 자연과 사회와의 관계에 대해 학문의 시초부터 많은 고민을 한 지리학 연구 내의 발전 내용을 비판적으로 검토할 것이다. 마지막으로, 이러한 이분법을 극복하려는 새로운 시도로 주목받고 있는 행위자—연결망 이론(Actor-Network Theory)의 주요 내용을 검토함으로써 과학—자연—사회 연구를 위한 이들 두 학문 간의 접점을 모색할 것이다. 이는 생물 다양성, 기후변화, 핵 폐기장 문제, 환경 보존(conservation) 이슈 등 과학이 깊숙이 관여된 각종 로컬, 지구적 환경문제를 푸는 데 유용한 분석 방법을 마련하는 시론적 연구가 될 것이다.

2. 과학과 과학지식 생산 연구에서의 이분법

1) 전통적인 과학관에서의 이분법

서구의 지성사는 데카르트(Descartes) 이후 이분법적 사고가 지배적이었다고 해도 과언이 아니다. 절대적 실체(진리)를 획득하기 위한 방법을 모색하는 과정에서 여러 가지 시도의 변환을 통해 다양한 종류의 이분법적 사고가 뿌리 깊게 자리 잡았다. 데카르트는 불확실한 세계의 모든 것(물질, 몸)으로부터 마음(정신)을 분리하여, 칸트(Kant)는 인간 인식에 선험성을 부여하여 주체와 객체(대상)를 분리하여, 칸트 이후에는 이성이 개인의 집단인 사회로 대체되어 사회를 자연과 분리하여 절대적 실체를 획득할 수 있다고 주장하였다(Latour, 1993). 이러한 여러 가지 이분법은 서로 중첩되어 과학에 대한 전통적인 인식론을 형성하게 된다. 즉, 서구 사회에서 데카르트 이후 역사적으로 당연시되어 온 과학에 대한 전통적인 인식론적 주장은 과학은 객관적이고, 사회와 분리된 자연 세계를 설명한다는 것이다. 따라서 서구 과학 사조에서 과학은 자연 세계에 존재하는 절대적 진리를 발견하고 지식을 생산한다는 인식이 팽배하였다.

이러한 과학지식에 대한 전통적인 관점은 목적론적이고 순환 논리를 가지고 있다. 즉, 과학은 그 자체에 다른 조건들이 변하지 않으면 항상 합리적이고 객관적이며, 진리로 인도해 주는 고유한 내적인 논리와 방법이 있고, 이러한 논리와 방법을 따라갈 때 정당한 진리에 도달할 수 있기 때문에 과학지식은 합리적이라는 주장이다(Bloor, 1996). 이러한 지배적인 과학관에서, 과학에 대한 연구는 주로 과학의 합리성을 논리와 경험적 증명에서만 찾으려 한 과학철학자들만의 영역이 되었으며, 이들의 연구는 전통적인 과학관을 더욱 강화시키는 결과를 가져왔다. 과학철학자들의 주된 연구 관심사는 과학 변동 및 합의와 함께 어떤 과학 이론이 선택되고 '진리'로서 우위를 차지하는지를 설명하기 위해 과학적 이론의 중요 요소로 논리와 경험적 증거, 이론의 문제해결 능력 등을 강조한다.[4] 이러한 내적인 논리와 방법의 우열을 가리는 과정에서 몸-마음, 객체-주체, 경험-이성(논리) 등의 다양한 이분법이 투영되고, 이에 대해 다른 관점을 가진 과학철학자들의 논쟁을 통해 특정 방법의 우열을 가려 어떤 과학이론이 진리로서 우위를 차지하는지 결정되는 것이다. 따라서 자연과 사회의 분리를 이미 전제한 상태에서 자연 세계에 존재하는 진리에 도달하는 내적인 논리와 방법의 우열을 가릴 때, 다른 종류의 이분법이 적용된다는 점에서 전통적인 과학관에서 자연과 사회의 분리가 더욱 근본적인 것으로 보인다.

이러한 전통적인 과학관에서는 과학의 존재 근거 자체가 자연과 사회의 이분법 위에 놓여 있고, 분리된 자연 세계에 대한 '진리'를 다루므로, 과학 역시 자립적이고 중립적이며 사회 영역과는 분리된 것으로 여겨져 왔다. 따라서 이렇게 '특별한' 인지적 활동으로 간주된 자연과학, 또는 과학지식은 다른 지식과는 구별되는 범주에 속하므로, 사회학이나 전통적인 사회학 분과인 지식사회학의 연구 대상에서 자연스럽게 배제되었다. 마르크스(Marx), 뒤르켐(Durkheim)으로 거슬러 올라가는 고전적 지식사회학에서는 모든 지식이 그 지식을 생산하는 사람들의 정치, 사회, 개인적 이해(interest)의 산물이기 때문에 절대적인 타당성을 가지는 것이 아니라, 사회적으로 결정된다는 진리의 사회결정론을 옹호하였다. 그러나 1920년대 지식사회학을 공식적으로 사회학의 한 분과 학문으로 확립한 셸러(Scheler)와 만하임(Manheim)은 자연과학지식만은 예외적인 것으로 처리하였다. 즉, 자연과학지식은 사회, 문화, 이데올로기적 요소의 영향을 받지 않고 오직 '물리적 외부 세계'의 영향만을 받는다고 인식한 것이다(김경만, 2004; 김환석, 2006b). 따라서 지식사회학의 연구 대상인 '지식'은 종교나 정치사상, 철학적 지식만을 포함했을 뿐, 자연과학지식은 여기에서 제외하였다.[5]

과학에 대한 연구는 과학철학자들 외에 과학사가들에 의해서도 이루어졌는데, 이들은 과학의 성장과 퇴보를 역사적으로 자세하게 기술하는 데 역점을 두었다. 흔히 내부사(internalist)학파로 불리는 이들은 과학의 내적 발전을 추적하여 과학의 통시적 국면을 드러내는 데 관심을 두었다.[6] 즉, 과학철학자들이 과학 발전의 합리적 재구성에 관심을 갖는 데 비해, 과학사가들은 다른 역사 기술과 마찬가지로 과학의 발견 또는 이론을 하나의 역사적인 이야기로 만드는 데에 중점을 두었다(김환석, 2006b). 이런 점에서 과학사가들은 과학철학자들과 마찬가지로 물질세계가 보편적인 자연법칙에 의해 지배되고 있고, 이성에 의한 과학과 사회의 진보를 믿는 계몽적 합리주의에 기반한 자연-사회관과 과학관을 가지고 있다고 할 수 있다.

1960년대에 이르러 미국 사회학에서는 머튼(Merton)이 기능주의 과학사회학을 발전시키면서 과학사회학을 사회학의 한 분과로서 제도적으로 정립하였다. 그는 전통적인 과학관에 기반을 두고 과학을 합리적인 규범이 지배하고 다른 사회 부분들의 이해관계와 분리된 과학자 사회의 산물로 파악하였기 때문에, 과학지식의 내용을 결정하는 사회적 요인을 분석하기보다는 사회제도로서의 과학 연구의 필요성을 주장하였다(김환석, 2006b). 즉, 그는 사회 제도로서 과학이

네트워크의 지리학

제대로 기능하기 위한 조건들을 연구해야 한다는 기능주의적 접근을 한 것이다. 김경만(1994, 2004)에 따르면, 이러한 연구 대상의 제한은 기능주의 과학사회학에 몇 가지 장점을 가져다주었는데, 그중 가장 중요한 것은 과학의 내용 자체가 아닌 사회제도로서의 과학을 연구함으로써 과학철학과 과학사와의 충돌을 피하고, 지적 및 제도적 분업을 확고히 할 수 있었다는 것이다. 그러나 머튼의 기능주의적 과학사회학은 사회학에서 과학을 연구 대상으로 끌어들이는 데 성공하긴 하였으나, 여전히 과학을 신성불가침의 영역처럼 사회와 괴리되어 그 자체의 내재적 논리를 따르는 블랙박스로 인식하는 과학관을 극복하지 못했다는 비판을 피할 수 없는 한계가 있었다. 다시 말해, 자연과 사회의 이분법에 기초한 전통적인 과학관 — 과학과 사회의 분리 — 은 과학철학, 과학사, 사회학 분야에서 뚜렷하게 유지되어 왔다고 할 수 있다.

2) 사회구성주의와 과학지식사회학

이러한 과학철학과 과학사, 과학사회학이 누려 온 지적 분업은 1970년대에 접어들면서 막을 내리게 된다. 제2차 세계 대전 후, 서구 사회는 장기 호황을 누리면서 과학과 진보에 관한 낙관론이 팽배하였고, 이러한 시대적 상황은 과학에 대한 전통적인 인식론이 강화되고 과학의 권위가 확고하게 되는 당연한 결과를 가져왔다고 볼 수 있다. 그러나 1960년대 말에 접어들면서 그동안 산업화 과정에서 누적된 환경오염에 대한 우려와 미국의 베트남전 참전에 대한 저항운동, 그리고 전쟁에서 사용된 대량 살상 무기에 대한 반대 등으로 과학 기술에 대한 강한 비판의식이 사회에 팽배해져 갔고, 그 결과 현대 과학기술의 근본적 가치를 문제 삼는 급진 과학 운동이 확산되었다(김환석, 2006b).

이러한 시대적 배경에서 과학에 대한 전혀 새로운 사회학적 이론이 1970년대에 영국에서 나타나게 되었다. 흔히 에든버러학파라 불리는 블루어(Bloor)와 반스(Barnes) 등과 같은 이들에 의해 시작된 과학지식사회학이 바로 그것인데, 이들은 '스트롱 프로그램(Strong programme)'을 제창하며 상대주의적 과학관에 근거하여 과학지식의 형성도 사회적인 요인으로 설명되어야 한다는 획기적인 주장을 하였다(Pickering, 1992).[7] 즉, 이들은 기존 과학에 부여되었던 합리성의 보편적 원칙이 존재한다는 것을 부정하고, 과학지식의 선택도 다른 지식과 마찬가지로 사회적, 정치적, 전문적, 개인적 이해관계들에 의해 영향을 받아 결정된다고 보았다. 사회학, 철학, 역사학, 인류학 등의 다양한 학문적 배경을 가지고 과학에 대한 학제적 접근을 한 이들의 연구는 이미 기존에 엄격하게 지켜졌던 지적 분업의 경계를 허물고 있었다(윤정로, 1994; 김경만, 1994). 특히 과학철학과의 대립이 첨예했는데, 이는 과학철학자들이 과학 변동과 합의 및 이론의 선택을 설명하기 위한 이론의 논리와 경험적 증거, 이론의 문제해결 능력 등을 강조한 데 비해, 과학지식사회학자들은 이러한 논리와 경험적 증거 자체도 사회적 협상의 결과인 구성물이라 주장했기 때문이다(김경만, 2004).[8] 이런 주장은 서구 지성사의 여러 형태의 이분법을 자연과 사회의 이분법으로 변환시켰다는 점에서 획기적이라 하겠다.

과학지식사회학은 이후 스트롱 프로그램 외에 다양한 분파로 발전되어 갔는데, 상대주의의 경험적 프로그램(Empirical Programme of Relativism: EPOR)과 실험실 연구(Laboratory Studies)가 그것이다. 전자는 영국 배스대학(Bath University)의 콜린스(Collins)에 의해 정식화되었는데, 과학 논쟁의 과정과 결과를 사회학적으로 분석하기 위한 것이었다. 이를 위해 콜린스는 실험 결과에 대해 다양한 해석을 할 수 있다는 것을 보여 주는 경험적 사례를 발굴하는 데 초점을 맞추고, 과학 논쟁의 종식은 과학철학에서 주장하듯이 증거와 증명, 논리에 의해 이루어지는 것이 아니라, 새로운 주장에 동조하는 과학 동맹의 형성과 확산에 의한 것이라고 주장한다(Collins, 1981; 윤정로, 1994).[9] 후자인 실험실 연구의 경우에는 스트롱 프로그램이 과학자들의 주장과 행위를 설명하는 데 과학자들이 속한 집단이 가지고 있는 사회적인 성격을 이용하는 등 거시사회학적인 변수에 의존하는 것과는 다르게 지식 구성 과정 자체를 미시사회학적으로 연구하려고 하였다. 대표적 학자들인 크로르-세티나(Knorr-Cetina)와 라뚜르와 울가(Latour and Woolgar)는 실험실을 민속지적 방법을 사용해 분석함으로써 과학지식이 자연의 존재 자체로 인해 과학자에 의해서 발견되는 것이 아니라 과학자들의 실험실에서의 활동과 실천에 의해, 그리고 과학자들의 담론에 의해 능동적으로 구성되는 것이라 주장한다(Pickering, 1992). 이렇게 다양한 분파별로 그 주장의 다양성에도 불구하고, 1970년대 이후 전개된 과학지식사회학은 기존의 전통적인 과학관에서 고수해 오던 과학과 과학지식에 대한 인식론(사회적, 역사적 맥락과는 무관한 보편적 합리성과 논리성을 가진 영역)을 전면적으로 부정하면서 새로운 인식론을 제공했다는 데 의의가 있다. 즉, 과학도 다른 문화나 지식과 마찬가지로 사회적 요인에 의해 영향을 받거나 의식적으로 구성된다는 사회구성주의적 관점을 공고히 했다고 할 수 있다. 그러나 이러한 사회구성주의적 관점도 자연과 사회의 이분법에 뿌리를 둔다는 측면에서 한계를 가진다고 할 수 있다.

네트워크의 지리학

다음 절에서는 서구의 이분법적 사고가 과학관에 이어 자연관에는 어떻게 이어져 내려오고 있는지를 지리학에서의 자연-사회 연구를 통해 고찰한다.

3. 자연-사회 관계에 대한 이해

1) 자연과 사회의 분리: 환경결정론, 환경가능론, 문화생태학

자연과 인문환경을 모두 다루는 종합적이고 학제적인 성격의 학문인 지리학은 자연-사회 관계에 대하여 그 시초부터 많은 고민을 해 왔다. 그러나 근대 사상이 지배적이었던 19세기에 지리학을 비롯한 각 학문의 기초가 성립되었기 때문에, 지리학 역시 당시 지배적이었던 계몽주의와 과학관의 영향으로 자연과 사회가 이분법적으로 뚜렷이 구분되는 사회적, 학문적 분위기에서 자연-사회 관계에 대한 고민을 했다고 할 수 있다. 19세기에서 20세기 초까지 지리학에서 자연-사회와의 관계에 대한 사고를 지배한 것은 환경결정론과 환경가능론이라 할 수 있다 (Martin and James, 1972). 환경결정론은 19세기 지리학자인 라첼(Ratzel)의 이론에 뿌리를 두고 있으며, 20세기 전반부까지 북미의 영향력 있는 연구자인 셈플(Semple)과 헌팅턴(Hungtington)에 의해 주장되었는데, 주 내용은 인간의 생활양식이나 지역적 차이, 역사의 흥망성쇠 등은 기후나 지형 조건과 같은 환경 내의 자연적 요소들에 의해서 결정된다는 것이다. 그러나 환경결정론은 유사한 자연환경에서도 지역에 따라 살아가는 방식, 즉 생활양식이 다른 경우와 같이 그 주장을 반증하는 사례를 쉽게 찾아볼 수 있으며, 인간의 자유의지와 문화의 영향력을 거의 무시하거나 최소화한다는 비판을 피할 수 없었다. 특히 이러한 결정론적 사고는 진화론과 함께 식민주의를 정당화시키는 데 큰 역할을 했으며, 산업화 과정에서 자연 세계가 인간에 의해 급격하게 변형되고 있는 순간에도 자연이 생활양식과 사회를 결정짓는 일방적인 힘으로 간주되는 등 많은 문제점을 드러내었다.

반면, 블라슈(Blache, Paul Vidal la)는 인간의 생활양식은 환경의 영향에 따라 수동적으로 결정되기보다는 그들의 사고방식과 문화에 따라 동일한 자연환경이라도 다른 방식으로 이용하게 되면서 다르게 형성된다고 보았다. 단지 자연은 인간이 자유롭게 선택할 수 있는 많은 길을 제공한다는 것이다. 그의 주장은 후에 그의 제자인 페브르(Febvre)에 의해 환경가능론이라고 이름 붙여지게 된다(권정화, 2005). 그러나 환경가능론은 인간의 활동이 어느 정도 자유로운 것인가 또는 일정 부분 다른 요소들(심리적, 정치적, 경제적, 또는 우연적인 것들)에 의해 필연적으로 선택될 것인가에 대한 측면에서 환경결정론과 양립될 수 있는 또 다른 형태의 결정론으로 볼 수도 있다는 문제점이 있다. 또한 블라슈가 환경가능론적 사고를 기반으로 정작 강조한 것은 지역 연구라는 점과 가능론이라는 용어를 만든 것이 블라슈 자신이 아닌 페브르가 사회학자인 뒤르켐에 대항하여 촌락 연구 및 도시, 인구 분야를 인문지리학으로 포함하기 위한 노력에서였다는 점에서(권정화, 2005), 블라슈의 환경가능론이 환경결정론과 대치되는 주장이라기에는 억지스러운 면이 없지 않을 뿐만 아니라, 자연과 사회와의 관계 자체를 진지하게 고려한 것은 아닌 것으로 보인다. 오히려 자연-사회의 인식론과 존재론적인 측면에서 본다면 환경결정론과 환경가능론 모두 자연과 사회의 이분법에 기반을 두고 있으며, 자연의 인간에의 일방적 영향을 전제한다고 할 수 있다.

오히려 블라슈 자신의 연구에서도 알 수 있듯이, 가능론 사조는 지표상의 인간의 활동, 즉 생활양식과 문화에 대해서 자세히 조사하는 데 연구의 초점을 두게 되었으며, 그 결과 개성 기술적인 접근 방식으로 지역을 연구하는 기틀을 마련하는 계기가 되었다. 또한, 미국에서 셈플과 헌팅턴에 의해 전개되면서 지역 개념을 도외시하게 된 환경결정론[10]이 많은 이들로부터 지리학이 아니라는 비판을 받게 되면서, 전체적인 지리학계의 중심은 자연스럽게 지역지리 논쟁으로 넘어가게 된다. 따라서 지리학 내에서 자연-사회 관계에 대한 관심은 1930년대 하트숀(Hartshorn)으로 대표되는 지역지리학에 그 연구 중요성을 완전히 빼앗기게 되는 상황에 이르렀다. 이후, 자연과 사회에 관한 연구는 1950~1960년대의 계량 혁명을 중심으로 한 실증주의 지리학, 1970년대 공간-사회 연구를 중심으로 한 급진지리학이라는 큰 흐름 속에서 연구가 이루어지지 않은 상태로 단지 사우어(Sauer)의 버클리학파가 이끄는 문화역사지리학 분야에서 겨우 그 명맥을 유지해 왔다고 할 수 있다.

사우어는 지리학의 고유 영역을 확보하기 위해 고민하면서 환경론 논쟁에 새롭게 접근하였는데, 환경이 인간에게 영향을 미치는 것보다 인간이 환경을 변화시킨 것에 주목하면서 인류 역사는 자연파괴와 자연개조의 역사[11]이므로, 이것이 지리학의 연구 주제가 되어야 한다고 주장했다(Martin and James, 1972; Robbins, 2004; 권정화, 2005). 그는 환경결정론과는 역방향으로 인간

네트워크의 지리학

의 능동적 역할을 강조하며, 이러한 인간의 능동적 역할과 문화가 어떻게 역사적으로 물질적 경관(material landscape)에 투영되는지에 관심을 두었다.[12] 특히 사우어는 지리학은 다른 무엇보다 의식주를 중심으로 한 물질적인 문화 요소가 역사적으로 변천한 과정을 연구해야 하는데, 이는 인간이 자연환경을 변화시켜 온 과정을 통해서 파악할 수 있다고 하였다. 방법론적으로 사우어는 지형학, 토양 연구 등과 같은 자연지리적 지식을 강조하며, 답사와 함께 인류학적, 고고학적 접근 방법을 사용하게 된다(권정화, 2005). 이러한 관심 주제와 그에 따른 방법론으로 사우어학파들의 연구 대상은 주로 시간상으로는 근대 이전 시대, 지역적으로는 라틴아메리카 위주의 미발전 국가들이었는데, 그 이유는 이들이 자연과 인간의 직접적인 상호작용의 관찰할 수 있는 지역들이었기 때문이다.

이러한 사우어식의 자연과 사회 연구는 인간이 자연계라는 큰 체계 속의 한 부분으로 자연환경에 적응하면서 이를 변화시키는 문화 과정을 설명하려고 하였기 때문에 문화생태학의 배경이 되었다고 할 수 있다. 그러나 사우어의 연구는 역사주의적 접근 방법이 지니는 상대주의적 성격으로, 일반화와 '과학적' 연구를 옹호하는 이들로부터 비판을 받게 되고, 이후 지리학 내의 문화생태학자들은 횡적 문화 비교에 관심을 두었던 인류학자인 스튜어드(Steward)의 영향을 받아 좀 더 시스템적인 접근을 하게 된다. 따라서 1970년대에 들어서 지리학 내의 문화생태학은 사우어의 경관론에 상당한 영향을 받은 실천가들과 인간의 행태와 시스템을 강조한 인류학자들(예를 들어, Brookfield와 Butzer)의 연구 방향이 교배되어 좀 더 융합된 형태로 나타났다고 할 수 있다(Turner, 1999). 방법론적으로 문화생태학은 민속지적(民俗誌的) 방법을 주로 사용했는데, 식물과 토양, 계절, 지형, 농업, 가축 및 인간이 이용하는 환경의 여러 측면과 관련된 지식 및 믿음에 주로 초점을 맞추었고, 주로 소규모 지역과 집단을 상대로 연구하였다(Porter, 1999). 문화생태학 연구의 방대한 결과는 기존에 주변화된 지역의 낙후되고 원시적이며 잘못된 것으로 간주된 농업 방식과 환경에의 적응 양식이 현대 산업사회의 그것과 달리 환경친화적이며 효율성을 가진 것임을 드러내기도 하였다.

그러나 이러한 공헌에도 불구하고, 문화생태학은 자연과 사회의 문제를 닫힌 생태계 내의 물질대사와 에너지 흐름, 이에 대응한 인간의 적응기제, 효율성 그리고 동적 평형과 같은 개념을 이용해 연구하였기 때문에 기능주의, 결정주의, 목적론이라는 비판을 받았다(Porter, 1999; Robbins, 2004). 즉, 환경결정론의 극단적인 주장과는 달리 문화생태학은 인간의 자연 변형의 '가능성'을 주장하기는 하지만, 인간의 자연에의 적응은 생태적 동기와 이해에 따른 기능적인 적응이고 시스템의 일부로서 의 '자연적인' 결과로 해석될 수 있는 한계를 지닌 것이다.

지금까지 살펴본 지리학 사조인 환경결정론, 가능론, 사우어의 문화역사지리학, 그리고 문화생태학은 세부적으로 자연과 사회의 관계에 대해 다른 주장을 하고 있지만, 모두 기본적으로 자연과 사회를 분리해서 보는 이분법적 인식론을 가지고 있음을 알 수 있다. 이는 근대 지리학이 성립된 19세기가 이미 계몽주의에 의한 근대 과학관이 정립된 시기로, 이러한 과학관에 담긴 이분법적 전통이 지리학에도 영향을 미쳐 나타난 결과이다. 즉, 지리학은 자연과 사회의 이분법 위에 학문적 기초를 세우며 연구 주제와 대상을 발전시킨 것이다.

2) 자연의 사회구성론: 정치생태학

문화생태학은 위에서 살펴본 것처럼 자연환경에 대한 토착(원시)사회의 적응 능력과 그들의 삶이 생태계 시스템과 구조적으로 유사함을 강조함으로써, 다윈(Darwin) 또는 신맬서스주의(Neo-Malthusian) 사고에 의해 지배되었던 1960년대의 환경주의 운동 조류에는 어느 정도 잘 통용이 되었다. 그러나 1970년대 후반 생태 문제에 관심을 가진 사회과학자들이 마르크시즘과 정치경제학, 그리고 급진적인 농민연구에 영향을 받아 지역사회가 닫힌 시스템 내에 존재하는 것이 아니라 글로벌 경제에 편입되고, 그것에 의해 변화되는 것에 주목하면서 이를 로컬 자원 관리와 환경 규제 및 지속성과 결합시키는 시도를 하게 된다(Peet and Watt, 1996).[13] 이들은 문화생태학이 문화와 환경 관계에 개입하는 다른 영향을 간과하였다고 비판하고, 인간과 자연과의 관계는 자원 이용 패턴을 정치경제적 영향에 연관시켜야만 이해할 수 있다는 것을 강조하였다(Watts, 1983; Robbins, 2004).

1980년대에는 이러한 시도들이 글로벌 환경 악화, 제3세계의 급격한 인구 증가와 산업화의 결과에 대한 증대된 관심, 그리고 전 세계적인 녹색운동의 전개와 만나게 된다(Peet and Watt, 1996). 마르크스주의 발전 이론의 도가니에서 형성된 이 새로운 학문 분야는[14] 종전의 문화생태학자들에 의해 연구되어 온 고립된 농촌 지역이 아닌 복잡한 형태의 자본주의 과도기의 격동기에 있는 농민과 농촌 사회에 관심을 두었다(Peet and Watt, 1996). 따라서 이들은 제3세계 국가에서의 환경문제를 잘못된 관리나 인구과잉 등에서 기인한 문제라기보다는 사회적 행동과 정치

경제적 제약의 문제라고 보았다. 즉, 정치생태학자들은 토지를 비롯한 여러 자원과 환경문제를 독립되고 폐쇄된 시스템이 아닌, 더욱 크고 복잡한 역사적이고 정치경제적인 상황에 밀접하게 관련된 열린 시스템의 일부로 본 것이다.

1970년대와 1980년대 전반에 자원 이용과 환경 보전에 관한 강력한 마르크스주의적 분석을 제공했던 정치생태학은 이후 다양한 범주의 사회이론의 영향을 받게 된다(Peet and Watt, 1996). 1980년대 후반과 1990년대 전반에는 후기 마르크스주의, 후기 구조주의 등에 영향을 받은 많은 이론적 사고들이 자연과 사회의 상호작용에 개입하는 다양한 형태의 권력관계에 관한 관심을 불러일으키는 데 공헌하기도 하였다. 이렇게 다양한 사회 이론의 영향과 관심 주제에 따라 정치생태학은 환경 악화와 주변화 논제, 환경 갈등 논제, 보존과 통제 논제, 환경 정체성과 사회운동 논제 등 실로 다양한 연구 주제와 방향으로 전개되어 가고 있다(Robbins, 2004). 또한 정치생태학은 환경문제라는 연구 대상 때문에 지리학, 인류학, 사회학, 정치학 등 다양한 학문 분야의 학자들뿐만 아니라, 각종 기관이나 비정부 기구, 환경 단체들의 실천가, 지역 전문가 등 다양한 연구 주체들에 의해 풍부한 사례연구가 이루어져 그 연구 방향이나 목적, 이론적 배경 등이 다양하며 방대하다고 할 수 있다.

이러한 사례연구에 근거하여 본 연구의 관심인 자연-사회 관계에 대한 분석에서 정치생태학은 초기 단계에서 환경문제를 정치경제의 구조적 측면에서 설명하고자 한 반면, 후반기에는 이러한 마르크스주의적 결정주의를 비판하며 환경문제를 인간 행위자 중심으로, 즉 불평등한 권력을 가진 다양한 행위자들 간의 상호작용의 결과로 귀결시켰다고 볼 수 있다.

설명 요인이 구조인가 행위자인가라는 측면에서 이 두 시기별 정치생태학의 차이는 대립적인 것으로 볼 수 있을 것이다. 그러나 정치경제적 구조라는 것도 인간이 만들어 놓은 사회적 결과물이고(즉, 인간에 의해 재조정될 수 있음), 불평등한 권력을 가진 다양한 행위자들도 모두 인간 행위자라는 측면에서 정치생태학은 자연은 수동적 존재이며, 사회가 환경(문제)를 구성한다는 인식론(자연의 사회 구성주의)을 가지고 있다고 할 수 있다. 이러한 맥락에서 일부 정치생태학자들을 포함한 비판지리학자들은 사례연구와 더불어 자연과 사회의 관계 자체에 대한 이론화를 발전시키기에 이른다.

본격적인 자연-사회 관계 자체에 대한 연구는 스미스(Smith)가 1984년에 그의 책인 *Uneven Development*에서 자연이 사회에 외재하는 존재라는 것에 대해 문제 제기를 한 이후부터이다.

이러한 자연-사회 이분법에 비판적이었던 학자들은 자연과 사회의 변증법적 관계를 주장하게 된다(Smith, 1996; Castree, 1995; Castree, 2002; Swyngedouw, 1999). 특히 스미스(1996)는 '인간에 의한 자연의 지배'를 강조하는 슈미트(Schmidt, 1971)와 같은 프랑크푸르트학파의 주장을 비판하며 자연과 사회 관계의 불가피성과 창조성을 강조하면서 '자연의 생산' 명제를 제안했다. 자연의 생산이란 개념은 자연이 역사적으로 확인(구별)되는 노동과정에 의해 생산된다는 의미로, 스미스는 자연과의 사회적 관계에 바로 이러한 사회적 노동이 중심에 있다고 본 것이다(Smith, 1998, 277). 스미스는 '자연의 생산' 명제를 통해 자연본질주의뿐만 아니라, 인본주의를 바탕으로 한 자연의 지배와 같은 극단적인 두 입장을 모두 극복할 수 있으며, 혁명적인 환경론을 위한 '자연의 정치'에 초점을 둘 수 있다고 보았다(김숙진, 2006).

스미스 이후의 자연-사회 관계에 대한 연구는 지금까지의 연구들이 자연환경을 생산, 변형하는 데 사회(자본)의 역할만을 강조한 나머지 생산된 자연의 역할을 간과한 점을 비판하면서 자연-사회의 좀 더 관계 지향적인 변증법을 추구하기에 이른다(김숙진, 2006). 하비(Harvey, 1996)는 자연과 사회를 독립적인 존재로 분리하는 것을 강하게 비판하며 '창조된 생태계(created ecosystem)'를 제안하였다. 하비는 창조된 생태계는 이를 생기게 한 자본주의 시스템을 반영함과 동시에 능동적인 주체가 될 수 있다고 보았다. 스와인게도우(Swyngedouw, 1999) 역시 자연과 사회의 불가분성을 강조하면서 'socionature'라는 개념을 통해 세계가 사회적 과정과 자연적 과정이 결합되는 끊임없는 메타볼리즘(metabolism)의 과정이라는 것을 주장하였다. 이러한 자연-사회의 좀 더 관계 지향적인 변증법에 근거한 연구들은 급진적인 사회구성론이나 자연적 한계(natural limits)에 근거한 보수주의[15] 모두에 빠지지 않고 자본주의하의 환경 위기에 대한 중요한 설명을 제공한다. 이러한 설명은 이윤을 증대하기 위한 자연 이용의 누적적 효과를 외면하는 자본주의적 자연 관계를 연구하는 동시에 자본주의 생산과정에 필요한 자연의 물질성을 고려함으로써 이루어진다.

그러나 이러한 관계 지향적인 접근법 또한 자연과 사회 간의 이분법에 기반을 두고 있다는 면에서 한계가 있다. 왜냐하면, 자연-사회의 변증법적 관계가 밀접한 내재적 관계를 바탕으로 하지만, 변증법적 관계 자체가 분리된 두 영역을 기초로 가능한 것이기 때문이다(Braun, 2006; 김숙진, 2006). 더욱이, 자연의 물질성에 대한 강조에도 불구하고, 이 접근법 또한 자본주의를 환경문제의 원인으로 우선시하고 외재화(외부화)한다는 데 문제가 있다. 예를 들어, 자연-사회의 가장 관계 지향적인 접근을 한 스와인게도우(1999) 역시 스페인의 근대화 과정에서 자연의 역할, 즉 수자원, 수문지리 등의 중요성을 언급하기는 하지만, 결국에는 권력 구조에 더 큰 강조점을 둠으로써 여전히 자연-사회 이분법에 근거하고 있으며 사회적 과정을 우선시하는 비대칭성을 보여 준다는 비판을 피할 수 없다. 물론, 현대의 많은 환경문제가 자본주의에 의한 것임을 부정할 수 없고, 이러한 관계 지향적인 접근법이 특정 환경문제와 글로벌 자본주의의 일반적 과정 간의 연결에 대한 강력한 설명력으로 공헌을 한 것은 사실이지만, 모든 환경생태문제의 원인이 자본주의로 귀결되는 것만은 아니다. 현대의 많은 환경생태문제가 과학, 기술, 도구, 자연, 사회, 정치, 문화 등 자연적 과정과 사회적 과정이 관련되어 복합적으로 발생한다는 것은 보편화된 사실이다. 따라서 자연과 사회의 이분법을 극복하지 못한 일련의 정치생태학적 연구들은 현대 사회의 환경생태문제에 대한 부분적인 설명력만 제공한다. 이러한 한계에 주목하면서 최근에는 자연과 사회의 이분법을 극복하려는 대안적인 접근법들이 나타나고 있다. 라뚜르(Latour, 1987)는 행위자-연결망 이론을 발전시키면서 자연과 사회의 관계적 존재론에 대한 관심을 불러일으키는데, 다음 장에서는 이 이론의 주요 개념들에 대해 알아보고, 이 개념들이 환경문제 분석에 개념적으로, 방법론적으로 어떻게 유용할지 고찰해 보기로 한다.

4. 자연-사회 이분법에 대한 대안으로서의 행위자-연결망 이론

1) 개념적 혁신: 대칭성, 이질적 연결망과 번역

지금까지 살펴본 바와 같이, 과학관에 배태되어 온 이분법은 자연관에서도 그대로 이어져 자연-사회의 이분법으로 나타났다. 과학 연구와 지리학 두 분야 모두 초기에는 자연 실재론에 근거한 자연의 영향력, 결정론을 강조한 반면, 후반에는 이에 대한 반작용으로 사회가 자연과 과학지식을 구성 및 결정한다는 주장을 펼쳤다. 우리는 이 두 학문에서 발견되는 이러한 상반된 입장 모두 자연과 사회를 배타적으로 구분되는 존재로 인식하고 있는 공통점을 발견할 수 있다. 그러나 자연과 사회 어느 한쪽에만 손을 들어 줌으로써 논쟁은 계속 반복, 순환될 것인가?
자연-사회 이분법의 극복 가능성은 바로 라뚜르(Latour)에 의해 제시된 행위자-연결망 이론의 관계적 존재론에서 찾을 수 있다. 행위자-연결망 이론은 자연의 내재적 질서를 특권화하는 과학주의(전통적 과학관)와 환경결정론, 사회적 과정만을 강조하는 사회구성주의(정치생태학, 과학지식사회학), 그리고 포스트모더니즘의 극단적 상대주의인 반실재론 모두에 대해 비판적이다. 대신에 행위자-연결망 이론은 대칭성 명제를 강조하면서 혁명적인 사고의 전환을 시도한다 (Latour, 1987). 라뚜르는 과학지식사회학자들이 자연 세계를 과학지식의 설명자로 환원 과정 해체에 만족하지 않고, 똑같이 대칭적으로 그들이 과학지식의 생산과 과학 논쟁을 설명하기 위해 자연 세계 대신 사용한 사회적인 것(예를 들어, 이해 집단과 사회적 권력 구조) 또한 해체하려 했다. 즉, 과학주의가 자연 실재론에 해당되는 것처럼 과학지식의 사회구성주의도 사회 실재론에 해당한다고 비판하면서 이 모두를 대칭적으로 거부해야만 한다는 것이다. 또한 라뚜르는 포스트모더니즘이 취하는 반실재론도 비판하면서 자연의 물질성을 강조하는데, 이는 자연 실재론과는 다른 차원으로 자연의 물질성을 과학적인 사실의 안정화를 설명하는 데 우선성을 가진 설명자로서 상정하는 것이 아니라, 과학지식이나 과학논쟁이 종식된 후의 결과로서 생산된 자연의 물질성을 인정하는 것이다(김경만, 2004).

이러한 대칭성을 통해 라뚜르는 과학논쟁의 종식 과정을 설명하는데, 여기서 중요한 점은 과학논쟁의 종식 과정에 참여하는 행위자를 인간뿐만 아니라 자연과 사물과 같은 '비인간'까지 포함시켰다는 사실이다(Latour, 1987; 1993). 이는 자연-사회 이분법뿐만 아니라 서구 사상에 깊숙이 스며 있는 몸-마음, 객체-주체, 행위자-구조 이 모든 이분법을 해체한다는 면에서 중요하다. 즉, 라뚜르는 지금까지 인간에게만 있다고 여겨진 행위할 수 있는 능력이 이종적이고 상호작용하는 부분들로 이루어진 연결망에 의해 일어나는 '관계적 효과'로써 재구성된다고 보아 비인간도 행위자로 기능할 수 있다는 점을 지적하고, 흔히 인간에만 국한되는 행위자라는 용어 대신 행위소(actant)라는 용어를 사용한다. 행위자(행위소)들은 연결망 내에서의 관계를 통해 성취 또는 수행들(performances)을 하며, 지속적으로 결합되거나 탈각되기도 한다. 또한 행위자와 연결망은 서로가 서로를 구성하며, 지속적으로 서로를 재규정해 나가는데, 여기서 거시적 행위자와 미시적 행위자 사이에, 그리고 어떤 주요 사회제도나 평범한 사물 사이에 구조적 차이란 없다(김환석, 2006b). 여기서 행위자-연결망 이론이 차이를 간과하고 세상을 평평하게 이해한다는 오해가 있을 수 있는데, 구조적 차이가 없다는 말은 동일하다는 뜻이 아니고, 어떤 특정한 목적을 위해 그 행위자가 만들어 낼 수 있는 연결망의 규모, 즉 동원할 수 있는 행위자들의 수에 따라 차이가 있을 수 있다는 뜻이다. 지리학자들이 어떤 자연-사회 현상을 설명하기 위해 주로 맥락, 그리고 이 맥락을 갖춘 구조에 의존하는데, 행위자-연결망 이론에서는 이러한 맥락과 구조를 다양한 인간과 비인간 행위자들을 연결하고 재구성하는 연결의 특정 지점이거나, 이 지점에서 나타나는 현상 및 효과로 본다.

이런 맥락에서 라뚜르는 과학논쟁의 종식 또는 어떤 과학적인 사실이나 지식의 '안정화'는 여기에 개입하는 과학자들뿐만 아니라 과학을 이용하려는 사람, 경제적 후원자, 그리고 비인간적인 요소들을 연결하는 이질적인 요소로 구성된 결합, 즉 연결망의 구축과 크기에 따라 결정된다고 보았다. 이질적 연결망의 구축은 흔히 번역(translation)이라 부르는데, 그 구체적 과정은 다음과 같다. 먼저, 문제화(problematization)를 통해 타자들이 자기 자신의 연결망을 필수 통과 지점(obligatory passage point)으로 거치도록 해당 상황의 쟁점을 규정한다. 그 다음, 이해관계 부여(interessement)를 통해 타자들에게 자신의 프로그램에 의해서 규정된 이해관계와 정체성들을 부여한다. 그러나 이러한 이해관계 부여는 구속력이 없으므로 가입(enrollment) 과정을 통해 타자들에게 할당한 역할들을 실제로 부과하고 수용하도록 만든다. 마지막으로, 동원화(mobilization) 과정은 관련 행위자들의 대변인이 되어 그들을 계속해서 대표하고 통제하는 일을 확실히 해 두는 것이다(김환석, 2009, 51).

이러한 과정에서 라뚜르는 그 어떤 자연적인 것이나 사회적인 것도 우선성을 가진 설명자로 보지 않고, 과학적 사실이 인간과 비인간에 의해 공동으로 생산되며, 이 시점에서 자연과 사회가 동시에 결정되는 것이라 주장한다. 다시 말해, 우리가 지금까지 이분법적, 배타적 범주로 사용해 왔던 자연과 사회가 "과학적인 사실의 구성에 함께 참여함으로써 결합되고, 이 결합의 결과가 과학적인 사실의 구성을 설명한다."는 것이다(김경만, 2004, 251-252). 따라서 자연 세계가 논쟁 종식의 원인이 아닌 논쟁 종식의 결과인 것처럼, 사회도 논쟁이 진행되는 과정과 논쟁 종식의 설명자로 사용되어서는 안 되는데, 이는 행위자-연결망 안에 있는 어떤 요소도 고정된 형태를 띠지 않고 계속적으로 관계를 맺으며, 서로 결합하거나 탈각되는 과정을 통해서 변형되고, 논쟁이 종식된 후에야 자연이나 사회가 어떤 요소로 어떻게 구성되어 있는지가 결정되기 때문이다. 즉, 라뚜르의 행위자-연결망 이론의 요체는 사회도 자연도 선험적인 실재성을 가진 존재라기보다는 끊임없는 협상과 번역의 결과이므로 결코 원인은 될 수 없다는 것이다(김경만, 2004).

2) 방법론적 혁신: 프랙티스로서의 과학(science as practice) 개념

행위자-연결망 이론은 원래 과학지식사회학의 한 분야였던 실험실 연구로부터 기원해 과학 기술 연구를 위해 라뚜르가 발전시킨 이론이다. 그러나 그 과정에서, 위에서 살펴본 바와 같이 서구 사상에 깊숙이 배어 있는 다양한 이분법들을 전면적으로 해체하는 개념적 혁신을 시도하 면서 이러한 이분법들을 그 특징으로 하는 근대성 자체에 대한 비판하기에 이른다(Latour, 1993). 이러한 근대주의 비판은 과학기술 연구 분야에서만 효용성을 가지는 것이 아니라, 최근의 탈근 대론 논의와 접점을 넓혀 감으로써 사회학 분야뿐만 아니라 지리학, 기타 여러 학문에 영향을 미치며, 각종 사회현상을 분석하기 위한 방법론으로서의 가능성까지 점쳐지고 있다.

행위자-연결망 이론의 방법론으로서의 가능성을 점쳐 보기 위해서는 과학을 프랙티스로 이 해하려는 이들의 시도를 이해할 필요가 있다. 자연 세계와 사회 세계의 분리를 문제로 간주할 뿐만 아니라, 과학적 지식이 외재적 자연 세계의 순수한 표현이라는 인식을 전면적으로 부정 하는 행위자-연결망 이론은 과학을 온갖 종류의 물체(object)와 중개인(물)(agents, 인간뿐만 아니 라 비인간인 기술, 도구를 포함)이 복잡하게 개입, 연루되는 프랙티스로서 인식한다(Latour, 1999; 1993). 라뚜르는 몇 가지 예를 통해 과학지식의 생산을 역사화시키고(historicize) 국지화시킴으로 써(localize) 과학을 지식으로서보다는 프랙티스로서 인식하고자 하였다. 특히 그는 실험과학에 대한 보일-홉스(Boyle-Hobbes) 논쟁을 분석한 섀핀과 섀퍼(Shapin & Schaffer, 1985)의 연구에 주 목하는데, 이를 보면 프랙티스로서의 과학의 개념을 좀 더 잘 이해할 수 있다. 섀핀과 섀퍼(1985) 는 보일이 어떻게 그의 공기펌프 실험이 과학지식으로서 유효성을 획득했는지를 분석하였다. 이들은 과학지식사회학자들의 일반적인 방식으로 보일의 과학적 업적을 사회적 맥락에 위치시 키지 않고, 보일이 어떻게 사실(물질)과 사실(물질)의 재현, 실재와 지식, 자연과 사회의 구분을 시작함으로써 '과학'을 창시하려고 했는지를 보여 주었다. 섀핀과 섀퍼는 보일이 실험실 연구를 수행하기 위해 창조한 실험 기구가 했던 중요한 역할을 강조했다. 대중적으로 많이 알려져 있듯 이, 보일은 실험실이라는 인위적 상태에서 공기펌프 기술이라는 매개체를 통해 진공을 만들어 내었다. 이러한 진공 또는 불활성(inert) 자연 물질은 진리에 대한 믿음직한 성서(testament)로서 기능하는 새로운 행위소로서 협력(enlist)하게 된다. 진리에 대한 성서(증거)로서 현상이나 물질 존재의 증명(demonstration)은 진리 주장을 정립하기 위한 방법에 큰 변화를 가리키는 것이었다.

즉, 경험적 실험주의는 17세기까지도 지배적이었던 데카르트의 전통(진정한 진리의 획득은 실질적인 관찰이나 물질의 경험을 통해서라기보다는 이성을 통한 사고와 논리에 의해서 이루어진다는 믿음)과의 완전한 단절을 의미하는 것이었다(Latour, 1993; Castree, 1995). 또한 보일은 믿음직하고 신뢰할 수 있는 '신사들'[16]을 실험 장면에 불러 실험을 관찰하게 함으로써 자신의 공기펌프 실험에 대한 정당성을 지지해 줄 목격자로서의 역할을 하게 했다(Latour, 1993).

요약하자면, 보일이 진리를 정립하기 위해 사용했던 방식(technique)의 새로움은 "지식이 신으로부터 전달된 신성함이 충만한 공간(plenism)이라는 당시 지배적이었던 홉스적 사고를 깨뜨렸다는 것뿐만 아니라, 실험실 안에서 믿음직한 목격자들 앞에서 실험 도구를 사용함으로써 새로운 행위자(불활성 '자연')를 진리에 대한 신뢰할 만한 증거로서 담론적으로나 실천적으로 참여시켰다는 데 있다"(Castree, 1995, 33).

그렇다면 여기서 프랙티스로서의 과학 개념이 환경문제를 비롯한 과학-자연-사회 연구에 방법론으로 시사하는 점은 무엇인가? 스미스(Smith, 1998)는 과학을 프랙티스로 보는 행위자-연결망 이론의 초점이 과학지식과 실험실에 있기 때문에 실험실 밖의 다른 종류의 사회적 프랙티스에 대한 관심이 부족하다고 지적한 바 있다. 그러나 이러한 비판은 더 폭넓은 문화적, 역사적, 사회적 프랙티스들을 포함하면서 확장될 수 있는 연결망의 잠재력을 간과한 것이다. 예를 들어, 해러웨이(Haraway, 1997)는 이질적인 행위자들의 일상적인 프랙티스에 초점을 둔 행위자-연결망 이론이 어떻게 젠더, 인종, 계급과 같은 폭넓은 사회적 쟁점들에 대한 비판적 분석에 공헌할 수 있는지를 보여 주었다. 칼롱(Callon, 1989)은 연료전지의 전극에 관해 서술할 때 상당수의 프랑스 에너지 정책뿐만 아니라 프랑스 국영 전력회사와 르노자동차까지 동원하여 설명하였으며, 라뚜르(1988)는 파스퇴르의 박테리아를 끌어들이면서 프랑스 사회 전체를 해석하였다.

행위자-연결망 이론이 원래 과학기술 연구를 위해 고안된 것이 사실이지만, '프랙티스로서의 과학' 개념은 인간과 비인간의 이질적 집합체에 초점을 두어 '과학'뿐만 아니라 우리 '사회'를 구성하는 생물체, 정치, 기술, 시장, 가치, 윤리, 사실들의 '이상한 혼종물'을 이해하는 데 적합하다. 왜냐하면, 이 세상을 구성하는 혼종성(heterogeneity)과 집합성(collectivity)에 대한 이해는 자연과 사회를 개별적 존재로 분리하는 근대성의 산물인 전통적인 과학과 인문학을 통해서는 성취될 수 없기 때문이다(Latour, 1999).[17] 따라서 행위자-연결망 이론은 기존의 과학(자연과학, 사회과학)이 '우리 자신'을 연구하는 데 자연, 정치, 담론 등 이 모든 것들을 결합하는 인류학적 방법을 사용하지 않는다는 점을 문제시한다. 이는 우리 자체가 우리의 세계를 몇 가지의 분리된 영역으로 나누는 '근대인(modern)'이기 때문이다(Latour, 1993). 만약 "우리가 결코 근대였던 적이 없었다면, 비교 인류학이 가능하였을 것이고, 연결망은 그 자체의 장소를 가졌을 것"이다 (Latour, 1993, 10). 따라서 라뚜르는 이분법, 즉 근대주의를 지양하기 위해 프랙티스에 관심을 가지며 우리 자신을 연구하는 데 인류학의 방법론인 민속지학적(民俗誌學的) 방법(ethnography)을 추구해야 함을 주장한다.

3) 과학-자연-사회 연구에의 적용 가능성

이원적 존재론을 바탕으로 하는 근대주의의 모순은 사회의 여러 분야뿐만 아니라 많은 생태 위기에서 발견된다. 이 장에서는 위에서 살펴본 행위자-연결망 이론의 개념적, 방법론적 혁신이 지리학에서 관심을 갖는 환경문제를 비롯한 과학-자연-사회 연구에서 어떤 유용성을 가질 수 있는지 구체적인 사례에 적용시켜 보는 시도를 통해 논의하도록 하겠다.

지리학이 관심을 갖는 현대 사회의 여러 환경 쟁점들은 단순히 과학의 문제로, 사회의 문제로 환원시킬 수 없고, 과학-자연-사회 연구의 대안이라 할 수 있는 행위자-연결망의 주요 개념과 방법론을 통해 그 복잡성과 우연성을 면밀히 분석하고, 그 해결점을 모색할 수 있을 것으로 보인다. 예를 들어, 서론에서 잠시 언급한 바 있는 생물 다양성의 문제를 행위자-연결망 이론의 번역 과정을 통해 보도록 하자. 생물 다양성의 문제는 최근까지도 생물학자를 포함한 과학자들이 관심을 갖고 그 해결책을 찾기 위해 천착해야 하는 고유한 영역으로 인식이 되어 왔고, 실제로 그랬다. 즉, 과학자들에 의한 행위자-연결망이 구축된 상황이었다. 그러나 이러한 행위자-연결망은 고정된 것이 아니라 다른 연결망에 의해, 또는 행위자들이 자신의 다양하고 모순적인 이해관계를 수정하고 치환하며 위임하는 번역의 연쇄를 통해 변하게 된다. 생물 다양성의 문제 역시 이러한 번역의 과정을 거쳐 새로운 행위자-연결망을 구성하게 된다.

번역의 첫 번째 과정은 문제화인데, 어떤 문제에 대해 한 행위자가 수사를 포함한 여러 수단을 통해 그 문제의 해결을 자신의 자원으로 하자고 제안하는 단계로, 이에 성공하면 그 행위자는 해당 연결망에서 필수 통과 지점이라는 전략적 위치를 점하게 된다. 최근, 생물 다양성 보존

문제를 해결할 유력한 수단으로 지적 재산권이 필수 통과 지점으로 등장하고 있다. 즉, 생물 다양성을 이루는 유전자원에 지적 재산권을 부여함으로써 생물 다양성 감소의 문제를 해결할 수 있다는 담론을 통해 문제화를 하는 것이다. 문제화가 성공적으로 이루어지면, 해당 문제를 겪고 있는 다양한 행위자들은 이 문제를 해결할 유일한 길은 이 필수 통과 지점을 통과하는 것뿐이라고 믿게 된다. 그러나 이들 행위자들은 언제라도 다른 연결망에 노출되고 다른 동맹의 가능성이 있기 때문에, 첫 번째 단계인 이해관계 부여에서는 필수 통과 지점의 정당성에 도전할 수 있는 다른 동맹이나 간섭의 가능성을 막아야 한다. 예를 들어, 생물 다양성을 보존하기 위해서는 지적 재산권 부여 외에 다른 해결 방안도 고려할 수 있다. 그러나 다른 행위자, 예를 들어 동료 생명과학자, 후원자, 자본가 등에게 지적 재산권을 부여했을 때의 장점을 부각시킴으로써, 즉 생물 다양성의 범위를 이미 존재하는 동식물과 그들의 유전자뿐만 아니라 생명공학을 통해 발견하고 생산된 유전자와 개체까지 확대함으로써, 그들의 이해관계를 유발하여 다른 연결망에 연결될 가능성을 막고 동맹을 확고히 하는 것이다. 세 번째 단계는 가입 과정인데, 이해관계 부여만으로는 곧바로 동맹이 결성되는 것은 아니기 때문에 행위자들에게 역할들을 실제로 부과하고 수용하도록 한다. 그래서 어떤 행위자는 생물 다양성의 지적 재산권 부여를 공고히 하기 위해 지구적 환경 보전과 규제의 필요성을 역설하기도 하고, 유전자원에 특허를 부여함으로써 인센티브를 제공하여 생물 다양성을 보존할 수 있다고 주장하는 등 각각의 역할을 하게 된다. 마지막 단계는 동맹자들에 대한 동원화 과정이다. 처음에는 각각 떨어져 있고 쉽게 접근할 수 없었던 실체들이 점진적인 치환의 과정들을 거쳐 결국에는 한 대변인이 이들 실체가 무엇이고, 원하는 바가 무엇인지 말할 수 있게 되는 것이다. 생물 다양성에 지적 재산권을 부여하려는 노력은 각각의 행위자들, 즉 생명공학자들뿐만 아니라 이를 통해 새로이 생산된 유전자 변형 동식물, 실험실 기구, 자본, 각국의 법률, 제도, 생태주의자, 농업, 화학, 의약, 식품 관련 행위자들을 포섭하고, 실제로 이들에게 역할을 부여하고 동원하여 이들의 다자간 협상과 힘겨루기를 통해 세계무역기구의 '무역 관련 지적 재산권에 관한 협정'과 같은 결과물을 생산하기도 하였다.

　여기서 중요한 것은 생물 다양성 문제를 행위자–연결망 이론의 번역이라는 개념을 통해 분석할 때, 사회나 자연 또는 어떤 구조 자체를 특권화하지 않고 대칭적으로 다룬다는 것이다. 흔히 정치생태학자들이 모든 환경 관련 문제를 자본주의라는 구조적인 문제로 환원하는 것과는 달리, 행위자–연결망 이론은 이러한 연결망의 상태와 구조가 이질적인 행위자들 간의 관계와 다양하고 모순적인 이해관계의 치환에 따라 고정되지 않고, 번역을 통해 지속적으로 변화한다는 것을 강조한다. 이러한 수많은 이질적 요소로 이루어진 집합체는 특정 구조에 의해 예측할 수 있는 결과를 만들어 내기보다는 동원할 수 있는 행위자들 사이의 협상과 힘겨루기를 통해 우연적 결과를 만들기 때문에 프랙티스로서 이해해야 하며, 이런 이질적 연결망은 그것의 혼종성과 물질성, 우연성에 대한 이해 없이는 분석할 수 없다. 따라서 라뚜르가 주장하듯이, 이러한 이질적 집합체는 기존의 자연과학만으로, 사회학만으로, 경제학만으로, 정치학만으로 분석할 수 없고, 자연, 정치, 사회, 담론의 모든 것을 결합하는 새로운 인식론과 방법론이 필요한 것이다. 행위자-연결망 이론은 이러한 새로운 인식론과 방법론으로 현대 사회의 '이상한 혼종물'을 이해하는 데 도움이 될 것이다.

5. 결론

최근, 전 지구적인 차원에서 자본주의와 과학기술 문제의 대두와 환경 생태 문제의 악화 및 이에 대한 연구 필요성이 증대되면서, 지리학의 자연-사회 연구 전통이 새롭게 부활하고 있다 (김숙진, 2006). 특히 정치생태학은 환경문제에서 자본주의를 인과관계의 원인으로 지목함으로써 현대 환경문제를 분석하는 데 커다란 공헌을 하였다. 그러나 정치생태학은 환경문제 분석에 있어 마르크시즘이 안고 있는 문제인 환원주의라는 비판과 좀 더 관계 지향적인 여러 시도들에도 불구하고, 자연과 사회의 이분법에 근거하여 사회적 과정만 강조를 한다는 비판을 면할 수 없었다.

현대 사회의 복잡다단한 여러 환경 쟁점들은 단순히 과학의 문제나 사회의 문제로 환원시킬 수 없기 때문에 기존의 자연-사회를 바라보는 이분법적 사고만으로는 충분히 설명하기가 어렵다. 이러한 문제의식을 가지고 본 논문은 서구 사상에 뿌리 깊이 스며 있는 이분법적 사고가 과학관에 어떻게 투영되었고, 또 자연관에는 어떻게 이어져 내려오며, 이것이 최근에는 어떻게 극복되고 있는지, 이러한 대안으로 과학기술 연구에서 발전한 라뚜르의 행위자-연결망 이론이 환경문제를 비롯한 과학-자연-사회 연구에 어떤 의미가 있는지 시론적 수준에서 고찰해 보았다.

행위자-연결망 이론은 관계적 존재론을 발전시킴으로써 기존의 자연-사회 이분법을 혁신적으로 극복한 시도라 할 수 있다. 라뚜르는 과학논쟁의 종식 과정을 설명하는데, 그 어떤 자연적인 것이나 사회적인 것도 우선성을 가진 설명자로 보지 않는 대칭성을 강조하며, 인간과 비인간을 모두 행위자로 인식한다. 즉, 과학논쟁의 종식은 이러한 인간, 비인간적인 요소들을 연결하는 이질적인 요소로 구성된 결합, 즉 연결망의 크기에 따라 결정된다는 것이다.

이질적인 요소들의 연결망의 구축은 번역의 과정으로 설명되는데, 연결망 안에 있는 어떤 요소도 고정된 형태를 띠지 않으며, 계속적으로 관계를 맺으며 서로 결합하거나 탈각되는 과정을 통해서 변형됨을 뜻한다. 이러한 대칭성과 번역 개념은 자연-사회 이분법뿐만 아니라 서구 사상에 깊숙이 스며 있어 있는 몸-마음, 객체-주체, 행위자-구조 이 모든 이분법을 해체한다는 면에서 중요하다. 즉, 라뚜르는 지금까지 인간에게만 있다고 여겨진 행위할 수 있는 능력이, 이종적이고 상호작용하는 부분들로 이루어진 연결망에 의해 일어나는 '관계적 효과'로써 재구성된다고 보아 비인간도 행위자로 기능할 수 있다고 보았다. 구조 역시 계속적으로 변형되는 연결망의 한 지점으로 인식하였다.

이러한 비이분법적 개념적 혁신과 함께 행위자-연결망 이론에서는 프랙티스로서의 과학 개념이 방법론적 측면에서 중요한데, 이 개념은 과학을 역사적으로 불변하는 절대적인 존재로서가 아니라, 온갖 종류의 물체와 중개인(물)이 특정 역사적이고 지리적인 맥락에 위치한 연결망에서 고정된 형태가 아닌 계속적으로 결합하거나 탈각되는 과정을 통해 생산되는 것으로 이해한다.

행위자-연결망 이론이 원래 과학기술 연구를 위해 고안되었지만, 인간과 비인간의 이질적 집합체에 초점을 둠으로써 '과학'뿐만 아니라 우리 '사회'를 구성하는 생물체, 정치, 기술, 시장, 가치, 윤리, 사실들의 '이상한 혼종물'을 종합적으로 이해하는 데 적합하다. 이러한 측면에서 자연과 사회의 이분법을 넘어서려고 하는 최근의 지리학의 연구는 행위자-연결망 이론의 비이분법적 자연-사회 존재론과 과학을 프랙티스로 보는 새로운 관점을 적극적으로 수용하여 정치생태학적 접근법만으로는 부분적 설명밖에 제공하지 못했던, 과학과 기술이 밀접하게 연관된 로컬, 지구적 환경문제(기후변화, 생물 다양성, 생명공학, 환경 보존 이슈 등)에 유용한 새로운 분석틀을 제공할 것이다.

■ 주

1) 이 장은 김숙진, 2010, "행위자−연결망 이론(Actor-Network Theory)을 통한 과학과 자연의 재해석," 대한 지리학회지 45(4), pp.461-477의 내용을 일부 수정·편집하여 정리한 것이다.

2) 1990년대 들어, 초국적 석유화학 기업은 종자, 화학, 의약, 바이오테크놀로지 회사를 대규모로 인수 합병을 하거나 새로이 생명공학에 투자를 하고 있다(ETC GROUP, 1998).

3) 2006년 황우석 사태는, 과학기술에 대한 이러한 사회적 합의에 종말을 고한 것으로 해석되며, 과학기술이 현대 사회의 전 영역에 걸쳐 우리의 일상적인 삶의 구석구석에 영향을 미치면서 과학지식을 생산하는 사회제도로서의 과학에 대한 사회의 관심을 크게 고조시켰다고 할 수 있다.

4) 이러한 과학관이 20세기 과학철학에 실현된 것이 논리실증주의라 할 수 있다. 논리실증주의는 사회학, 지리학, 심리학, 경제학 등 사회과학 전반에도 광범위한 영향을 끼쳐 20세기 중반에는 사회과학도 자연과학적인 방법을 따라가야 한다는 주장이 지배적이어서 양적인 방법을 많이 채택했다. 이후 소개될 머튼(Merton)의 기능주의 과학사회학도 미국 사회학에서 팽창하던 양적 방법론을 이용해 경험적으로 연구하였고, 지리학에서는 주지하다시피 논리실증주의의 영향으로 기존 자연−사회 연구와 지역연구적 전통이 이 시기에 크게 약화되었다.

5) 그마저도 지식사회학은 제2차 세계 대전 이후 그 명맥이 끊어졌다(Kim H.-S., 2006b).

6) 이에 비해 외부적 과학사는 특정 시대의 과학이 동시대의 사회 조건과 맺는 '공시적' 관계를 파악하였다.

7) 상대주의적 사고는 이미 과학철학과 과학사에서 등장했다고 할 수 있는데, 쿤(Kuhn)의 과학혁명의 구조(1962)와 그것이 촉진한 과학철학의 상대주의가 그것이다. 반스(Barnes)와 블루어(Bloor)는 이러한 상대주의의 영향을 받았다.

8) 과학철학(특히 논리실증주의)에서 발전시켜 온, 이론의 합리성과 진위성을 밝히기 위한 논리성과 경험적 증거 등에 의한 방식에 대해 과학지식사회학은 '증거에 의한 과학적 이론의 과소 결정(the underdetermination of scientific theories by the evidence)' 명제와 '관찰의 이론 의존성(the theory-laddenness of observation)' 명제를 내놓고 그들의 인식론적 근거로 삼는다(Kim H.-S., 2006b). 이에 대한 자세한 내용은 이 논문의 범위를 넘어 소개하지 못하나, 자세한 내용은 Kim K. M.(2004)과 Kim H.-S.(2006b), Suppe(1974)에서 확인할 수 있다.

9) 최근 한국에서도 과학과 관련된 사회적 이슈들이 일어남에 따라 한국의 과학지식사회학자들의 연구들을 많이 찾아볼 수 있다. 대표적인 예로, 황우석 사건에 대한 분석에서 과학기술(복합)동맹의 역할을 강조한 Kim H.-S.(2006), Kang et al.(2006), Kim J.-y.(2006)의 연구들이 이에 해당한다.

10) 셈플(Semple)은 환경결정론을 받아들여 주로 역사의 전개 과정(예를 들어 지중해 문명사, 미국의 역사)을 지리적 조건으로 설명하는 연구를 하였으며, 헌팅턴(Huntington)은 환경결정론을 과학으로 정립시키고자 기후와 생리작용 간의 상관관계(예를 들어, 기후대별 평균 지능의 차이, 기후대별 머리카락의 성장 속도)를 규명하는 데 전력을 다했다(Kwon, 2005). 이런 점에서 이들의 연구가 지리학이 아니라는 비판이

제기되었음을 이해하기가 어렵지는 않을 것이다.

11) 이러한 사우어(Sauer)의 견해에서 그가 19세기 후반 결정론이 팽배했던 미국의 한편에서 이와는 반대로 인간이 자연에 미친 영향에 대해 관심을 가졌던 마시(Marsh)의 영향을 받았다는 것을 알 수 있다. 마시의 *The Earth as Modified by Human Action*(1898)은 정치생태학의 이론적 원류로 인식되고 있다. 그러나 생태계의 변형과 위기와 관련하여 주된 원인을 개별 인간의 활동으로 규정했을 뿐 이를 둘러싼 정치, 경제적 구조에는 관심을 두지 않았다는 한계가 있다. 사우어 역시 인간의 자연에 대한 영향에 대해 규범적인 측면에서만 접근하였다고 할 수 있다(Robbins, 2004).

12) 이런 측면에서 사우어학파의 연구를 문화역사지리학 또는 경관론이라고도 칭한다.

13) 로빈스(Robbins, 2004)에 따르면, 정치생태학이라는 용어가 최초로 사용된 것은 토지 이용과 로컬-글로벌 정치경제학을 통합할 필요를 강조한 볼프(Wolf)의 1972년 논문과 점증하는 환경의 정치화에 관해 논의를 한 콕번과 리지웨이(Cockburn and Ridgeway)의 1979년 저서로 거슬러 올라갈 수 있다. 그러나 본격적인 정치생태학적 연구는 아마도 블래키(Blaikie, 1985)와 블래키와 브룩필드(Blaikie and Brookfield, 1987)의 것일 것이다. 특히 블래키와 브룩필드는 정치생태학이 생태학의 관심과 광범위하게 정의된 정치경제학을 결합한 것이라고 정의했다(1987, 17). 그러나 피트와 와츠(Peet and Watts, 1996)는 1970년대 후반과 1980년대 전반기에 나타난 정치생태학 연구의 한계와 결점을 블래키와 브룩필드의 "Land Degradation and Society"(1987) 중심으로 지적한 바 있다. 초기 정치생태학 연구의 한계점으로는, 첫째, 빈곤이 환경 악화의 원인이라기보다는 자본으로 인한 것이라는 점을 간과한 점, 둘째, 빈곤에 대한 관심이 농촌과 농업 관련, 제3세계 관련 문제에의 편향과 관계있다는 점, 셋째, 다른 자원에 비해 (농업 위주의 제3세계 국가에서 중요한) 토지를 우선시했다는 점(노동자의 건강과 안전 문제, 공기오염, 제3세계 도시의 쇠퇴, 자본주의의 재구조화 등과 같은 다른 이야기도 존재하므로 빈곤 중심의 분석은 부분적일 수밖에 없음), 넷째, 변증법적 분석의 예를 제시하려는 의도에도 불구하고, 실제로 보인 것은 산만하고 장황한 외부적 원인을 중심으로 한 설명에 그쳤다는 점을 들었다.

14) 정치생태학이 1960~1970년대 번성했던 발전이론의 1990년대 환경 버전이라고 불릴 정도로 정치생태학은 발전 이론의 많은 영향을 받은 것으로 보인다. 이러한 태생적 특성으로 많은 정치생태학 연구가 주로 제3세계 국가의 발전과 관련된 환경문제를 다루었으며, 브라이언트와 베일리(Bryant and Bailey)는 *Third World Political Ecology*(1997)라는 저서를 출간하기도 하였다. 그러나 최근 정치생태학은 도시나 제1세계의 환경문제, 환경정의 등 다양한 문제를 다루고 있다.

15) 예를 들어, 신맬서스주의적 사고가 이에 해당한다.

16) 이 당시 영국에서 '신사들'은 상류계급으로 합리성과 신뢰의 존재였다.

17) 행위자-연결망 이론은 지배적인 과학관에 대한 도전을 함으로써 과학기술이 그중요한 부분인 근대성과 근대 문화에 대한 비판으로 자연스럽게 확장된다. 따라서 생태주의와 페미니즘과 같이 기존의 과학관을 비판하는 다른 '탈근대론' 논의와 접점을 넓혀 가고 있다(Kim H.-S., 2009).

■ 참고문헌

- 강양구·김병수·한재각, 2006, 침묵과 열광: 황우석 사태 7년의 기록, 후마니타스, 서울.

- 과학기술부, 2004, 국가 R&D 프로그램 계획, 과학기술부.

- 권정화, 2005, 지리사상사 강의노트, 한울아카데미, 서울.

- 김경만, 1994, 과학지식사회학이란 무엇인가, 과학사상 10, 범양사, 서울.

- 김경만, 2004, 과학지식과 사회이론, 한길사, 서울.

- 김숙진, 2006, "생태 환경 공간의 생산과 그 혼종성(hybridity)에 대한 분석: 청계천 복원을 사례로," 한국
  도시지리학회지 9(2), pp.113-124.

- 김종영, 2006, "복합사회현상으로서의 과학과 과학기술복합동맹으로서의 황우석," 역사비평 74(봄),
  pp.82-113.

- 김환석, 2006, 과학기술 발전의 두 갈래 길(한겨레 2006.03.30.).

- 김환석, 2006, 과학사회학의 쟁점들, 문학과지성사, 서울.

- 김환석, 2006, "황우석 사태의 원인과 사회적 의미," 경제와 사회 71(가을), pp.237-255.

- 윤정로, 1994, '새로운' 과학사회학: 과학지식사회학의 가능성과 한계," 과학사상연구회 편, 과학과 철학 5,
  통나무.

- 이영희, 2002, "기술규제의 정치: 생명공학의 사례 연구," 경제와 사회 55(가을), pp.194-218.

- 홍성욱, 2005, "과학사와 과학기술학(STS), 그 접점들에 대한 분석," 한국과학사학회지 27(2), pp.131-153.

- Blaikei, P., 1985, *The Political Economy of Soil Erosion in Developing Countries*, Longman, London.

- Blaikei, P., and Brookfeild, H., 1987, *Land Degradation and Society*, Methuen, New York and London.

- Bloor, D., 1996, "Idealism and the Sociology of Scientific Knowledge," *Social Studies of Science* 26, pp.839-
  856.

- Braun, B., 2006, "Towards a new earth and a new humanity: nature, ontology, politics," in *A Critical
  Reader: David Harvey*, pp.191-222, Blackwell, Oxford, U. K.

- Bridge et al., 2003, "The next new thing? Biotechnology and its discontents," *Geoforum* 34, pp.165-174.

- Castree, N., 1995, "The nature of produced nature: materiality and knowledge construction in Marxism,"
  Antipode 27(1), pp.12-48.

- Castree, N., 2002, "False antitheses? Marxism, Nature and Actor-Networks," *Antipode*, pp.111-146.

- Cockburn, A. and Ridgeway, J.,(eds) 1979, *Political Ecology,* New York Times Book Company, New York.

- Collins, H., 1981, "Stages in the Empirical Program of Relativism," *Social Studies of Science* 11, pp.3-10.

- ETC group. 1998(July 30). Seed industry consolidation: who owns whom? ETC group. http://www.etc-
  group.org

- Goodman, M., 2001, "Ontology matters: the relational materiality of nature and agro-food studies," *Socio-*

logia Ruralis 41, pp.182-200.

- Haraway, D. J., 1997, *Modest_Witness@Second_Millennium.FemaleMan_ Meets_OncoMouse*, New York: Routledge.

- Harvey, D., 1996, *Justice, Nature and the Geography of Difference*, Blackwell, Cambridge.

- Kim, S.-J., 2009, "Vacillating between a neoliberal state and a developmental state: the case of development of biotechnology clusters in South Korea," *Journal of the Economic Geographical Society of Korea*, 12(3), pp.235-247.

- Kloppenburg, J., 2004, *First the Seed: the political economy of plant biotechnology* 2nd ed, Madison: The University of Wisconsin Press.

- Kuhn, T., 1962(1996, 3rd ed.), *The Structure of Scientific Revolutions*, The University of Chicago Press, Chicago and London.

- Latour, B., 1993, *We have never been Modern*, Cambridge, MA: Harvard University Press.

- Latour, B. and Woolgar, S., 1979(1986), *Laboratory Life: The Construction of Scientific Facts*, Princeton University Press, Princeton, N.J.

- Latour, B., 1987, *Science in Action: How to Follow Scientists and Engineers through Society*, Harvard University Press, Cambridge, Mass.

- Latour, B., 1999, *Pandora's Hope: Essays on the Reality of Science Studies*, Cambridge, MA and London: Harvard University Press.

- Martin and James(ed.) 1972, *All possible worlds: a history of geographical idea*, John Wiley & Sons, INC.

- Peet, R. and Watts, M., 1996, "Liberation ecology: development, sustainability, and environment in an age of market triumphalism," in Peet, R. and Watts, M., (eds.), *Liberation Ecologies: environment, development, social movement*, Routledge, New York and London, pp.1-45.

- Pickering, A., 1992, "From science as knowledge to science as practice," in Andrew Pickering, eds., *Science as Practice and Culture*, The University of Chicago Press, Chicago and London, pp.1-28.

- Porter, P., 1999, "Cultural Ecology," for Neil J. Smelser and Paul B. Baltes(eds.), *International Encyclopedia of the Social and Behavioral Sciences*, London: Elsevier.

- Robbins, P., 2004, *Political ecology: a criticial introduction*, Blackwell Publishing Ltd, Malden, USA.

- Schmidt, A.(Fowkes, B. (trans)), 1971, *The concept of nature in Marx*, NLB, London.

- Shapin, S. and Schaffer, S., 1986, *Leviathan and the Air-Pump*, Princeton University Press, Princeton, N.J.

- Smith, N., 1996, "The production of nature," in Robertson, G., Mash, M., Tickneretal, L., *Futurenatural*, Routledge, London and New York, pp.35-54.

- Smith, N., 1998, "Nature at the Millenium: Production and re-enchantment," in Braun, B. & Castree,

N.(ed), *Remaking Reality: Nature at the Millenium*, Routledge, London & New York, pp.271-285.

- Suppe, F., 1974, *The Structure of Scientific Theories*, University of Illinois Press, Urbana.

- Swyngedouw, E., 1999, "Modernit and hybridity: nature, regeneracionismo, and the production of the Spanish waterscape, 1890-1930," *Annals of the Association of American Geographers* 89(3), pp.443-465.

- Turner, B. L. II, 1999, "Nature-Society in Geography," for Neil J. Smelser and Paul B. Baltes(eds.), *International Encyclopedia of the Social and Behavioral Sciences*, London: Elsevier.

- Watt, M., 1983, *Silent Violence: Food, Famine and Peasantry in Northern Nigeria*, University of California Press, Berkeley.

- Whatmore, S., 1999, "Hybrid geographies: rethinking the 'human' in human geography," in Massey, D., Allen, J., Sarre, P.,(eds), *Human Geography Today*, Polity Press, Cambridge, pp.22-40.

- Whatmore, S., 2002, *Hybrid Geographies: Natures, Cultures, Spaces,* Sage Publications, London.

- Wolf, E., 1972, "Ownership and political ecology," *Anthropological Quarterly*, 45, pp.201-205.

우리나라의 지역 간
인구 이동과 네트워크

이정섭

1. 지역 간 인구 이동의 의미

가장 최근에 이루어진 '2010년 인구주택총조사'에 따르면 전국 인구는 약 4858만 명이고, 이 중 절반 정도는 수도권에 거주하고 있다. 수도권 과밀화와 그에 따른 상대적 지방의 과소화 문제는 상당히 오래전부터 제기되어 온 우리 국토 공간의 불균형적인 상황이다. 이런 상황이 언제부터 그리고 왜, 어떻게 시작된 것일까? 시간을 거슬러 대한민국 정부가 수립되기 직전인 1948년 3월의 인구 자료를 살펴보자. 제헌의회 선거를 앞두고 만들어진 미군정 법령 제175호 '국회의원선거법'의 부록에는 북위 38도선 이남의 당시 행정구역 단위인 부(府)·군(郡)·구(區) 그리고 도(島)[1]별 인구수가 기록되어 있는데, 이를 기준으로 살펴보면 전국 인구는 약 1928만 명이고, 지금의 수도권에 해당되는 서울부와 경기도에는 약 354만 명이 거주하여 전국 인구 대비 18.4% 정도의 비중을 차지하였다.[2] 두 자료를 비교하면, 1948년부터 2010년까지 전국의 인구는 약 2.5배 증가하였지만, 지역별로 증가 규모와 속도에는 차이가 있고, 전라북도의 인구는 오히려 지난 60여 년 동안 약 24만 명이 감소하였다.

어느 한 지역에서 인구 증감은 출생·사망에 따른 자연적 성장 그리고 이동에 따른 사회적 성장이라는 두 가지 요소에 의해서 결정된다. 일반적으로 국가 스케일의 인구 성장은 자연적 요인에 의해 그리고 지역 스케일의 인구 성장은 사회적 요인에 의해 주된 영향을 받게 되는데, 우리 나라에서도 자연적 성장은 지역에 따라서 어느 정도의 편차, 즉 출산력과 사망력의 지역 간 차이가 존재하지만 그다지 크게 나타나지 않은 수준이기에, 실제로는 사회적 성장이 인구 증감을 결정짓는 주된 변수로 작용하고 있다. 그리고 한 개인의 생애에서 생물학적 특성으로 반드시 그리고 한 번만 이루어지는 출생·사망과 달리, 이동은 개인의 의사 결정에 따라 수시로 발생하는 사회적 조건에 의해 규정되는 현상이므로, 급격한 지역의 인구 증감을 수반하게 될 수도 있다.

앞서의 정부 수립 무렵부터 현재까지 수도권 인구 집중 그리고 전라북도의 절대 인구 감소라는 상황을 발생시킨 주요한 원인도 바로 지역 간 인구 이동이다.

아울러 한 도시와 지역의 인구 증감은 그곳의 특성을 이해하는 토대이자 나아가 성장과 발전, 반대로 쇠퇴, 정체를 가늠하는 지표로 인식되고 있는 것이 현실이며, 행정구역·선거구 등 지역

〈표 15-1〉 1948년과 2010년의 시도별 인구분포

1948년(미군정법령 제175호 부록 1 기준)			2010년(인구주택총조사 기준)		
시도	인구수(명)	인구분포비율(%)	시도	인구수(명)	인구분포비율(%)
서울	1,141,766	5.92	서울	9,794,304	20.16
경기	2,398,407	12.44	인천	2,662,509	28.90
			경기	11,379,459	
강원	1,117,336	5.80	강원	1,471,513	3.03
충북	1,112,894	5.77	충북	1,512,157	3.11
충남	1,909,405	9.90	대전	1,501,859	7.27
			충남	2,028,002	
전북	2,016,428	10.46	전북	1,777,220	3.66
전남	2,941,842	15.26	광주	1,475,745	6.62
			전남	1,741,499	
경북	3,178,750	16.49	대구	2,446,418	10.39
			경북	2,600,032	
경남	3,185,832	16.53	부산	3,414,950	15.76
			울산	1,082,567	
			경남	3,160,154	
제주	276,148	1.43	제주	531,905	1.09
전국 합계	19,278,808		전국 합계	48,580,293	

네트워크의 지리학

의 경계 짓기, 광역 또는 도시기본계획상의 토지이용과 개발의 양, 개별 지자체의 재정과 서비스 등에서도 인구는 주요한 기준이 되고 있다. 문제는 앞으로 가까운 시점에 우리 국토 공간 전체의 인구는 현재 수준의 유지 또는 감소가 예측되고 있다는 것이다. 미래에 어느 한 도시, 한 지역의 인구가 늘어나는 것은 대부분 인구 이동에 의존하고, 이것은 필연적으로 어딘가의 다른 곳에서 같은 수만큼의 유출이 발생하는 제로섬(zero-sum) 상황을 의미한다. 인구를 매개로 지역과 도시, 공간적 상호작용을 파악하거나, 역으로 지역·공간을 통해 그곳에 살고 있는 이들을 이해하고자 한다면, 지역 간 인구 이동에 대한 분석은 필수적인 것이다. 이것은 과거에서 현재까지, 현재에서 미래까지에 관한 분석에서도 마찬가지일 것이다.

2. 인구 이동의 정의 그리고 공간 단위와 인구 자료

일반적으로 인구 이동은 '사람들의 두 지역 사이 움직임'을 의미하는데, 구체적으로 살펴보면 UN 인구국은 '인구 이동이란 지리상의 단위 지역에서의 지리적 유동성, 즉 공간적 유동성의 한 형태로서, 일반적으로 출발지에서 목적지로의 주소 변경을 수반하는 것'으로 정의하고 있다. 이러한 정의에 비추어 볼 때, 인구 이동을 관찰하고 측정하기 위해서는 첫째로 출발지와 목적지라는 공간 단위, 둘째로 각 개인의 이동 행위에 관한 자료의 분석이 필요하다.

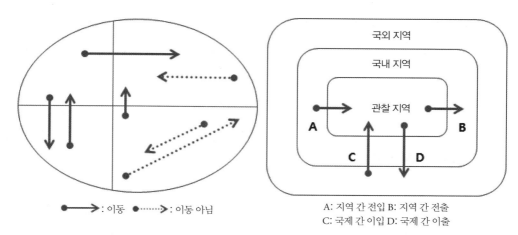

[그림 15-1] 공간 단위 설정에 따른 인구 이동 개념정의와 유형

먼저, 공간 단위에서 경계를 어떻게 설정하느냐, 또는 어떤 경계를 기준으로 하느냐에 따라 이동으로 간주되거나 그렇지 않을 수 있으며, 이동의 유형도 결정되게 된다. 일반적으로 인구 이동의 경계는 국경을 기준으로 국제적 이동과 국내의 지역 간 이동으로 구분되고, 다시 지역 간 이동은 행정구역에 따라 세분할 수 있다. 우리나라의 경우, 시·도, 시·군·구, 읍·면·동 행정단위가 지역 간 이동의 경계가 될 수 있으며, 연구 목적에 따라서는 생활권, 교통권 그리고 주택이나 노동시장 권역이 기준으로 적용될 수도 있을 것이다.

다음으로 인구 자료를 살펴보자. 인구 자료는 여러 기준에 따라 동태 자료와 정태 자료, 집계 자료와 비집계자료, 신고 자료와 조사 자료, 거시 자료와 미시자료, 전수 자료와 표본 자료 등으로 구분할 수 있다. 이처럼 다양한 인구 자료들 중에서 우리나라의 지역 간 인구 이동과 관련해서는 몇 차례 부정기적으로 이루어진 '인구이동특별조사' 자료, 5년마다 실시되는 '인구주택총조사'의 인구 이동 표본 자료, 근실시간으로 주민등록 전입신고 집계에 기초한 '인구 이동 통계' 등 직접적인 자료가 우선 활용될 수 있다. 만약, 이 같은 인구 이동에 대한 직접적인 자료가 없거나 신뢰도가 낮은 경우에는 다른 인구 자료를 토대로 출생지 방법, 동태 통계 방법, 생잔율 방법 등을 이용해서 간접적인 자료를 구축하고 활용할 수도 있다. 다만, 직접적인 자료에는 출발지와 도착지, 이동량 등에 관한 구체적인 정보가 확보되지만, 간접적인 자료를 통해서는 이동의 양은 추정할 수 있으나 출발지·도착지와 관련된 정보와 분석은 상당히 제한적이다.

아울러, 정확한 인구 이동을 분석하기 위해서는 인구 자료 활용에 일관성이 유지되어야 한다. 예를 들면, 우리나라의 대표적인 인구 자료인 '인구주택조사'와 '주민등록'의 자료는 각각 5년 단위의 조사 자료, 근실시간의 신고 자료이다. 이러한 각 자료의 특성으로 그 내용에도 차이가 있는데, 이는 지역에 따라서 두 자료 사이에 인구수가 최대 10% 이상 다른 경우가 있다는 점이 지적되고 있기 때문이다.

3. 인구 이동에 대한 연구 흐름

인구 이동에 대한 학문적 논의는 19세기 후반 라벤슈타인(Ravenstein)에 의해 처음 시작된 것으로 평가된다. 라벤슈타인은 1876년 'Geographical Magazine'에 '출생지와 인구 이동(Birthplace and migration)'이라는 논문을, 그리고 1885년과 1889년에 'Journal of the Statistical Society'에 '인구 이동 법칙(The laws of migration)'을 발표하였다. 세 차례에 걸쳐 발표된 라벤슈타인의 논문에서 그가 제시한 인구 이동의 법칙을 정리하면 다음과 같다.[3]

(1) 인구 이동의 대부분은 단거리 이동이다.

(2) 인구 이동은 단계적으로 진행된다.

(3) 장거리 인구 이동은 일반적으로 대규모의 상업 또는 공업 중심지를 향한다.

(4) 개별 인구 이동의 흐름은 이를 보상하는 반대의 흐름을 발생시킨다.

(5) 도시가 고향인 사람들은 농촌 지역이 고향인 사람들에 비해 적게 이동을 한다.

(6) 국내에서는 여성들이 남성들보다 더 많이 이동한다. 그렇지만 해외로의 모험적인 이동은 남성들이 더 많이 그리고 자주 한다.

(7) 인구 이동의 대부분은 성인들이 혼자 이동하는 형태로 이루어진다. 가족 모두가 고향을 떠나는 이동은 매우 드물다.

(8) 대도시의 성장은 자연적 인구 증가보다 인구 이동에 의해서 이루어진다.

(9) 공업과 상업이 발달하고 교통 여건이 개선될수록 인구 이동의 양은 증가된다.

(10) 인구 이동의 주요 방향은 농업 지역에서 공업과 상업의 중심지로 향하는 것이다.

(11) 인구 이동의 주된 원인은 경제적인 것이다.

그런데 이와 같은 연구 내용이 학계에서 주목받게 된 것은 그의 사후인 1940년대 중반 이후 몇몇 지리학자들에 의해서였다. 다비(Darby, 1943)의 연구를 통해 라벤슈타인의 연구 내용이 재조명된 것이 직접적인 계기였지만, 동시에 이 시기에 이르러서야 인구 이동에 대한 본격적인 연구 흐름이 생겼기 때문이다. 이후 라벤슈타인의 '인구 이동 법칙'을 인구 이동 연구의 초석으로, 수많은 인구 이동에 관한 연구가 이루어지고 있지만, 그 내용과 성과는 그의 연구 내용에 극히 일부분만이 더하여졌을 따름이라는 평가를 받고 있다(Grigg, 1977).

라벤슈타인의 연구에 대한 재발견 이후 본격화된 인구 이동 연구들을 살펴보면, 1940년대에는 사회물리학적 연구 흐름을 배경으로 지프(Zipf, 1946)의 중력(gravity)모형, 스튜어트(Stewart, 1947)의 인구 잠재력(potential of population) 등을 중심으로 논의가 이루어졌다. 이 중에서 중력모형은 인구 이동에 국한된 것이 아니라, 교통, 유통 그리고 정보 등의 지역 사이의 공간적 상호작용에 관한 연구에 널리 적용되고 있다. 중력모형에서는 두 지역 사이의 공간적 상호작용, 즉 인간에 의하여 발생하는 공간상 이동과 양은 두 지역의 인구수를 곱한 것에 비례하고, 두 지역 간 이동 거리에 반비례한다고 제시하였다. 이를 바탕으로 라우리(Lowry, 1966)와 로저스(Rogers, 1967) 등은 인구 규모 대신 두 지역의 비교우위를 나타내는 경제적 변수들, 예컨대 실업률, 시간 당 제조업 임금, 경제활동 인구 등을 투입하여 인구 이동 연구에 활용하였다. 그리고 주어진 거리를 이동하는 인구수는 그 거리까지 놓여 있는 기회의 수에 비례하고, 개입기회의 수에는 반비례한다는 스토퍼(Stouffer, 1940; 1960)의 개입기회(intervening opportunity)모형도 중력모형에서의 두 지역 간 거리와 인구를 대신해서 기회·개입기회의 수, 경합 이동 인구수 등을 투입하여 미국 내 도시 간 인구 이동 흐름을 분석하였다.

그런데 이상의 중력모형과 이를 수정한 모형들의 수식을 통해서는 '이동량' 하나만 얻을 수 있다. 따라서 해당 모형들은 지역 간 공간적 상호작용의 크기, 즉 인구 이동의 양을 분석하는 데에 매우 높은 설명력을 제시하였지만, '누가', '왜' 그리고 '어디에서 어디'로 이동하는지에 대한 분석과 해석에는 한계가 있다. 물론, 앞서 살펴본 연구들에서 인구 이동은 노동력 공급이 과잉인 상태의 지역에서 부족한 상태의 지역으로, 임금이 낮은 지역에서 높은 지역으로 향한다고 가정하여 제한적이지만 이동의 방향을 언급하고는 있다. 그렇지만 이것은 신고전경제학에서 제시한 두 지역 사이의 불균형 상태가 노동력 또는 인구 이동의 원인이며, 이동을 통해 결과적으로 균형 상태가 이루어진다는 가설에 기초한 것이며, 이 가설은 현재까지도 명확하게 증명되지 않은 것으로 보는 것이 타당할 것이다.

이후, 인구 이동에 관한 연구들은 이동량과 함께 누가, 왜, 어디에서 어디로 이동하는지에 대한 것 그리고 이동 과정과 의사 결정 등에 초점을 맞추어 진행되었다. 먼저 왜 이동하는지, 이동 원인에 관한 내용들을 살펴보면, 피터슨(Petersen, 1961)은 네 가지의 힘(force)을 제시하였는데, 이때 힘의 의미는 개인적인 이동의 동기가 아니라 개인으로서는 대항할 수 없는 외부적 작용으로, 대체로 각 개인이 현재 거주하고 있는 곳, 즉 출발지를 떠나게 만드는 힘이다. 그는 생태학적 배출, 이동 정책, 좀 더 높은 소망의 실현, 사회적 계기 등을 인구 이동을 발생시키는 힘으로 제시하였고, 그 결과 인구 이동의 형태를 보수적인 것과 혁신적인 것의 두 가지로 다시 분류하였다. 여기에서 보수적 이동은 이동 후 개인의 생활양식에 변화가 없을 때, 혁신적 이동은 개인이 새로운 환경에 적응을 해야 할 때의 것을 각각 뜻하였다. 리(Lee, 1966)는 인구 이동의 원인에서 출발지를 떠나게 만드는 요인뿐만 아니라 도착지로 이끄는 요인도 함께 고려한 배출—흡인

〈표 15-2〉 배출-흡인 요인 모형의 배출·흡인·장애 및 개인적 인자

구분	주요 내용
배출 인자	가난, 저임금, 실업, 교육·문화·보건 시설 등의 부족, 인종·정치·종교적 탄압, 자연재해, 지역과 거주자의 친근감 등
흡인 인자	저렴한 농지 가격, 고용 기회 확대, 고임금, 학교·병원·위락 시설 등의 시설 확충, 쾌적한 환경, 미지에 대한 기대 등
장애 인자	이주 비용, 심리적 비용(가족·친지·친구·공동체와의 분리에서 발생되는 불안감), 이주 규제·노동 허가 규제 등의 법률
개인적 인자	성, 연령, 건강 상태, 혼인 여부, 교육 수준, 자녀 수 등

요인(push-pull factor) 모형을 제시하였다. 이는 인구 이동의 양, 방향, 이동자의 특성 등은 출발지와 도착지 모두에 존재하는 배출 요인과 흡인 요인, 즉 부정적, 긍정적 요소와 두 지역 사이에 개재된 장애물, 이동 주체인 각 개인의 특성이 함께 작용하여 결정된다는 것이다.

한편, 이동의 방향에 대한 연구 내용은 실제로는 이동 원인과 결부되어 이루어졌는데, 많은 연구들이 농촌에서 도시로의 이동에 관한 것이다. 크게 신고전경제학적 연구와 이에 대한 비판의 흐름으로 나눌 수 있는데, 전자는 농촌 생존 부문과 근대적 도시 산업 부문 간의 노동력 이동을 설명한 루이스(Lewis, 1954)와 농촌과 도시 사이의 경제적 이익·소득의 차이를 이동 원인으로 제시한 힉스(Hicks, 1957) 등의 연구를 들 수 있다. 이들은 농촌은 도시에 비해 상대적으로 임금이 낮고, 실업률이 높거나 노동력이 과잉 공급된 상태 그리고 취업의 기회가 제한적이기 때문에 이것이 이동 원인으로 작용하며, 두 지역이 균형 상태에 이를 때까지 이촌향도가 발생할 것으로 전망하였다.[4] 이에 대해 토다로(Todaro, 1976)는 저개발 국가들의 인구 이동을 분석하면서 이들 국가에서는 도시의 높은 실업률에도 불구하고 이촌향도가 지속되고 있고, 이것은 현재 시점의 임금·소득 격차보다는 미래에 기대되는 평생 소득의 차이가 이동 원인으로 작용한 것이라고 주장하였다. 또한 해리스(Harris)와 사보(Sabot, 1982)의 구직(job search) 모형, 콜(Cole)과 샌더스(Sanders, 1985)의 도시의 자급적 부문(urban subsistence sector) 모형 등에서도 저개발 국가에서 인구 또는 노동력이 농촌에서 도시로 이동하는 것에는 대체로 동의하지만, 이로 인해 도시와 농촌이 상호 균형적 상태에 도달될 것이라는 신고전경제학적 연구들에 대해선 비판하였다.

이동의 과정과 의사 결정에 관한 연구들은 1970년대 이후의 행태주의적 연구 흐름을 기초로 활발하게 진행되었다. 장소 효용성(place utilities) 개념과 정보의 불완전성을 기초로 인구 이동을 분석한 월퍼트(Wolpert, 1965), 이동 과정은 두 단계의 심리적 속성으로 구성되었음을 제시한 브라운(Brown)과 무어(Moore, 1970) 등의 연구들이 대표적이다. 일부에서는 이동 과정과 의사 결정에 관한 연구들이 대체로 인지, 행태, 심리적인 내용 등에 중점을 두고 있어 미시적(micro) 수준 그리고 각 개인과 가구주, 가구 구성, 연령, 소득, 교육 등의 특성에 관한 자료를 중요시하기에 분류적(disaggregate) 연구로 구분하는 경우도 있지만, 거시적인 것과 미시적인 것 그리고 총계적인 것과 분류적인 것은 이분법적으로 나뉘는 것이 아니라 상호 보완적이라고 할 수 있다.[5] 다만, 이동 과정과 의사 결정에 관한 연구들은 국가 간이나 지역 간 인구 이동보다 지역·도시 내, 대도시권 내 주거 이동과 관련된 연구에 초점을 맞추는 경향이 있다.

한편, 여러 국가들에서 센서스와 같은 근현대적인 인구통계조사를 실시하고, 그에 따라 풍부한 관련 자료들이 축적되면서 인구 이동에 대한 실증적이고 경험적인 연구와 분석도 이루어졌다. 이러한 경험적이고 실증적인 연구를 통해 실제 각 나라의 인구 이동이 한 세기 이전 라벤슈타인(Ravenstein)이 제시한 인구 이동의 법칙과 유사한 유형으로 이루어지고 있음이 일부 확인되기도 하였다. 또한 더 나아가 적응 과정(adjustment process), 발전 과정(development process), 선택적 과정(selective process)으로서의 특성들도 함께 제시되고 있다.

4. 인구 이동 변천 가설

우리나라의 지역 간 인구 이동과 시기에 따른 그 변화를 살펴보기 전에, 먼저 첼린스키(Zelinksy, 1971)의 인구 이동 변천 가설(hypothesis of mobility transition)에 주목할 필요가 있다. 그는 한 국가나 지역의 인구 변천(demographic transition) 단계에 따라서 인구 이동의 총량, 빈도, 정기성, 거리, 그리고 유형에도 순차적인(sequential) 변천이 일어날 것이라는 가설을 제시하였다.

첼린스키는 먼저 시간적으로 전근대 전통 사회, 초기 변천 사회, 후기 변천 사회, 선진 사회, 그리고 미래 사회의 다섯 단계로 구분하는 한편, 인구 이동의 형태를 국제 이동, 국내 미개발 지역의 개척, 농촌에서 도시, 도시 간 및 도시권 내 그리고 통근(circulation) 등으로 나누었다. 그리고 시간적 단계와 각 인구 이동 형태를 대응시켜 시간적·공간적 과정에서 이들의 상호 의존 관계를 찾고자 하였다.

첼린스키의 다섯 단계의 시간 구분은 인구 변천 모형의 단계와 대체로 일치한다.[6] 이는 인구

〈표 15-3〉 인구동태와 인구 이동의 시공간적 변천 과정

인구동태(the vital transition)	인구 이동 변천(the mobility transition)
■ 전근대 전통 사회(the premodern traditional society)	
• 출산력은 상당히 높고 그 변동성은 낮은 상태 • 사망력은 평균적으로 출산력과 비슷한 수준이며 변동성이 다소 존재 • 자연적 인구 증가 또는 감소는 거의 없거나 장기적으로 경미한 수준의 증감	• 거주 이동이 거의 없는 상태이며, 전쟁, 종교, 사회적 방문, 상업, 토지 활용 등에 따른 특수한 이동만 존재
■ 초기 변천 사회(the early transitional society)	
• 출산력이 여전히 높은 상태이고 낮지만 유의미한 출산력의 증가 현상이 발생 • 사망력은 빠르게 감소 • 상대적으로 빠른 자연적 인구 증가가 나타나고, 이로써 인구 규모가 확대	• 농촌에서 도시로의 대규모 이동 • 국내 미개척 지역으로의 인구 이동 • 해외 지역으로 인구이출 • 특정한 상황에서는 해외의 선진 국가에서 숙련노동자, 기술자, 전문 인력의 유입 • 다양한 형태와 종류의 통근(circulation) 증가
■ 후기 변천 사회(the late transitional society)	
• 출산력이 감소, 초기 감소는 낮은 수준으로 천천히 감소하지만 이후 빠르게 감소하여 사망력 수준까지 접근 • 사망력은 지속적으로 감소하며 그 추세는 완화 • 자연적 인구 증가는 낮은 수준이며, 증가의 속도는 감소되어 이전 시기에 비해 낮은 증가율	• 농촌에서 도시로의 대규모 이동이 있지만 다소 감소하기 시작함. • 변경 지역으로의 이주 감소 • 이민자 유입의 감소 또는 종료 • 구조적 복잡성의 증대로 인한 통근의 증가
■ 선진 사회(the advanced society)	
• 출산력이 매우 낮은 상태로 수렴 • 사망력은 안정되어 출산력 수준 또는 그보다 약간 낮은 수준 • 인구의 증감이 거의 없는 상태	• 거주 이동에 따른 전입과 전출은 많지만 균형을 이룸. • 농촌에서 도시로의 이동이 계속되지만 큰 폭으로 감소 • 도시에서 도시로의 이동 • 미개발 지역에서 미숙련/반숙련 노동자의 유입 • 숙련, 전문 인력의 국제적 이동과 통근이 존재하며 그 방향, 이동량은 특정 조건에 따라 다름. • 경제적, 어메니티 추구 등 여러 요인에 따른 통근의 급격한 증가
■ 미래 사회(a future advanced society)	
• 출산력의 행태들을 예측할 수 없으며, 출산은 개인과 새로운 사회정치적 수단들에 의해 통제될 것으로 예측 • 현재보다 낮은 수준의 안정된 사망력이며, 기대수명은 크게 증대될 것으로 예측	• 거주 이동의 감소와 통신, 기술의 발달에 따른 통근의 감소 • 거주 이동의 대부분은 도시 내, 도시 간 이동 • 저개발 지역에서 미숙련 노동자의 유입 • 새로운 형태의 통근

출처: Zelinksy(1971)

변천 모형 자체가 세계 여러 국가들이 역사적으로 전통·전산업(pre-industrial) 사회에서 산업화 (industrialized) 사회로 이행될 때 나타났던 인구 현상에 대한 경험적이고 개념적인 모형이기에 한 국가나 지역의 역사적·경제적 발전 단계로도 이해될 수 있기 때문이다.

구체적으로 살펴보면, 첫 번째 단계인 전근대적 전통 사회에서의 인구 변천은 출생력과 사망력이 모두 높은 상태이고, 인구 이동은 거의 이루어지지 않는 시기이다. 두 번째 단계에서 인구 변천은 사망력이 감소하면서 인구의 급격한 증가가 나타나고, 인구의 이동은 농촌에서 도시로 대규모 이동 현상이 나타난다. 세 번째 단계에서는 이전에 시작된 사망력 저하와 함께 출산력도 감소하기 시작하면서 자연적 인구 증가는 소규모 증가 또는 정체를 나타내고, 인구 이동은 농촌에서 도시로 계속 진행되지만 다소 감소하며, 네 번째 단계에서는 인구 규모가 안정되면서 농촌에서 도시로의 이동은 크게 축소되고, 주로 도시 간(urban-urban) 및 도시 내부(intra-urban)에서의 이동이 활발하게 된다. 그리고 마지막 단계는 미래 사회로 출생과 사망에 대한 조절 능력이 크게 증대되고, 인구 이동은 통신기술의 발달에 따라서 현저하게 줄어들며, 이동이 있다면 그것은 대부분 도시 간과 도시 내부에서 이루어지는 시기로 구분하였다.

우리의 국내 인구 이동도 이와 같은 인구 변천을 중심으로 시계열적인 변화와 그 특성에 대해서 살펴볼 수 있다. 우리나라 인구 변천의 단계 구분은 김두섭(1993), 권태환, 김두섭(2002), 이희연(2003) 등 여러 연구자들에 의해 이루어졌다. 연구자들 사이에 다소 차이가 있지만, 근대적 센서스의 첫 도입으로 평가되는 1925년 간이국세조사 이전 조선 시대와 대한제국 시기에 대한 추계, 추정 그리고 광복 이후 남한에 대한 인구 자료를 중심으로 보통 5단계로 구분하고 있다. 세부적으로는 〈표 15-4〉와 같이 1910년 이전의 '전통적 성장기', 1910년에서 1945년까지의 '초기

〈표 15-4〉 우리나라의 인구 변천 단계 구분

단계/기간	인구 증가	출산력	사망력	국제이동	사회, 경제, 정치적 요인
전통적 성장기 ~1910	매우 낮은 상태로 안정됨	높음	높음 그러나 소폭 변동	거의 없음	전형적 농업 사회 기아, 질병, 전쟁에 의한 사망률 상승
초기 변천기 1910~1945	급격히 상승	높음	높은 상태에서 떨어지기 시작	일본과 만주로의 대량 이동	일본의 식민지화 식민지 경제정책, 보건, 의료 시설의 도입
혼란기 1945~1960	급격한 증가, (1945~1955 기간은 정체)	높음	중간 수준, (1949~1955 기간은 높음)	일본과 만주 등에서 대량 귀환, 북한 피난민 유입	광복, 남북한 분단, 한국전쟁, 사회적 혼란, 극심한 경제적 곤란
후기 변천기 1960~1985	증가율이 계속 떨어짐	급격히 떨어짐	계속 떨어짐	1970년 이후 이민 약간 증가	근대화, 경제발전, 도시화, 인구 정책의 실시
재안정기 1985~	계속 떨어짐/이론적 감소 상태 돌입	재생산 수 이하로 떨어짐	더욱 떨어짐	낮은 수준 유지	지속적 경제성장 사회 발전, 교육 팽창, 생활양식의 변화, 의료보험 실시

출처: 권태환·김두섭(2007)

네트워크의 지리학

변천기', 1945년에서 1960년까지의 '혼란기', 1960년부터 1985년까지의 '후기 변천기'와 1985년 이후의 '재안정기'로 구분하고 있다.

5. 우리나라 지역 간 인구 이동과 네트워크

이제 앞서의 우리나라 지역 간 인구 이동 변화를 네트워크와 연관시켜 살펴보도록 하자. 그런데 인구 이동과 네트워크 간의 관계를 고찰하는 것은 그리 쉬운 일이 아닐 듯하다. 무엇보다도 둘 사이의 인과관계, 즉 인구 이동 변화가 네트워크에 기인한 것인지 아니면 인구 이동이 네트워크를 변화시켰는지는 마치 '닭이 먼저냐, 달걀이 먼저냐'의 딜레마와 같다. 게다가 네트워크를 정의(definition)하는 것의 어려움까지 더해진다면, 명확한 체계와 일관성을 갖추고 둘 사이 관계를 깔끔하게 설명하기란 실로 어려운 일이 될 것이다. 다만, 지역 간 인구 이동의 상당 부분은 네트워크의 변화에서 시작되고, 동시에 인구 이동으로 네트워크의 변화가 이루어지고 있는 것은 부인할 수 없는 사실인 점에서 출발하고자 한다.

1) 1910년 이전, 전통적 성장기

전통적 사회 단계의 인구 이동에 앞서 우리나라의 인구 자료부터 먼저 살펴보자. 한반도에서 처음 실시된 근대적인 센서스는 '간이국세조사'로서 1925년에 이루어졌는데,[7] 미국·영국·네덜란드 등 서구 국가들에서 1800년을 전후로 센서스가 처음 실시된 것에 비한다면 한 세기 이상의 시차가 있다. 그렇다고 해서 인구 자료가 전혀 없었던 것은 아니다. 현재까지 발견된 가장 오래된 인구 자료는 신라민정문서 또는 신라장적으로 불리는 755년(경덕왕 14년) 무렵 작성된 서원경(지금의 청주) 부근 마을들의 촌적(村籍) 자료에 남아 있는 인구 기록이다. 마을을 중심으로 했던 이러한 촌적제도는 고려 시대에 들어서 개별 호(戶)를 대상으로 하는 호구성적(戶口成籍) 제도로 바뀌었고, 조선 시대에는 고려의 옛 제도를 따르다가 세종 때에 호적제도를 결정한 호구성급규정(戶口成給規定)과 호구식(戶口式)이 제정되었다. 이러한 제도를 통해 각 집안의 가장이 작성한 호구단자가 집계되고, 한성부가 이를 수괄하여 임금에게 보고함으로써 연대기적인 호구총수(戶口總數)가 실록에 등재되어 있고, 호조(戶曹)의 기록인 탁지지(度支志), 그리고 몇몇 지역의 읍지(邑誌)에도 일부 기록이 남아 있다. 기록에는 통일신라, 고려, 조선 시대에 걸쳐 호구수를 매 식년(式年: 子·卯·午·酉가 드는 해), 즉 3년마다 조사하였다고 되어 있지만, 남아 있는 인구 자료 중에서 부분 자료가 아닌 전국의 각 방면(坊面)을 포괄하고 있는 자료는 1789년(정조 13년)에 작성된 것으로 추정되는 호구총수가 유일한 것으로 평가된다.

이상의 대한제국 이전에 만들어진 인구 자료를 흔히 판적(版籍) 통계로 지칭하여 근현대의 인구통계와 구분하는데, 이때 판은 영토, 적은 호구를 의미하고, 조세, 요역, 징병 등 국왕의 통치를 위한 기초 자료가 되었다. 문제는 여러 판적 통계가 얼마나 정확하고, 어느 정도 신뢰할 수 있느냐에 관한 것이다. 조선 시대 호구 자료는 작성될 당시에도 누락되는 양이 적지 않았음을 이미 알고 있었으며, 근래의 많은 연구에서도 여러 가지 이유로 실제에 비해 상당히 적은 인구 수만 기록된 것으로 이해되고 있다.

따라서 부정확한 인구 자료를 기초로 출생지 방법, 생잔율 방법 등을 적용하는 것은 적합하지 않기에 이 시기의 인구 이동을 파악하는 것은 현실적으로 불가능하다고 할 수 있다. 다만, 경제와 사회 발전 단계의 특성, 조선 시대 오가작통제(五家作統制)나 유민(流民)을 막기 위한 당시의 여러 정책 등을 고려한다면, 인구 이동은 거의 없었다고 해도 무방할 것이다. 그리고 조선 시대 전체에 걸쳐 도시인구의 비율이 약 3~5% 정도로 추정되고 있다(권태환, 1990)는 점도 이러한 이해의 근거가 될 수 있다.

2) 1910~1945년, 초기 변천기

우리 역사에서 일제강점기에 해당하는 이 시기 동안 도시 형성과 성장의 과정은 일제에 의한 식민도시화[8]의 과정으로 이해되지만, 결과적으로는 이전 시기에 비해 활발한 지역 간 인구 이동을 유발하였다.

도시에 대한 행정적인 규정이 비교적 명확해진 것은 1913년 일제에 의한 '부제(府制)' 실시부터였다. 이때 경성(서울), 인천, 군산, 목포, 대구, 부산, 마산, 평양, 진남포, 신의주, 원산, 청진 등 12개 지역이 행정적으로 현대적 도시 개념에 비교적 가까운 '부'로 지정되었고, 이후 개성과 함흥, 해주, 진주, 나진, 성진 등이 순차적으로 부로 승격되었다. 행정구역인 부 지역 이외에도 상주인구를 기준으로 살펴보면, 즉 일정 단위 지역에 거주하는 총인구의 수가 2만 명 이상인 지역은 1925년에는 32개였지만, 광복 직전인 1944년에는 91개로 증가하였다.

조선 시대의 전통적 정주 체계(settlement system)를 붕괴시키고 등장한 식민도시화 과정에서 우리 국토 공간상의 인구 분포는 큰 변화를 겪게 된다. 이러한 인구 분포 변화는 인구 변천 단계와 맞물려 급격하게 인구 규모가 확대된 것과 함께 인구 이동이 동시에 진행된 결과였다. 〈표 15-5〉와 같이 인구 규모를 기준으로 도시지역으로 간주할 수 있는 부·읍·면의 수와 해당 지역의 상주인구는 1925년에서 1944년까지 약 세 배가량 증가하였다. 그리고 이러한 도시지역의 상당수는 한반도 북부의 광업 및 공업개발이 활발하게 이루어진 곳이었다. 1925년 약 1952만 명이었던 전국의 인구는 1944년 2592만 명으로 640만 명 정도 늘었는데, 지역적으로 함경도·평안도·황해도·강원도 등 중부 이북 지역에서는 약 400만 명 이상, 서울을 포함한 경기도는 약 100만 명 이상 늘었지만, 경상도와 전라도는 오히려 정체 또는 다소 감소하였다.

이러한 인구 분포와 성장 변화를 첼린스키의 인구 이동 변천 가설을 통해 설명하자면, 초기 변천 사회 단계에서 농촌에서 도시로의 이동, 그리고 농업 중심의 남부 지역에서 새로운 경제적 기반인 광공업 개발이 활발히 진행된 북부 지역으로의 인구 이동이 두드러지게 나타난 것이라고 할 수 있을 것이다.

아울러, 일제에 의한 식민도시화 과정에서 재편된 우리 국토의 정주 체계와 그 네트워크의 변화는 지역 간 인구 이동을 발생시킨 큰 힘으로 작용하였다. 권태환(1990)의 주장에 따르면, 1913년 '부'로 지정된 12개 지역 중에서 조선 시대부터 전형적인 도시로서 기능을 하였던 곳은 서울,

〈표 15-5〉 1925~1944년 인구 2만 이상 부·읍·면의 인구 규모별 지역 수와 총인구 비율의 변화 추세

연도		10만 이상	5~10만	3~5만	2만 이상	합계
1925	지역 수	2	3	6	21	32
	인구 비율(%)	2.3	1.1	1.1	2.5	7.0
1930	지역 수	3	2	15	26	46
	인구 비율(%)	3.2	0.8	2.9	3.0	9.9
1935	지역 수	4	12	14	40	70
	인구 비율(%)	4.0	3.2	2.2	4.1	13.5
1944	지역 수	10	13	21	47	91
	인구 비율(%)	10.6	3.3	2.9	4.2	21.0

출처: 권태환(1990)

대구, 평양 세 곳이고, 나머지는 외세의 강압적인 요구에 의해 개항된 항구와 어촌 지역이었다. 또한 '부'로 지정된 지역은 보편적 기준인 '단위 지역의 총인구수'는 중요하게 고려되지 않은 채, 일본인 거주자의 수가 많거나 일본인이 주로 거주하는 곳이었다. 실제 1915년 조선총독부의 상주인구 조사 자료에 따르면, 신의주와 청진은 인구가 1만 명에도 미치지 못하였고, 군산, 목포, 마산 등도 인구가 1만에서 2만 명 사이였지만 일본인 거주비율이 높아서 '부'로 승격된 상태였다. 이에 비해, 개성과 전주, 광주, 진주, 해주 등 조선 시대부터 도시 기능을 수행했던 지역들은 이보다 인구가 많거나 비슷한 수준이었지만, '부'보다 낮은 행정단위 체계인 '면'으로 지정되어 있었다.

여기에서 1913년 '부'로 지정된 12개 도시 중 서울, 평양, 대구를 제외한 해안 도시에 주목해 보자. 〈표 15-6〉을 보면, 이 지역은 권태환의 주장과 같이 '부'로 지정될 무렵에 일본인 거주자의 수가 많거나, 주로 거주한 곳이다. 그렇다면 왜 일본인들은 한반도 해안 지역을 주요한 정착지로 삼은 것일까? 그 해답은 테이프 등(Taaffe, 1963)의 연구에서 실마리를 찾을 수 있을 듯하다. 이들은 가나, 나이지리아, 브라질 등을 사례로 교통망 발달 과정에 대한 비교 연구를 통해 일반

〈표 15-6〉 1914~1943년 전국과 해안 지역 부(府)들의 인구 증가 추세

(단위: 명, %)

지역	국적	1914년 인구	1943년 인구	인구 증가율	지역	국적	1914년 인구	1943년 인구	인구 증가율
전국	합계	15,929,962	26,662,150	67.4	마산부	합계	14,369	53,265	270.7
	조선인	15,620,720	25,827,308	65.3		조선인	9,626	46,948	387.7
	일본인	291,217	758,595	160.5		일본인	4,684	6,306	34.6
인천부	합계	30,725	240,697	683.4	진남포부	합계	16,706	83,827	401.8
	조선인	17,266	215,607	1,148.7		조선인	11,358	74,632	557.1
	일본인	11,745	23,017	96.0		일본인	4,876	7,856	61.1
군산부	합계	8,284	58,289	603.6	신의주부	합계	5,843	127,535	2,082.7
	조선인	3,458	49,124	1,320.6		조선인	1,669	105,003	6,191.4
	일본인	4,742	8,752	84.6		일본인	2,771	10,808	290.0
목포부	합계	12,033	72,981	506.5	원산부	합계	21,230	123,444	481.5
	조선인	6,991	64,586	823.8		조선인	14,009	105,930	656.2
	일본인	4,908	8,279	68.7		일본인	6,871	16,174	135.4
부산부	합계	55,094	325,312	490.5	청진부	합계	6,388	221,105	3,361.3
	조선인	26,653	263,570	888.9		조선인	3,242	186,596	5,655.6
	일본인	28,254	61,431	117.4		일본인	2,862	31,601	1,004.2

자료: 조선총독부 통계연보

네트워크의 지리학

모형을 제시하였는데, 사례 국가들의 공통점은 저개발 국가 또는 식민 지배를 당한 경험이 있다는 점이다. 즉, 지리상의 발견 이후 신대륙에 대한 식민주의(colonialism) 시대와 이후 비유럽권 구대륙에 대한 제국주의(imperialism)의 침탈 과정에서 식민지의 해안은 침략의 관문(gateway)이자, 본국과 식민지를 연결하는 교두보(bridgehead)의 역할을 수행하게 되었다. 제국주의 열강들에게 식민지는 수탈을 통해 본국에 값싼 자원과 원료를 공급하는 지역이자, 동시에 본국에서 생산된 공산품을 강매할 수 있는 시장이었다. 따라서 식민지 내륙의 통치와 자원 확보, 그리고 시

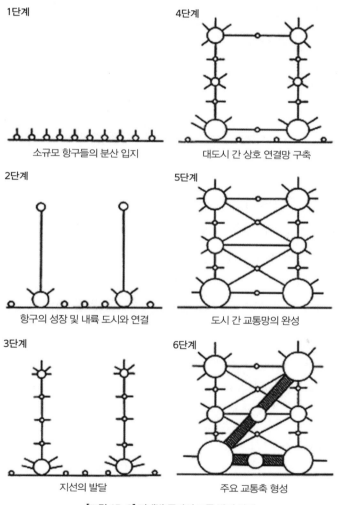

[그림 15-2] 저개발 국가의 교통 발전 단계
출처: Taaffe et al.(1963)

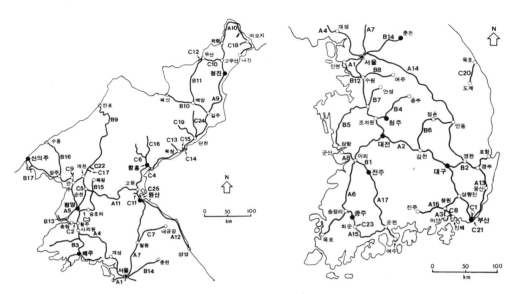

[그림 15-3] 한반도의 철도 노선, 1944
출처: 허우긍(2010)

장을 선점하기 위해 우선적으로 해안 지역에 항구와 도시를 건설할 필요가 있었다. 인천, 부산, 군산, 원산 등의 도시는 일제에 의한 식민도시화와 효율적인 식민 통치의 목적으로 우선 개발되었고, 이후 해안에서 내륙을 연결하는 교통 네트워크, 특히 주요 간선 철도의 시종점, 또는 결절의 기능을 수행하면서 주변의 인구를 흡인하며 성장하였다.

〈표 15-6〉과 같이 1914년부터 1943년까지의 조선총독부 통계연보를 통해 이들 도시의 인구 성장을 살펴보면, 같은 기간 우리나라 전체 인구 성장률과 비교해서 작게는 4배에서 크게는 약 50배 정도에 이르는 인구가 늘어났다. 일본인을 제외하고 비교하면, 같은 기간 인천부 1148.7%, 군산부 1320.6% 그리고 청진부와 신의주부는 무려 5656.6%, 6191.4%의 인구 증가율을 나타냈는데, 이러한 인구 증가의 대부분은 지역 간 인구 이동에 기인한 것이라 할 수 있다.

3) 1945~1960년, 혼란기

광복, 남북 분단 그리고 한국전쟁으로 이어진 이 시기 격변의 정치·역사적 사건, 상황 속에서 해외 동포의 귀국, 월남 및 월북자 발생, 피란, 수복 귀향 등의 매우 역동적인 인구 이동이 이루

네트워크의 지리학

어졌다. 만주, 중국, 일본 등에서 귀국한 동포[9] 그리고 분단, 한국전쟁 과정에서 발생한 월남민 및 실향민의 정확한 수에 대해서 명확하게 집계되지는 않았지만, 지역별 인구 분포 자료를 살펴보면 도시로의 인구 집중이 두드러지게 나타난다.

이희연(2003)은 만주 지방에서 돌아온 교포들의 경우, 28% 정도는 서울에 정착했고, 나머지는 고향인 남부 지방의 농촌에 다시 정착한 것으로 파악되지만, 가장 큰 비중을 차지했던 일본에서 귀환한 이들의 대부분은 출신 지방의 도시에 정착하거나 서울, 부산 등 대도시에 정착한 것으로 분석하고 있다. 그리고 월남민 및 실향민과 관련하여 한주성(1999)은 그 규모가 350만~400만 명 정도였고, 대부분 서울(39.5%), 경기도(23.3%), 인천시(11.9%) 등 현재의 수도권과 강원도, 부산시에 정착한 것으로 분석하고 있다. 1948년 제헌의회 선거를 위한 인구 자료와 1955년 센서스인 '간이총인구조사'에서 도시지역 거주자의 비율이 이전 시기에 비해 점진적으로 증가한 것은 이러한 분석의 근거가 될 수 있을 것이다.

그렇다면 이 시기 인구 이동에서 출발지에 따른 도착지의 차이가 발생한 원인은 무엇일까? 아마도 한반도→만주/일본→한반도로 이어진 귀환 이동 유형에서 첫 번째 과정인 한반도에서 만주·일본으로 이루어진 이동과 두 번째 과정인 다시 만주·일본에서 한반도로 이루어진 이동에서 배출 요인과 흡인 요인이 각각 달라 이러한 차이가 발생하였을 것이다. 이와 관련된 연구는 현재까지 많지 않은 상황이지만, 상대적으로 자발적인 것과 강제적인 이동 원인의 차이, 식민 지배에서 탈출한 것과 일제의 강제 노동력 동원이라는 차이, 만주에서는 농업에 종사한 동포의 비율이 높은 반면에 일본에서는 농업 이외에 종사한 동포의 비율이 높았다는 점 등은 앞으로 진행될 연구의 실마리가 될 수 있을 것이다.[10]

한국전쟁이 끝난 이후, 사회가 점차 안정을 되찾으면서 인구 이동도 제자리를 찾아갔는데, 피난민의 중심 거주지였던 영남의 여러 도시에서 젊은 연령층이 서울, 대구, 대전 및 인천 등지로 이동하였고, 동시에 농촌에서 도시로의 이동도 진행되었다.

4) 1960~1985년, 후기 변천기

1960년대 초반에 시작된 우리나라의 경제개발과 공업화의 과정은 지역 간 인구 이동, 특히 이촌향도 흐름의 기폭제가 되었다. 행정구역 단위를 기준으로 도시화율은 1960년 39.1%였던 것이, 1970년 50.1%, 1980년 68.7% 그리고 1990년 81.9%, 2000년 88.3% 등을 거쳐 최근에는 90% 이상을 나타내고 있다.

이 시기에 얼마나 많은 인구가 농촌에서 도시로 이동하였을까? 이것은 매 5년 단위의 '인구주택총조사'에서 현재 거주지와 5년 전의 거주지를 비교하여 확인할 수 있다. 각 시기 시부(市部)에 거주하고 있는 인구 중에서 5년 전에는 군부(郡部)에 거주하였던 인구가 개괄적으로 농촌에서 도시로 이동한 것에 해당되는데, 1960년부터 1985년까지 전체 이동 중에서 약 40~50%를 차지하였다.

이촌향도와 함께 수도권과 남동임해 공업지역으로의 이동도 이 시기 지역 간 인구 이동의 주요한 특성이었다. 그리고 1970년 이후부터 주민등록 전입신고를 집계한 통계가 작성되면서 인구 이동의 출발지와 도착지를 좀 더 명확하게 파악할 수 있게 되었다.

〈표 15-7〉 1960~1990년 농촌-도시 간 인구 이동량 변화

현재 거주지	5년 전 거주지	1966년	1970년	1975년	1980년	1985년	1990년
시부	시부	702(28.9)	742(20.7)	1,087(27.4)	1,856(33.0)	2,318(38.0)	3,527(50.6)
	군부	913(37.6)	1,823(50.7)	1,754(44.3)	2,524(44.9)	2,424(39.7)	2,329(33.4)
군부	시부	285(11.7)	383(10.7)	558(14.1)	681(12.1)	889(14.6)	743(10.7)
	군부	529(21.8)	645(18.0)	563(14.2)	558(9.9)	469(7.7)	368(5.3)

출처: 이희연(2006)

〈표 15-8〉 1970~1985년 지역별 순 이동자 수 변화

	1960~1970년 인구 증감(명)	1970~1974년 순 이동자 수(명)	1975~1979년 순 이동자 수(명)	1980~1985년 순 이동자 수(명)	1970~1985년 누적 순 이동자 수(명)
서울	3,079,860	1,100,613	1,362,808	750,087	3,213,508
부산	712,720	371,161	483,819	132,550	987,530
대구				138,422	138,422
인천				161,865	161,865
경기	604,507	437,297	798,343	1,114,923	2,350,563
강원	228,659	−187,052	−248,862	−192,083	−627,997
충북	110,558	−192,195	−324,481	−240,781	−757,457
충남	330,069	−209,460	−258,563	−287,614	−755,637
전북	36,668	−327,503	−483,923	−386,636	−1,198,062
전남	451,791	−356,448	−457,850	−441,280	−1,255,578
경북	707,442	−185,876	−314,818	−497,633	−998,327
경남	100,263	−333,492	−340,361	−147,302	−821,155
제주	83,474	−14,909	−39,827	−15,469	−70,205

1960년에서 1970년까지는 각 시도별 인구 증감, 그리고 1970년 이후부터는 주민등록 통계의 순 이동자 수를 기준으로 살펴보면, 서울과 경기, 그리고 부산, 대구 등은 인구가 유입되었고, 나머지 지역은 유출되었다. 1980년대 초반 제2차 국토종합개발계획과 '수도권정비계획법' 등 수도권으로의 인구 유입을 억제하려는 정책적 노력이 시도된 것에서 알 수 있듯이, 이촌향도와 함께 수도권으로 집중이 이 시기에 본격적으로 이루어졌다.

이러한 이촌향도와 수도권으로의 인구 집중은 연령집단(birth cohort)의 시계열적 분포 변화를 탐색함으로써 재차 확인할 수 있는데, 대표적으로 1955년에서 1963년까지 태어난 베이비 붐(baby boom) 세대를 통해 살펴보자. 하지만, 우리나라에는 1960년 이전 출생에 대해서는 공식적인 인구 추계나 동태 통계(vital statistics)가 없다. 따라서 1960년과 1966년의 센서스[11] 자료를 통해 출생 지역 분포를 잠정적으로 추정할 수밖에 없다.

〈표 15-9〉 베이비 붐 세대(1955~1963년생)의 시도별 출생지 분포 추정

(단위: 명, %)

자료	출생 연도	연령	서울	경기	강원	충북	충남	전북	전남	경북	부산 경남	제주
1966 센서스	63년생	만 3세	103,706 (10.9)	103,996 (10.9)	66,328 (7.0)	53,794 (5.6)	96,877 (10.2)	87,466 (9.2)	144,859 (15.2)	144,714 (15.2)	140,832 (14.8)	11,391 (1.2)
	62년생	만 4세	102,219 (10.9)	102,059 (10.8)	63,951 (6.8)	53,164 (5.7)	97,816 (10.4)	85,581 (9.1)	134,888 (14.3)	146,367 (15.6)	143,739 (15.3)	11,030 (1.2)
	61년생	만 5세	103,250 (10.7)	107,138 (11.1)	66,284 (6.9)	55,439 (5.7)	102,461 (10.6)	86,802 (9.0)	138,642 (14.3)	147,658 (15.3)	149,178 (15.4)	10,562 (1.1)
	60년생	만 6세	105,955 (10.9)	105,293 (10.9)	64,737 (6.7)	52,859 (5.5)	101,383 (10.5)	87,191 (9.0)	142,048 (14.7)	149,443 (15.4)	149,276 (15.4)	10,458 (1.1)
1960 센서스	59년생	2세	71,754 (8.9)	92,500 (11.4)	60,372 (7.5)	46,388 (5.7)	83,262 (10.3)	80,438 (9.9)	116,438 (14.4)	119,529 (14.8)	129,415 (16.0)	8,448 (1.0)
	58년생	3세	87,413 (8.6)	113,770 (11.2)	71,128 (7.0)	58,164 (5.7)	104,382 (10.3)	98,755 (9.7)	147,654 (14.6)	159,895 (15.8)	161,855 (16.0)	10,411 (1.0)
	57년생	4세	83,919 (9.2)	106,616 (11.7)	64,386 (7.1)	53,240 (5.9)	94,425 (10.4)	88,454 (9.7)	122,839 (13.5)	138,033 (15.2)	148,995 (16.4)	8,555 (0.9)
	56년생	5세	76,977 (9.4)	90,347 (11.1)	58,308 (7.1)	47,268 (5.8)	82,420 (10.1)	76,769 (9.4)	113,582 (13.9)	128,024 (15.7)	133,550 (16.4)	8,583 (1.1)
	55년생	6세	82,747 (8.7)	104,936 (11.1)	62,412 (6.6)	53,301 (5.6)	95,380 (10.1)	92,935 (9.8)	137,063 (14.5)	147,463 (15.6)	160,263 (16.9)	9,739 (1.0)
추정 합계			818,020 (9.8)	926,744 (11.1)	577,962 (6.9)	473,663 (5.7)	858,489 (10.3)	784,466 (9.4)	1,198,128 (14.4)	1,281,249 (15.4)	1,317,229 (15.8)	89,186 (1.1)

주: 1960년 센서스 조사는 연령을 '세는 나이'를 기준으로 작성되었음.
시도 행정구역은 1960년을 기준으로 하였으며, 1963년 '직할시'로 승격된 부산은 경남과 합계하였음.

(단위: 명, %)

자료	출생 연도	연령	서울	인천 경기	강원	충북	충남	전북	전남	대구 경북	부산 경남	제주
1985 센서스	63년생	22세	231,646 (26.2)	139,033 (15.7)	33,939 (3.8)	29,109 (3.3)	61,217 (6.9)	44,063 (5.0)	73,611 (8.3)	109,891 (12.4)	149,915 (17.0)	11,019 (1.2)
	62년생	23세	228,636 (26.4)	141,188 (16.3)	33,230 (3.8)	27,769 (3.2)	59,268 (6.8)	40,344 (4.7)	68,502 (7.9)	106,980 (12.3)	150,606 (17.4)	10,141 (1.2)
	61년생	24세	229,952 (26.9)	148,752 (17.4)	33,233 (3.9)	26,845 (3.1)	56,080 (6.6)	38,230 (4.5)	63,670 (7.4)	100,727 (11.8)	148,124 (17.3)	9,912 (1.2)
	60년생	25세	236,606 (27.3)	155,109 (17.9)	32,985 (3.8)	25,053 (2.9)	53,728 (6.2)	36,806 (4.2)	62,175 (7.2)	100,449 (11.6)	154,107 (17.8)	9,138 (1.1)
	59년생	26세	234,710 (27.2)	160,195 (18.6)	32,690 (3.8)	24,423 (2.8)	51,605 (6.0)	34,864 (4.0)	61,451 (7.1)	97,996 (11.4)	155,994 (18.1)	9,202 (1.1)
	58년생	27세	228,159 (27.3)	161,039 (19.3)	32,388 (3.9)	23,860 (2.9)	50,342 (6.0)	32,775 (3.9)	56,626 (6.8)	91,083 (10.9)	151,318 (18.1)	8,486 (1.0)
	57년생	28세	210,196 (27.1)	148,875 (19.2)	31,282 (4.0)	22,424 (2.9)	46,104 (5.9)	30,595 (3.9)	51,483 (6.6)	86,355 (11.1)	141,751 (18.2)	7,878 (1.0)
	56년생	29세	197,115 (27.1)	138,272 (19.0)	29,208 (4.0)	21,241 (2.9)	43,946 (6.0)	28,554 (3.9)	49,240 (6.8)	77,960 (10.7)	134,748 (18.5)	7,819 (1.1)
	55년생	30세	204,496 (26.6)	145,533 (18.9)	29,834 (3.9)	21,410 (2.8)	45,288 (5.9)	31,377 (4.1)	53,536 (7.0)	86,629 (11.3)	143,706 (18.7)	8,024 (1.0)
추정 합계			2,001,516 (26.9)	1,337,996 (18.0)	288,789 (3.9)	222,134 (3.0)	467,578 (6.3)	317,608 (4.3)	540,294 (7.3)	858,070 (11.5)	1,330,269 (17.9)	81,619 (1.1)

주: 1981년 '직할시'로 승격된 대구와 인천은 각각 경북, 경기와 합계하였음.

베이비 붐 세대들의 추정 출생지 분포(표 15-9)와 이들이 청년층으로 성장한 후 분포(표 15-10)를 상호 비교했을 때, 수도권과 동남권으로 집중하는 지역 간 이동을 확인할 수 있다. 특히 수도권의 경우, 베이비 붐 세대 중 이곳에서 출생한 것으로 추정되는 규모는 약 20% 남짓이었지만, 1985년 그들이 22~30세 무렵이 되었을 때에는 약 45%가 서울, 인천, 경기에 집중하여 분포했던 것으로 나타났다.

이와 같은 이촌향도 및 수도권으로의 집중에 대해 선행 연구들은 인구 이동의 적응, 발전, 그리고 선택적 과정으로서의 특성에 주목하였다. 사람들이 바람직하지 못한 지역에서 좀 더 바람직한 지역으로 이동하는 것은 적응 과정으로, 이동자가 자신의 욕구를 더 크게 만족 또는 충족시킬 수 있는 곳으로 향하는 것은 발전 과정으로, 그리고 특정 집단이 다른 집단보다 더 쉽고 많이 이동하는 것, 특히 젊은 연령층이 다른 연령집단에 비해 높은 이동률을 나타내는 것은 선택

과정으로 구분할 수 있다.

1960년대 이후 산업화와 경제 및 국토 개발의 과정에서 수도권과 동남권을 중심으로 진행되었던 거점 또는 불균형 개발은 우리 국토 정주 체계의 변화[12]를 가져온 동시에 해당 지역으로의 인구 집중을 유발하였다. 젊은 연령집단 상당수가 농업이 아닌 다른 산업군의 직업, 지금보다 더 많은 소득과 더 나은 지위, 상대적으로 풍부한 일자리나 교육의 기회 등 개개인의 적응과 발전을 찾아 농촌에서 도시, 그리고 수도권과 남동권으로 이동하였다.[13] 게다가 흔히 말하는 경부축 중심의 새로운 교통 네트워크 건설도 이러한 지역 간 인구 이동을 가속화시키는 촉매로 작용하였다.

한편 정주 체계, 교통 등 물리적 네트워크뿐만 아니라 비물리적인 것도 인구 이동에 영향을 주었다. 다음의 글은 권투 선수였던 박종팔 씨의 인터뷰 중 일부이다.

…갑갑한 집만 벗어나도 살 것 같았다. 서울 사는 사촌 형 하나 믿고 무작정 기차를 타기로 했다. …거금 1만 4000원을 받아 쥐고는 친구네 집에 숨어 있다가 새벽녘에 함평 학교역으로 가 서울행 급행열차를 탔다. "…참말로 깝깝하다. 날은 저물었는데 돈은 없고…. 사실 사촌 형네 집이 어딘지도 몰랐거든요. 그냥 흑석동에서 철물점 한다는 얘기만 들었을 뿐이지." 그렇다고 서울역에 주저앉아 있을 수는 없었다. 사람들에게 흑석동을 물었더니 일단 한강 다리를 건너야 한다며 방향을 일러 주었다. 무작정 걷기 시작했다. …서울에서 김 서방 찾기보다는 좀 나았다. 일단 흑석동으로 좁혀져 있었고, 철물점이라 묻기도 수월했다. 흑석동 달동네를 하염없이 헤맨 끝에 마침내 철물점을 찾아냈고, 그렇게 서울 생활은 시작됐다.

인터뷰를 통해 사회적 네트워크로서 연쇄 이동(chain migration),[14] 즉 처음 이동을 감행한 혁신자(innovator)의 가족, 친족, 동료 등이 동일한 경로를 통해 인구 이동을 계속 이루어 결과적으로 출발지의 사회적 네트워크가 도착지에 이식되는 형태의 이동을 엿볼 수 있다. 혁신자인 사촌 형의 경로를 따라 이동한 박종팔 씨와 같은 사례는 우리 주변에서 어렵지 않게 찾을 수 있다. 그리고 향우회, 동창회 등 이동자들의 출발지에서 비롯된 사회적 네트워크가 도착지에서도 형성되고 작용하는 모습 또한 마찬가지일 것이다.

현재 거주지	5년 전 거주지	1995년	2000년	2005년	2010년
동부	시부	7,719,618(76.5)	7,248,956(75.7)	6,918,236(77.1)	6,089,670(75.6)
	군부	1,173,440(11.6)	731,817(7.6)	630,804(7.0)	506,975(6.3)
읍부	시부	442,445(4.4)	707,004(7.4)	687,056(7.7)	745,371(9.3)
	군부	93,122(0.9)	86,042(0.9)	74,646(0.8)	73,520(0.9)
면부	시부	540,210(5.4)	705,530(7.4)	581,702(6.5)	567,921(7.1)
	군부	118,028(1.2)	97,694(1.0)	75,397(0.8)	68,727(0.9)

자료: 1995~2010 인구주택총조사, 국내 인구 이동통계(10% 표본)

5) 1985년 이후 최근까지, 선진 사회?

첼린스키의 인구 이동 변천 가설에서는 후기 변천기를 거쳐 선진사회로 이행되면 농촌에서 도시로의 이동은 그 양과 비중이 점차 감소하는 대신에 도시 간 이동이 증가할 것으로 제시하고 있다.

우리나라의 인구 이동 변화를 살펴보면 이러한 가설과 매우 유사한 모습들을 확인할 수 있다. 먼저 1990년 자료를 살펴보면, 이전 시기와 달리 군 지역에서 시 지역으로의 이동은 감소하였고, 대신에 시 지역 간의 이동이 가장 큰 비중을 나타냈다. 또한 1995년 이후의 자료에서는 거주지 기준이 변경되었지만, 군 지역에서 동·읍 지역으로 이동이 차지하는 비중은 1995년 약 12.5%에서 2010년에는 7.2%로 줄어들고, 시 지역에서 동·읍 지역으로의 이동은 각각 80.9%, 84.9%로 전체 지역 간 이동의 대부분을 차지하였다.

시도 간의 인구 이동에서도 1990년을 전후로 변화가 나타났다. 경제개발과 산업화 과정에서 인구가 집중되었던 서울과 부산, 대구 등이 1990년대 들어 전출 초과로 전환되었다. 이들 지역에서 전출 초과가 나타난 것은 1980년대 후반 정부의 주택 200만 호 건설 계획의 일환으로 수도권의 분당, 일산, 산본 등의 신도시가 건설되고, 부산 인접의 양산과 김해, 대구 인접의 경산 등에서 대규모 택지 개발이 이루어져 교외화가 상당 부분 진행되었기 때문이다.

하지만 이것만으로 지역 간 인구 이동의 특성을 한 방향으로 규정하기에는 무리가 있다. 특히, 같은 기간 인천과 경기는 무려 약 565만 명의 전입 초과가 나타났고, 현재에도 송도, 판교, 광교, 동탄 등 신도시 및 택지 개발이 계속되고 있다는 점을 고려한다면 서울 인구의 교외화가

<표 15-12> 1986~2010년 지역별 순 이동자 수 변화

	1986~1990년 순 이동자 수(명)	1991~1995년 순 이동자 수(명)	1996~2000년 순 이동자 수(명)	2001~2005년 순 이동자 수(명)	2006~2010년 순 이동자 수(명)	1986~2010년 누적 순 이동자 수(명)
서울	285,784	−882,790	−651,630	−387,549	−314,715	−1,950,900
부산	43,801	−258,852	−209,654	−203,097	−163,616	−791,418
대구	83,191	6,619	−58,324	−65,207	−79,444	−113,165
인천	306,226	234,859	75,164	−5,194	47,468	658,523
광주	103,771	72,098	12,867	−15,934	213	173,015
대전	59,642	147,009	54,790	27,047	−11,146	277,342
울산			−414	11,857	−8,053	3,390
경기	928,286	1,381,022	947,065	1,144,498	588,920	4,989,791
강원	−236,683	−115,282	−14,834	−58,172	−12,023	−436,994
충북	−143,798	−9,217	10,240	−33,336	22,840	−153,271
충남	−231,361	−116,705	24,995	17,411	64,240	−241,420
전북	−301,458	−132,093	−63,276	−137,131	−47,840	−681,798
전남	−493,972	−301,964	−97,566	−170,938	−72,062	−1,136,502
경북	−325,132	−115,640	−39,005	−127,854	−43,889	−651,520
경남	−64,247	91,155	10,916	6,026	36,751	80,601
제주	−5,256	−219	−1,334	−2,427	−7,644	−16,880

진행되고 있으며, 동시에 비수도권에서 수도권으로의 인구 집중이 현재도 지속되고 있다고 할 수 있을 것이다.[15]

그리고 앞서 베이비 붐 세대의 출생 지역과 이후 20대의 분포 지역을 비교했던 것과 같은 방법으로 그들의 자녀 세대인 에코(echo) 세대[16]의 분포 변화를 추적해 보면 유사한 모습을 확인할 수 있다. 즉, 부모인 1955년에서 1963년에 출생한 인구 집단이 20대 이후 수도권으로 이동한 것처럼, 1979년에서 1992년에 출생한 인구 집단 중 비수도권 출생자 상당수가 수도권으로 이동한 것으로 나타났다. 게다가 장래인구 추계에서도 이러한 수도권으로의 집중은 당분간 계속될 것으로 예상된다.

6. 앞으로의 지역 간 인구 이동

끝으로, 미래의 지역 간 인구 이동은 어떠한 모습으로 전개될까? 이 질문에 답하기란 결코 쉬운 일은 아니다. 미래학자의 이야기를 잠시 빌려 보자. 제러미 리프킨(Jeremy Rifkin)은 그의 저서 '3차 산업혁명(The third industrial revolution)'에서 역사상 위대한 경제적 변혁인 산업혁명은 새로운 커뮤니케이션 기술과 새로운 에너지 체계가 만났을 때 폭발한다고 하였다. 1차 산업혁명은 증기기관과 석탄, 2차 산업혁명은 자동차와 석유, 전화·라디오·TV와 전기가 결합되어 진행되었다고 한다. 그리고 지금부터 앞으로의 세 번째 산업혁명은 인터넷 기술과 재생에너지가 결합되어 진행되고 있다고 주장한다. 그의 주장을 전적으로 신뢰하지는 못하더라도, 최소한 새로운 커뮤니케이션 또는 네트워크를 구성한 증기기관의 철도와 자동차 교통은 역사적으로 인구 이동과 큰 영향을 주고받았다. 또한 시공간 압축과 거리의 소멸, 유비쿼터스를 논할 때 빠지지 않는 인터넷 기술은 우리 삶의 근본을 변화시키고 있고, 인구 이동에도 큰 영향을 주고 있거나 주게 될 것이 명확하다.

지역 간 인구 이동의 기반이 되는 출생, 사망, 결혼, 이혼, 가족·가구의 구성 등 인구 현상 자체가 이전과는 다른 모습으로 전개되고 있는 것 역시 미래의 모습을 그려 보는 것을 더욱 어렵게 하고 있다. 예컨대, 우리나라의 대체(replacement) 수준 이하의 낮은 출산율은 이미 30년 전부터 계속되고 있고, 더불어 고령화에 대한 걱정은 어제 오늘의 일이 아니다. 또한 2010년을 기준으로 1인 가구가 전체 가구의 23.9%를 차지하고 있으며, 속칭 '주말부부', '주말가족', '기러기 아빠'현상처럼 타지에 거주하는 가족이 있는 가구는 전체 가구의 14.1%, 비동거 부부 가구도 10%에 달하여 규범적(normative)으로 가구 및 가족을 정의하는 것마저 어려운 실정이다.

사회경제적으로도 끊임없는 변화가 진행되고 있다. 자동차 시대에 접어들면서 우리 국토 공간에서 주거와 일자리는 동시에 도시 외곽과 바깥으로 점차 교외화되고 있다. 시·군·구의 경계, 나아가 시도 간의 경계를 넘나드는 통근과 통학도 빈번하게 나타나 직주의 불일치(spatial mismatch)가 보편적 현상으로 받아들여지고 있다. 심지어 새로운 교통수단인 KTX를 이용하여 수도권으로 매일 통근 또는 통학하는 비수도권 거주 인구가 만 명 이상이며, 그 수는 계속 늘어나고 있다.

이처럼, 우리나라의 급격한 인구 현상 변화와 새로운 교통·통신 네트워크의 발달로 인해 미래의 지역 간 인구 이동을 예측하기는 매우 어렵다. 다만, 이 같은 변화는 인구 이동에 분명히 영향을 미칠 것이고, 동시에 그 변화는 다시 인구 현상과 네트워크를 변화시키는 힘으로 작용할 것이다. 마치 '닭이 먼저인지, 달걀이 먼저인지(chicken or egg)'와 같이 인과관계를 명확히 밝히기란 어렵겠지만, 최소한 둘 사이의 순환적인 상호작용의 과정이 계속될 것은 분명하다. 따라서 앞으로도 이에 대한 지속적인 관찰과 분석이 필요하며, 이러한 관찰과 분석 및 해석을 통해 변화하는 장소, 지역, 공간과 그 위에서의 우리 삶을 더 잘 이해할 수 있을 것이다.

1) 당시 행정구역으로서 도(島)에 해당하는 지역은 울릉도인데, 제헌의회 선거에서 인구는 13,244명이었지만 1명의 국회의원을 선출하였다. 이는, 1900년(광무 4년)에 울릉도를 울릉군으로 개칭하였다가, 일제 강점기인 1915년 군(郡)제를 폐지하고 도(島)제로 변경되어 군청(郡廳) 대신 도청(島廳)이 설치되고, 군수(郡守) 대신 도사(島司)가 임명된 것이 당시까지 유지되었기 때문이다. 정부 수립 이후인 1949년에 현재와 같이 울릉군으로 환원되었다.

2) 1948년의 서울과 경기 그리고 지금의 서울, 인천, 경기의 수도권은 단순한 행정구역 체계의 차이뿐만 아니라 실질적으로 그 공간적 범위도 다르다. 즉, 1948년 38선 이남의 경기도 개성시, 장풍군 등 상당 지역이 한국전쟁 이후 휴전선 이북으로 넘어간 '미수복 지역'임을 감안해야 한다. 이러한 예는 강원도 마찬가지라고 할 수 있다.

3) 라벤슈타인(Ravenstein)의 인구 이동 법칙을 7가지로 정리한 문헌도 다수 있다. 이 글에서는 그리그(Grigg, 1977)의 연구 내용을 인용하여 11가지로 정리하였다.

4) 한편, 쇼스타(Sjaastad, 1962)의 인구 이동에 대한 비용—편익 분석(cost-benefit analysis)도 농촌에서 도시로의 이동 방향에 대해서는 직접 언급하고 있지는 않지만, 경제 변화에서 균형화 메커니즘(equilibrating mechanism)이 인구 이동에 미치는 영향에 관한 연구임을 밝히고 있어, 신고전경제학적 연구 흐름에 해당된다고 할 수 있다.

5) 즉, 연구자의 연구 목적과 그것에 적합한 자료의 성격에 따라 거시적 vs 미시적, 총계적 vs 분류적인 연구로 구분되는 것이다. 다만, 분류적 연구는 장소보다 사람에 초점을 두고, 이동 유형보다는 과정에 초점을 맞추고 있다. 또 총계적 연구에 비해 구조화의 정도가 낮고 모델화도 어려워 부정확한 결과를 얻을 수 있기에 질적으로 좋은 자료를 수집하는 것이 중요하다(한주성, 2007).

6) 인구 변천 모형의 단계는 연구자나 관련 기관에 따라서 4단계 또는 5단계로 구분하여 설정하고 있다. 그런데 첼린스키의 인구 이동 변천 가설에서는 시간적으로 5단계로 설정하고 있는데, 4단계까지는 인구 변천의 단계와 일치하고, 마지막 단계를 미래 사회로 구분하고 있다. 이 단계는 최근 활발한 연구와 논의가 이루어지고 있는 '제2차 인구 변천(second demographic transition) 모형'에서 제시하고, 저위 안정기 이후 시기와 유사한 특성이 나타나는 단계로 평가할 수도 있다.

7) 갑오개혁 직후인 1896년(建陽元年) 9월 1일에 고종의 칙령 제61호 '戸口調査規則'이 반포, 시행된 것을 우리나라의 근대적 센서스의 시작으로 간주하는 견해도 있다. 칙령의 제1호에 "全國內戸數와 人口를 詳細히 篇籍ᄒ야 人民으로 ᄒ야금 國家에 保護ᄒᄂ 利益을 均霑케 홈"이라고 하여 조사의 대상이 주택[戸]과 인구임을 명확하게 밝히고 있다. 그러나 실질적으로는 당시 예산이 부족하였고, 국역의 부담이 증가될 것을 우려하여 정확한 신고가 이루어지지 않은 점 그리고 거주지 변동을 미반영하는 등의 이유로 센서스 자료로 활용하기에는 무리가 있다는 평가이다. 우리나라는 1995년부터 이를 기념하여 매년 9월 1일을 '통계의 날'로 지정하였다.

8) 권태환(1990)은 이 시기 일제에 의해 추진된 한반도의 도시 형성과 성장은 광의의 식민도시화 과정, 즉 식민 정부가 식민주의의 기본 원리에 따른 식민지 착취의 과정에서 불가피하게 파생된 도시화의 현상이자, 식민 기지로서 그리고 전통적인 사회 기반을 무력화시키려는 의도에서 이루어진 것이라고 주장한다.

9) 박경숙(2009)의 연구에서는 대략적으로 1945년 만주에는 183만~216만 명, 일본에는 210만~236만 명 정도의 동포가 거주했던 것으로 파악하고 있다. 하지만, 이 중 얼마나 동포가 귀국했는지에 관한 정확한 자료를 찾기 어렵다.

10) 우리나라 제2대 농림부 차관으로 농지개혁을 추진했던 농업경제학자 강정택(1907~?)이 남긴 '조선 농촌의 인구 배출 메커니즘: 울산 달리의 인구 배출에 관한 조사(1940)'에서 향후 이와 관련된 연구의 단초를 찾을 수 있을 듯하다. 이 연구에서는 1935년 137세대 661명으로 구성된 울산의 달리라는 작은 마을을 사례로 배출, 즉 이 마을을 떠나 이동한 사람들의 수, 연령, 학력, 가족 구성, 지위, 계급성, 행선지와 이동 전후의 직업 등에 대한 자세한 기록을 확인할 수 있다.

11) 1960년 센서스의 공식 명칭은 '인구주택국세조사', 1966년은 '인구센서스'이다. 우리나라의 센서스는 '0'과 '5'로 끝나는 해에 실시하는 것이 원칙이지만, 예외적으로 1965년에는 계획은 수립되어 있었으나 당시 정부의 투자 우선순위, 예산 부족 등 경제적 문제로 1년 연기되어 1966년에 실시되었다.

12) 1960년 이전 우리나라 행정구역상 도시는 서울특별시와 부산, 대구, 인천, 광주, 대전, 군산, 목포, 마산, 전주, 진주, 춘천, 청주, 이리, 수원, 여수, 순천, 포항, 김천 등 정부 수립 직후 설치된 19개 그리고 1950년대 시로 승격된 강릉, 원주, 경주, 진해, 충무, 제주, 충주, 삼천포 등 총 27개였다. 이후 1960년부터 1989년까지 추가적으로 46개 지역이 시로 승격되었는데, 상당수가 수도권 그리고 울산, 구미, 동광양 등 산업 단지로 개발된 지역이다.

13) 필딩(Fielding, 1992)은 이동자의 사회적 이동(social mobility)과 지리적 이동(geographical migration)을 결합하여 설명하고 있다. 즉, 영국의 수도권인 런던 대도시권이 사회적 상향 이동(social upward mobility), 성공을 원하는 잉글랜드와 웨일스 출신의 젊은 연령집단을 흡인하는 지역으로서, 이들에게 교육과 직업 훈련 등의 기회를 제공하고, 이후 결혼과 자녀 출산으로 가족이 형성, 확대되는 시기가 되면 재차 영국 내 다른 지역으로 중년 전문가로 성장한 이들을 내보내는 일종의 '에스컬레이터(escalator)' 역할을 하고 있다고 제시하였다.

14) 연쇄 이동에 대한 논의, 연구들의 상당수는 국제적 인구 이동에서 인종·민족에 관한 것 그리고 문화나 사상(事象) 등의 확산(diffusion)과 연관되어 진행되고 있다.

15) 1970년 인구 이동 통계가 작성된 이후 처음으로 2011년에 수도권(서울·인천·경기)에서 약 8천 명 정도 순유출이 발생하였다. 하지만, 경기도는 1970년 이후 현재까지 순유입이 계속되고 있고, 인천의 경우에는 예외적으로 2003~2004년에만 순유출이 발생하였을 따름이다.

16) 산에서 큰 소리를 내면 메아리가 되돌아오는 것처럼, 대규모 출산 현상이 수십 년 후 자녀 세대의 규모가 커지는 것에 영향을 준다는 의미이다. 일반적으로 에코 세대에 대해 베이비 붐 세대가 낳은 자녀 세대로

정의하지만, 정확한 기준이 설정된 것은 아니다. 우리나라 통계청(2012)은 베이비 붐 세대 여성을 기준으로 그들 자녀 중에서 1979년에서 1992년에 태어난 인구 집단을 에코 세대로 잠정 설정한 바가 있다.

■ 참고문헌

• 강정택(박동성 역, 이문웅 편), 2008, 식민지 조선의 농촌사회와 농업경제, YBM Si-sa.

• 권태환, 1990, 일제시대의 도시화, 한국의 사회와 문화 11, 한국정신문화연구원.

• 권태환 · 김두섭, 2002, 인구의 이해, 서울대학교 출판부.

• 김두섭, 1993, "한반도의 인구 변천, 1910−1990: 남북한의 비교," 통일문제연구 5(4), pp.202-235.

• 박경숙, 2009, "식민지 시기(1910~1945년) 조선의 인구 동태와 구조," 한국인구학 32(2), pp.29-58.

• 이희연, 2003, 인구학: 인구의 지리학적 이해, 법문사.

• 통계청, 2011, 장래인구추계: 2010년 인구주택총조사 기준.

• 한주성, 1999, 인구지리학, 한울.

• 허우긍, 2010, 일제강점기의 철도 수송, 서울대학교 출판문화원.

• Brown, L. A. & Moore, E. G., 1970, "The Intra-Urban Migration Process: A Perspective," *Geografiska Annaler. Series B, Human Geography* 52(1), pp.1-13.

• Cole, W. E. & Sanders, R. D., 1985, "Internal Migration and Urban Employment in the Third World," *American Economic Review* 73, pp.481-494.

• Darby, H. C., 1943, "The movement of population to and from Cambridgeshire between 1851 and 1861," *Geographical Journal* 101, pp.118-125.

• Fielding, A. J., 1992, "Migration and Social Mobility: South East England as an Escalator Region," *Regional Studies* 26(1), pp.1-15.

• Grigg, D. B., 1977, "E. G. Ravenstein and the "laws of migration,"" *Journal of Historical Geography* 3(1), pp.41-44.

• Hannerberg, D. & Hägerstrand, T., 1957, *Migration in Sweden: a symposium*, Lund studies in geography: Series B, Human geography 13, Lund: CWK Gleerup.

• Harris, J. and Sabot, R. H., 1982, "Urban unemployment in the LDCs: Towards a more general search model," in Sabot, R. H.(eds), 1982, *Migration and the labor market in Developing Countries*, Westview Press.

• Hicks, J. R., 1957, "A Rehabilitation of "Classical" Economics," *The Economic Journal* 67, pp.278-289.

• Lee, E. S., 1966, "A Theory of Migration," *Demography* 3(1), pp.47-57.

• Lewis, W. A., 1954, "Economic Development with Unlimited Supplies of Labour," *The Manchester School*

22(2), pp.139-191.

- Lowry, I. S., 1966, *Migration and Metropolitan Growth: Two Analytical Models*, LA: University of California Press.

- Muth, R. F., 1971, "Migration: Chicken or Egg?," *Southern Economic Journal* 37(3), pp.295-306.

- Petersen, W., 1961, *Population*, New York: Macmillan.

- Rogers, A., 1967, "A Regression Analysis of Interregional Migration in California," *The Review of Economics and Statistics* 49, pp.262-267.

- Sjaastad, L. A., 1962, "The Costs and Returns of Human Migration," *The Journal of Political Economy* 70(5), pp.80-93.

- Stewart, J. Q., 1947, "Empirical Mathematical Rules Concerning the Distribution and Equilibrium of Population," *Geographical Review* 37(3), pp.461-485.

- Stouffer, S. A., 1940, "Intervening Opportunities: A Theory Relating Mobility and Distance," *American Sociological Review* 5(6), pp.845-867.

- Stouffer, S. A., 1960, "Intervening Opportunities and Competing Migration," Journal of Regional Science 2(1), pp.1-26.

- Taaffe, E. J., Morrill R. L., and Gould P. R., 1963, "Transport Expansion in Underdeveloped Countries; a Comparative Analysis," *Geographical Review* 53(4), pp.503-529.

- Todaro, M. P., 1971, "Income Expectation, Rural-Urban Migration and Employment in Africa," *International Labour Review* 104(5), pp.387-413.

- Wolpert, J., 1965, "Behavioral aspects of the decision to migrate," *Papers in Regional Science* 15(1), pp.159-169.

- Zelinksy, W., 1971, "The Hypothesis of Mobility Transition," *Geographical Review* 61(2), pp.230-231.

- Zipf, G. K., 1946, "The P1P2/D Hypothesis: On the Intercity Movement of Persons," *American Sociological Review* 11(6), pp.677-686.

네트워크의 지리학 · THE GEOGRAPHY OF NETWORKS ·

초판 1쇄 발행 2015년 4월 30일
초판 2쇄 발행 2016년 8월 10일

엮은이 허우긍·손정렬·박배균

펴낸이 김선기
펴낸곳 (주)푸른길
출판등록 1996년 4월 12일 제16-1292호
주소 (08377) 서울특별시 구로구 디지털로 33길 48 대륭포스트타워 7차 1008호
전화 02-523-2907, 6942-9570~2
팩스 02-523-2951
이메일 purungilbook@naver.com
홈페이지 www.purungil.co.kr

ISBN 978-89-6291-285-2 93980

＊이 도서의 국립중앙도서관 출판시도서목록(CIP)은 서지정보유통지원시스템 홈페이지
(http://seoji.nl.go.kr)와 국가자료공동목록시스템(http://www.nl.go.kr/kolisnet)에서 이용
하실 수 있습니다.(CIP제어번호: CIP2015011513)